JN268731

# 日本のため池
## 防災と環境保全

内田和子 著

伊賀今池（大阪府羽曳野市、撮影：内田和子）

海青社

# 序　　文

　現在の日本各地に暮らす人々に、「ため池」に対する印象を尋ねたら、どのような答えが返ってくるだろうか。
　尋ねる人や地域によって答えは異なるかもしれないが、おそらく、「古いもの」とか「(既に役割が)終わったもの」とかの答えが多く聞かれるであろう。
　かつての筆者も、ため池に対する印象はこのようなものであった。それが、なぜ、今になってため池の本を書くことになったのか、その経緯を以下に記しておきたい。

　筆者とため池との出会いは、兵庫県の加古川沿いの加東台地においてであった。1980年代の初め、筆者は兵庫教育大学大学院に学ぶことになり、その洪積台地上で2年間を過ごすことになった。兵庫県最大の河川である加古川中・下流部の両岸には見事な洪積台地が発達し、これらの台地上には多くのため池が分布している。特に、左岸側の稲美町を中心とする印南野台地は、わが国でもっとも高密度のため池卓越地帯である。このようなため池群とその周囲に広がる水田は、東京で生まれ育った筆者にとって、見たこともない驚愕の光景であった。しかも、それらが一定の水利慣行の下に現在でも機能していることは、新たな水文化と遭遇する思いで興味をそそられた。しかし、当時の筆者の研究は河川の治水問題が最大の関心事であり、後に、ため池を研究の対象とするようになるとは夢にも思わなかった。
　その後、筆者は機会あって、瀬戸内の岡山大学に勤務することとなった。この地でも筆者は継続的に治水の問題と取り組んでいたのである。そして、何年かが経過し、ため池の多い風景も日常的な感覚となった1995年1月に、阪神・淡路大震災が発生した。おそらく、ため池卓越地帯を震源とする、これほど大規模な地震が発生した例は歴史上でもまれであろう。神戸市を始めとする都市域での深刻な被害が連日、報道される中で、あのため池群はどうなったのかとの思いが筆者の胸に去来したのである。案の定、多くのため池が被害を受け、その被害は水田の作付けにも大きな影響を及ぼしていた。
　これまで、ため池の水利面にのみ注目していた筆者は、この震災を契機に、ため池の災害の重要さに気づき、ため池の防災に関する研究を開始したのである。ところが、ため池の防災に関しては、過去の研究の蓄積がきわめて少なく、とりわけ地理学の分野ではその傾向が強く感じられた。これまでの地理学におけるため池の研究は、農業生産との関係でため池の分布と水利権、水利慣行に関するものが主体であった。もちろん、ため池の長い歴史の中では過去に何度も災害と遭遇することはあったはずである。それが特に、社会全体の大きな関心事とほとんど成り得なかった最大の理由は、ため池の問題は水利用者である農業者の地域的な問題だったからであろう。
　しかしながら、ため池はこの何十年かの間に大きな変化に直面した。大都市近郊では都市化によって水田面積も専業農家数も減少し、非農業者である新たな住民が増加した。一方、中山間地域では過疎化が進み、放置される水田も増加した。こうして多くのため池が改廃され、都市化地域では残ったため池の水質汚濁やゴミの投棄等の問題が生じ、都市化地域でも中山間地域でも、ため池

の維持・管理が行き届かない状態となった。しかも、多くのため池は近世以前の築造であるから、老朽化も進んでいる。このような状況下で、大地震や集中豪雨があった場合には、多くのため池が損壊し、受益地での用水不足を生じたり、ため池の堤防が決壊して水害を生じたりする。ため池の決壊が都市化地域で起こったら、農業者以外の一般住民や民間企業等にも大きな損害を与える可能性が高い。千年以上のため池の歴史の中で、ごく最近の時期における社会的、経済的大変化が、ため池を農業者間の問題から地域社会の問題へと変化させたと言える。これに対応して、研究面でも農業水利施設としてのため池の研究から、防災面からみたため池の研究の必要が生まれたのである。

ここで、一言、ため池の独自性についてふれておかねばならない。現在でも、ため池の多くは小規模な水利組合や個人が所有、管理している。そして、ため池の水には、その用水を使用する水利権が設定されている。すなわち、特定の農業者のために存在するため池は、多数の人々にかかわる河川のように行政が全面的に管理するものではなく、私有財産や集落の共有財産に近いような範疇にある。ここに、行政も一般住民もこれまで、ため池に多くの関わりを持ってこなかった1つの理由がある。

しかし、ため池の問題が社会問題化してきた以上、特に都市化地域においては、行政と一般住民もため池に関わらざるを得なくなった。本来、ため池を安全に維持・管理して機能させることによって農業を行ってきた農業者とその連合組織が弱体化したため、たとえば、行政は多額の費用と専門的技術を要する工事面で、一般住民は費用と人手を要する維持・管理面で、農業者を支援し、ため池を保全するような事例がみられるようになった。その理由は単なる農業者支援ではなく、一般住民への大きな被害をもたらす元凶となりうるものへの防災対策やため池のもつ環境保全機能や親水機能の評価からだと言える。ため池のもつ環境保全機能とは、生態系保全、気候緩和、洪水調節等であり、親水機能とは親水空間・水辺景観の形成やレクリエーション空間の形成等である。既に、大阪府ではため池を農業用水の供給に加えて親水公園化し、農業者、行政、一般住民の3者による維持管理方式を一部で実行に移している。京都府、兵庫県でも行政が主導して、新しいため池の保全計画を策定している。この他に、ため池を洪水調節池として有効利用している例も各地にある。こうした新しいため池の保全方策は緒についたばかりであり、その基本的なコンセプトは評価できるものの、実施に当たってはまだ様々な課題も多い。ここに、新たなため池研究を行わなければならないもう1つの理由がある。以上のように、古い歴史を有する農業水利施設としてのため池が、現代において新たな課題を提起したことで、新たな研究課題ともなったのである。その意味で、著者の研究は地理学から新しいため池研究に先鞭を付けたことになるのであるが、先鞭ゆえに不十分な点も多い。その点は読者から忌憚の無いご批判を頂戴できれば幸いである。

なお、本書は2000年度に早稲田大学に提出した学位論文である。審査員として拙い論文に終始、暖かいご指導を賜った早稲田大学の中島峰広教授、白井哲之教授、宮口侗廼教授には衷心より御礼申し上げる次第である。なかでも、中島峰広教授には、2000年度に文部省内地研究員として筆者を受入れていただき、本書の完成に向けて様々なご指導を賜ったことに感謝申し上げたい。あわせて、筆者が兵庫教育大学大学院入学以来、今日まで懇切なるご指導を賜り、ため池研究に関して、早い時期から新たな展開の方向性を示されるとともに、本書の完成にも有益な示唆を頂戴した白井義彦兵庫教育大学名誉教授に、深甚なる謝意を表すものである。

末筆ながら、海青社の宮内久社長には、本書の刊行に際して、大変お世話になった。記して厚く御礼申し上げる。

2003年6月

内 田 和 子

# 日本のため池

## 防災と環境保全

目　次

## 目　次

序　文 ............................................................................................................................ 1

序　論 ............................................................................................................................ 11
   1．研究の視点・目的・方法 ............................................................................ 11
   2．既往の研究と本研究の意義 ........................................................................ 13

### 第Ⅰ部　ため池の存在形態 ── 分布と改廃 ── ................................................. 33
#### 第1章　わが国におけるため池の存在形態 ................................................... 35
   1．ため池の歴史的概観 .................................................................................... 35
   2．ため池の存在形態 ........................................................................................ 42

#### 第2章　都市化地域におけるため池の改廃 ................................................... 71
   1．ため池最多県にみる改廃状況 .................................................................... 71
   2．人口と農業の変化 ........................................................................................ 72
   3．ため池数の変化 ............................................................................................ 78
   4．神戸市と稲美町におけるため池の改廃 .................................................... 82
   5．播磨地域に集中するため池の改廃問題 .................................................... 85

#### 第3章　ため池の存立条件からみた農業集落の変化 ................................... 87
   1．農業集落とため池の管理 ............................................................................ 87
   2．農業集落の分布と基本構造 ........................................................................ 88
   3．農業用水源の変化 ........................................................................................ 90
   4．共同作業の変化 ............................................................................................ 92
   5．農業生産の変化 ............................................................................................ 94
   6．水利共同体としての農業集落の弱体化 .................................................... 96

### 第Ⅱ部　ため池の決壊による水害の地域分析 ── 歴史的教訓 ── .............. 99
#### 第4章　ため池卓越地帯における水害の事例分析 ..................................... 103
   1．ため池卓越地帯としての播磨地域 .......................................................... 103
   2．丘陵内谷池の決壊による水害 ──1932年旧三木町の事例分析── ... 103
   3．台地上皿池の決壊による水害
      ──1945年旧天満村、旧平岡村、旧阿閇村の事例分析── ............... 108
   4．ため池の決壊による水害の特色と災害復旧 .......................................... 111
   5．水害と土地利用の変化 .............................................................................. 112

#### 第5章　大規模ため池の決壊と浸水地域の復元 ......................................... 117
   1．大規模ため池・愛知県入鹿池の決壊 ...................................................... 117
   2．研究対象地域の概要 .................................................................................. 117

3．1868年の水害の状況 ················································································ 121
　　　4．水害を規定する地形条件 ············································································ 126

　第6章　ため池の水害対策と地域の変化 ································································ 131
　　　1．入鹿池による災害の復旧と課題 ··································································· 131
　　　2．災害の復旧 ······························································································ 131
　　　3．入鹿池排水域での河川改修の進展 ······························································· 132
　　　4．防災ダムと排水河川の改修 ········································································ 136

第Ⅲ部　ため池と地震災害 ──阪神・淡路大震災の教訓── ········································ 139
　第7章　ため池の立地と老朽度から見た被災ため池の特色 ········································ 141
　　　1．阪神・淡路大震災による被災ため池の研究動向 ············································· 141
　　　2．兵庫県におけるため池の被害の概要 ···························································· 142
　　　3．被災ため池と地形・地質、池の構造との関連 ················································ 146
　　　4．被災ため池の老朽度と改修歴との関連 ························································· 151
　　　5．被害と地形・地質、老朽度との関連 ···························································· 153

　第8章　被災ため池と貯水率との関連についての検討 ·············································· 159
　　　1．阪神・淡路大震災とため池の水位 ······························································· 159
　　　2．地震時と通常年のため池の貯水率 ······························································· 159
　　　3．地震時の貯水率と被害 ·············································································· 165
　　　4．谷池・皿池の水位と被害 ··········································································· 167

　第9章　被災ため池の受益地における用水不足への対応 ··········································· 169
　　　1．ため池の損壊による用水不足 ····································································· 169
　　　2．被災したため池の規模と被害 ····································································· 170
　　　3．地震時の貯水率と降水量 ··········································································· 174
　　　4．被災したため池受益地における1995年度の作付けの予想 ································ 176
　　　5．被災したため池受益地における1995年の作付け率 ········································· 177
　　　6．1995年における査定池の作付けへの対応 ····················································· 179
　　　7．東播用水の効果と災害の危険分散対策 ························································· 186

第Ⅳ部　ため池の保全 ──維持・管理方式の再検討── ··············································· 189
　第10章　行政によるため池の管理と保全事業 ························································ 191
　　　1．公的事業によるため池の改修 ····································································· 191
　　　2．農業用水の水源別依存度とため池の管理・所有形態 ······································· 191
　　　3．ため池の改修事業 ···················································································· 195
　　　4．ため池の保全に関する法的規制 ·································································· 206
　　　5．ため池の保全に果たす行政の役割 ······························································· 214

## 第11章　ため池の多面的機能 ……………………………………………………… 217
　1．ため池のもつ機能 ……………………………………………………………… 217
　2．多面的機能を活用したため池の保全 ………………………………………… 226

## 第12章　都市化地域における新しいため池の維持・管理方式 ……………… 229
　1．都市化地域におけるため池の保全策 ………………………………………… 229
　2．大阪府におけるオアシス整備事業の実施と事業内容 ……………………… 232
　3．維持・管理組織の構成 ………………………………………………………… 236
　4．維持・管理組織の役割と費用分担 …………………………………………… 238
　5．行政と住民の連携によるため池の保全 ……………………………………… 242

## 第13章　他目的への転用によるため池の再活用 ……………………………… 245
　1．ため池の防災機能 ……………………………………………………………… 245
　2．水害常習河川としての静岡県巴川 …………………………………………… 245
　3．巴川の治水対策 ………………………………………………………………… 251
　4．農業用ため池の転用事例 ……………………………………………………… 252
　5．ため池の洪水調節池転用の要因 ……………………………………………… 257

## 結　論 ……………………………………………………………………………… 259
　1．要　約 …………………………………………………………………………… 259
　2．提言と今後の課題 ……………………………………………………………… 262

初出一覧 ……………………………………………………………………………… 265
索　引 ………………………………………………………………………………… 267

# 図 表 目 次

## 序　論
| | |
|---|---|
| 図1 | 3つの課題の研究上の枠組み ………………………………………………………………………… 13 |

## 第1章　わが国におけるため池の存在形態
| | |
|---|---|
| 表1-1 | 古代の主要池溝築造年表 ……………………………………………………………………………… 36 |
| 表1-2 | 1952～54年度調査における調査項目と項目の分類 ………………………………………………… 43 |
| 表1-3① | 1952～54年度における都道府県別ため池数と延受益面積 ………………………………………… 44 |
| 表1-3② | 1952～54年度におけるため池による都道府県別貯水量 …………………………………………… 45 |
| 表1-4 | 1952～54年度調査における分析対象となった都道府県別ため池数 ……………………………… 46 |
| 図1-1 | 1952～54年度における都道府県別ため池数 ………………………………………………………… 48 |
| 表1-5 | 1979年度におけるため池の状況（現況受益面積1ha以上地区まとめ） ………………………… 50 |
| 表1-6 | 1979年度調査におけるため池の規模の分類基準 …………………………………………………… 51 |
| 表1-7 | 1979年度調査における都道府県別ため池地区数（現況受益面積1ha以上） ……………………… 52 |
| 表1-8 | 1979年度における都道府県別実受益面積 …………………………………………………………… 53 |
| 表1-9 | 1979年度における都道府県別延受益面積 …………………………………………………………… 54 |
| 表1-10 | 1989年度におけるため池の状況（2ha以上地区のまとめ） ………………………………………… 56 |
| 表1-11 | 1989年度における都道府県別ため池地区数 ………………………………………………………… 57 |
| 表1-12 | 1989年度における都道府県別実受益面積（実受益面積2ha以上） ………………………………… 58 |
| 表1-13 | 1979年度と1989年度における都道府県別ため池地区数（ため池数）の比較 …………………… 59 |
| 表1-14 | 1952～54、1978、1989年度における都道府県別ため池数、水田面積、水田面積1ha当たりため池数 …… 63 |
| 表1-15 | 1952～54年度と1989年度における都道府県別ため池数 …………………………………………… 64 |
| 図1-2 | 1989年度における都道府県別ため池数 ……………………………………………………………… 65 |
| 図1-3 | 1978年度における都道府県別ため池数 ……………………………………………………………… 66 |
| 図1-4 | 1952～54年度における都道府県別水田面積1ha当たりため池数 ………………………………… 67 |
| 図1-5 | 1978年度における都道府県別水田面積1ha当たりため池数 ……………………………………… 67 |
| 図1-6 | 1952～54年度における都道府県別水田面積1ha当たりため池数 ………………………………… 68 |

## 第2章　都市化地域におけるため池の改廃
| | |
|---|---|
| 表2-1 | 兵庫県における1960～95年の人口と人口増加率 …………………………………………………… 72 |
| 表2-2 | 兵庫県の市町における1970～90年の人口の変化 …………………………………………………… 73 |
| 図2-1 | 兵庫県における1970～95年の市町別人口の変化 …………………………………………………… 74 |
| 図2-2 | 兵庫県における1966～70年の市町別ため池数 ……………………………………………………… 74 |
| 図2-3 | 兵庫県における1970～95年の市町別総農家数の変化 ……………………………………………… 75 |
| 図2-4 | 兵庫県における1970～95年の市町別専業農家数の変化 …………………………………………… 75 |
| 図2-5 | 兵庫県における1970～95年の市町別第1種兼業農家数の変化 …………………………………… 76 |
| 図2-6 | 兵庫県における1970～95年の市町別第2種兼業農家数の変化 …………………………………… 76 |
| 図2-7 | 兵庫県における1970～95年の市町別水田面積の変化 ……………………………………………… 77 |
| 図2-8 | 兵庫県における1970～95年の市町別水田作付面積の変化 ………………………………………… 77 |
| 表2-3 | 兵庫県における1966～97年のため池数の変化 ……………………………………………………… 78 |
| 図2-9 | 兵庫県における1997年の市町別ため池数 …………………………………………………………… 79 |
| 図2-10 | 兵庫県における1966～97年の市町別ため池減少数 ………………………………………………… 79 |
| 図2-11 | 兵庫県における1966～96年の市町別廃池数（A～C級の届出分） ……………………………… 80 |
| 図2-12 | 兵庫県における1966～96年の市町別一部廃池数（A～C級の届出分） ………………………… 80 |
| 図2-13 | 兵庫県における1966～96年の市町別改修池数（A～C級の届出分） …………………………… 81 |
| 表2-4 | 兵庫県における1966～96年までの届出のあった廃池、一部廃池、改修池（A～C級） ……… 82 |
| 表2-5 | 兵庫県における1966～96年までの届出のあった廃池、一部廃池、改修池の改変時期（A～C級） …… 82 |
| 表2-6 | 神戸市と稲美町における1966～96年のため池の貯水量の変化 …………………………………… 84 |
| 表2-7 | 神戸市と稲美町における1966～96年のため池の堤長・堤高の変化 ……………………………… 85 |

## 第3章　ため池の存立条件からみた農業集落の変化
| | |
|---|---|
| 表3-1 | 神戸市における1966～90年のため池数の変化 ……………………………………………………… 89 |

## 図表目次

| | | |
|---|---|---|
| 表3-2 | 神戸市における1970~90年の農業集落の状況 | 89 |
| 図3-1 | 神戸市における農業集落 | 89 |
| 表3-3① | 神戸市の農業集落における用水源 | 91 |
| 表3-3② | 神戸市の農業集落における用水源の変化 | 91 |
| 表3-4 | 神戸市の農業集落における農業用水管理組織(1980年) | 91 |
| 表3-5 | 神戸市の農業集落における用排水路管理の変化 | 93 |
| 表3-6 | 神戸市の農業集落における農道管理の変化 | 93 |
| 表3-7 | 神戸市の農業集落における寄合の回数と議題の変化 | 93 |
| 表3-8 | 神戸市の農業集落における作付け面積の変化 | 95 |
| 表3-9 | 神戸市の農業集落における農産物部門別販売金額1~3位 | 95 |

### 第4章　ため池卓越地帯における水害の事例分析

| | | |
|---|---|---|
| 表4-1 | 旧三木町における1932年7月1~10日の日雨量 | 104 |
| 図4-1 | 旧三木町及び周辺地域の地形分類 | 104 |
| 図4-2 | 1932年の永代池・八幡池の決壊による洪水状況 | 105 |
| 図4-3 | 八幡谷川流域及び周辺地域の地形分類 | 105 |
| 図4-4 | 1932年の福田池・二位谷池、その他のため池の決壊による洪水状況 | 106 |
| 図4-5 | 二位谷川流域及び周辺地域の地形分類 | 107 |
| 表4-2 | 旧三木町における1932年災害の町別被災と義損金の分配 | 107 |
| 表4-3 | 神戸における1945年10月8~10日の2時間雨量(単位mm) | 109 |
| 図4-6 | 1945年の河原山池の決壊による洪水状況 | 110 |
| 図4-7 | 喜瀬川流域及び周辺地域の地形分類 | 110 |
| 図4-8 | 1886年当時の旧三木町及び周辺地域の土地利用 | 113 |
| 図4-9 | 1927年当時の旧三木町及び周辺地域の土地利用 | 113 |
| 図4-10 | 1991年当時の旧三木町及び周辺地域の土地利用 | 114 |
| 図4-11 | 1947年当時の喜瀬川流域及び周辺地域の土地利用 | 115 |
| 図4-12 | 1991年当時の喜瀬川流域及び周辺地域の土地利用 | 115 |
| 表4-4 | 決壊した主なため池の規模(1996年現在) | 115 |

### 第5章　大規模ため池の決壊と浸水地域の復元

| | | |
|---|---|---|
| 図5-1 | 研究対象地域図 | 118 |
| 表5-1 | 入鹿池の諸元 | 119 |
| 図5-2 | 研究対象地域の地形分類図 | 120 |
| 図5-3 | 木曽川の旧河道 | 121 |
| 表5-2 | 入鹿切れ洪水による主な被災集落の17世紀末~18世紀末の概要 | 122 |
| 図5-4 | 研究対象地域における1868年5月の入鹿池決壊による洪水状況 | 122 |
| 表5-3 | 主要集落における入鹿切れ洪水の被害 | 123 |

### 第6章　ため池の水害対策と地域の変化

| | | |
|---|---|---|
| 表6-1 | 入鹿池の決壊後の改修工事 | 132 |
| 図6-1① | 入鹿池排水域における1891年当時の水系 | 133 |
| 図6-1② | 入鹿池排水域における1955~59年当時の水系 | 133 |
| 図6-1③ | 入鹿池排水域における1976~77年当時の水系 | 133 |
| 図6-2 | 入鹿池排水域における1976年9月洪水の浸水区域 | 135 |
| 表6-2 | 1976年9月洪水と1991年9月洪水の主要都市における総雨量 | 135 |
| 図6-3 | 入鹿池排水域における1991年9月洪水の浸水区域 | 136 |

### 第7章　ため池の立地と老朽度から見た被災ため池の特色

| | | |
|---|---|---|
| 図7-1 | 兵庫県における市町別ため池の分布 | 143 |
| 図7-2 | 兵庫県における阪神・淡路大震災の市町別被災ため池の分布 | 144 |
| 図7-3 | 兵庫県における阪神・淡路大震災の市町別被災ため池被害額 | 145 |
| 表7-1 | 兵庫県本土分における主要ため池の地形に基づく分類 | 147 |
| 図7-4 | 阪神・淡路大震災における主要な被災ため池分布地域の地形分類 | 147 |
| 図7-5 | 阪神・淡路大震災における主要な被災ため池の分布と地形による分類 | 148 |
| 表7-2 | 兵庫県本土分における主要ため池の地質に基づく分類 | 149 |
| 表7-3 | 兵庫県本土分における主要ため池の地形と地質との組合せに基づく分類 | 150 |
| 表7-4 | 兵庫県本土分における主要ため池の構造と地質に基づく分類 | 151 |
| 表7-5 | 兵庫県本土分における主要ため池の老朽度による分類 | 153 |
| 表7-6 | 兵庫県本土分における主要ため池の改修歴による分類 | 153 |

## 第8章　被災ため池と貯水率との関連についての検討

- 図8-1　兵庫県における阪神・淡路大震災による市町別被災ため池の分布 …………………… 160
- 図8-2　兵庫県本土分における阪神・淡路大震災のため池の貯水率 ……………………………… 161
- 図8-3　兵庫県本土分における通常年1月のため池の貯水率 ……………………………………… 163
- 表8-1　通常年1月のため池の貯水・未貯水の理由 ………………………………………………… 164
- 表8-2　阪神・淡路大震災時のため池の貯水・未貯水の理由 ……………………………………… 165
- 表8-3　阪神・淡路大震災時に通常年より貯水率を上げたため池 ………………………………… 166
- 表8-4　阪神・淡路大震災時に通常年より貯水率を下げたため池 ………………………………… 167

## 第9章　被災ため池の受益地における用水不足への対応

- 表9-1　査定池の総貯水量別割合 …………………………………………………………………… 171
- 表9-2　査定池の受益面積別割合 …………………………………………………………………… 171
- 表9-3　兵庫県におけるため池の受益面積別割合（1997年4月1日現在） …………………… 171
- 表9-4　査定池の貯水量1m³当たり被害額別割合 ………………………………………………… 171
- 表9-5　本土分査定池の被害と被害額との関係 …………………………………………………… 172
- 表9-6　淡路分査定池の被害と被害額との関係 …………………………………………………… 173
- 表9-7　本土分査定池における総貯水量と被害額との関係 ……………………………………… 173
- 表9-8　淡路分査定池における総貯水量と被害額との関係 ……………………………………… 174
- 表9-9　阪神・淡路大震災時における査定池の貯水率 …………………………………………… 175
- 表9-10　播磨地域と淡路地域における主要都市の1994年月別降水量 ………………………… 175
- 表9-11　神戸、姫路、洲本における1961～90年の月別平均降水量 …………………………… 175
- 表9-12　播磨地域と淡路地域における主要都市の1995年月別降水量 ………………………… 176
- 表9-13　地震時の貯水率からみた可能作付け率 …………………………………………………… 177
- 表9-14　1995年における査定池受益地の実作率 ………………………………………………… 178
- 表9-15　実作率と可能作付け率との関係 …………………………………………………………… 178
- 表9-16　地震時の貯水率と実作率及び総貯水量1m³当たりの被害額 ………………………… 178
- 表9-17　1995年における査定池受益地での作付けへの対応 …………………………………… 179
- 図9-1　加古川流域における国営水利事業の受益地 ……………………………………………… 180
- 図9-2　1995年における大川瀬ダム・鴨川ダム・糀屋ダム・呑吐ダムの貯水量 ……………… 181
- 表9-18　加古川流域における国営水利事業の用水供給 ………………………………………… 181
- 表9-19　加古川流域における国営水利事業のダム概要 ………………………………………… 181
- 表9-20　1995年1月～3月の主要ダムの貯水率 …………………………………………………… 182
- 表9-21　神戸、姫路、洲本における1995年5月の日降水量 …………………………………… 183
- 表9-22　応急工事と本工事の完了時期 …………………………………………………………… 184
- 表9-23　本土分査定池の実作率別にみた対応 …………………………………………………… 185
- 表9-24　淡路分査定池の実作率別にみた対応 …………………………………………………… 185

## 第10章　行政によるため池の管理と保全事業

- 表10-1　全国の地域別農業用水の水源内訳（1984年） …………………………………………… 192
- 表10-2　香川県と兵庫県の農業用水の水源内訳 ………………………………………………… 192
- 表10-3　1952～54年度における全国のため池の管理形態 ……………………………………… 193
- 表10-4　1979年度における全国のため池の管理・所有形態 …………………………………… 193
- 表10-5　1989年度における全国のため池の管理・所有形態 …………………………………… 193
- 表10-6　香川県、岡山県、大阪府、兵庫県におけるため池の所有形態 ……………………… 194
- 表10-7　岡山県、京都府におけるため池の管理形態 …………………………………………… 194
- 表10-8　ため池の防災にかかわる主な公共事業・工事（国費補助分） ……………………… 196
- 表10-9　ため池の防災にかかわる主な公共事業・工事の推移 ………………………………… 197
- 表10-10　ため池の防災にかかわる主要な公共事業・工事の採択条件（受益面積、事業費、貯水量等） …… 199
- 表10-11　ため池の防災にかかわる主な公共事業・工事の事業主体と国の補助率 …………… 199
- 表10-12　1989～97年度における防災ダム事業とため池等整備事業（一般型）の進捗状況 … 200
- 表10-13　香川県、岡山県、兵庫県、京都府における老朽ため池等整備工事の実績 ………… 201
- 表10-14　都道府県における防災ダムの概要 ……………………………………………………… 202
- 表10-14　つづき（都道府県における防災ダムの概要） ………………………………………… 203
- 表10-15　1996年度までに完成した防災ダムの内訳 ……………………………………………… 204
- 表10-16　都道府県における防災ため池の概要 …………………………………………………… 205
- 表10-17　都道府県における地震対策ため池の概要 ……………………………………………… 206
- 表10-18　兵庫県、奈良県、香川県におけるため池に関する条例の比較 ……………………… 207

| | | |
|---|---|---|
| 表10-19① | 福岡県春日市のため池に関する条例の概要 | 211 |
| 表10-19② | 福岡県宗像市のため池に関する条例の概要 | 212 |
| 表10-19③ | 神奈川県横須賀市のため池に関する条例の概要 | 213 |

## 第11章 ため池の多面的機能

| | | |
|---|---|---|
| 図11-1 | ため池の機能 | 218 |
| 図11-2 | 水源からみたため池灌漑の基本類型 | 219 |
| 図11-3 | 受益地からみたため池灌漑の基本類型 | 219 |
| 図11-4 | 兵庫県嬉野台地における灌漑期と非灌漑期における水文循環 | 220 |
| 図11-5 | 東京都洗足池による気候の緩和効果 | 220 |
| 図11-6 | トンボの種の適応の幅とため池間ネットワーク | 221 |
| 図11-7 | ため池の洪水調節機能 | 222 |
| 図11-8① | ため池群による洪水調節地区モデル | 222 |
| 図11-8② | モデル地区におけるため池の状況別による流出量の時間的変化 | 222 |
| 図11-9 | 兵庫県加古大池全体計画図 | 224 |
| 図11-10 | 大阪府におけるため池をめぐるコミュニティ | 225 |

## 第12章 都市化地域における新しいため池の維持・管理方式

| | | |
|---|---|---|
| 図12-1 | オアシス整備事業地区のイメージ図 | 230 |
| 図12-2 | 大阪府におけるため池オアシス構想の発起から実現までの過程 | 231 |
| 図12-3 | 大阪府におけるため池オアシス事業実施地区 | 232 |
| 表12-1 | 大阪府におけるオアシス整備事業着手の契機 | 233 |
| 表12-2 | 大阪府におけるオアシス整備事業対象ため池の貯水量 | 234 |
| 表12-3 | 大阪府におけるオアシス整備事業対象ため池の灌漑面積 | 234 |
| 表12-4 | 大阪府におけるオアシス整備事業地区の事業着工、完了年度 | 235 |
| 表12-5 | 大阪府におけるオアシス整備事業地区の機能 | 235 |
| 表12-6 | 大阪府におけるオアシス整備事業地区における維持・管理組織の構成 | 237 |
| 表12-7 | 維持・管理組織の構成と環境コミュニティ形成および管理協定との関連 | 238 |
| 表12-8 | 大阪府におけるオアシス整備事業地区における維持・管理組織の役割分担 | 239 |
| 表12-9 | 大阪府におけるオアシス整備事業地区における維持・管理費用の分担 | 240 |
| 表12-10 | オアシス整備事業地区における今後の課題 | 241 |
| 表12-11 | 大阪府のオアシス整備事業地区における今後の維持・管理費用の捻出方法 | 241 |

## 第13章 他目的への転用によるため池の再活用

| | | |
|---|---|---|
| 図13-1 | 研究対象地域図 | 246 |
| 図13-2 | 巴川流域主要部の地形分類図 | 247 |
| 表13-1 | 巴川流域における第2次大戦後の主要洪水 | 249 |
| 図13-3 | 七夕豪雨水害時における巴川流域の洪水状況図 | 250 |
| 図13-4 | 巴川流域における雨水貯留施設の分布 | 252 |
| 表13-2 | 瀬名地区における1970〜95年の農家数、耕地面積等の変化 | 253 |
| 図13-5 | 胸形神社池の概要図 | 254 |
| 表13-3 | 有東坂地区における1970〜95年の農家数、耕地面積等の変化 | 255 |
| 図13-6 | 有東坂池の概要図 | 256 |

## 結論

| | | |
|---|---|---|
| 図1 | ため池の災害と地域環境の保全フロー図 | 263 |

# 序　　論

## 1．研究の視点・目的・方法

### （1）前　　提

　本研究を進めるにあたって最初に、ため池の定義についてふれておくことにする。ため池を定義した例は少ない。その理由は、ため池と言えば、水稲耕作の灌漑用水源として築造された池との概念が自明の理として行き渡っていたためかと思われる。数少ない定義の例をあげると、安田正鷹(1938)は「灌漑用水に充てる目的をもって、雨水、渓流の水などを貯溜するために設けたもの」(『水の法律』)とし、末永雅雄(1947)は「一応人工構築に成り、必要に応じて相当量の貯水能力とその放水設備の完備したものを、農耕の目的にそう意味の池と解釈し、山頂の自然池その他も形なり地形的環境などから考えて、池と呼ばれているものに対しても広義に解釈をしておけばよかろう」(『池の文化』)と述べ、四国新聞社編集局・香川清美・長町博・佐戸政直(1975)は「特定の水掛りかんがいに必要な用水を確保するための人為的な営造物」(『讃岐のため池』)と規定している。竹山増次郎(1958)は「特に灌漑に利用する目的をもって、雨水、渓流等を貯溜するために特定地上に築造した狭義の池」といったん定義した上で、実際問題としてはため池は灌漑以外の目的に使用されるものや、当初、灌漑目的で築造された後に、その目的を放棄しているものもあることから、研究上の便宜のためには「主として灌漑用水に充てる目的をもって築造したところの池を溜池とする」(『溜池の研究』)と定義し直している。筆者は本研究においては、この竹山氏の後者の定義に基づいて、ため池をとらえていきたい。

### （2）研究の視点

　古代より各地で築造されてきたため池は、時には自然災害によって損傷を受けたり、堤塘の決壊によって水害を生じたりしながらも、ため池利用者の集合体としての村落共同体による弛まない維持・管理を継続することによって機能し、日本の水田農業の発展に貢献してきた。また、水田とともに人々にとって身近な存在であるため池は、多様な分野からの研究対象となり得た。しかし、これらの先行的な研究では生産基盤としてのため池の存在形態や水利構造の解明に力点が置かれ、災害との関連や保全面にはあまり注意が払われてこなかった。それはため池を取り巻く地域社会において、近年までは、ため池の災害や保全の問題がどの地域にも普遍的に生じる重大な課題と成り得なかったことが大きな理由であろう。

　ため池の長い歴史の中で、第2次大戦後の急激な社会変動に伴うため池を取り巻く環境の悪化は著しく、水田が減少して、ため池の改廃や維持・管理の粗放化、水質汚濁等の問題が生じた。この際に忘れてならないことは、多くのため池の管理や所有は水利組合、集落、個人である以上、河川と異なって、すべてのため池に対する公的管理や規制が困難であり、ため池の廃止や改修もこうし

た水利用者の合意によって決せられ、実施される点である。そのため、水田農業の縮小の中で、資金と労力を必要とする改修や維持・管理に十分な手立てが講じられないまま存続するため池が増加した。しかも、都市化地域ではため池が多くの人口と資産に接する状態になった。ここに、土堰堤による小規模な貯水池としてのため池が本来的に持つ損傷や崩壊の危険度をさらに増加させる要因が認められる。折しも、日本の典型的なため池卓越地帯に起こった阪神・淡路大震災は、ため池と災害との関係を再認識させ、ため池の保全にかかわる問題を顕在化した。

このような時代的背景を大前提として、まず、筆者は大きな危機を迎えているため池の実態を、ため池の数量的変化と維持・管理者達の水利共同体の変化を視点にしてとらえようとした。そして、急務となっているため池の防災対策には、過去の災害の分析が基本的な要件であることを実証的な研究によって示唆しようとした。

一方、近年では、ため池の農業用水供給以外の洪水調節や水辺景観の形成等といった多面的機能に着目して、ため池を地域資源として保全する方策も見られるようになった。筆者はこれらの先進的な保全事業の事例を、行政と地域住民との連携の方式に着目して分析し、いかなる要因が事業の実現条件であるかを解明しようとした。そして、これらの保全事業の施行にも、ため池の防災対策は不可欠である。

さらに、本研究全体にかかわる視点として、2つの視点をあげることができる。

第1点は、ため池を水と土地との総合的な管理システムの縮図としてとらえ、その研究を通して、人間が災害との相克を行いながら、水と土地を持続可能な資源として、どのように管理すべきかを示唆する視点である。

第2点は、ため池とその集水域および灌漑域にはため池毎の自然条件や社会条件の違いがあり、それらの条件の複合である地域性を常に配慮しながら、研究を進める視点である。

### (3) 目　　的

本研究の目的は、現代におけるため池の存在形態を明らかにし、その災害の実態分析を通じて防災に対する基本的な考え方を示すとともに、ため池の新たな保全策を検討することによって、ため池地域の環境保全の参考に資することである。

### (4) 方　　法

本研究では、大きく3つの部門から課題にアプローチしている。

第1の部門はため池の存在形態の解明である。ここでは古代からのため池の歴史を概観した上で、現代におけるため池の分布を全国的視野に立って分析した。とりわけ、1970年代以降のため池の分布の変化と維持・管理にかかわる変化を兵庫県を例にして詳細に分析した。

第2の部門はため池の災害の実態分析である。ここでは、まず、ため池の決壊による水害について、主として地形との関連において分析を行い、水害後の復旧と水害対策についても事例に基づいて考察した。次に、ため池が大きな損傷を受ける事例として地震を取り上げ、阪神・淡路大震災によって被災したため池の特色を実証的に分析し、被害への対応についても考察した。

第3の部門はため池の保全のために、維持・管理方式を再検討することである。ここでは、行政の補助による改修事業と法的規制の成果と限界性を整理した上で、都市化地域におけるため池の保全について、多面的機能を活用した先進的な事例を検討し、農業者と非農業者住民及び行政の連携

序論

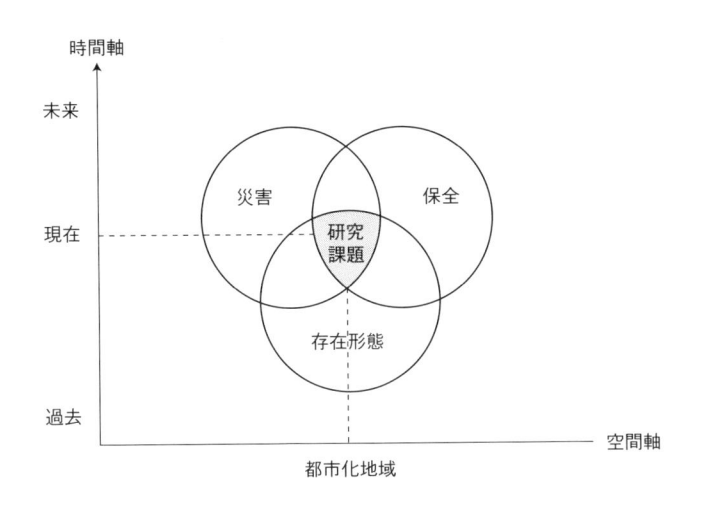

図1　3つの課題の研究上の枠組み

による保全のあり方を考察した。

　これら3つの部門はそれぞれ単独の課題でもあるが、ため池の長い歴史の中で、現在では相互に深く関連する問題となっている。しかも、現在のため池の実態から災害に対する危険度の増大と防災対策の必要性が認められ、さらには地域資源としてのため池の保全の必要性、ため池を有する地域の環境の保全のあり方の追求へと連動している。

　これら3つの課題はため池の造成時から存在し、ため池にとっていずれも重大な問題であった。しかし、長い時間の経過の中で、それぞれの重大性や相互の関連性は時代毎に異なり、変化してきた。また、ため池の立地する地域についても、都市化地域、中山間地域、大規模農業用水受益地域等の様々な地域が考えられ、地域毎にこれら3つの問題の重大性や相互の関連性は異なっている。したがって、本研究の方法論的特徴としては、時間軸としての現在、空間軸としての都市化地域との交差点において、3つの課題の関連し合う複合的な問題として、ため池をとらえたことである(**図1**)。

● 参考文献
四国新聞社編集局・香川清美・長町博・佐戸正直(1975):『讃岐のため池』, 美巧社, 547p.
末永雅雄(1947):『池の文化』, 創元社, 206p.
竹山増次郎(1958):『溜池の研究』, 有斐閣, 358p.
安田正鷹(1938):『水の法律』, 松山房, 268p.

## 2．既往の研究と本研究の意義

### (1) 既往の研究の動向

　ため池に関する研究は、地理学の他に、農業土木学・農業経済学・農村計画学・造園学を中心とする農学、土木工学・建築学・都市計画学・土質工学を中心とする工学、法学、歴史学等の分野で行われてきた。このうち、地理学分野を中心に、代表的な先行研究を以下のa～kの11分野に分類して、整理することにする。その際、地理学以外の研究には、可能な限り、それらが包含される学

なお、筆者はため池のみを対象とする研究だけでなく、農業水利の一環として河川や地下水を水源とする他の農業水利との関連の中で、ため池を研究しているものも含めて整理した。その理由はため池に関する研究は農業水利研究の一部として開始されたこと、そしてため池は河川水利が十分ではない地域で、地下水とともに補助的な水源として利用する灌漑施設であるため、他の用水との関連の中で検討されることが重要な意味を持つからである。

### a. 分布、実態分析

ため池の分布に関する研究は地理学分野において、最も早い時期に取り組まれたテーマの1つであり、現在でも研究が行われている基本的なテーマである。竹内(1939a・b・c)は日本におけるため池の分布について初めて特色を明らかにした。続いて竹内(1941a・b, 1949, 1954)は、日本で最もため池が密集する代表的な地域である香川県や兵庫県加古川左岸台地におけるため池の研究成果を発表し、一連の研究成果に基づき、後年、全国の主要地域毎にため池の分布と灌漑の特色を記した大著を完成した(竹内1980)。

全国的なため池の分布や実態について調査、分析したものとしては、農林省農地局資源課(1955, 1957a・b)、農林水産省構造改善局地域計画課(1981, 1990, 1991)、日本農業土木総合研究所(1982)、白井・成瀬(1983)等がある。

これらの研究の結果、日本においては瀬戸内と近畿地域を中心としてため池が卓越して分布し、都道府県別では兵庫県を最多として、広島県、香川県、岡山県、山口県、大阪府等に多く、北海道、栃木県、東京都、神奈川県、山梨県、徳島県、沖縄県等に少ないことが示された。筆者は第1章第2節において、現代における全国のため池の分布を分析しているが、ため池の分布に関する基本的な特色は、既に上記の諸研究によって指摘されていると言える。

### b. 水利構造

ため池の水利慣行、水管理等から稲作地域の水利構造を明らかにした研究は、ため池研究の中心的課題の1つであり、地理学分野はもちろん、農学分野からも多くの研究成果がある。その主な研究を時代を追って概観すると、地理学分野では戦前の研究として、大阪府交野台地内の小ため池群の水利特性を明らかにした山極(1928a・b)、香川県のため池の分布と灌漑状況を明らかにした竹内(1941a, b)、満濃池の経営と管理を研究した喜多村(1939)等がある。竹内氏と喜多村氏は戦後も多くのため池灌漑地域において、その水利構造を明らかにしている。この他、堀内(1983)は奈良盆地の水利構造と水利集団に関する多くの研究を体系的にまとめた。

一方、行政側の主な業績を述べると、農林省農地改良局(1952)と香川県農地部(1953)は讃岐平野の灌漑と水利慣行について、農林省京都農地事務局(1954, 1957)は兵庫県加東郡と淡路島の水利慣行について、兵庫県農業経済研究所(1954)は兵庫県加西台地の水利慣行と農業経営について、兵庫県耕地課(1958)は加古川左岸台地の水利慣行について、それぞれ調査を実施している。

農学分野において、国民経済研究協会(1956)は農業集落における水利問題を追求し、川島(1957)はため池灌漑地域における水利秩序と水利支配構造について述べた。金沢(1954)は、河川灌漑とため池灌漑の差異を水利技術、水利団体、水利慣行等の面から明らかにした。また、家永(1964a・b・c)は兵庫県の加古川左岸台地における水利構造を集落の日誌によって分析し、馬場(1965)は水利事業を地主制との関連で考察した。木本(1976)は三重県津市のため池水利の実態を示し、鵜川(1982, 1984)は主として奈良盆地の、永田(1982, 1988)と永田・南(1982)は兵庫県加古川左岸台地の水利構

造とその変容を記した。特に、永田(1982)は河川、ため池、クリーク地帯における農業水利秩序の存在構造を分析する中で、加古川左岸台地のため池地帯において、小農段階における個別的水利用の存在形態を示している。

1970年代末からは、これまでのため池卓越地帯での伝統的な水利構造を解明する研究に対して、新たな視点から、ため池をとらえる研究も現れた。例えば、農学分野の新沢・華山(1978)は土地区画整理とため池の廃止問題について考察した。地理学において、白井(1983, 1987a・b, 1988)は一連の綿密な調査の結果から、兵庫県の加古川中・下流台地を中心とする各地の水利構造を明らかにするだけでなく、ため池や河川、地下水等の各種水利間の調整と地域の対応に着目して地域性を明らかにすることに成功している。

1980年代以降、宮本(1994)は奈良盆地における田畑輪換と皿池の築造との関連を指摘する研究から始まり、ため池灌漑の成立課程や再編課題にも言及した一連の研究を農業経営学的視点からまとめた。同じく農学分野から、玉城(1979, 1983)はダム貯水池が集権的な管理システムの形成の思想と結びついているのに対し、「ため池社会」は完結した、求心的、水平的組織原理を内包していると指摘している。池上(1991)は淡路島における独特の水利構造を調査し、森下(1995)はため池灌漑地帯における水利の統合について記した。一方、西頭(1989)は河川水依存地域とため池水依存地域の維持管理費の分析を行っている。地理学分野では、森滝(1984)が奈良盆地において農業集落カードの分析からため池の存廃について言及している。新見(1993)は児童・生徒のため池観の調査を行った。そして、白井(1998)は大規模用水の通水に伴うため池灌漑地域の水管理システムの変化と土地利用の変化を示した。

海外の研究例として、福田(1974)は世界の灌漑形態を述べる中でため池による灌漑にふれ、中村(1988)はスリランカのため池灌漑と水利権について述べている。櫻井(1999)は現代のインドにおいて、ため池と井戸灌漑の効率及び農民のそれらの選択行動を分析し、向後ら(1999)は現代のタイにおけるため池の築造方法を示している。Brohier(1934)は旧セイロンにおけるかつてのため池による灌漑の方法を復元し、Coward(1980)はアジアの灌漑の発達を明らかにする中で、ため池灌漑の果たした役割にふれている。

以上の研究から、独特の厳重な水利慣行によって配水を行う、日本のため池灌漑地域の水利社会構造がおおむね解明されたと思われる。かような水利構造解明を目的とする研究の中には、大規模農業用水の通水による水利構造の変化やアジア地域における実態分析等の新たな課題に向かうものも見られる。

### c. 水法、水利権

水法、水利権に関しては主として法学、社会学、農学分野からのアプローチがされている。たとえば、安田(1933)、竹山(1958)、安井(1960)、金沢(1978a・b, 1982)、森(1986, 1988, 1990, 1992)、三本木(1999)、東郷(1999, 2000)等がある。これらの研究の中心課題は水利権と池底権(所有権)の帰属問題である。この他に、土屋(1966, 1969)は水利権を判例や慣行に基づく法解釈学的分析ではなく、団体法の立場から分析して構造的に把握している。

ため池の所有権・水利権の問題は、主として長年の慣行と近代法による判例に基づいて解決がはかられてきたが、近年のため池による灌漑の重要度の低下からか、それらを研究対象とする事例は少ないように見受けられる。そして、これらの研究成果から、ため池の水利権は私的物権であることが明らかになった。

#### d. 用水史、土地開発史

　土地開発や用水開発及び水利施設(構造物)の歴史の中で、ため池について言及した研究は歴史学、地理学、農学、工学等の分野で行われている。歴史学分野では、中世の灌漑史を著した寶月(1943)と古代の灌漑史を著した亀田(1973)、用水史とため池のもつ文化的側面及び狭山池の歴史的変遷について著した末永(1947)の名著があり、森(1981)も考古学の立場から、古代のため池の築造時期について記している。

　農学分野では、古島(1947)、日本学士院(1964)、旗手(1983)、国際灌漑排水委員会国内委員会(1985)等が灌漑の歴史を述べる中でため池の歴史も記している。工学・農学分野では土木学会(1936, 1965, 1973)、牧(1958)、窪田(1978)、湯川(1981a・b)寺田(1991)等が水利施設・構造物の歴史的発展を記す中でため池の発展にふれ、本間(1998)は水田開発と人口増加との関連を見る過程で、ため池による土地開発の歴史を記している。

　地理学分野では、喜多村(1950)が我が国近世における灌漑水利慣行を歴史地理学的に明らかにし、稲見(1955, 1956a・b)は兵庫県加古川流域の水利の開発過程を述べている。

　この分野の研究は近世までの特定地域の開発過程を記すものが多く、土木史や歴史学としての業績が多いと言えよう。

#### e. 歴史的研究

　歴史学の分野では、古代大和のため池について記した末永(1967)、畿内の綿作とため池灌漑との関連を述べた福島(1967)、近世における知多半島のため池の分布と村落景観について記した青木(1996)等の研究がある。

　地理学分野では、近世における讃岐、近江、堺等のため池灌漑について述べた喜多村(1973, 1990)、古代の郷の水利に言及した戸祭(1975)、古代の古市大溝について記した原(1979)、古代と中世における奈良盆地の灌漑を研究した金田(1978, 1993)、古代奈良盆地の灌漑を記した藤岡(1981)、主として古代の奈良盆地におけるため池の築造を考察した伊藤(1986, 1993)等がある。

　農学分野としては、大阪府の水利資料について著した野村(1953)、近世の利水工事を文献から研究した辻(1979, 1980a・b・c・d)、用水連合の史料分析を行った生源寺(1983a・b)等がそれぞれの研究課題を解明する中でため池についてふれている。また、Uryu(1992)は兵庫県印南野台地のため池の歴史を概観し、阿部(1996, 1997)は近世における広島県賀茂郡のため池の築造や営繕の特色を示した。

　この分野の研究は古代の近畿地域における事例が多く、近畿地域が当時の日本文化の中核地域として発展する要因の1つとして、ため池の重要性が明らかにされてきたと言える。

#### f. 改廃

　1970年代以降には都市化に伴うため池の改廃が問題となり、地理学分野や農学分野から研究が行われるようになった。前者に属するものとしては、香川県におけるため池の転用について調査した福田・井筒(1971)、主として兵庫県のため池の改廃の実態を示した福田(1972, 1973)、奈良盆地のため池の転用について調査した堀内(1978)、大阪府内各地におけるため池の潰廃とその影響を丹念に調査した川内(1983, 1989, 1992, 1993)、近畿地方のため池の転用事例を述べた原(1986)、中国四国地域のため池の統廃合について記した森下(1996)等がある。また、春日市自然と歴史を守る会(1987)は春日市内のため池の改廃状況を調査し、農学分野からは大阪府のため池の改廃とその問題点にふれた荻野(1981)等が、理学分野からは名古屋市のため池の改変を述べた鈴木(1994)等の研究

がある。

これらはため池の改廃に伴う水利構造の変化や都市化との関連を述べたものが大部分であるが、保全の手立てについてはほとんど言及していない。

### g. 水質、水文、動植物、構造・運用

ため池の水質や水文に関する研究として、地理学では戦前の石井(1938)の研究に始まり、福岡(1981, 1985)等に続く水収支を中心とした研究と、ため池の地下水涵養機能を明らかにした成瀬・白井(1983)等の研究がある。農学分野では、佐藤・岡本(1995a・b)、Gasalukら(1995a・b)、板倉(1994)等が内外のため池の水収支について研究した。福島・岩田(1989)は水生植物による、小島・平野(1997)は炭素繊維によるため池の水質浄化を実践し、大久保(1998)や戸田・竹内(1994)はため池の水質浄化機能について分析している。宮川・奥田(1998)は植物病理学の立場から、ため池水による稲の細菌病菌感染について報告した。中曽根ら(1998)は土地利用とため池の水質の変化について分析した。高橋ら(1999)はわが国の農業用ため池の水質についてまとめ、名古屋市土木局河川部計画課(1993)は名古屋市内のため池の水質を調査した。

ため池の動植物に関する研究は主として生物学の立場から行われ、浜島(1979)、下田(1997)、ため池の自然談話会(1994)、上田(1998)、角野(1998)等が、工学分野では李ら(1999)がため池の動植物の分布と保全に関する研究を行っている。関連して、ビオトープとしてのため池の利用と保全に関しては、農林水産省農業環境技術研究所(1993)、自然環境復元研究会(1994)等の中でふれられている。村上(1986)等はため池の珪藻の研究を行い、渡辺ら(1998)はため池堆積物の花粉、内山(1998)は古地磁気、山崎ら(1998)は放射性核種の分析を行っている。

ため池の構造や運用に関しては主として農学分野において多くの研究がある。そのうち、近年のいくつかの事例をあげると、ため池の貯水や運用に関するものとして、角道・千賀(1991)、喜多・南(1992a, b)、福本(1992)等が、貯留特性に関しては吉永ら(1993a・b)等が、構造・設計に関してはCoche & Muir(1992)等が、漏水対策に関しては西村ら(1994)、吉迫ら(1997)等が、池底の堆積土の処理に関しては野中ら(1995)等があり、中島(1992a・b)はため池の位置選定の問題点と対応方法を記した。

このように、ため池の水文に関する研究は戦前より今日まで継続しているが、水質に関しては1980年代末より、多くの事例が見られるようになり、ため池周辺の環境変化による急速な水質悪化への対応が迫られていることを示唆している。また、1980年頃より、動植物の貴重な生息空間としてのため池の保全が注目されている。さらに、近年の研究の中には、漏水対策や池底の堆積土の処理等、ため池の老朽化に対応する研究も見られる。

### h. 災害、防災

ため池の地震時の被害やため池の決壊による水害、それらの被害の軽減、ため池灌漑地区における旱魃等に関する研究は農学分野におけるものが圧倒的に多いが、地理学分野においても戦前より研究が行われていた。地理学分野では、旱魃に関する研究として炭谷(1937)、河野(1940)、小林(1940)があり、十勝沖地震によるため池の被害に関しては赤桐(1968)と水野・堀田(1968)が、香川県の台風時のため池被害に関しては福田(1981)がある。同じく、高村・河野(1996)は阪神・淡路大震災の地下水の挙動に関して分析し、森(1999)は淡路島における被害がため池とその水利組織に及ぼした震災の影響を述べている。

農学分野では次のものが上げられる。まず、ため池にかかわる災害を研究対象とした例では、香

川県のため池災害を概観した福田・鎌田(1977)、高知県でのため池決壊事例を分析した大年ら(1997)、山口県のため池灌漑地区での旱魃を分析した山本(1995)、台風による岡山県内のため池被害を報告した藤井ら(1991)、同じく1997年の台風19号によるため池の災害を報告した山本晴彦ら(1998)、鹿児島県の土石流災害の中でため池の被害にふれた岩松(1997)等がある。ため池の耐用年数や整備・保全については国民経済研究協会(1957)、森下(1996)、西山(2000)があり、日本農業土木総合研究所(1997)はため池の維持・管理と防災体制に関して記し、ため池の安全性向上技術に関しては農林水産技術会議(1988)等がある。

　地震によるため池の被害に関する研究では、鈴木(1992)は事前調査に基づく被害予測法を提案し、安中ら(1993)と北海道南西沖地震に関する技術検討委員会(1994)等が北海道南西沖地震による農地・農業用施設の被害の中でため池の被害について述べ、谷ら(1985)は日本海中部地震によるため池被害について、谷(1998)は宮城県北部地震によるため池の被害について土質との関連から分析した。地震時の農業用フィルダムの挙動、被害や災害対策等に関しては、菊沢(1987)、日本農業土木総合研究所(1995)、増川ら(1995a)、谷・堀(1998)等がある。

　特に、阪神・淡路大震災とため池に関したものは、農学分野において、赤江ら(1995)、篠ら(1995)、関島(1995)、農林水産省近畿農政局土地改良技術事務所(1995)、農林水産省構造改善局・日本農業土木総合研究所(1995a・b・c・d・e)、長谷川(1995)、日昔(1995)、増川ら(1995b)、松田ら(1995)、森下ら(1995)、渡辺ら(1995)、兵庫県南部地震技術検討委員会(1996)、兵庫県農林水産部農地整備課(1996)、藤井ら(1996)、渡辺(1996)、木村ら(1997)、中村ら(1997)、中桐ら(1998)、藤井(1997)、森下ら(1997)等があり、工学分野では岩下ら(1996)等がある。これらの内容は、地震による農地・農道・農業用施設・土地改良施設の被害状況と被害の特色、被災地の水環境の変化、被災集落の被害への対応、被災施設の復旧過程等について論じている。また、谷ら(1996)、井谷(1999)、井谷ら(2000)は阪神・淡路大震災のため池被害の分析を契機として、全国のため池の防災データベースを構築し、このうちの谷(1999)はため池の地震被害に関する一連の研究をまとめ、震央からの距離と被害との関係を明らかにした。池貝(1993)も阪神・淡路大震災以前に、ため池のデータベース開発を試みている。他に、三田村(1996, 1998)はため池の被害と地盤との関連について述べている。

　過去のため池の決壊による災害の記録としては、小阪(1933)、井手町編集委員会(1983)、入鹿池史編集委員会編(1994)等がある。

　阪神・淡路大震災以前のため池と災害にかかわる研究は、旱魃に関する研究が主体と言っても過言ではない。それまでにも、ため池の決壊による水害は多く発生していたと推測されるが、それに関する研究は1970年代頃から開始され、数の上でも少ない。しかも、それらの内容は水害の状況報告的なものが多い。地震によるため池の被害に関する研究は1960年代末頃から見られ、それ以降の大地震の際にいくつかの研究が行われた。このように、ため池の災害に関する研究が少ない理由は、その災害が主としてため池と耕地の被害に留まり、ため池受益者の問題として解決されていたからであろう。ところが、社会の急激な変化によって、都市化地域のため池が多くの人口と資産に囲まれ、災害がため池受益者のみの問題ではなくなった。そのような時代に、ため池卓越地域で起きた阪神・淡路大震災は地震によるため池の被害研究を一気に加速された。しかし、その研究の多くは農業土木分野からの、構造物としてのため池の被害分析が多く、人文・社会的側面からの研究はきわめて少ない。したがって、ため池と災害の研究の必要性、特にソフト面も含めた総合的な観点からの研究の必要性が高まっている。

### i. 特定地域研究

1つの地域や1つのため池に対象を限定した研究は香川県、奈良県、大阪府に集中している。讃岐平野では前川(1955)、四国新聞社編集局他(1975)、香川用水史編集委員会(1979)、香川用水土地改良区(1998)、高瀬町文化財保護協会(1998)、吉原郡郷土史研究会(1994)、讃岐のため池誌編さん委員会(2000)等のため池の概要や水利慣行を紹介する文献や農学分野での研究がある。奈良盆地においても同様に、奈良県農会(1906)、農林省京都農地事務局(1960)等があり、益田池に関しては、考古学、歴史学から大串(1954)、池田(1962)、亀田(1976)等があり、地理学からは吉越(1983)等がある。

大阪府では河内地方の特定のため池を対象として考古学、歴史学、地理学等の分野から多くの研究が行われている。例えば、狭山池に関しては、考古学や歴史学から森(1978)、直木(1985)、大阪府(1931)、福島(1967a・b, 1976, 1978)、末永(1967)、末永・福島(1988)、狭山池調査事務所(1996)、地理学からの喜多村(1973)、日下(1980a・b)、地質学からの吉川(1998)、内山(1998)等がある。光明池に関しては法学の立場から竹山(1957)、歴史的見地からの光明池土地改良区(1990)、地理学からの橋本(1995)等があり、天満池に関しては農業土木学から堺市農業土木課(1983)、貝の池に関しては歴史的見地から上田(1991)、依網池(よさみ)に関しては地理学の日下(1980c)等がある。

この他に県や市のため池について概要を記したものとしては、溪口・花谷(1976)、尾張旭市教育委員会(1992)、名古屋市ため池環境保全協会(1993)、栗田(1982)、堺市経済部農業土木課(1969)、勝谷(1986)、農業農村整備関係専門委員会岡山県ため池・フィルダム部会(1995)、兵庫県農林水産部農地整備課(1984)、静岡県小笠社会科研究会(1987)、豊かな県北地域づくり研究会(1998)等がある。

以上のように、特定地域研究の中では、近畿地域の歴史の古い大規模なため池に関しては、様々な学問分野からの研究が蓄積されている。

### j. ため池整備事業、水辺環境、地域資源

老朽ため池の整備に関しては農学分野からの佐戸(1983)、香川県農林部(1968, 1973, 1978, 1983, 1988, 1993)等がある。地域資源としてのため池に関する考え方を示すものとしては農学分野から永田(1988)、池上(1996)等があり、水環境に関する考え方を土木工学や陸水学、経済学等の観点から示したものとしては岡・菅原(1994)、菅原・小幡(1997)等がある。

都市化地域のため池の保全については、農学分野から小山・永井(1977)、神戸市農政局(1983)等が既に問題を指摘するとともに保全の方向性を示しているが、地理学でも川内(1992)は保全の必要性と課題を指摘し、白井(1983, 1991)は早い時期からため池のもつ環境保全機能に注目して保全の必要性を指摘している。

地域資源としてのため池の多面的機能に注目した研究としては、以下のものがあげられる。まず、現状分析と整備や保全の手法に関しては、土木工学や農学分野における末石ら(1975)、中国四国農政局計画部(1991)、瓜生(1991)、森下(1997)、塩田・堀川(1993)、地理学の新見(1990)等がある。農学分野での守田・森下(1999)はため池整備計画のための、ため池と周辺状況の類型化を行った。行政による地域資源としての新しいため池の整備事業の紹介やそれを対象とした研究としては、大阪府農林水産部耕地課(1992, 1994)、杉山(1997)、待谷(1998)、京都府農林水産部耕地課(1997)、兵庫県農林水産部(1998)等がある。整備事例の紹介としては、農村環境整備センター(1992)、雨水貯留浸透技術協会編(1997、1998a・b)等がある。

ため池の多面的機能に関する研究としては農学、土木工学分野において、久次ら(1976)、今井・村上(1997)、角道(1997)、吉田(1997)、荘木・千葉(1997)等がため池の文化遺産としての意義と保全の必要性を述べた。生態系保全機能や地域の水循環促進機能に関した研究については、前述のgにおいて既に記した。ため池の水面による気候緩和機能については、地理学の福岡ら(1992)、千葉(1994)、気象学や農学、土木工学の分野での徳山ら(1981)、神田ら(1991)等がある。洪水調節機能については地理学の白井(1991a)等があり、筆者も第13章において考察を行っている。良好な水辺景観の形成機能については、農学分野の筒井(1996)、横張(1999)等がため池の景観上の価値を記し、アメニティ形成機能については農学分野の田中(1991)がため池の保健・休養的価値を述べ、土木工学分野の浦山ら(1996)や客野ら(1999)等が居住環境におけるため池の重要性を述べている。レクリエーション機能について、農学分野の小樽(1995)がため池の公園利用について論じ、同じく田村ら(1998)はレクリエーション目的の整備事業の経済的評価を行い、林・高橋(1999)はため池の防災や公園的利用に関する住民の意識から今後の整備方針を検討した。また、地理学の白井(1991b)は公園利用や水上ゴルフ利用と営農との関係を考察した。環境教育機能については、地理学の新見(1991)、農学の田村ら(1998)等がため池の教育的価値を示している。なお、ため池の多面的機能に関しては、筆者が第11章において詳述している。

　老朽ため池の整備は第2次大戦直後から行政によって施工されてきた。高度経済成長の終焉後、人々の水辺や身近な環境への関心が高まり、地域資源としてのため池の活用・保全が始まった。1980年代以降、そうした観点からの研究が見られるようになったが、まだ地域資源としてのため池の1側面について重要性を指摘する段階に留まり、保全のあり方を本格的に分析するまでには至っていない。

**k. 文献解題**

　ため池や水利に関する研究の解題としては、家永(1972)、秋山(1988)、原(1984, 1985)、川内(1996)等がある。いずれも、従来のため池研究の中心的課題であった分布や水利構造、水利権に関する文献を中心に整理されているが、川内(1996)においては、都市化によるため池の改廃とその影響に関する研究までが整理されている。

**（2）既往の研究からみた本研究の意義**

　原(1985)によれば、地理学におけるため池に関する研究は、ア．分布や灌漑様式等から、個々の地域性を明らかにするもの、イ．水利慣行を解明するもの、ウ．都市化に伴うため池の廃止・転用の過程を明らかにして、管理・保全問題にも注意を払っているもの、の3つに分類される。これらの分野における先学の研究によって、ため池の分布と伝統的な灌漑様式、水利慣行及び水利権に関する特色と地域性がほぼ解明されたと考えられる。これ以降、ため池の水質悪化や生態系の保全、そしてため池の漏水対策や池底堆積土の処理等のため池の環境悪化や老朽化に対応する研究や大規模農業用水の通水によるため池灌漑地域の変化等に起因する地域社会の大きな変化が、ため池に与える影響についての研究が現れた。

　そして、台風や地震によってため池が決壊して水害を生じたり、ため池そのものが損傷を受ける被害が目につくようになった。しかも、その被害はため池の受益者のみならず、ため池周辺に増加した人口や資産にも及ぶようになった。そのため、これまでは主として旱魃を主題としていたため池の災害研究は、地震による被害や決壊による水害へと主題を転換するようになった。しかし、こ

の分野の研究は事例が少なく、内容も被害状況の分析を主体としていた。1995年の阪神・淡路大震災によって、地震とため池の被害に関する研究は一気に進展したが、水害に関する研究は依然として事例が少なく、水害状況の記述的内容にとどまっている。

地震に関する研究の増加とは言っても、それらは構造物としてのため池の被害を分析する土木工学からの成果が大部分で、ため池の維持・管理組織や水管理方法、災害時の水利用者の対応等のソフト面での研究はきわめて少ない。また、ため池の集水域と灌漑域全体を視野に入れて、水と土地と人間の3者のかかわりを考察するような総合的な研究も行われていない。ため池は本来、農業用水供給を目的とする人工的な施設であるので、構造物としての研究も必要不可欠ながら、現在のため池が直面する防災上の問題の解決には、ため池が立地する地域の自然特性、それを維持管理する人的組織、その水を機能させる農業経営の状況等を勘案して分析することが必要である。このような自然条件、人文条件、社会条件を合わせて、ため池と災害との関係を分析することは、水土と人間との関連を追求してきた地理学においては格好の総合的課題であり、ここに筆者の地理学からの研究の1つの意義が見出せる。

一方、高度経済成長期以降、人々が心豊かな生活を求めて身近な環境に関心が高まった。その中で、ため池を貴重な水辺環境や地域資源としてとらえる研究が1980年代から現れた。1990年代には、農業用水供給以外のため池の多面的な機能の重要性を指摘して、その機能の一部を立証する研究が発表されるようになった。しかし、多面的な機能の内容を十分に整理し、本格的に論述した研究はない。そして、大阪府、京都府、兵庫県等においては、府県によるため池の新しい保全構想が提案され、一部では実践がされている。これらの新しいため池の保全策に関する研究も現れているが、事業事例の紹介や設計、デザイン的な接近によるものが主である。今後のため池保全事業は景観的な観点に加えて、ため池が立地する地域の自然・人文・社会の各条件を含めた地域の特性を明らかにし、その特性に適合した、しかも防災に十分に配慮した計画を策定する必要がある。

以上のように、これまでの時代と異なって、特に都市化地域においては、ため池の防災や保全に関する研究が早急に求められている。この意味で、筆者の研究は現在のため池とその将来に対する課題解決に寄与する基本的な研究として、意義あるものと考えられる。

● **参考文献**（この項では配列を出現順とした）

**a. 分布、実態分析**

竹内常行(1939a・b・c)：溜池の分布について［本州、四国、九州］(1)・(2)・(3)．地理学評論 15-4, 15-5, 15-6, 日本地理学会．

竹内常行(1941a・b)：香川県に於ける灌漑状況の地理学的研究 (1)・(2)．地理学評論 17-11, 17-12, 日本地理学会．

竹内常行(1949)：加古川台地の灌漑．社会地理 13, 日本社会地理協会．

竹内常行(1954)：加古川・明石川間台地(兵庫県)の灌漑水利の発達について．早稲田大学教育学部学術研究 3, 早稲田大学教育学部．

竹内常行(1980)：『日本の稲作発展の基盤―溜池と揚水機―』．古今書院．

農林省農地局資源課編(1955)：溜池台帳．農林省農地局資源課．

農林省農地局資源課編(1957a)：溜池統計 全国篇．農林省農地局資源課．

農林省農地局資源課編(1957b)：溜池統計 地方篇附解析．農林省農地局資源課．

農林水産省構造改善局地域計画課(1981)：長期要防災事業量調査 ため池台帳(集計編)．農林水産省構造改善局地域計画課．

農林水産省構造改善局地域計画課(1990)：長期要防災事業量調査結果(その1)．農林水産省構造改善局地域計画課．

農林水産省構造改善局地域計画課(1991)：ため池台帳(全国集計編)．農林水産省構造改善局地域計画課．

日本農業土木総合研究所(1982)：昭和56年度 長期要防災事業量調査分析業務報告書(その2)(我が国におけるため池の利用と保全)．日本農業土木総合研究所．

白井義彦・成瀬敏郎(1983)：我が国におけるため池の利用と保全—1981年ため池台帳からみた考察—．地理科学 38-1, 地理科学会．

### b. 水利構造

山極二郎(1928a・b)：大阪府下の灌漑農業(上)，(下)．地理学評論 4-11, 4-12, 日本地理学会．

喜多村俊夫(1939)：讃岐満濃池の経営と管理．経済史研究 22-6, 経済史研究会．

堀内義隆(1983)：『奈良盆地の灌漑水利と農村構造』．奈良文化女子短期大学付属奈良文化研究所．

農林省農地改良局(1952)：讃岐平野における農業構造．農林省農地改良局．

香川県農地部(1953)：香川県讃岐平野における農業水利慣行．香川県農地部．

農林省京都農地事務局(1954)：水利施設の近代化を阻害した水利慣行に関する調査—兵庫県加東郡における一事例—．農林省京都農地事務局．

農林省京都農地事務局(1957)：淡路島における「田主」の水利慣行調査—兵庫県三原郡三原町の事例—．農林省京都農地事務局．

兵庫県農業経済研究所(1954)：早ばつ地帯の水利慣行と農業経営—兵庫県加西郡九会村における調査—．研究資料№27．兵庫県農業経済研究所．

兵庫県耕地課(1958)：加古川下流左岸台地における水利用と水利慣行に関する調査．兵庫県耕地課．

国民経済研究協会(1956)：農業集落における水利問題の展開とその限界．国民経済研究協会．

川島利雄(1957)：農村における水利秩序と水利支配構造—溜池灌漑地の事例を中心として—．大阪府立大学紀要 5(人文・社会科学), 大阪府立大学．

金沢夏樹(1954)：『稲作の経済構造—その批判と展開—』，東京大学出版会．

家永泰光(1964a)：溜池地帯における農業経営と水利秩序1—部落「水利協議日誌」の分析を中心として—．農業経済研究 35-2, 農業経済学会．

家永泰光(1964b)：溜池地帯における農業経営と水利秩序2—部落「水利協議日誌」の分析を中心として—．農業経済研究 35-3, 農業経済学会．

家永泰光(1964c)：溜池地帯の用水管理形態—兵庫県加古郡稲美町野寺部落水利協議日誌にみる—．水利科学 6-5, 水利科学研究所．

馬場 昭(1965)：『水利事業の展開と地主制』，御茶の水書房．

木本凱夫(1976)：ため池水利の研究—Ⅰ 実態編—．三重大学農学部学術報告 53, 三重大学農学部．

鵜川通永(1982)：溜池灌漑地帯における土地・水利用の構造．永田恵十郎・南 侃編『農業水利の現代的課題』，農林統計協会, 所収．

鵜川通永(1984)：溜池灌漑地帯(奈良盆地)における用水管理システムの変容と再編．中国農業試験場報告C 27, 農林省中国農業試験場．

永田恵十郎(1982)：『日本農業の水利構造』，岩波書店．

永田恵十郎(1988)：兵庫県加古郡稲美町野寺集落の場合—溜池灌漑地帯—．永田恵十郎編『地域資源の国民的利用』，農山漁村文化協会, 所収．

永田恵十郎・南 侃編(1982)：『農業水利の現代的課題』，農林統計協会．

新沢嘉芽統・華山謙一(1978)：水利による地域総合開発計画—紀ノ川と河内・和泉の地域特性を生かして—．新沢嘉芽統編『水利の開発と調整(上)』，時潮社, 所収．

白井義彦(1983)：加古川水系利水調整における公的・総合管理へのプロローグ．日本農業土木総合研究所編『加古川水系利水調整報告書』，日本農業土木総合研究所, 所収．

白井義彦(1987a)：溜池灌漑卓越地域における河川水利開発と地域対応—明治期兵庫県淡河川・山田川疏水事

業を中心として—．米倉二郎監修『集落地理学の展開』，大明堂，所収．
白井義彦(1987b)：『水利開発と地域対応』，大明堂．
白井義彦(1988)：加古川大堰の実現条件と地域対応．兵庫教育大学研究紀要 8，兵庫教育大学．
宮本　誠(1994)：『奈良盆地の水土史』，農山漁村文化協会．
玉城　哲(1979)：『水の思想』，論創社．
玉城　哲(1983)：『水社会の構造』，論創社．
池上甲一(1991)：水不足地帯の農業水利—淡路島を事例として—．池上甲一『日本の水と農業』，学陽書房，所収．
森下一男(1995)：溜池灌漑地域における水利統合．農業土木学会誌 63-1，農業土木学会．
西頭徳三(1989)：河川水・溜池水利用の経済性と問題点—静岡県掛川市の維持管理費の分析を中心として—．水資源・環境研究 2，水資源・環境学会．
森滝健一郎(1984)：奈良盆地の農業集落と水利用の変化—溜池存廃に関する統計分析を中心として—．京都大学防災研究所年報 27，京都大学防災研究所．
新見　治(1993)：児童・生徒の溜池観に関する調査．新地理 40-4，日本地理教育学会．
白井義彦(1998)：愛知用水と地域対応—愛知県三好町新屋管理区における35年間の軌跡—．愛知学院大学教養部紀要 45-3，愛知学院大学教養部．
福田仁志(1974)：『世界の灌漑：比較農業水利論』，東京大学出版会．
中村尚司(1988)：『スリランカの水利研究序説』，論創社．
櫻井武司(1999)：地域共有資源としてのため池灌漑—インド、タミル・ナドゥ州の事例．農業総合研究 53-2，農林水産省農業総合研究所．
向後雄二・スレンドラ　バハデュル　タムラカル・フィ　ガンダン(1999)：東北タイにおける小規模ため池の築造方法．JITCAS Journal 7，農林水産省国際農林水産業研究センター．
R. L. Brohier (1934)：Ancient Irrigation Works in Ceylon. The Ministry of Mahaweli Development, Srilanka.
E. W. Coward (1980)："Irrigation and Agricultural Development in Asia", Cornell University Press.

　c．水法、水利権
安田正鷹(1933)：『水利権』，松山房．
竹山増次郎(1958)：『溜池の研究』，有斐閣．
安井正己(1960)：農業水利制度の問題．水利科学研究所『水経済年報1960年版』，水利科学研究所，所収．
金沢良雄(1978a・b)：慣行水利権の合理化(I)(II)．水利科学 22-1・2，水利科学研究所．
金沢良雄(1982)：水利権．金沢良雄『水資源制度論』，有斐閣，所収．
森　實(1986)：戦後農業水利権関係主要判例，日本農業土木総合研究所編『現代水利紛争論』，日本農業土木総合研究所，所収．
森　實(1988)：溜池水利権の解体．水利科学 31-6，水利科学研究所．
森　實(1990)：『水の法と社会』，法政大学出版局．
森　實(1992)：農業水利権の概念とその主体．社会労働研究 39-4，法政大学社会学部学会．
三本木健治(1999)：『判例水法の形成とその理念』，山海堂．
東郷住朗(1999)：農業水利権の現代的構造．法社会学 50，日本法社会学会．
東郷住朗(2000)：慣行水利権の再解釈—「共」的領域の再構築のために—．早稲田法学会誌 50，早稲田大学法学会．
土屋　生(1966)：『灌漑水利権論(上)』，中央大学出版会．
土屋　生(1969)：『灌漑水利権論(下)』，中央大学出版会．

　d．用水史、土地開発史
寶月圭吾(1943)：『中世灌漑史の研究』，吉川弘文館．
亀田隆之(1973)：『日本古代用水史の研究』，吉川弘文館．
末永雅雄(1947)：『池の文化』，創元社．
森　浩一(1981)：『巨大古墳の世紀』，岩波書店．

古島敏雄(1947):『日本農業技術史　上巻』, 時潮社.
日本学士院(1964):『明治以前日本農業技術史』, 日本学術振興会.
旗手　勲(1983):『水利の日本史』, 農林統計協会.
国際灌漑排水委員会国内委員会(1985):『日本の灌漑の歴史』, 国際灌漑排水委員会国内委員会.
土木学会編(1936):『明治以前日本土木史』, 岩波書店.
土木学会編(1965):『日本土木史　大正元年～昭和15年』, 土木学会.
土木学会編(1973):『日本土木史　昭和16年～昭和40年』, 土木学会.
牧　隆泰(1958):『日本水利施設進展の研究』, 土木雑誌社.
窪田　博(1978):土木技術からみた池. 森　浩一編『日本古代文化の探求　池』, 社会思想社, 所収.
湯川清光(1981a・b):古代のフィルダム―日本のフィルダム1700年のあゆみ(前編)(後編)―. 農業土木学会誌　49-7・9, 農業土木学会.
寺田義久(1991):わが国における農業水利施設の史的展開に関する考察. 高崎経済大学論集　33-4, 高崎経済大学.
本間俊朗(1998):『日本の国造りの仕組み―水田開発と人口増加の関連―』, 山海堂.
喜多村俊夫(1950):『日本灌漑水利慣行の史的研究(総論篇)』, 岩波書店.
稲見悦治(1955):台地の開発と水利施設形成過程―播州印南野の場合―. 地理学評論28-2, 日本地理学会.
稲見悦治(1956a):近世に於ける台地の開発と集落の成立過程. 兵庫地理　4. 兵庫地理学協会.
稲見悦治(1956b):加古川三角州の非対称的開発とその原因. 地理学評論　29-1, 日本地理学会.

### e. 歴史的研究

末永雅雄(1967):大和の古墳・池・条里. 奈良地理学会編『奈良文化論叢』, 堀先生停年退官記念会発行, 所収.
福島雅蔵(1967):畿内綿作の変遷と溜池灌漑. ヒストリア　47, 大阪歴史学会.
青木美智男(1996):近世知多半島の「雨池」と村落景観―民話と歴史学の接点から―. 知多半島の歴史と現在　7, 日本福祉大学知多半島総合研究所.
喜多村俊夫(1973):『日本灌漑水利慣行の史的研究(各論篇)』, 岩波書店.
喜多村俊夫(1990):『日本農村の基礎構造研究―その展開過程―』, 地人書房.
戸祭由美夫(1975):古代日本における郷と水利. 地理学評論　48-8, 日本地理学会.
原　秀禎(1979):古代の古市大溝に関する地理的研究. 人文地理　31-1, 人文地理学会.
金田章裕(1978):平安期の大和盆地における条里地割内部の土地利用. 史林　61-3, 史学研究会.
金田章裕(1993):大和国における皿池の築造と微地形. 金田章裕『微地形と中世村落』吉川弘文館, 所収.
藤岡謙二郎(1981):古代奈良盆地の河川と溜池に関する若干の歴史地理学的研究. 奈良大学紀要　10, 奈良大学.
伊藤寿和(1986):大和国斑鳩地域の溜池をめぐって―古代から近世初期を中心に―. 歴史地理学紀要　29, 日本歴史地理学研究会.
伊藤寿和(1993):奈良盆地における灌漑用溜池の築造年代と築造主体―天理市と田原本町―. 人文地理　45-2, 人文地理学会.
野村　豊(1953):『水利資料の研究』, 大阪府農地部耕地課.
辻　唯之(1979):近世の農業水利土木と「分量集」(I)―堤本体に関係した普請について―. 水利科学　23-5, 水利科学研究所.
辻　唯之(1980a):近世の農業水利土木と「分量集」(II)―樋に関係した普請について―. 水利科学　23-6, 水利科学研究所.
辻　唯之(1980b):近世の農業水利土木と「分量集」(III)―普請実施上の心得諸事について―. 水利科学　24-1, 水利科学研究所.
辻　唯之(1980c):近世の農業水利土木と「分量集」(IV)―普請と人夫―. 水利科学　24-2, 水利科学研究所.
辻　唯之(1980d):近世の農業水利土木と「分量集」(V)―補遺―. 水利科学　24-3, 水利科学研究所.
生源寺真一(1983a, b):村高用水連合総代会誌(I)(II). 水利科学　27-2・3, 水利科学研究所.
Takahiro Uryu(1992):The History of Tameike in Inamino Tableland. Proceedings of the 1992 Regional Confer-

ence International Rainwater Catchment Systems Association.
阿部英樹(1996)：賀茂台地における溜池の築造過程に関する一考察―賀茂郡・国近森近村を事例として―」．広島大学農業水産経済研究 7, 広島大学．
阿部英樹(1997)：近世瀬戸内農村における溜池普請仕法の成立過程―広島藩領・賀茂郡黒瀬組を事例として―．史学研究 218, 広島史学会．

### f. 改廃

福田　清・井筒勝彦(1971)：溜池転用等に関する調査報告書．香川県．
福田　清(1972)：都市化に伴うカンガイ用貯水池の廃止と環境保全．農業土木学会誌 40-10, 農業土木学会．
福田　清(1973)：都市化に伴うかんがい用貯水池の廃止―その現況と背景―．地理学評論 46-8, 日本地理学会．
堀内義隆(1978)：奈良盆地における溜池の転用について．奈良女子文化短期大学紀要 8, 奈良女子文化短期大学．
川内眷三(1983)：松原市における灌漑用溜池の潰廃傾向について．人文地理 35-4, 人文地理学会．
川内眷三(1989)：泉北ニュータウン造成にともなう灌漑用溜池の潰廃とその保全．法政地理 17, 法政地理学会．
川内眷三(1992)：泉佐野市・樫井川流域の溜池灌漑と水利転用について．法政地理 20, 法政地理学会．
川内眷三(1993)：八尾市・生駒山地西麓扇状地面における溜池潰廃の特質について．日本地理学会水の地理学研究・作業グループ編『水の地理学―その成果と課題―』, 日本地理学会水の地理学研究・作業グループ, 所収．
原　秀禎(1986)：都市化と溜池の転用．谷岡武雄編『人間活動と環境』, 古今書院, 所収．
森下一男(1996)：ため池の統廃合について．農林水産省中国四国農政局計画部地域計画課『農業投資総後効果測定調査報告書』, 所収．
春日市自然と歴史を守る会(1987)：『ため池がつぶされる―春日市ため池現況調査』, 読売新聞社．
荻野芳彦(1981)：溜池の現在―都市化のなかの平野の溜池―．ジュリスト増刊・総合特集 23, 有斐閣．
鈴木達夫(1994)：都市周辺のため池の現状．ため池の自然談話会編『ため池の自然学入門』, 合同出版, 所収．

### g. 水質、水文、動植物、構造・運用

石井宣一(1938)：溜池の集水地域に就いて、三豊平野を中心として．地理学評論 14-12, 日本地理学会．
福岡義隆(1981)：広島県の水収支特性と溜池との関係．水温の研究 25-2, 水温調査会．
福岡義隆(1985)：岡山県の水収支に関する水文気候学的研究．地理科学 40-1, 地理科学学会．
成瀬敏郎・白井義彦(1983)：嬉野台地におけるため池が水質保全に果たす役割．兵庫教育大学地理学研究室編『加東台地の開発と地域変容―兵庫県社町研究学園都市の自然と社会をめぐって―』, 兵庫教育大学地理学研究室, 所収．
佐藤政良・岡本雅美(1995a)：観測流量とThomas-Fiering法による合成流量から求めた貯水池容量の比較―観測流量と合成流量から求めた利水必要貯水池容量の統計学的関係―1―．農業土木学会論文集 175, 農業土木学会．
佐藤政良・岡本雅美(1995b)：観測流量と対数正規変換で改良したThomas-Fiering法による合成流量から求めた貯水池容量の比較―観測流量と合成流量から求めた利水必要貯水池容量の統計学的関係―2―．農業土木学会論文集 175, 農業土木学会．
Watcharin Gasaluk, Takeshi Kondo, Ken Ohno(1995a)：The Estimation of the Permeability in the Embankment Dam. 農業土木学会論文集 178, 農業土木学会．
Watcharin Gasaluk, Takeshi Kondo, Ken Ohno(1995b)：The Effect on Seepage through Embankment Dams by the Nonlinear and Anisotropic Characteristics of Permeability. 農業土木学会論文集 178, 農業土木学会．
板倉　純(1994)：スリランカ・連珠溜池灌漑システムの水収支モデル．農業土木学会誌 62-12, 農業土木学会．
福島忠雄・岩田雄之(1989)：生活雑配水が混入する溜池の植生(ハス)による水質改善効果について．農業土木学会論文集 142, 農業土木学会．
小島　昭・平野徳彦(1997)：炭素繊維による河川およびため池の水質浄化．環境技術 26-11, 環境技術研究会．
大久保卓也(1998)：ため池、内湖を利用した水質浄化．用水と廃水 40-10, 産業用水調査会．
戸田任重・竹内　誠(1994)：農業用ため池における硝酸窒素の消失．土壌肥料学雑誌 65, 日本土壌肥料学会．

宮川久義・奥田　充(1998)：ため池水際に自生する雑草におけるイネ苗立枯細菌病菌の越冬と池の水による苗の発病について．日本植物病理学会報　64-6, 日本植物病理学会．

中曽根英雄・黒田久雄・渡辺政子(1998)：ため池の窒素、リン濃度と集水域の土地利用．水環境学会誌21-2, 水環境学会．

高橋順二・白谷栄作・吉永育生(1999)：我が国の農業用ため池特性と水質の関係について．農業土木学会論文集　67-1, 農業土木学会．

名古屋市土木局河川部計画課(1993)：市内河川・ため池等の水質の変遷．名古屋市環境保全局環境科学研究所．

浜島繁隆(1979)：『池沼植物の生態と観察：おもにため池について』, ニューサイエンス社．

下田路子(1997)：Differences among Aquatic Plant Communities in Irrigation Ponds with Differing Environments. 陸水学雑誌　58-2, 日本陸水学会．

ため池の自然談話会編(1994)：『ため池の自然学入門』, 合同出版社．

上田哲行(1998)：ため池のトンボ群集．江崎保男・田中哲夫編『水辺環境の保全―生物群集の視点から―』, 朝倉書店, 所収．

角野康郎(1998)：ため池の植物群落―その成り立ちと保全―．江崎保男・田中哲夫編『水辺環境の保全―生物群集の視点から―』, 朝倉書店, 所収．

李　承恩・盛岡　通・藤田　壮(1999)：都市域におけるビオトープの連続性評価及びエコロジカルネットワークの形成に関する研究．環境システム研究　7, 土木学会環境システム委員会．

農林水産省農業環境技術研究所(1993)：『農村環境とビオトープ』, 養賢堂．

自然環境復元技術研究会(1994)：『水辺ビオトープ：その基礎と事例』, 信山社．

村上哲生(1986)：高度に汚染された溜池から得た堆積物中の珪藻群集とその遷移．陸水学雑誌　47, 日本陸水学会．

渡辺正己・那須孝悌・木村友美(1998)：ため池堆積物を対象とした花粉分析．第四紀30, 第四紀総合研究会．

内山　高(1998)：狭山池堆積物の古地磁気学的研究．第四紀30, 第四紀総合研究会．

山崎秀夫・合田四郎・三谷明恒(1998)：放射性核種から見た大阪狭山市狭山池堆積物の特性．第四紀30, 第四紀総合研究会．

角道弘文・千賀裕太郎(1991)：河道外に設置される溜池の貯水特性と運用計画．農業土木学会誌　59-10, 農業土木学会．

喜多威一郎・南　勲(1992a)：貯水池群システムの運用に関する研究―1―並列連結型貯水池群における貯水量の調整について―．農業土木学会論文集　159, 農業土木学会．

喜多威一郎・南　勲(1992b)：貯水池群システムの運用に関する研究―2―複合連結型貯水池群における貯水量の調整について―．農業土木学会論文集　162, 農業土木学会．

福本潤一(1992)：多水系貯水池群の統合的貯水運用に関する基礎的研究―1―．貯水池群の新しい統合的水運用理論の提案と考察．農業土木学会論文集　159, 農業土木学会．

吉永安俊・久保成隆・後藤　章・翁長謙良(1993a)：貯水池容量と集水面積の関係について―畑地帯集水利用システムに関する研究1―．農業土木学会論文集　166, 農業土木学会．

吉永安俊・久保成隆・後藤　章・翁長謙良(1993b)：貯水池の貯留特性について―畑地帯集水利用システムに関する研究2―．農業土木学会論文集　166, 農業土木学会．

A. G. Coache & J. F. Muir(1992)：Pond-farm Structure and Layouts. Food and Agriculture Organization of the United Nations.

西村英一・仲野良紀・清水英広(1994)：農業用溜池の漏水に関する研究―1―オーガーボーリング孔を利用した軟弱地盤でのハイドロリック・フラクチャリング試験．農業土木学会論文集　171, 農業土木学会．

吉迫　宏・堀　俊和・山下恒雄(1997)：ため池堤体の新しい漏水調査法の開発．四国農業試験場報告　61, 農林水産省四国農業試験場．

野中大成・小谷正浩・永井啓一(1995)：溜池の堆積土砂処理．農業土木学会誌　63-8, 農業土木学会．

中島賢二郎(1992a・b)：我が国における農業用フィルダムの位置の選定―位置選定の現代における問題点と

その対応—前—,—後—. 大ダム 141, 142, 日本大ダム会議.

### h. 災害、防災

炭谷恵副(1937)：香川県の旱魃、旱害研究. 地理学評論 13-12, 日本地理学会.

河野一夫(1940)：讃岐平野の旱害地域. 地理学評論 16-6, 日本地理学会.

小林重幸(1940)：奈良盆地の灌漑旱害に関する地理学的研究. 地学雑誌 52, 東京地学協会.

赤桐毅一(1968)：十勝沖地震による溜池の決壊と洪水. 東北地理 20-4, 東北地理学会.

水野 裕・堀田報誠(1968)：十勝沖地震による青森県の災害—八戸市の被害を中心として—. 東北地理 20-4, 東北地理学会.

福田 清(1981)：ため池と大雨. 三野与吉先生喜寿記念会編『地理学と地理教育：その背景と展望』, 古今書院, 所収.

髙村弘毅・河野 忠(1996)：淡路島における兵庫県南部地震後の湧水・地下水の挙動. 地下水学会誌 38-4, 日本地下水学会.

森 康成(1999)：兵庫県南部地震が北淡路のため池と田主に及ぼした影響：北淡町浅野南・神田地区を例に. 兵庫地理 44, 兵庫地理学協会.

福田 清・鎌田 萬(1977)：ため池災害, 香川県『香川県土保全対策調査研究報告書』香川県, 所収.

大年邦雄・中西和史・松田誠祐(1997)：1997年3月高知県安芸市における農業用溜池の決壊災害. 農業土木学会誌 65-6, 農業土木学会.

山本晴彦(1995)：1994年夏季の干ばつにおける溜池の役割と水稲生産—山口県油谷町の地域事例を中心として—. 日本農業気象学会中・四国支部大会シンポジウム耕地気象研究部会第12研究会講演論文集, 日本農業気象学会.

藤井弘章・島田 清・西村伸一(1991)：9019台風による岡山県内のため池災害. 文部省科学研究費補助金突発災害調査研究成果重点領域研究報告書『自然災害総合研究班』(研究代表者・名合宏之)所収.

山本晴彦・早川誠而・岩谷 潔(1998)：山口県北部における1997年台風9号の豪雨特性と農業災害. 自然災害科学 17-1, 日本自然災害学会.

岩松 暉(1997)：1997年7月鹿児島県出水市針原川土石流災害. 自然災害科学 16-2, 日本自然災害学会.

国民経済研究協会(1957)：土地改良施設の維持管理と耐用年数. 国民経済研究協会.

森下一男(1996)：ため池老朽度判定のための調査手法. 農林水産省中国四国農政局計画部地域計画課『農業投資総合効果測定調査報告書』, 農林水産省中国四国農政局計画部地域計画課, 所収.

西山壮一(2000)：溜池の管理・整備・保全. 農業土木学会誌 68-6, 農業土木学会.

日本農業土木総合研究所(1997)：『平成8年度 ため池防災対策調査報告書』, 日本農業土木総合研究所.

農林水産技術会議編(1988)：『農業用フィルダムの安全性向上技術の開発』, 農林水産省農林水産技術会議事務局.

鈴木健一(1992)：悉皆調査に基づく農業用ため池の地震被害の予想. 土木学会論文集 441, 土木学会.

安中正実・谷 茂・毛利栄征(1993)：平成5年(1993年)北海道南西沖地震による農地・農業施設の被害調査報告. 農林水産省農業工学研究所研究報告 35, 農林水産省農業工学研究所.

北海道南西沖地震に関する技術検討会編(1994)：平成5年度北海道南西沖地震に関する技術検討業務報告書. 日本農業土木総合研究所.

谷 茂・安中正実・川口徳忠・釜田豊也(1985)：日本海中部地震によるため池の災害と土質工学的性質. 土と基礎 33-9, 土質学会.

谷 茂(1998)：宮城県北部地震による農業施設の地震被害調査報告. 農業工学研究所技報 196, 農林水産省農業工学研究所.

菊沢正裕(1987)：大地震時におけるロックフィルダムの安定解析. 土と基礎 35-11, 土質工学会.

日本農業土木総合研究所(1995)：平成6年度大規模地震対策調査報告書(総括). 日本農業土木総合研究所.

増川 晋・安中正実・田頭秀和(1995a)：フィルダムの地震時挙動に土質基礎の及ぼす影響. 農業土木学会論文集 176, 農業土木学会.

谷　茂・堀　俊和(1998)：日本におけるため池を含めた農業用フィルダムの地震災害に関する研究．農業工学研究所報告　37，農林水産省農業工学研究所．

赤江剛夫・小椋正澄・佐藤泰一郎・東　孝寛・肥山浩樹・吉田和洋・長野宇規(1995)：阪神・淡路大震災による淡路島の農地・農道被害．農業土木学会誌　63-11，農業土木学会．

篠　和夫・藤井弘章・内田一徳・島田　清・清水英良・田中　勉・西村伸一(1995)：阪神・淡路大震災による水利施設の被害．農業土木学会誌　63-11，農業土木学会．

関島建志(1995)：農地・農業用施設および対応．農業土木学会誌　63-11，農業土木学会．

農林水産省近畿農政局土地改良技術事務所(1995)：兵庫県南部地震によるため池の被害について．農林水産省近畿農政局土地改良技術事務所．

農林水産省構造改善局・日本農業土木総合研究所(1995a)：平成6年度農地農業用施設緊急地震対策調査委託事業　ため池現地調査編(報告書)．農林水産省構造改善局・日本農業土木総合研究所．

農林水産省構造改善局・日本農業土木総合研究所(1995b)：平成6年度農地農業用施設緊急地震対策調査委託事業　北淡路3ダム現地調査編(報告書)．農林水産省構造改善局・日本農業土木総合研究所．

農林水産省構造改善局・日本農業土木総合研究所(1995c)：平成6年度農地農業用施設緊急地震対策調査委託事業　北淡路3ダム現地調査編(現場写真及び資料集)．農林水産省構造改善局・日本農業土木総合研究所．

農林水産省構造改善局・日本農業土木総合研究所(1995d)：平成6年度農地農業用施設緊急地震対策調査委託事業　ため池現地調査編(現場写真及び資料集)．農林水産省構造改善局・日本農業土木総合研究所．

農林水産省構造改善局・日本農業土木総合研究所(1995e)：平成6年度農地農業用施設緊急地震対策調査委託事業　ため池現地調査編(被災ため池一覧表及び位置図)．農林水産省構造改善局・日本農業土木総合研究所．

長谷川高士(1995)：阪神・淡路大震災とその特徴．農業土木学会誌　63-11，農業土木学会．

日昔　哲(1995)：兵庫県における農地・農業用施設被害への対策．農業土木学会誌 63-11，農業土木学会．

増川　晋・浅野　勇・田頭秀和・堀　俊和(1995b)：兵庫県南部地震による農業用水利施設の被害．農業土木学会誌　63-3，農業土木学会．

松田誠祐・大年邦雄・松本伸介・篠　和夫(1995)：兵庫県南部地震における淡路島の被害状況．農業土木学会誌　63-11，農業土木学会．

森下一男・吉田　勲・木村和弘・松田誠祐・大年邦雄・猪迫耕二・森本直也(1995)：阪神・淡路大震災による農業集落の被災状況とその対応．農業土木学会誌　63-11，農業土木学会．

渡辺紹裕・堀野治彦・水谷正一・中村公人・中桐貴生・大上博基(1995)：阪神・淡路大震災による淡路島北部の水環境の変化．農業土木学会誌　63-11，農業土木学会．

兵庫県南部地震技術検討会(1996)：平成7年兵庫県南部地震農地・農業用施設に係る技術検討報告書．日本農業土木総合研究所．

兵庫県農林水産部農地整備課(1996)：『兵庫県南部地震農地・農業用施設震災記録誌』兵庫県農林水産部農地整備課．

藤井弘章・島田　清・西村伸一(1996)：兵庫県南部地震によるため池の被害―特に北淡町を中心に―．藤原梯三『平成7年兵庫県南部地震の被害調査に基づいた実証分析による被害の検証．』，平成7年度文部省科学研究費補助金総合研究A(研究代表者：藤原梯三)研究成果報告書，所収．

渡辺紹裕(1996)：大震災が淡路島北部の水量に及ぼした影響．水資源・環境研究　9，水資源・環境学会．

木村和弘・森下一男・坂本　充・鈴木　純(1997)：淡路島・農村の震災後の農業的土地利用の変化とその対応．農業土木学会誌　65-9，農業土木学会．

中村公人・堀野治彦・渡辺紹裕・中桐貴生(1997)：阪神・淡路大震災による淡路島北部の農業水利環境の変化―阪神・淡路大震災の農村の水文環境・水利用への影響1―．水利科学　40-6，水利科学研究所．

中桐貴生・渡辺紹裕・水谷正一・堀野治彦・中村公人(1998)：阪神・淡路大震災による淡路島北部の農業水利環境の変化―阪神・淡路大震災の農村の水文環境・水利用への影響2―．水利科学　41-1，水利科学研究所．

藤井弘章(1997)：『農業土木構造物の耐震信頼性設計に関する研究』．平成6～8年度文部省科学研究費補助

金基盤研究(B)(2)(研究代表者：藤井弘章)研究成果報告書.

森下一男・木村和弘・林　剛一・鈴木　純(1997)：淡路島・農村における住環境および生産環境の震災被害と復旧．農業土木学会誌　65-9, 農業土木学会．

岩下友也・中村　昭・松本徳久・横山真至(1996)：兵庫県南部地震によるため池を例とした土構造物の被害特性の分析．阪神・淡路大震災に関する学術講演会論文集/c 構造物の被害とメカニズム．土木学会．

谷　茂・牛窪健一・播磨宗治・山田和広(1996)：ため池データベースの開発とその防災への応用．情報地質　7-4, 日本情報地質学会．

井谷昌功(1999)：ため池防災データベースの構築．JIID 研究レポート　20, 日本農業土木総合研究所．

井谷昌功・半田修弘・小林秀国・谷　茂(2000)：「ため池防災データベース」の構築．農業土木学会誌　68-3, 農業土木学会．

谷　茂(1999)：フィルダムの地震災害と災害防止システムの研究．東京大学大学院博士論文．

池貝　拓(1993)：ため池情報のマルチメディアデータベースの開発．フジタ技術研究所報　29, フジタ技術研究所．

三田村宗樹(1996)：旧河川およびため池の例．日本地質学会環境地質研究委員会編『阪神・淡路大震災：都市直下型地震と地質環境特性』，東海大学出版会，所収．

三田村宗樹(1998)：ため池における地震関連現象に関する一考察．第四紀　30, 第四紀総合研究会．

小阪　香(1933)：『三木町水災誌』，兵庫県美嚢郡三木町役場．

井手町編集委員会(1983)：『南山城水災記』，京都府綴喜郡井手町役場．

入鹿池史編纂委員会編(1994)：『入鹿池史』，入鹿用水土地改良区．

### i. 特定地域研究

前川忠夫(1955)：香川県の溜池について．香川県立農科大学学術報告　6-3, 香川県立農科大学．

四国新聞社編集局・香川清美・長町　博・佐戸政直(1975)：『讃岐のため池』．美巧社．

香川用水史編集委員会編(1979)：『香川用水史』，美巧社．

香川用水土地改良区(1998)：『香川用水土地改良区30年史』，香川用水土地改良区．

高瀬町文化財保護協会(1998)：『さぬき高瀬のため池：ふるさとの心ため池編』，高瀬町教育委員会．

吉原郷土史研究会(1994)：『吉原碑殿町のため池』，吉原郷土史研究会．

讃岐のため池誌編さん委員会編(2000)：『讃岐のため池誌』，香川県農林水産部土地改良課．

奈良県農会(1906)：『奈良県溜池整理調査書』，奈良県農会．

農林省京都農地事務局(1960)：『奈良平野における農業水利の展開』，農林省京都農地事務局．

大串石蔵(1954)：大和州益田池の史的研究．農業土木研究　22-5, 農業土木学会．

池田源太(1962)：益田池．橿原市史編集委員会編『橿原市史』，橿原市役所，所収．

亀田隆之(1976)：大和国益田池造営の問題．大阪歴史学会編『古代国家の形成と展開』吉川弘文館，所収．

吉越昭久(1983)：益田池復元に関する一考察．野外歴史地理学研究所編『琵琶湖・淀川・大和川—その流域の過去と現在—』，大明堂，所収．

森　浩一(1978)：狭山池とその年代．大阪府史編集専門委員会編『大阪府史—第1巻—』，大阪府，所収．

直木孝次郎(1985)：土地の開発—松原市域の池、狭山池の築造．松原市編『松原市史—第1巻—』，松原市役所，所収．

大阪府(1931)：『狭山池改修誌』，大阪府．

福島雅蔵(1967a)：狭山池—管理、修理、分水、水論—．狭山町史編纂委員会編『狭山町史—第1巻—』，狭山町，所収．

福島雅蔵(1967b)：近代—狭山池の改修と水利—．狭山町史編纂委員会編『狭山町史—第1巻—』，狭山町，所収．

福島雅蔵(1976)：近世の狭山池と美原町域の村々—小平尾村の狭山池懸り入用銀一件—．美原町史紀要　2, 美原町，所収．

福島雅蔵(1978)：溜池の水利慣行と管理—河内・和泉の近世文書を資料として—．森浩一編『日本古代文化の探求　池』，社会思想社，所収．

末永雅雄(1967)：狭山池―樋の構造―．狭山町史編纂委員会編『狭山町史―第1巻―』狭山町，所収．
末永雅雄・福島雅蔵(1988)：狭山池．狭山市『大阪狭山市史要』，狭山市，所収．
狭山池調査事務所編(1996)：『狭山池―史料編―』，狭山池調査事務所．
喜多村俊夫(1973)：とどろ池の築造と廃棄、狭山池水の引水問題．喜多村俊夫『日本灌漑水利慣行の史的研究―各論篇―』，岩波書店，所収．
日下雅義(1980a)：狭山池の変遷と西除・東除両河川の性格．日下雅義『歴史時代の地形環境』，古今書院，所収．
日下雅義(1980b)：狭山池の東西両除川．羽曳野市『羽曳野市史5』，羽曳野市，所収．
吉川周作(1998)：ため池堆積物―大阪狭山市狭山池堆積物―．第四紀 30，第四紀総合研究会．
内山美恵子(1998)：ため池立地に関する地質学的要因―大阪府下のため池を例として―．第四紀 30，第四紀総合研究会．
竹山増次郎(1957)：『光明池土地改良区誌―光明池地区の水利慣行―』，光明池土地改良区．
光明池土地改良区(1990)：『光明池土地改良区六十年史』，光明池土地改良区．
橋本九二男(1995)：光明池の灌漑水利について．大阪教育大学地理教育研究紀要 4，大阪教育大学．
堺市農業土木課(1983)：『天満池築造史』，堺市農業土木課．
上田繁之(1991)：『貝の池―その歩みととりまく歴史的環境―』，大阪府農地開発公社．
日下雅義(1980c)：依網池付近の微地形と古代における池溝の開削．日下雅義『歴史時代の地形環境』，古今書院，所収．
溪口誠爾・花谷 武(1976)：『広島県の溜池と井堰』，たくみ出版．
尾張旭市教育委員会(1992)：『尾張旭のため池』，尾張旭市教育委員会．
名古屋市ため池環境保全協会(1993)：名古屋のため池．名古屋市ため池環境保全協会．
栗田逞治(1982)：『花室のため池』，筑波書林．
堺市経済部農業土木課(1969)：『堺市におけるため池の調査研究』，堺市経済部農業土木課．
勝谷 稔(1986)：岡山県の森林と溜池問題．水利科学研究所編『水経済年報1986年度版』，水利科学研究所，所収．
農業農村整備関係専門委員会岡山県ため池・フィルダム部会(1995)：『晴の国 岡山のため池』，岡山県農林部耕地課．
兵庫県農林水産部農地整備課(1984)：『兵庫のため池誌』，兵庫県．
静岡県小笠社会科研究会(1987)：『水と人のくらし ため池・大井川用水』，静岡県小笠社会科研究会．
豊かな県北地域づくり研究会(1998)：『高門・ため池と棚田の村から：中国山地の米作り』，自治体研究社．

### j. ため池整備事業、水辺環境、地域資源

佐戸政直(1983)：老朽溜池とその対策．農業土木学会誌 51-7，農業土木学会．
香川県農林部(1968・73・78・83・88・93)：香川県老朽ため池整備促進計画(第1～6次5カ年計画)―昭和43～47年．昭和48～52年．昭和53～57年．昭和58～62年．昭和63～68年．平成6～10年．香川県農林部．
永田恵十郎(1988)：『地域資源の国民的利用』，農山漁村文化協会．
池上甲一(1996)：市民コモンズとしての溜池の意味論―水から見る都市・農村の環境論―．日本村落研究学会編『年報 村落社会研究 第32集 川・池・湖・海 自然の再生21世紀への視点』，農山漁村文化協会，所収．
岡 太郎・菅原正孝編(1994)：『都市の水環境の新展開』，技報堂出版．
菅原正孝・小幡範雄編(1997)：『持続可能な水環境政策』，技報堂出版．
小山修平・永井啓一(1977)：都市化とタメ池．農業土木学会誌 45-2，農業土木学会．
神戸市農政局(1983)：神戸市のため池対策に関する答申書(概要)．神戸市農政局．
川内眷三(1992)：溜池の環境保全とその課題について．水資源・環境研究 5，水資源・環境学会．
白井義彦(1983)：『都市化地域における農業用ため池の利用と保全に関する研究』，昭和57年度文部省科学研究費補助金一般研究B(研究代表者：白井義彦)研究成果報告書．

白井義彦(1991)：『溜池水利システムと地域環境の保全―播州平野と讃岐平野の比較研究―』，平成2年度文部省科学研究費補助金一般研究C(研究代表者：白井義彦)研究成果報告書．

末石富太郎・仲上健一・久次富雄・盛岡通(1975)：都市計画における水環境の把握と評価についての考察―ため池地域を例として―．日本都市計画学会学術研究発表論文集 10，日本都市計画学会．

中国四国農政局計画部(1991)：中国・四国地域におけるため池の現状と整備手法及び問題点．中国四国農政局計画部．

瓜生隆宏(1991)：ため池における水辺空間の有効利用方策について―兵庫のため池をめぐって―．応用水文 3，農業土木学会応用水文研究部会．

森下一男(1997)：『周辺環境を考慮したため池の整備・保全計画手法に関する研究』．平成7年度文部省科学研究費補助金基盤研究(C)(研究代表者：森下一男)研究成果報告書．

塩田克郎・堀川直紀(1993)：農業水利施設を活用した親水空間の整備・管理に関する現状と留意点―親水事業の全国事例調査の分析―．農業工学研究所技報 188，農林水産省農業工学研究所．

新見治(1990)：大内町の溜池とその環境保全．香川大学教育学部地理学教室地理学研究 39，香川大学教育学部地理学教室．

守田秀則・森下一男(1999)：市町村レベルにおけるため池の類型化手法に関する研究―ため池整備計画のための類型化―．農村計画論文集 1(農村計画学会誌 第18分冊)，農村計画学会．

大阪府農林水産部耕地課(1992)：『オアシス環境づくりマニュアル』．大阪府農林水産部耕地課．

大阪府農林水産部耕地課(1994)：『ため池オアシス 豊かな水辺の環境づくり』．大阪府農林水産部耕地課．

杉山富美(1997)：ため池オアシス整備事業をケーススタディとした地域づくりにおける住民参加の課題と方向性．大阪府立大学大学院修士論文．

待谷朋江(1998)：緑地環境整備におけるワークショップ方式の課題と方向性―ため池オアシス整備事業をケーススタディとして―．大阪府立大学大学院修士論文．

京都府農林水産部耕地課(1997)：『農と水と緑との共生をめざして ため池ルネサンス構想 京都府ため池整備総合基本構想』．京都府農林水産部耕地課．

兵庫県農林水産部(1998)：『兵庫県ため池整備構想 新たなため池文化の創造をめざして』．兵庫県農林水産部．

農村環境整備センター(1992)：『水辺探訪―農業水利施設を活用した親水空間の事例集―』．農村環境整備センター．

雨水貯留浸透技術協会編(1997)：『エコロジカルポンド計画・設計の手引』，山海堂．

雨水貯留浸透技術協会編(1998a)：『コミュニティポンド計画・設計の手引』，山海堂．

雨水貯留浸透技術協会編(1998b)：『コミュニティポンド整備事例集』，山海堂．

久次富雄・仲上健一・盛岡通・末石冨太郎(1976)：ため池の文化遺産と今日的課題．隔月刊 環境文化 20，環境文化研究所．

今井敏行・村上康蔵(1997)：歴史的溜池の保全と活用．農業土木学会誌 65-11，農業土木学会．

角道弘文(1997)：溜池の歴史性認識の地域的意義とその活用．農業土木学会誌 65-12，農業土木学会．

吉田勲(1997)：狼谷溜池の保全と活用．農業土木学会誌 65-11，農業土木学会．

荘木幹太郎・千葉志乃(1997)：歴史的土地改良施設保全事業創設の政策的背景と展開方向．農業土木学会誌 65-11，農業土木学会．

福岡義隆・高橋日出男・開発一郎(1992)：都市気候環境の創造における水と緑の役割．日本生気象学会誌 29-2，日本生気象学会．

千葉晃(1994)：わが国における公園緑地および水体周辺の気候・気象に関する研究の展望．法政大学大学院地理研究 1，法政大学大学院．

徳山明・成瀬敏郎・小野間正己・武市伸幸(1981)：社町をめぐる自然的環境．兵庫教育大学地域研究会編『都市化に伴う地域社会の展開―研究学園都市の自然と社会をめぐって―』，兵庫教育大学地域研究会，所収．

神田学・稲垣聡・日野幹雄(1991)：夏期に森林・水面が果たす気候緩和効果に関する実測とその周辺域の影響伝達機構に関する数値解析による検討．水工学論文集 35，土木学会水理委員会．

白井義彦(1991a)：兵庫県溝ケ沢池の洪水調節機能．平成2年度文部省科学研究費補助金一般研究C(研究代表者：白井義彦)研究成果報告書『溜池水利システムと地域環境の保全―播州平野と讃岐平野の比較研究―』，所収．

筒井義富(1996)：景観の形成．農村環境整備センター編『農村環境整備の科学』，朝倉書店所収．

横張　真(1999)：農林地のもつ生物・生態・アメニティ保全機能．陽捷行編『環境保全と農林業』，朝倉書店所収．

田中　隆(1991)：ため池の保健・休養機能．農林水産省農業工学研究所資源・生態管理科研究収録　7，農林水産省農業工学研究所．

浦山益郎・秋田道雄・城本章広(1996)：居住環境としてみた溜池の利用効果と存在に関する研究．日本建築学会計画系論文集　486，日本建築学会．

客野尚志・鳴海邦碩(1999)：ため池の周辺環境特性とそれがもたらす水環境機能に関する研究―水際線と後背地の土地利用に着目して―．日本建築学会計画系論文集　519，日本建築学会．

小樽康雄(1995)：『ため池と公園』，小樽康雄．

田村孝治・後藤　章・水谷正一(1998)：水辺・親水空間の環境整備による効果の経済評価．農業土木学会論文集　66-1，農業土木学会．

林　直樹・高橋　強(1999)：地元住民によるため池高度利用の評価と整備方向への提言．農村計画論文集　第1集(農村計画学会誌　第18分冊)．農村計画学会．

白井義彦(1991b)：溜池の親水空間・レクリエーション機能―兵庫県社町平池公園の事例―．平成2年度文部省科学研究費補助金一般研究C(研究代表者：白井義彦)研究成果報告書『溜池水利システムと地域環境の保全―播州平野と讃岐平野の比較研究―』，所収．

新見　治(1991)：児童・生徒の溜池観に関する基礎的調査．平成2年度文部省科学研究費補助金一般研究C(研究代表者：白井義彦)研究成果報告書『溜池水利システムと地域環境の保全―播州平野と讃岐平野の比較研究―』，所収．

田村孝治・後藤　章・水谷正一(1998)：小学校内に設けられた水辺の活用事例とその教育的効果に関する考察―水辺の持つ教育的機能に関する研究―．環境情報科学論文集　12，環境情報科学センター．

### k. 文献解題

家永泰光(1972)：水利にかんする経済的文献の発展．経済研究　23-1，一橋大学経済研究所．

秋山道雄(1988)：水利研究の課題と展望．人文地理　40-5，人文地理学会．

原　秀禎(1984)：日本における農業水利研究―その地理学的アプローチ―．立命館文学　463～465，立命館大学文学部．

原　秀禎(1985)：わが国における溜池研究の現状と課題―その地理学的アプローチ―．立命館文学　481・482，立命館大学文学部．

川内眷三(1996)：溜池研究の成果と課題．水資源・環境研究　9，水資源・環境学会．

# 第Ⅰ部　ため池の存在形態
## ──分布と改廃──

天満大地とため池群（兵庫県加古郡、写真提供：稲美町役場）

# 第1章　わが国におけるため池の存在形態

## 1．ため池の歴史的概観

　筆者は以下に、用水及びため池にかかわる代表的な既往の研究をもとにして、日本におけるため池の主として古代から近世までの歴史をたどることにする。ため池の歴史を考えるにあたっては、様々な視点が考えられる。たとえば、築造技術面の発達という視点では、既にため池は古墳時代には狭山池のような大規模なため池が築造され、かなり高い技術水準に達している。その後の発展に関して、様々な技術改良を経たものの、筆者の管見の限りでは、第2次大戦後のコンクリートダムの築造による大規模ため池の築造まで、抜本的、画期的な大発展は見られないと言っても過言ではないかもしれない。他方、ため池の地域的、数量的な拡大の視点からは、多くのため池の築造年代が不明なため、その拡大過程を正確にたどることは困難である。このように、ため池に限った通史を記述することは存外に難しい。また、ため池は灌漑用水供給施設のひとつであるため、他の水源による用水供給施設とあわせた考察も必要である。

　そこで、筆者は各時代毎の用水全般を視野に入れながら、各時代の政治体制、水利権、用水供給施設・設備の築造主体と築造のための労力、築造後の施設・設備の維持管理の4つの視点について、古代から近世までのそれらの推移あるいは連続性について把握し、その中でため池にかかわる特色ある部分があればそれを記述することで、ため池の歴史を語る作業に替えた。これら4つの視点は、ため池を単なる構造物としてではなく、それを利用するため池社会の人々が、年間の農業生産サイクルの中で灌漑用水供給施設として、水管理労働によって機能させ続けていくための重要な要素と考えられる。

　本章で主として参照した先学の研究成果は、古代については亀田(1973)の『日本古代用水史研究』、中世については寶月(1943)の『中世灌漑史の研究』と黒田(1985)『中世惣村の構造』、近世については喜多村(1950)の『日本灌漑水利慣行の史的研究　総論篇』であり、特に注記しない場合はこの4編の著書によっている。さらに、筆者は近代についても何編かの先学の研究成果に基づき、簡単な記述を行った。その理由は現代のため池を含む用水の維持管理システムは、後に記述するように、原則的には近世のシステムを元にしているが、近世から現代に至る間には若干の補足説明が必要だからである。なお、旗手(1983)は日本における水利の歴史を稲作の開始から近代までについて、階級支配や地主制を中心に述べているが、特にため池に視点を置いて記述しているものではない。土屋(1966)も法学の立場から、日本における灌漑水利権の発展過程を述べている。また、土木学会(1936)は日本の土木事業の歴史を語る上で忘れてならない文献である。この文献ではため池の築造の略史と主要なため池の名称や概要が示されているが、亀田(1973)や寶月(1943)を上回る内容ではない。

　ため池は本来、水稲耕作の灌漑を目的としたものであるので、その歴史は稲作との関連で始まる。日本における稲作は現在では、縄文時代晩期にまで遡るとされている。稲作の普及発展に応じて、

**表1-1 古代の主要池溝築造年表**

| 年　代 | 池　名 | 場　所 | 出　典 | 築　造　者 |
|---|---|---|---|---|
| 崇神62年 | 狭山池<br>依網池<br>苅坂池<br>軽之酒折池<br>反折池 | 河内<br>河内<br>大和<br>大和<br>大和 | 日本書紀<br>日本書紀、古事記<br>日本書紀<br>古事記<br>日本書紀 | |
| 垂仁35年 | 高石池<br>茅渟池<br>狭城池<br>迹見池<br>狭山池<br>血沼池<br>日下高津池<br>市磯池<br>軽池 | 河内<br>河内<br>大和<br>大和<br>河内<br>和泉<br>和泉<br>大和<br>大和 | 日本書紀<br>日本書紀<br>日本書紀<br>日本書紀<br>古事記<br>古事記<br>古事記<br>古事記<br>古事記 | <br><br><br><br>印色入日子命<br>印色入日子命<br>印色入日子命<br><br> |
| 景行57年 | 坂手池 | 大和 | 日本書紀、古事記 | |
| 神功9年 | 裂田溝<br>剣池 | 肥前<br>大和 | 日本書紀<br>古事記 | 武内宿弥<br>武内宿弥 |
| 応神7年 | 韓人池<br>百済池 | 大和<br>大和 | 日本書紀<br>古事記 | 渡来人<br>武内宿弥、渡来人 |
| 応神11年 | 剣池<br>軽池<br>鹿垣池<br>厩坂池 | 大和<br>大和<br>大和<br>大和 | 日本書紀<br>日本書紀<br>日本書紀<br>日本書紀 | 渡来人<br>渡来人<br>渡来人<br>渡来人 |
| 仁徳11年 | 茨田堤 | 河内 | 日本書紀、古事記 | |
| 仁徳12年 | 栗隈大溝 | 山背 | 日本書紀 | |
| 仁徳13年 | 和珥池<br>横野堤 | 河内<br>河内 | 日本書紀<br>日本書紀 | |
| 仁徳14年 | 感玖大溝 | 河内 | 日本書紀 | |
| 仁徳期 | 依網池<br>丸邇池<br>難波堀江 | 河内<br>大和<br>摂津 | 古事記<br>古事記<br>古事記 | 渡来人 |
| 履中2年 | 磐余池 | 大和 | 日本書紀 | |
| 履中4年 | 石上池 | 大和 | 日本書紀 | |
| 推古15 (607) 年 | 高市池<br>藤原池<br>肩岡池<br>菅原池<br>栗隈大溝<br>戸刈池<br>依網池 | 大和<br>大和<br>大和<br>大和<br>山背<br>河内<br>河内 | 日本書紀<br>日本書紀<br>日本書紀<br>日本書紀<br>日本書紀<br>日本書紀<br>日本書紀 | |
| 推古21 (613) 年 | 掖上池<br>畝傍池<br>和珥池 | 大和<br>大和<br>大和 | 日本書紀<br>日本書紀<br>日本書紀 | |
| 天武4 (675) 年 | 岡大池 | 播磨 | その他 | |
| 文武期 (697～701)年 | 椎井池<br>栗原池<br>枡池 | 常陸<br>常陸<br>常陸 | 風土記<br>風土記<br>風土記 | |
| 大宝4 (704) 年 | 満濃池 | 讃岐 | その他 | 讃岐国守 |
| 和銅7 (714) 年 | 入ケ池 | 播磨 | その他 | |
| 養老元 (717) 年 | 恵雲池 | 出雲 | 日本紀略 | |
| 養老2 (718) 年 | 味生池 | 肥後 | 続日本紀、日本紀略 | |
| 養老7 (723) 年 | 矢田池 | 大和 | 続日本紀 | |
| 神亀3 (726) 年 | 檜尾池 | 和泉 | 行基年譜 | 行基 |
| 天平3 (731) 年 | 狭山下池<br>昆陽上池<br>昆陽下池<br>院前池<br>中布施屋池<br>長江池<br>有部池<br>福島大池 | 河内<br>摂津<br>摂津<br>摂津<br>摂津<br>摂津<br>摂津<br>摂津 | 続日本紀<br>行基年譜<br>行基年譜<br>行基年譜<br>行基年譜<br>行基年譜<br>行基年譜<br>その他 | <br>行基<br>行基<br>行基<br>行基<br>行基<br>行基<br>行基 |
| 天平13 (741) 年 | 長土池<br>鷹江池<br>茨城池<br>物部田池<br>鶴田池<br>久米多池<br>土室池<br>狭山池 | 和泉<br>和泉<br>和泉<br>和泉<br>和泉<br>和泉<br>和泉<br>河内 | 行基年譜<br>行基年譜<br>行基年譜<br>行基年譜<br>行基年譜<br>行基年譜<br>行基年譜<br>行基年譜 | 行基<br>行基<br>行基<br>行基<br>行基<br>行基<br>行基<br>行基 |
| 天平宝字8 (764) 年 | 大和、河内、山背、近江、丹波、播磨、讃岐に造池 | | 続日本紀 | |
| 延暦2 (783) 年 | 越智池 | 大和 | 続日本紀 | 物部年足 |

亀田(1973)、兵庫県農林水産部農地整備課(1984)、森(1978)、四国新聞社編集局等(1975)より作成

ため池という人工的な灌漑施設を要するようになるのは、末永(1947)は弥生時代から古墳時代への過渡期もしくは古墳時代初期で、現在から1,800～2,000年以前としているが、亀田(1973)や竹山(1958)は古墳時代としている。

### (1) 古代のため池

古墳時代に入ると、弥生時代に見られた小氏族共同体の同化や結合が行われてより大きな共同体を支配する首長、族長が現れる。こうした族長のうちの有力者は、労働力を集約し、技術力を駆使して、人工灌漑施設の建設による水稲の生産増加をはかるようになった。これはちょうど丘陵の縁辺部に古墳が築造される時期と相応している。この背景には人口の増加と土木技術の向上が伺われ、土木技術面では大陸や朝鮮半島からの渡来人が大きな役割を果たした。古墳とため池の造営工事には技術的に共通点が多く、ともに高い技術と大量の労働力が必要である。また、古墳の周濠は用水池としての性格も有していたとされている。

日本書紀には崇神天皇の62年に河内国に依網池、大和国に苅坂池と反折池を築造したとの記録があり、古事記にも崇神天皇の御代に依網池と酒折池を築造したとの記録がある。これらの記録が日本におけるため池築造の最古のものとされるが、これらの実際の年代は紀元前ではなく、紀元後5世紀から8世紀初頭頃の出来事とされ、大和朝廷が支配下において強大な勢力をもって、河内や大和の開拓を進めたことを示す記事と理解されている。こうした大規模なため池の築造の記事は日本書紀、古事記、風土記等に見られ(表1-1)、記紀や風土記の記録は大和朝廷のみならず、地方の豪族層による積極的な用水開発と用水施設の整備の事実も物語っている。大和朝廷は条里システムの枠組みの中で灌漑設備を施しながら地域の開発を進め、それを通して小共同体を支配下に組み込み、これらを基礎にしてより強力な権力機構を形成して、全国支配を推進していった。なお、造池の時期と方法については、既に記紀の時代には9～11月の農閑期に地方族長や大和朝廷が支配下の農民を挑発、使役して行う形式が成り立っていた。

大和朝廷が強力な中央集権的支配体制の確立を実質的に可能にしたのは、大化改新という政治的改革とそれによる律令制という全国支配の制度的整備であった。すなわち、それまで貴族、豪族の私有下にあった土地と人民が公地公民として国家支配下に置かれた。これに伴い、耕地への用水も国家支配下に置かれる公水主義がうちだされた。この公水主義は浄御原令を経て大宝律令の制定によって条文上に定着するとともに、制度的にも整った姿を示し、律令制と相応する公水制が確立された。

具体的な用水支配は、地方民政の場で国司に築池や治水を積極的に行わせ、同時に地方豪族の用水の私的支配を抑止する行為によって行われた。造池や築造後の池の整備には役民が徴発、使役されたが、中には大和朝廷に服属、朝貢した有力な族長が自己の部民を率いて参加した形態もある。そして、地方の有力豪族は律令国家として全国の統一支配が整備されていった段階で、郡司やそれに準じる層になり、地域の農民に対してはまだ強い社会的規制力を有していた。公水制では灌漑用水は国家が掌握するのであるが、実際の管理は地域の事情に精通する郡司層に委ね、それを国司に規制、監督させる形態をとったのである。

公地、公水制度のひとつの重要な転換点となったのが、養老7(723)年の三世一身法である。この法では、新規に用水設備を設けて開墾したものには本人から三代、既設の用水設備による開墾では本人一代に限りその土地の私有を許すが、定められた期間の占有後は公地として収公することが規

定された。この法は、耕地と用水不足の解消を意図したもので、やがて天平15(743)年の墾田永世私財法に続いていく。墾田永世私財法では新規に設けた用水設備による開墾はもちろんのこと、既設の用水設備による墾田も永久的に私財と認められることになった。しかも、律令制下における口分田は既設の用水設備によっているため、私的な墾田との区別が明瞭でなくなるとともに、場合によっては私財化される危険性を生じるようになった。

　三世一身法によって私的な開墾や用水設備の築造が認められると、地方豪族は積極的に土地の開発に乗り出した。しかも、彼らの多くは国家の官人機構の末端に連なることで地域における権力の強化を望んだため、開発した墾田や用水設備、財物等を権力者に献上して位階を高めることを願った。この時代に、新たに土地を開発しうる資力と労力をもつのは貴族、寺社、地方豪族、少数の富裕な豪農に限られていた。

　天平8(764)年の恵美押勝の乱後、墾田永世私財法は寺地等の例外を除いて禁止されたが、宝亀3(772)年の太政官符(墾田許可令)によって再度、許可された。こうして墾田の増加に伴う大土地私有化傾向は盛況を呈し、公地制には衰退の兆しが見え始めた。恒武朝に入り、土地私有化の動きは頻繁に見られるが、一方で国家は班田制による公地主義を依然として標榜し、その一環としての用水に対する強い統制の姿勢も見せている。しかし、その統制はあくまでも用水源や用水設備に対するもので、村落内での水の配分や水利慣行については統制を行っていない。

　班田制下にあっても私有地であった寺田、神田、屯倉は公田外の規定があり、令制によって下賜される賜田も私有地化して、これらの土地がいつしか莫大な面積を占めるようになった。一方、国司等の地方官の用水設備に対する職務の怠慢が多くなり、田地の荒廃を招くことになった。農民は税負担等で困窮化するものが多く、口分田を放棄して逃亡する事例も増え、口分田が荒廃して、王臣や寺社の私有地化するものが多くなった。土地を私有化できる富裕な階層は流浪していた農民を隷属農民として傘下に集め、労力の増強によって私墾田はますます増加した。このようにして、荘園制の領主とその私的支配下にある荘民が生まれ、その勢いは拡大して中世に入った。

　以上から、古代におけるため池は条里システムの構築にかかわる用水開発に大きな役割を果たし、国家的事業として多くのため池が築造された。律令制に基づく公地公民制の下で用水も公水となり、水利権も国家が掌握した。ため池の所有、管理についても国家であるが、実際の維持・管理は国司の監督により郡司層が在地の農民を徴発・使役して行った。ため池の築造に携わるのも徴発された農民である。これらの農民は徴発無償労働である雑徭の場合と食糧と功稲を与える雇傭労働の場合があった。

### (2) 中世のため池

　古代末期からの私領の増加は律令制に基づく土地国有制を事実上崩壊させ、平安時代中期には私的土地所有の典型としての荘園がわが国の耕地の大部分を占めるまでになった。荘園は領主の私有地とこれを耕作する隷農から成る、不輸不入の土地である。荘園は領主の政治力、経済力によって輸租地を次第に不輸租地化し、国家の検田権をも排除して不入地に変えていった。地方豪族もこれらの特権を得るために、私有地を有力な貴族や寺社等の荘園に寄進する形式をとって土地を実質的に支配し、庇護の代償として貢租の一部を貴族や寺社等に上納した。

　荘園制においては、土地と不可分の関係にある用水も土地私有化に伴い、荘園領主の支配下に置かれた。かくして用水は国家支配から離脱して、水利権は私権として発達をみた。荘園からの十分

な貢租を得るには灌漑の統制、管理が必要であるため、荘園領主は灌漑を強力に掌握したのである。領主は支配する用水を領民が田に引水する場合は水使用料としての「井料」を徴集した。「井料」は金銭や米等で支払われる。水源が他の領主の土地にあったり、他の領主の土地を用水路が通ったり、他の領主の用水から分水する場合等はそれらの恩恵を受ける対価として財物や米、時には田地を提供した。これらも「井料」と呼ばれることが多く、田地の場合は「井料田」と呼ばれた。

　中世では用水権の私有化に伴い、引水をめぐる競合、争奪、争論が頻発した。そして、元来、水利権は土地に付随した権利であり、このことは中世においても一般的な考え方であったが、私的引水権が独立した権利として主張されるようになって、引水権が土地より遊離して売買や譲渡の対象となる事例もしばしば現れた。また、用水の掌握には水源の敷地所有も重要な要件である。長い流路をもつ河川の場合は困難としても、敷地の特定されるため池の場合には、池の敷地の所有は池水の支配と同じ意味を持つ。そのため、池の敷地そのもの（池代、池床、池底、池頸）が私領として、売買、寄進、譲渡、貸借の対象ともなった。

　私的経営の荘園が発達した中世においては、古代に見られた大規模な利水工事はほとんど行われず、個々の荘園を対象とする小規模な用水設備の築造に終始した。しかし、小規模ながら灌漑のための施設の構築は各地でかなり盛んに実施された。このように、大規模な灌漑設備の築造による用水量の著しい増加は見られなかったが、むしろ灌漑技術面では、限られた用水の効率的利用についての発展が見られた。用水の効率的利用としては番水や分木、分水口による方法と、水車に代表される灌漑用器具の使用によるものである。また、ため池の築造や灌漑施設の修理等は荘園の農民の賦役により、この種の農業生産に直接関連のある賦役に対しては、領主より「井料米」（米や金銭）が支給された。

　荘園の用水の権利は領主が掌握していたが、領内の用水の適切な管理と公平な分配に関しては専門の役職を設けてその任に当たらせた。その役に当たる人々は分水奉行、井守、井奉行、井行事、井司、池奉行、池守、池司、水入、番頭等と呼ばれた。

　荘園の特権である不入については、ある程度の自衛的な武力を必要とした。そのため、荘園内部に居住し、あるいは代官として荘園の管理に携わっていた土豪達が次第に武士に変化していった。武士は鎌倉幕府の成立とともに、守護、地頭、御家人等の身分を獲得し、領主のために忠勤を励む義務を負いながら、同時に幕府の支配にも服していた。南北朝時代から室町時代になると、武士は荘園から遊離して専門的武士となって荘園領主から荘園の支配権を強奪するようになった。荘園制は応仁の乱を契機として急速に崩壊し、織田信長、豊臣秀吉の統一的政権の登場によって終焉を迎える。

　一方、荘園内の農民は荘園内もしくは荘園相互間で自治的組織を結成し、領主よりも名主や沙汰人のような農民の代表者達による自治的組織の統制が農民を支配するようになった。この傾向は鎌倉時代より認められるが、それが顕著になり普遍化するのは南北朝時代から室町時代である。農民は強勢な武士による支配の下で、緊密な横の連携を結び、郷村的な組織を築きあげていった。こうした自治的組織は灌漑によって強力な結合をしていた。すなわち、用水系統を同じくする荘園や村落が自治的な結合を成し、この結合体が積極的に灌漑を支配経営するまでに至ったのである。

　中世においては古代の律令制下での公地公民、公水主義が崩壊し、水利権は荘園領主の私有権となった。そのため、領主は領民や他領主との間にも水使用の対価の徴収や支払を行うようになり、水利権や池の所有権の売買も生じた。水利権の私有化に伴い、水をめぐる争いも頻発した。用水開

発はかなり積極的に行われたが、注目すべきは、ため池築造の主体が、鎌倉末から南北朝期にかけて、まさに中世後期という時代は、これらの村落共同体を主体とした用水池の開発によって田地の開発が進み、また村落共同体による用水の共同管理が始まった画期ともいえる時代である。

### （3）近世のため池

荘園領主に代わって、農民の支配者となったのは地頭や守護等を前身とする戦国大名であった。戦国大名は戦闘による土地や人民の獲得に加え、新田開発による新しい耕地の獲得にも熱心で、灌漑や治水工事に努力した。豊臣秀吉の天下統一によって全国の土地は大名領地制に編成替えされ、徳川家康の江戸幕府によって大名領地制はますます堅固なものとなった。徳川政権の誕生によって長年の戦闘状態は終結したが、幕藩体制の下で各大名は封地の農業生産力をあげるために、大規模な灌漑、治水工事を行った。この背景には、政権の安定と、壮大な平城築造の技術や鉱山開発の技術の活用が指摘される。近世の大規模な用水関連工事としては、平安末期以降400年以上にわたって放置されていた満濃池の再興や尾張国の入鹿池、上総国雄蛇池等の大規模ため池の築造、武蔵国の見沼代用水、越中国庄川筋の用水等の広域にわたる大用水の建設がある。

近世の領主達が灌漑、治水に深い関心を寄せたことは、用水の統制・管理の方面においても同様であった。用水は土地支配、生産拡充のためのもっとも重要な要件のひとつと考えられ、用水を関係地にいかに分配するかは重大な問題であった。しかし、領主達は特に必要な場合を除いて、用水を直接に管理することはせずに、長い間の慣習を根底として関係諸村間に存在する自治的組織に委ねた。さらに、自治的な協議による解決が不可能な場合は訴訟を提訴することにしていた。すなわち、用水の実質的な管理権は農村の自治的組織の手中にあったといえる。農民にとっては荘園制の崩壊に伴って自治的組織が結成され、既にその時点で近世的農村への転身がほぼ成されていたため、近世になってもそのままの形態が大名領地制の中に継続された。そして、中世において存在した用水はほとんど形状を変えずに近世に引き継がれ、村落共同体による精緻な用水の管理が行われるようになった。近世になってから新たに構築された灌漑施設においても、同様な村落共同体による農村の自治的管理、経営が行われ、この方式が近世における灌漑支配の一般的形態となった。この農村の自治的組織が多くの用水組合の発展の基礎となった。

近世の幕府や諸藩による用水関係の法令は中世以降の経験の集積であるが、単に原則的事項を提示するにとどまり、治水やその他の規定に比べて項目数が少なく簡略化されている。これは上記のように、用水関係は農村の自治的組織の慣行と協議によることを原則としていることが主たる理由であろう。こうした中で、水利慣行は事実行為にとどまらず、次第に慣習法的な地位を確立し、重要な役割を果たすようになった。

近世における用水関係の普請を工事主体と費用の負担から述べると、国役普請、御手伝普請、御入用普請、自普請の4つに分類される。これは治水工事の分類と同様である。国役普請とは1国1円を領有しない領主あるいは所領20万石に満たない領主で、領主に普請を遂行できる経済力がなく、しかも緊急、不可欠として幕府から許可を受けた工事について、1国内に天領、私領の区別なく普請費用を割り当てて負担させるもので、幕府もその一部を負担する。国役普請として実施された用水設備工事の代表的な事例は讃岐国の満濃池の復興工事であるが、他にはほとんど事例がない。しかも、満濃池の場合、文政10(1827)年以降の工事は後に述べる自普請となった。

御手伝普請とは幕府が有力な大名に手伝いを命じるもので、工事の費用負担は手伝いの大名が

90％、幕府が10％で、人足には扶持米がない。この事例は用水工事の場合はほとんど見られない。御入用普請(御普請)は幕府、国主大名あるいは所領20万石以上の大名の領内において、重要な用水工事を幕府あるいは藩の全額費用負担によって行うものである。幕府が実施する工事は公儀御普請、大名が自領内で実施する工事は私領御普請と言い、これらの事例はかなり多い。たとえば、公儀御普請としては河内国狭山池の復興工事や上総国雄蛇池の築造が知られる。御入用普請と国役普請では人足に扶持米が出る。自普請は農民の自己負担による工事であって、割合から言えば用水普請の場合は自普請がきわめて多い。

　一方で、幕府あるいは大名は新しい用水の管理統制機構を作って支配、統制を加えていた。それらの役職は用水差配人、樋守、池守、水門番、井肝煎、圦樋番、見守番、堰枠番等である。たとえば、河内国の狭山池では池の監守と池水の分配を掌握する「池守」と、その下にあって「池守」を助け樋の開け立てを行う「樋守(樋役)」がいた。

　以上のようにして形成された近世の用水施設をめぐる分水、配水等の用水組織は現在までもほとんど変化なく継続してきた。そして、我が国に現存する用水組織は中世以降の形態をそのまま伝えているものもあるが、そのほとんどが近世初期に発生、形成されたものと言える。

　近世は武士による統一政権の誕生によって大名領主制がしかれた。一方、農村では中世末期より荘園内及び荘園間で農民による自治的組織が形成されていた。近世の領主は水利の実質的な管理はこれらの農民による自治的組織に任せ、自らは水利を間接的に支配するに至った。幕府や領主も近世初期には、大規模なため池を含む用水開発や荒廃した用水の復旧工事を積極的に実施した。幕府や領主が自らの資金を投じて行う用水工事は制度化されたが、その対象となる工事は少なく、多くは農民の負担による自普請であった。近世の村落共同体による用水管理は現在にまで続く水利組合の原形となった。

### （4）近代のため池

　近代における用水に関する変化として、竹山(1958)は「溜池や用水路に対して、明治以前においては、その具体的な支配は存在していたにしろ、所有権に相当するような意識、地盤に対する所有意識などは存在していなかった。すなわち、具体的な用益権の帰属や共同利用の形態を明らかにすることを確保されることのみが問題であったので、所有の概念を明らかにする必要は感じられなかった」、さらに、「慣行と伝統の中に具体的用益を基本としていた農民的秩序に商業的秩序の影響を受ける段階に入り、池床たる土地についても池敷以外の効用が意識されることとなり、地盤所有権の帰属いかんについてだれかが直接の利害を感ずるようになり、また、このことは他面において、溜池の所有意識の発達を促し、地盤所有権との間に問題が発生した」と述べている。これは明治5(1872)年に地券が発行されたことに端を発し、その後の法的制度の整備、資本主義の発達にもかかわる問題である。

　次に、渡辺(1954)によって用水と法制度との関連について記す。明治政府は町村制、水利組合法、耕地整理法などの法的整備によって、町村や町村組合に水利事業を兼任させ、あるいは普通水利組合、耕地整理組合等の法人格を有する団体に水利事業の主体としての地位を与えた。しかし、町村制は行政面の機構を中心とするもので、これに基づく水利団体はごく僅かであった。水利組合法に基づく普通水利組合は水利団体としては最も代表的、普遍的なものであるが、旧来の自治的組合を統合して形式的に法制化したものや、数の上からは圧倒的多数の旧来の自治的組合が公法人として

の組合にならずに、いわゆる「みなし組合」としてそのまま留まったものが多いことから、普通水利組合の設立が旧来の自治的組合の解体をかならずしも意味するものではなかった。耕地整理法においても、耕地整理組合には事業の一環として用水維持管理事業を行うことを許可したのみの、水利については暫定的なものである。しかも、普通水利組合の組合員たる資格は土地所有者であるように、法律上、個人的意味での水利権は土地所有者に限定された。したがって、水利権は上記の公的法人と土地所有者の両者に与えられたといえる。さらに、旧河川法においては、施行規則第1条によって、従来の慣行水利権は原則として許可水利権とみなされ、既得権として保護された。

明治政府は用水に関する法令をこのように整備していったのであるが、実際上は、村落共同体としての旧村とその連合を母体とした水利組合に水利権は掌握され、旧来の水利組合が用水の維持管理者として水利事業を行っていた。実際の水利事業を実施するにあたって、事業が特殊な専門的技術を必要とする以外の労力は水利用者である農民に依存していた。一般的な水利事業の多くは自作農、小作農を問わず、耕作者の各戸に平等に労役を課すのが一般的で、その労働に対する報酬はほとんど無償であった。そして、組合が用水を維持、管理するために必要な資材や金銭は組合員から組合費を徴収して賄われた。

また、近世は土地所有に関して、近世末から成長してきた地主的土地所有が確立、発展した時代である。有力地主層は法的整備によって生まれた、以上に述べたような普通水利組合、耕地整理組合等の役員を構成し、組合の運営を支配して、事実上、用水の支配を行ったといえよう。

このように、近代は近代国家の成立とともに、一連の法制化に見られる上からの近代化の働きかけにもかかわらず、現実には農業水利の主体は依然として旧来の村落共同体としての水利組合にあり、農業水利権も水利組合が掌握していたと考えられる。

この後、第2次大戦直後の農地改革によって、近代における小作農が自作農に転換して水利団体の構成員となり、水利団体の組合員も土地所有者から構成員に改められた。しかし、普通水利組合から新たに土地改良区への再編や旧水利組合の統合等が実施されても、慣行水利権の基本構造はあまり変化しなかったのである。しかも、現在でも多数存在する法人格をもたない「みなし組合」は近世来の秩序を維持している。これらのことから、現在の用水組織や水利秩序は近世から継続しているといわれるのである。

## 2．ため池の存在形態

全国におけるため池の存在形態を知るには、ため池の数や諸元、受益面積等にかかわる全国的な統計資料が必要である。しかし、ため池は河川のように河川法による厳格な法的規制の下に行政が管理するものではないので、全国的な統計はきわめて少なく、しかも統計毎の項目や調査対象も整合しない。特に、戦前については全国のため池の概数が示されることはあっても、都道府県規模で詳細な数字が示された統計は、筆者の知る限りでは無いと思われる。ちなみに、竹内(1939)は昭和初期の全国のため池の分布に関して分析しているが、その根拠になるため池数は当時の5万分の1地形図に記載されたものである。このように、全国のため池を戦前に溯って、数量的にとらえることは大変難しい。

農林省は1952～54年度に全国のため池の調査を実施し、受益面積5ha以上のため池について溜池台帳にまとめた(農林省農地局資源課 1955)。この調査は全国規模の本格的なため池調査の最初の

表1-2 1952～54年度調査における調査項目と項目の分類

| 受益面積5ha以上ため池* | | | 要改良ため池 | | |
|---|---|---|---|---|---|
| 項目 | 項目の分類 | 対象池数 | 項目 | 項目の分類 | 対象池数 |
| 灌漑面積 | ～5 ha未満（参考数値） | 3,711 | 利用回数 | ～1回、1回 | 4,017 |
|  | 5～10 ha | 22,106 |  | 1～2回 | 4,061 |
|  | 10～20 ha | 12,336 |  | 2～3回 | 4,350 |
|  | 20～50 ha | 8,007 |  | 3回～ | 5,184 |
|  | 50～100 ha | 1,735 |  | 不明 | 1,161 |
|  | 100～300 ha | 653 |  | 計 | 18,773 |
|  | 300～1000 ha | 185 | 単位流域面積当貯水量 | ～200 m³ | 3,381 |
|  | 1,000 ha以上 | 24 |  | 200～400 m³ | 2,693 |
|  | 計 | 48,757 |  | 400～600 m³ | 1,937 |
| 貯水量 | ～5,000 m³ | 12,968 |  | 600～800 m³ | 1,482 |
|  | 5,000～10,000 m³ | 10,842 |  | 800～1,000 m³ | 1,067 |
|  | 10,000～20,000 m³ | 9,542 |  | 1,000～1,200 m³ | 877 |
|  | 20,000～50,000 m³ | 9,054 |  | 1,200～1,400 m³ | 771 |
|  | 50,000～100,000 m³ | 3,362 |  | 1,400～1,600 m³ | 564 |
|  | 10～50万 m³ | 2,249 |  | 1,600～1,800 m³ | 498 |
|  | 50～100万 m³ | 212 |  | 1,800 m³～ | 4,099 |
|  | 100～500万 m³ | 101 |  | 不明 | 1,458 |
|  | 500万 m³～ | 10 |  | 計 | 18,826 |
|  | 不明 | 628 | 構築年代別 | 明治以前 | 9,990 |
|  | 計 | 48,968 |  | 明治1～20年 | 1,119 |
| 堤高 | ～5 m | 15,794 |  | 明治21～40年 | 768 |
|  | 5～10 m | 23,430 |  | 明治41～大正15年 | 1,028 |
|  | 10～15 m | 6,541 |  | 昭和2～20年 | 1,534 |
|  | 15～20 m | 1,646 |  | 昭和21～27年 | 325 |
|  | 20～30 m | 601 |  | 不明 | 4,213 |
|  | 30～40 m | 67 |  | 計 | 18,977 |
|  | 40～50 m | 15 | 満水面積／集水面積 | 1/2～ | 527 |
|  | 50 m～ | 8 |  | 1/2～1/5 | 839 |
|  | 不明 | 869 |  | 1/5～1/10 | 1,916 |
|  | 計 | 48,971 |  | 1/10～1/20 | 3,008 |
| 堤長 | ～30 m | 5,000 |  | 1/20～1/30 | 2,361 |
|  | 30～50 m | 11,439 |  | ～1/30 | 8,866 |
|  | 50～100 m | 18,362 |  | 不明 | 1,660 |
|  | 100～150 m | 6,077 |  | 計 | 19,177 |
|  | 150～2,000 m | 2,444 | 漏水原因 | 老朽 | 3,120 |
|  | 2,000 m～ | 4,584 |  | 刃金の亀裂・破損 | 1,535 |
|  | 不明 | 1,055 |  | 堤体沈下 | 137 |
|  | 計 | 48,961 |  | さや土等のゆるみ | 204 |
| 管理者 | 個人・申し合わせ組合 | 19,754 |  | 刃金なし | 305 |
|  | 市町村長 | 12,584 |  | 基礎不良 | 178 |
|  | 水害予防組合 | 13 |  | 施工不良 | 770 |
|  | 土地改良区 | 3,613 |  | その他 | 2,052 |
|  | 耕地整理組合 | 615 |  | 計 | 8,301 |
|  | 農業協同組合 | 504 | 堆砂率 | ～5% | 1,634 |
|  | その他 | 9,936 |  | 5～10% | 364 |
|  | 不明 | 1,667 |  | 10～20% | 721 |
|  | 計 | 48,686 |  | 20～30% | 599 |
| 機能別障害の原因 | 満水しない | 629 |  | 30～40% | 401 |
|  | 堤体より漏水する | 7,635 |  | 40%～ | 520 |
|  | 池敷より漏水する | 1,025 |  | その他・不明 | 1,229 |
|  | 土砂堆積し機能を害す | 4,251 |  | 計 | 5,468 |
|  | 堤体沈下、法面破壊 | 4,152 | 堤体断面破損箇所 | 前刃金内法 | 2,597 |
|  | 余水吐機能不足及び破損 | 4,548 |  | 波除石垣 | 670 |
|  | 取水装置破損 | 4,705 |  | その他内法関係 | 1,181 |
|  | クラウチング不良 | 58 |  | 外法 | 895 |
|  | 温水を取水できない | 61 |  | 法尻腰石垣 | 240 |
|  | その他 | 646 |  | その他外法 | 812 |
|  | 計 | 27,710 |  | 計 | 6,395 |
| | | | 余水吐幅 m／集水面積 ha | ～0.1 | 6,603 |
| | | | | 0.1～0.2 | 3,749 |
| | | | | 0.2～0.3 | 1,933 |
| | | | | 0.3～0.4 | 942 |
| | | | | 0.4～0.5 | 496 |
| | | | | 0.5～ | 1,212 |
| | | | | 不明 | 3,987 |
| | | | | 計 | 18,922 |
| | | | 底樋材料 | 木材 | 7,810 |
| | | | | 土管 | 3,529 |
| | | | | ヒューム管 | 1,066 |
| | | | | 石材 | 1,838 |
| | | | | コンクリート | 2,486 |
| | | | | 不明・その他 | 1,996 |
| | | | | 計 | 18,725 |

＊受益面積5ha未満のもの約3,700を含む
農林省農地局資源課（1957a, 1957b）より作成

第1章　わが国におけるため池の存在形態

第Ⅰ部　ため池の存在形態

**表1-3①　1952〜54年度における都道府県別ため池数と延受益面積**

| 都道府県 | ため池数 5ha〜 | ため池数 〜5ha | ため池数 計 | 要改良池 5ha〜 | 延受益面積 ha 5ha〜受益面積 | 延受益面積 ha 〜5ha受益面積 | 延受益面積 ha 計 |
|---|---|---|---|---|---|---|---|
| 北　海　道 | (199) | (364) | (563) | (73) | (25,894) | (519) | (26,413) |
| 青　　　森 | 620 | 1,048 | 1,668 | 233 | 23,351 | 1,431 | 24,782 |
| 岩　　　手 | 1,132 | 8,352 | 9,484 | 606 | 20,249 | 8,339 | 28,588 |
| 宮　　　城 | 1,361 | 5,675 | 7,036 | 235 | 24,789 | 6,834 | 31,623 |
| 秋　　　田 | 1,945 | 3,861 | 5,806 | 1,011 | 70,727 | 5,920 | 76,647 |
| 山　　　形 | 852 | 1,599 | 2,451 | 259 | 33,413 | 1,988 | 5,401 |
| 福　　　島 | 2,169 | 3,587 | 5,756 | 648 | 48,966 | 6,751 | 55,717 |
| （小　　計） | (8,079) | (24,122) | (32,201) | (2,993) | (221,495) | (31,263) | (252,758) |
| 茨　　　城 | 653 | 781 | 1,434 | 220 | 15,875 | 1,720 | 17,595 |
| 栃　　　木 | 365 | 336 | 701 | 195 | 5,085 | 760 | 5,845 |
| 群　　　馬 | 283 | 269 | 552 | 75 | 14,738 | 2,176 | 16,914 |
| 埼　　　玉 | 207 | 613 | 820 | 38 | 3,026 | 1,481 | 4,507 |
| 千　　　葉 | 761 | 612 | 1,373 | 95 | 15,425 | 1,284 | 16,709 |
| 東　　　京 | 18 | 29 | 47 | 14 | 102 | 67 | 169 |
| 神　奈　川 | 77 | 108 | 185 | 3 | 841 | 197 | 1,038 |
| 山　　　梨 | 111 | 33 | 144 | 36 | 4,344 | 117 | 4,461 |
| 長　　　野 | 736 | 2,108 | 2,844 | 257 | 17,209 | 1,803 | 19,012 |
| 静　　　岡 | 486 | 641 | 1,127 | 218 | 9,162 | 987 | 10,149 |
| （小　　計） | (3,697) | (5,530) | (9,227) | (1,151) | (85,807) | (10,592) | (96,399) |
| 新　　　潟 | 1,258 | 11,875 | 13,133 | 460 | 26,419 | 9,720 | 36,139 |
| 富　　　山 | 430 | 4,124 | 4,554 | 136 | 8,854 | 7,271 | 16,125 |
| 石　　　川 | 1,335 | 3,935 | 5,270 | 402 | 19,346 | 3,952 | 23,298 |
| 福　　　井 | 214 | 946 | 1,160 | 62 | 2,338 | 1,058 | 3,396 |
| （小　　計） | (3,237) | (20,880) | (24,117) | (1,060) | (56,957) | (22,001) | (78,958) |
| 岐　　　阜 | 671 | 2,826 | 3,497 | 261 | 9,250 | 3,117 | 12,367 |
| 愛　　　知 | 1,555 | 5,180 | 6,735 | 647 | 24,697 | 5,008 | 29,705 |
| 三　　　重 | 1,345 | 8,224 | 9,569 | 755 | 20,026 | 4,553 | 24,579 |
| （小　　計） | (3,571) | (16,230) | (19,801) | (1,663) | (53,973) | (12,678) | (66,651) |
| 滋　　　賀 | 859 | 6,431 | 7,290 | 451 | 19,735 | 3,432 | 23,167 |
| 京　　　都 | 971 | 1,276 | 2,247 | 465 | 13,403 | 2,057 | 15,460 |
| 大　　　阪 | 1,292 | 2,275 | 3,567? | 280 | 17,645 | 3,780 | 21,425 |
| 兵　　　庫 | 5,784 | 49,901 | 55,685 | 2,491 | 56,307 | 15,601 | 71,908 |
| 奈　　　良 | 1,632 | 12,135 | 13,767 | 559 | 18,445 | 4,509 | 22,954 |
| 和　歌　山 | 1,124 | 7,068 | 8,192 | 446 | 11,282 | 5,210 | 16,492 |
| （小　　計） | (11,662) | (79,086) | (90,748) | (4,692) | (136,817) | (34,589) | (171,406) |
| 鳥　　　取 | 401 | 1,324 | 1,725 | 215 | 5,758 | 2,027 | 7,785 |
| 島　　　根 | 898 | 16,999 | 17,897? | 290 | 11,648 | 9,157 | 20,805 |
| 岡　　　山 | 2,856 | 7,714 | 10,570 | 1,049 | 35,443 | 7,765 | 43,208 |
| 広　　　島 | 2,724 | 13,257 | 15,981 | 1,326 | 30,234 | 14,483 | 44,717 |
| 山　　　口 | 1,677 | 15,084 | 16,761 | 334 | 25,717 | 12,748 | 38,465 |
| 徳　　　島 | 199 | 1,189 | 1,388 | 68 | 2,683 | 992 | 3,675 |
| 香　　　川 | 932 | 11,484 | 12,416 | 254 | 42,674 | 5,487 | 48,161 |
| 愛　　　媛 | 1,480 | 3,657 | 5,137 | 710 | 24,137 | 16,339 | 40,476 |
| 高　　　知 | 141 | 380 | 521 | 75 | 1,680 | 611 | 2,291 |
| （小　　計） | (11,308) | (71,088) | (82,396) | (4,321) | (179,974) | (69,609) | (249,583) |
| 福　　　岡 | 2,505 | 4,551 | 7,056 | 566 | 48,826 | 9,850 | 58,676 |
| 佐　　　賀 | 964 | 1,308 | 2,272 | 238 | 23,745 | 2,810 | 26,555 |
| 長　　　崎 | 753 | 12,816 | 13,569? | 280 | 10,461 | 4,552 | 15,013 |
| 熊　　　本 | 564 | 1,678 | 2,242 | 200 | 8,691 | 2,044 | 10,735 |
| 大　　　分 | 1,388 | 2,514 | 3,902 | 456 | 40,410 | 3,076 | 43,486 |
| 宮　　　崎 | 638 | 297 | 935 | 223 | 8,406 | 1,435 | 9,841 |
| 鹿　児　島 | 391 | 293 | 684 | 197 | 7,941 | 1,203 | 9,144 |
| （小　　計） | (7,203) | (23,457) | (30,660) | (2,160) | (148,480) | (24,970) | (173,450) |
| 総　　　計 | (48,956) | (240,757) | (289,713) | (18,113) | (909,397) | (206,221) | (1,115,618) |

農林省農地局資源課（1955）より作成

表1-3② 1952〜54年度におけるため池による都道府県別貯水量

| 都道府県 | 受益面積 5 ha〜 | 〜5 ha | 計 | 1979年時参考値 |
|---|---|---|---|---|
| 北 海 道 | (49,157) | (1,182) | (50,339) | (307,970) 千m³ |
| 青　　　森 | 73,403 | 3,371 | 76,774 | 43,404 |
| 岩　　　手 | 34,168 | 10,645 | 44,813 | 170,129 |
| 宮　　　城 | 30,412 | 11,084 | 41,496 | 20,277 |
| 秋　　　田 | 94,613 | 10,186 | 104,799 | 89,592 |
| 山　　　形 | 35,915 | 3,021 | 38,936 | 69,791 |
| 福　　　島 | 56,489 | 12,229 | 68,718 | 118,226 |
| （小　　計） | (325,000) | (50,536) | (375,536) | (511,399) |
| 茨　　　城 | 20,149 | 3,494 | 23,648 | 5,851 |
| 栃　　　木 | 3,652 | 391 | 4,043 | 3,461 |
| 群　　　馬 | 9,157 | 1,021 | 10,178 | 13,551 |
| 埼　　　玉 | 6,597 | 2,549 | 9,146 | 10,205 |
| 千　　　葉 | 23,431 | 1,325 | 24,756 | 19,831 |
| 東　　　京 | 163 | 52 | 215 | 59 |
| 神　奈　川 | 1,038 | 227 | 1,265 | 3 |
| 山　　　梨 | 3,111 | 55 | 3,166 | 3,181 |
| 長　　　野 | 23,353 | 3,880 | 27,233 | 22,950 |
| 静　　　岡 | 9,915 | 不 明 | 9,915 | 8,792 |
| （小　　計） | (100,566) | (12,994) | (113,560) | (87,884) |
| 新　　　潟 | 34,472 | 8,658 | 43,130 | 34,564 |
| 富　　　山 | 9,817 | 3,509 | 13,326 | 10,602 |
| 石　　　川 | 21,273 | 4,721 | 25,994 | 18,535 |
| 福　　　井 | 2,615 | 1,613 | 4,228 | 1,418 |
| （小　　計） | (68,177) | (18,501) | (86,678) | (65,119) |
| 岐　　　阜 | 17,033 | 4,856 | 21,889 | 21,208 |
| 愛　　　知 | 68,206 | 13,758 | 81,964 | 96,192 |
| 三　　　重 | 51,872 | 9,621 | 61,493 | 185,602 |
| （小　　計） | (137,111) | (28,235) | (165,346) | (303,002) |
| 滋　　　賀 | 40,612 | 5,628 | 46,240 | 48,696 |
| 京　　　都 | 22,056 | 3,090 | 25,146 | 10,782 |
| 大　　　阪 | 59,821 | 13,581 | 73,402 | 42,867 |
| 兵　　　庫 | 181,716 | 59,869 | 241,585 | 115,325 |
| 奈　　　良 | 41,290 | 8,272 | 49,562 | 26,755 |
| 和　歌　山 | 44,759 | 23,357 | 68,116 | 28,583 |
| （小　　計） | (390,254) | (113,797) | (504,051) | (273,008) |
| 鳥　　　取 | 18,531 | 2,685 | 21,216 | 8,007 |
| 島　　　根 | 16,535 | 11,284 | 27,819 | 10,412 |
| 岡　　　山 | 83,165 | 38,237 | 121,402 | 94,956 |
| 広　　　島 | 48,832 | 21,580 | 70,412 | 35,832 |
| 山　　　口 | 52,992 | 22,606 | 75,598 | 38,094 |
| 徳　　　島 | 5,948 | 1,500 | 7,448 | 4,312 |
| 香　　　川 | 135,330 | 30,149 | 165,479 | 104,839 |
| 愛　　　媛 | 60,437 | 18,622 | 79,059 | 29,933 |
| 高　　　知 | 2,305 | 941 | 3,246 | 3,279 |
| （小　　計） | (424,075) | (147,604) | (571,679) | (898,191) |
| 福　　　岡 | 86,967 | 26,144 | 113,111 | 57,617 |
| 佐　　　賀 | 34,657 | 7,638 | 42,295 | 28,358 |
| 長　　　崎 | 39,390 | 11,805 | 51,195 | 27,028 |
| 熊　　　本 | 14,422 | 2,705 | 17,127 | 8,942 |
| 大　　　分 | 56,591 | 6,379 | 62,970 | 34,133 |
| 宮　　　崎 | 15,952 | 2,099 | 18,051 | 13,856 |
| 鹿　児　島 | 13,845 | 3,855 | 17,700 | 8,645 |
| （小　　計） | (261,824) | (60,625) | (322,449) | (178,579) |
| 総　　　計 | (1,756,164) | (433,474) | (2,189,638) | (2,026,098) |

農林省農地局資源課(1955)と農林水産省構造改善局地域計画課(1981)より作成

表1-4  1952～54年度調査における分析対象となった都道府県別ため池数

| 受益面積<br>都道府県 | 5～10 ha | 10～20 ha | 20 ha～ | 計 |
|---|---|---|---|---|
| 北 海 道 | (29) | (37) | (130) | (196) |
| 青　　森 | 225 | 160 | 231 | 616 |
| 岩　　手 | 626 | 279 | 225 | 1,130 |
| 宮　　城 | 740 | 273 | 240 | 1,253 |
| 秋　　田 | 697 | 507 | 721 | 1,925 |
| 山　　形 | 263 | 238 | 302 | 803 |
| 福　　島 | 846 | 654 | 660 | 2,160 |
| （小　　計） | (3,397) | (2,111) | (2,379) | (7,887) |
| 茨　　城 | 267 | 195 | 193 | 655 |
| 栃　　木 | 176 | 98 | 91 | 365 |
| 群　　馬 | 122 | 67 | 92 | 281 |
| 埼　　玉 | 116 | 56 | 34 | 206 |
| 千　　葉 | 264 | 267 | 223 | 754 |
| 東　　京 | 12 | 6 | 0 | 18 |
| 神 奈 川 | 51 | 16 | 10 | 77 |
| 山　　梨 | 45 | 38 | 26 | 109 |
| 長　　野 | 243 | 223 | 269 | 735 |
| 静　　岡 | 207 | 142 | 136 | 485 |
| （小　　計） | (1,503) | (1,108) | (1,074) | (3,685) |
| 新　　潟 | 516 | 341 | 399 | 1,256 |
| 富　　山 | 115 | 92 | 82 | 289 |
| 石　　川 | 714 | 340 | 270 | 1,324 |
| 福　　井 | 119 | 65 | 30 | 214 |
| （小　　計） | (1,464) | (838) | (781) | (3,083) |
| 岐　　阜 | 289 | 236 | 135 | 660 |
| 愛　　知 | 813 | 382 | 328 | 1,523 |
| 三　　重 | 636 | 352 | 306 | 1,300 |
| （小　　計） | (1,738) | (976) | (769) | (3,483) |
| 滋　　賀 | 307 | 189 | 152 | 648 |
| 京　　都 | 453 | 276 | 198 | 927 |
| 大　　阪 | 392 | 416 | 519 | 1,327 |
| 兵　　庫 | 2,387 | 1,046 | 614 | 4,047 |
| 奈　　良 | 705 | 386 | 256 | 1,347 |
| 和 歌 山 | 521 | 215 | 138 | 874 |
| （小　　計） | (4,765) | (2,528) | (1,877) | (9,170) |
| 鳥　　取 | 201 | 108 | 91 | 400 |
| 島　　根 | 478 | 221 | 198 | 897 |
| 岡　　山 | 1,332 | 665 | 339 | 2,336 |
| 広　　島 | 1,528 | 576 | 338 | 2,442 |
| 山　　口 | 1,003 | 360 | 274 | 1,637 |
| 徳　　島 | 113 | 47 | 39 | 199 |
| 香　　川 | 365 | 259 | 307 | 931 |
| 愛　　媛 | 778 | 371 | 329 | 1,478 |
| 高　　知 | 75 | 42 | 24 | 141 |
| （小　　計） | (5,873) | (2,649) | (1,939) | (10,461) |
| 福　　岡 | 1,077 | 727 | 643 | 2,447 |
| 佐　　賀 | 347 | 318 | 277 | 942 |
| 長　　崎 | 375 | 223 | 148 | 746 |
| 熊　　本 | 296 | 153 | 114 | 563 |
| 大　　分 | 750 | 385 | 250 | 1,385 |
| 宮　　崎 | 321 | 179 | 111 | 611 |
| 鹿 児 島 | 171 | 104 | 112 | 387 |
| （小　　計） | (3,337) | (2,089) | (1,625) | (7,081) |
| 総　　計 | (22,106) | (12,336) | (10,604) | (45,046) |

農林省農地局資源課（1957a,b）より作成

ものと思われる。その後、農林水産省は1979年度と1989年度にも長期要防災事業量調査の一環として全国規模でため池の実態調査を行い、ため池台帳にまとめた(農林水産省構造改善局地域計画課1981, 1991)。これらは調査当時の全国のため池の実態をかなり詳細にとらえている。しかし、3つのため池台帳の調査項目と調査対象は異なる部分も多く、すべての調査項目について比較、分析することは困難である。そこで、筆者は各ため池台帳に見られるため池の実態について分析して、それぞれの調査時での特色を述べ、各台帳間で比較が可能な項目については可能なかぎり比較考察を行い、ため池の存在形態の変化をとらえることにした。なお、これらの台帳には、後述のように誤りと思われる数値が散見され、その意味においてもため池の存在形態を厳密に比較するには困難があることを指摘しておきたい。

### (1) 1952～54年度調査からみた特色

農林省農地局資源課は1952～54年度に、全国のため池の実態を把握するために調査を行った。調査項目は**表1-2**に示す通りで、主たる調査対象は受益面積5ha以上のため池であるが、受益面積5ha未満のため池についても、個数、貯水量、故障の一般的傾向が調査されている。その結果によれば、全国のため池総数は289,713、うち受益面積5ha以上のため池は48,956、5ha未満のため池は240,757であって、5ha未満の小規模なものが全体の83％を占めている。そして、全国のため池による延受益面積の合計は111万5,618ha(当時の水田面積の36.8％分)で、貯水量の合計は21億8,963万8千$m^3$である(**表1-3**)。このうち、受益面積5ha以上のため池は延受益面積総計の81.5％分、貯水量総計の80.2％を占めている。都道府県別では兵庫県がため池数、受益面積、貯水量とも最大である。ため池数が1万を越える府県は兵庫の55,685に続いて、島根17,897、山口16,761、広島15,981、奈良13,767、長崎13,569、新潟13,133、香川12,416、岡山10,570である。ため池数がおよそ700以下は、東京の47を最低として、神奈川、山梨、高知、群馬、栃木、鹿児島である(**図1-1**)。ため池は一般に言われているように、瀬戸内海沿岸と近畿地域に多く分布することがわかるが、この調査における大阪府のため池数3,567は少なすぎる値で、後述のように1万以上と思われる。なお、島根県と長崎県の値も受益面積5ha未満のため池について約1万多いと思われる。

この調査結果のうち、受益面積5ha以上のため池に関しては東京大学農学部農業工学科によって分析が行われた(農林省農地局資源課1957a, b)。その分析結果は次のようにまとめられる(**表1-2、3、4**)。

ア．分析対象となった受益面積5ha以上のため池数は調査項目毎に若干異なっているが、総数で約45,000である。そして、受益面積5ha未満のため池約3,700も項目によっては分析に加えられた。地域別のため池数(以下、本分析結果の中では調査対象となった受益面積5ha以上のため池を指す)は近畿11,662、中国・四国11,308、東北8,079である。都道府県別では兵庫、広島、岡山、福岡、福島の4県が2千以上のため池を有し、秋田、山口、奈良、愛知が1,500以上で次に続く。ため池数が特に少ない都道府県は東京、神奈川、高知、徳島である。受益面積区分毎のため池数は5～10haが最も多く、次は10～20haで、受益面積が大きくなるほど池数は少なくなる。

イ．分析対象のため池による全国の灌漑延面積の合計は909,397haである。地域的には東北221,495ha、中国・四国179,974haと近畿136,817haが多い。北海道は受益面積に比べてため池数が少ないことから、大規模なため池が多い。灌漑面積の広い県は秋田、兵庫、福岡、福島、岡山で、特に少ないのは東京、神奈川、高知、徳島である。

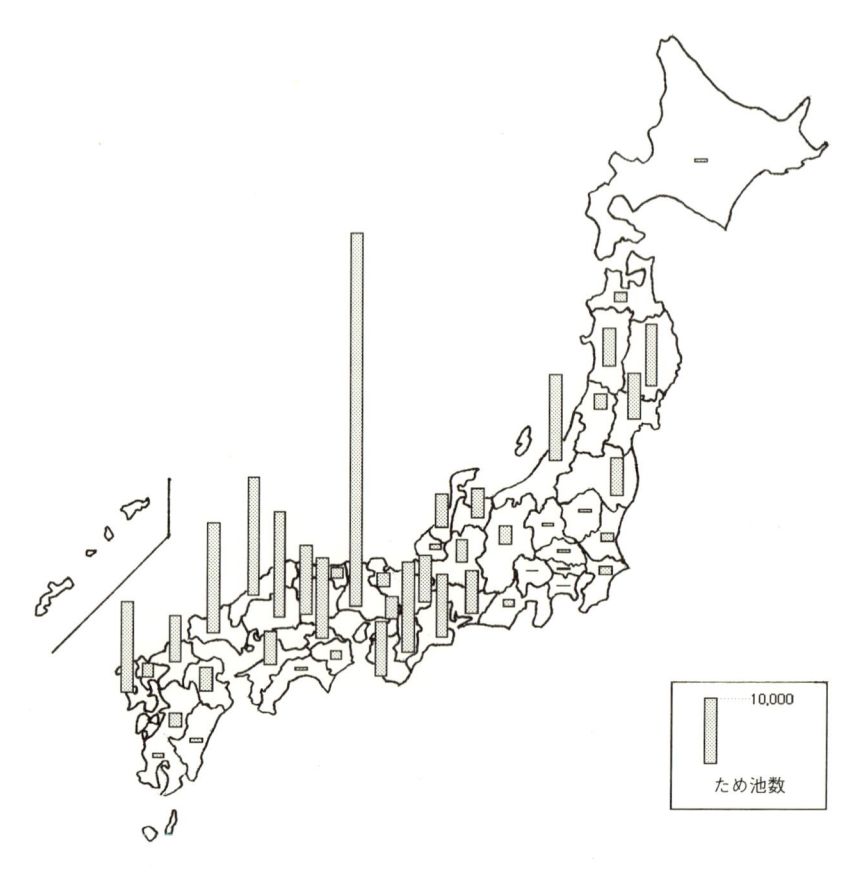

**図1-1 1952〜54年度における都道府県別ため池数**
農林省農地局資源課(1955)より作成

ウ．ため池の管理者は、個人・申合せ組合が圧倒的に多く、全体の40.6％、次いで市町村が25.8％、その他20.4％、土地改良区7.4％である。この他、現在は存在しない管理者として耕地整理組合(1.3％)、水害予防組合(0.03％)がある。これらはその後、土地改良区や市町村等に管理者が変更されていく。その他の分類のうち、約半数は区長や集落の代表であり、これらは集落が実際上、共同管理しているため池を指すと思われる。

エ．貯水量の全国集計は17億5,616万4千$m^3$である。実際の使用量は2回以上利用する例が多いので、これをはるかに上回る量となる。地域別では近畿3億9,025万4千$m^3$、中国・四国4億2,407万5千$m^3$、東北3億2,500万$m^3$の順である。都道府県別では兵庫が1億8,171万6千$m^3$で特に多く、続いて秋田、福岡、岡山が8,000万$m^3$以上である。特に少ないのは東京、神奈川、高知、福井、山梨、栃木である。

オ．堤高では全国的に5〜10mが最も多く(47.8％)、次いで5m未満(32.3％)、10〜15m(13.3％)、不明(1.8％)、20〜30m(1.2％)の順で、30m以上のものはわずか0.2％である。30m以上が最も多い地域は中国・四国であり、北海道では皆無である。

カ．堤長では全国的にみて、50〜100mが最も多く(37.5％)、全体の約80％までが30〜200mの範囲にある。30m未満や200m以上はいずれも約10％と少ない。

キ．機能障害の原因別は次の10項目について調査された。以下に項目、該当する池数と復旧見込

額を示す。

i) 満水しない：629、4.42 億円、ii) 堤体から漏水する：7,635、42.5 億円、iii) 池敷より漏水する：1,025、5.24 億円、iv) 土砂が堆積して機能を害する：4,251、19.7 億円、v) 堤体沈下・法面破損：4,152、18.3 億円、vi) 余水吐能力不足及び破損：4,548、11.7 億円、vii) 取水装置破損：4,705、13.7 億円、viii) クラウチング不良：58、5,500 万円、ix) 温水取水不能：75、935 万円、x) 前記 9 項目以外の被害：673、4.1 億円である。いずれの項目においても、地域的には中国・四国、近畿、東北の占める割合が多い。また、この調査によって要改良池の総数が約 19,000 であることがわかり、その復旧額は約 120 億 9 千万円と見積もられた。

調査対象のため池のうち、約 18,000 の要改良池については、次の 9 項目の調査がされた。その結果を以下に要約する。

ア．単位流域面積当貯水量では、1,800 m³ 以上が 21.8％、200 m³ 以下が 18.0％、200～400 m³ が 14.3％である。地域別にみると、近畿では 1800 m³ 以上が 27.5％、200 m³ 以下が 10.2％であるのに対して、東北では前者が 16.0％、後者が 27.3％、北海道でも前者が 6.2％、後者が 26.6％である。北海道や東北ではため池の集水域が広く、近畿では狭いと言える。

イ．貯水池利用回数では、1 回未満が 21.4％、1～2 回が 21.6％、2～3 回が 23.2％、3 回以上が 27.6％である。北海道では 1 回未満が 59.4％であるが、中国・四国では 1 回未満が 12.6％、3 回以上が 37.9％、九州ではそれぞれ 7.3％と 37.3％と逆転して、中国・四国や九州におけるため池の依存度が高い。

ウ．構築年代別では明治以前が 52.6％、昭和 2～20 年が 8.1％で、他の時代は 6％未満である。北海道では明治以前は 0％であるが、他の地域では明治以前が最も多い。

エ．集水面積に対する満水面積の比率は 1/30 が 46.2％、1/10～1/20 が 15.7％、1/20～1/30 が 12.3％である。地域別にはあまり差異がないが、ため池は広い範囲から集水しているといえる。

オ．漏水原因別では老朽が 37.6％、刃金の亀裂・破損が 18.5％、施工不良が 9.3％で、他は 4％未満である。北海道では老朽と他の原因とがほぼ同じ割合であるが、他の地域では老朽が最も多い。

カ．堆砂率では 5％未満が 29.9％、10～20％が 13.2％、20～30％が 11.0％、その他は 10％未満である。地域別では中国・四国において 5％未満の池の占める割合が 44.4％と高く、10～30％までの割合は 15.2％である。これに対して近畿では前者が 17.4％、後者が 66.2％となり、近畿地域のため池は築造年が古く、堆砂が他地域より進行していると思われる。

キ．堤体断面破損箇所では前刃金内法が 40.6％、外法が 14.0％、波除石垣が 10.5％、法尻腰石垣が 3.8％で、前刃金内法の損傷が多い。前刃金内法の損傷が特に多いのは中国・四国地域の 56.7％と近畿地域の 53.2％である。

ク．余水吐溢流部幅(m)/集水面積(ha)では 0.1 未満が 34.8％、0.1～0.2 が 19.8％、0.2～0.3 が 10.2％と、小さい値のものが全国的に多い。

ケ．底樋材料別では木材が 41.7％、土管が 18.8％、コンクリートが 13.3％、石材が 9.8％、ヒューム管が 5.7％である。近畿と東北では木材の割合がそれぞれ 51.5％、58.7％と多い。九州では木材 27.7％に対して、石材も 23.1％と高い割合を示している。

（2）1979 年度調査から見た特色

1979 年度調査は受益面積を初めとする 18 項目について実施された（**表 1-5**）。1952～54 年度調査

表1-5 1979年度におけるため池の状況(現況受益面積1ha以上地区まとめ)

| 項目 | | 地区数(池数) | 実受益積(ha) | 項目 | | 地区数(池数) | 実受益積(ha) |
|---|---|---|---|---|---|---|---|
| 受益面積 | 2ha未満 | 23,822 | 19,868 | ☆地域指定Ⅰ | 振興山村 | 15,039 | 249,253 |
| | 2〜5ha | 27,618 | 66,978 | | 過疎 | 22,931 | 290,204 |
| | 5〜20ha | 32,976 | 251,808 | | 離島 | 1,928 | 18,714 |
| | 20〜40ha | 8,181 | 170,607 | | 豪雪 | 14,660 | 199,771 |
| | 40ha以上 | 4,967 | 627,803 | | 特別豪雪 | 3,421 | 111,431 |
| 諸元型式 | アースフィルダム | 87,332 | 903,749 | | 振興山村、過疎、離島、特別豪雪 | 30,764 | 442,963 |
| | ロックフィルダム | 275 | 29,591 | | 振興山村、過疎、離島、豪雪、特別豪雪 | 38,630 | 556,439 |
| | 重力式コンクリートダム | 821 | 95,402 | | 指定なし | 58,934 | 580,625 |
| | 重力式以外のコンクリートダム | 54 | 1,550 | ☆地域指定Ⅱ | 地震観測強化 | 2,579 | 15,948 |
| | その他 | 9,082 | 106,772 | | 地震特定観測 | 33,505 | 321,546 |
| *事業主体 | 国 | 167 | 118,392 | | 地すべり | 1,628 | 9,202 |
| | 県 | 556 | 139,652 | | 台風常襲 | 22,964 | 211,007 |
| | 市町村 | 2,242 | 66,857 | | 地震+地すべり | 627 | 4,312 |
| | 土地改良区 | 1,435 | 92,896 | | 地震+台風 | 4,092 | 31,211 |
| | 集落または申し合わせ組合 | 11,993 | 226,625 | | 地すべり+台風 | 182 | 1,582 |
| | 個人 | 279 | 5,604 | | 地震+地すべり+台風 | 4 | 541 |
| | その他 | 364 | 14,913 | | 指定なし | 41,785 | 565,925 |
| | 不明 | 6,794 | 200,624 | ☆大改修の有無 | 改修あり 取水施設 | 12,634 | 303,980 |
| *築造年代 | 近世以前 | 8,229 | 226,542 | | 洪水吐 | 12,548 | 291,140 |
| | 明治 | 3,204 | 73,953 | | 堤体 | 13,867 | 323,107 |
| | 大正 | 1,021 | 38,462 | | 取水施設、洪水吐、堤体 | 19,878 | 409,474 |
| | 昭和(1〜19年) | 1,668 | 115,772 | | 改修なし | 77,686 | 727,590 |
| | 昭和(20年以降) | 1,434 | 258,791 | 築造時の使用目的 | 用水補給 | 91,464 | 974,854 |
| | 不明 | 8,315 | 152,107 | | 水温上昇 | 488 | 13,482 |
| 大改修 | 昭和20年以降に実施 | 19,878 | 409,474 | | 洪水調節 | 151 | 7,515 |
| | 未実施 | 77,686 | 727,590 | | 用水補給+水温上昇 | 3,182 | 51,107 |
| 所有者 | 国 | 12,561 | 239,002 | | 用水補給+洪水調節 | 1,498 | 30,596 |
| | 県 | 327 | 58,489 | | 水温上昇+洪水調節 | 23 | 177 |
| | 市町村 | 18,290 | 176,664 | | 用水補給+水温上昇+洪水調節 | 516 | 33,226 |
| | 土地改良区 | 3,634 | 215,483 | | その他 | 170 | 25,915 |
| | 集落または申し合わせ組合 | 47,562 | 378,879 | | 不明 | 72 | 192 |
| | 個人 | 12,311 | 33,258 | 堤高 | 〜5m | 39,374 | 218,878 |
| | その他 | 1,089 | 24,078 | | 5〜10m | 47,206 | 407,006 |
| | 不明 | 1,790 | 11,211 | | 10〜15m | 8,178 | 161,312 |
| 管理者 | 国 | 235 | 34,774 | | 15〜30m | 2,602 | 187,456 |
| | 県 | 147 | 34,853 | | 30m〜 | 204 | 162,412 |
| | 市町村 | 11,924 | 120,507 | *線引区分 | 農振地域 | 19,104 | 625,217 |
| | 土地改良区 | 7,069 | 363,728 | | 農振地域.市街化区域以外 | 3,904 | 220,596 |
| | 集落または申し合わせ組合 | 62,314 | 502,827 | | 市街化区域 | 831 | 19,770 |
| | 個人 | 14,050 | 48,550 | 最大日雨量 | 〜100 mm | 2 | 436 |
| | その他 | 1,120 | 29,643 | | 100〜300 mm | 37,735 | 532,252 |
| | 不明 | 705 | 2,182 | | 300〜500 mm | 40,945 | 407,421 |
| *利用状況 | 農業用水 | 23,454 | 803,144 | | 500〜1000mm | 18,714 | 194,602 |
| | 他種用水+農業用水 | 131 | 42,224 | | 1000mm〜 | 168 | 2,353 |
| | 他種用水 | 8 | 33 | 最大10分間雨量 | 〜20mm | 37,600 | 538,176 |
| | 用水以外+農業用水 | 53 | 13,375 | | 20〜25mm | 49,748 | 495,581 |
| | 用水以外 | 38 | 4,633 | | 25mm〜 | 10,216 | 103,307 |
| | ほとんど未利用・不明 | 157 | 2,308 | 農振率 | 〜50% | 11,993 | 84,271 |
| 有効貯水量 | 〜5,000m³ | 48,451 | 153,407 | | 50〜80% | 1,316 | 23,805 |
| | 5,000〜10,000m³ | 17,515 | 109,522 | | 80%〜 | 84,255 | 1,028,988 |
| | 10,000〜30,000m³ | 19,373 | 204,043 | | 計 | 97,564 | 1,137,064 |
| | 3〜10万m³ | 9,255 | 184,874 | | | | |
| | 10〜100万m³ | 2,757 | 254,072 | | | | |
| | 100万m³〜 | 213 | 231,146 | | | | |
| | 計 | 97,564 | 1,137,064 | | | | |

*事業主体と築造年代の対象地区数は23,871、利用状況は23,841、線引区分は23,839である。☆池数はダブルカウントされているものがある。

農林水産省構造改善局地域計画課(1981)より作成

第1章　わが国におけるため池の存在形態

表1-6　1979年度調査におけるため池の規模の分類基準

| 受益面積 | | 40 ha | 20〜40 ha | 5〜20 ha | 〜5 ha |
|---|---|---|---|---|---|
| 堤高 | 10 m〜 | 大規模 | 中規模 | 中規模 | 小規模 |
| | 〜10 m | 大規模 | 中規模 | 小規模 | 小規模 |

農林水産省構造改善局地域計画課(1981)より作成

と異なるのは、調査項目の違いの他に、受益面積1ha以上のため池を調査対象とした点と、それらのため池を受益面積と堤高によって大規模、中規模、小規模の3つに分類した点である(表1-6)。この調査については白井・成瀬(1983)が詳細な分析を行っているので、それに基づいて特色を述べる(表1-5、7、8、9)。なお、1979年度調査と1989年度調査においては、ため池数に代わってため池地区数が表記された。ため池地区数の定義はないが、親池に子池や孫池が連結している際に、子池・孫池分を親池に含めて記したものと解釈される。したがって、ため池地区数は実際のため池数から子池・孫池数を差し引いたものになる。しかし、後の1989年度調査において示されるように、1989年度のため池総数の約70％が子池を持たない単独池であることから、ため池地区数はため池数とおおむね等しいと考えられる。そこで、筆者は1979年度調査と1989年度調査において、ため池地区数をため池数と等しいものとして取り扱った。

　ア．受益面積1ha以上のため池の総数は97,564で、うち大規模ため池は4,967(総数の5.1％)、中規模ため池は12,714(同13.0％)、小規模ため池は79,883(同81.9％)である。地域別では大規模、中規模ため池は東北に多く、小規模ため池は近畿と中国・四国に多い。都道府県別では最もため池数の多いのは兵庫(10,427)、続いて広島(7,465)、岡山(6,561)であり、最も少ないのは東京(16)で、以下、神奈川(36)、沖縄(62)、山梨(131)の順である。このうち、岡山県のため池数は後述の1989年時調査では受益面積1ha以上のものが7,077であるので(農林水産省構造改善局地域計画課1991)、1979年時時の値は小さすぎるように思われる。

　イ．実受益面積の総計は1,137,064 haで、地域別では東北(290,692 ha)、中国・四国(218,882 ha)近畿(164,095 ha)の順である。都道府県別では兵庫(65,362 ha)、香川(59,575 ha)、北海道(54,702 ha)、福岡(53,072 ha)、岡山(47,637 ha)の順である。なお、延受益面積の総計は1,341,470 haである。実受益面積とは親池と子池・孫池が連結している場合に、親池のみの受益面積を示すもので、延受益面積とは子池・孫池の受益面積までを加えた値である。

　ウ．堤高では、中規模ため池を除いては、5〜10 mの堤高のため池が最も多く、全体の半数を占める。堤高10 m未満のため池では全体の88.7％になる。堤高30 m以上のため池は大規模と中規模のため池に見られ、都道府県別では愛知、香川、福島、岩手、山形に多い。

　エ．築造年代では江戸時代以前のものがため池総数の34.5％、実受益面積の26.2％を占める。これらは香川県をはじめとする瀬戸内と近畿地域に多い。江戸時代以降のため池は東北や関東に多い。

　オ．型式ではアースフィルダムが総数の89.5％、受益面積の79.5％を占める。

　カ．有効貯水量では、30,000 $m^3$ 以下の小規模ため池が総数の87.5％を占める。

　キ．事業主体、管理者では集落・申し合わせ組合によるものが最も多く、それぞれの割合は12.3％、63.9％である。

　ク．ため池の利用と築造時の使用目的では、一部で水温上昇や洪水調節を目的とするものが見られるが、利用の98.2％、使用目的の93.7％が農業用水のみの目的である。

　ケ．改修状況では、東海や北陸では取水施設と堤体の改修が多いが、近畿以西の地域では堤体の

表1-7　1979年度調査における都道府県別ため池地区数（現況受益面積1ha以上）

| 都道府県 \ 受益面積 | 200ha～ | 40～200ha | 20～40ha | 5～20ha | 2～5ha | 1～2ha | 計 | 大規模 | 中規模 | 小規模 |
|---|---|---|---|---|---|---|---|---|---|---|
| 北海道 | (42) | (106) | (68) | (214) | (645) | (660) | (1,735) | (148) | (91) | (1,496) |
| 青森 | 24 | 113 | 103 | 282 | 379 | 303 | 1,204 | 137 | 108 | 959 |
| 岩手 | 12 | 51 | 100 | 572 | 391 | 348 | 1,474 | 63 | 120 | 1,291 |
| 宮城 | 13 | 108 | 246 | 946 | 866 | 375 | 2,554 | 121 | 263 | 2,170 |
| 秋田 | 45 | 304 | 412 | 729 | 309 | 294 | 2,093 | 349 | 484 | 1,260 |
| 山形 | 51 | 159 | 186 | 305 | 210 | 190 | 1,101 | 210 | 204 | 687 |
| 福島 | 40 | 212 | 425 | 1,545 | 505 | 252 | 2,979 | 252 | 513 | 2,214 |
| (小計) | (185) | (947) | (1,472) | (4,379) | (2,660) | (1,762) | (11,405) | (1,132) | (1,692) | (8,581) |
| 茨城 | 2 | 63 | 157 | 642 | 541 | 190 | 1,595 | 65 | 159 | 1,371 |
| 栃木 | 2 | 21 | 52 | 206 | 149 | 63 | 493 | 23 | 53 | 417 |
| 群馬 | 13 | 26 | 42 | 214 | 187 | 70 | 552 | 39 | 50 | 463 |
| 埼玉 | 4 | 15 | 40 | 263 | 212 | 75 | 609 | 19 | 50 | 540 |
| 千葉 | 7 | 124 | 192 | 557 | 221 | 108 | 1,209 | 131 | 251 | 827 |
| 東京 | 0 | 0 | 1 | 9 | 6 | 0 | 16 | 0 | 4 | 12 |
| 神奈川 | 0 | 2 | 0 | 14 | 12 | 8 | 36 | 2 | 0 | 34 |
| 山梨 | 2 | 14 | 25 | 85 | 5 | 0 | 131 | 16 | 38 | 77 |
| 長野 | 18 | 101 | 197 | 565 | 340 | 245 | 1,466 | 119 | 227 | 1,120 |
| 静岡 | 6 | 30 | 77 | 285 | 251 | 57 | 706 | 36 | 122 | 548 |
| (小計) | (54) | (396) | (783) | (2,840) | (1,924) | (816) | (6,813) | (450) | (954) | (5,409) |
| 新潟 | 19 | 176 | 237 | 599 | 468 | 342 | 1,841 | 195 | 315 | 1,331 |
| 富山 | 9 | 39 | 82 | 460 | 511 | 785 | 1,886 | 48 | 131 | 1,707 |
| 石川 | 6 | 126 | 160 | 897 | 783 | 525 | 2,497 | 132 | 282 | 2,083 |
| 福井 | 0 | 12 | 35 | 206 | 187 | 90 | 530 | 12 | 54 | 464 |
| (小計) | (34) | (353) | (514) | (2,162) | (1,949) | (1,742) | (6,754) | (387) | (782) | (5,585) |
| 岐阜 | 4 | 78 | 111 | 517 | 430 | 219 | 1,359 | 82 | 176 | 1,101 |
| 愛知 | 9 | 95 | 173 | 885 | 585 | 315 | 2,062 | 104 | 229 | 1,729 |
| 三重 | 8 | 110 | 219 | 862 | 331 | 189 | 1,719 | 118 | 401 | 1,200 |
| (小計) | (21) | (283) | (503) | (2,264) | (1,346) | (723) | (5,140) | (304) | (806) | (4,030) |
| 滋賀 | 7 | 70 | 161 | 564 | 278 | 288 | 1,368 | 77 | 225 | 1,066 |
| 京都 | 4 | 42 | 152 | 660 | 514 | 346 | 1,718 | 46 | 219 | 1,453 |
| 大阪 | 11 | 106 | 195 | 925 | 1,080 | 2,427 | 4,744 | 117 | 280 | 4,347 |
| 兵庫 | 16 | 490 | 902 | 3,955 | 2,936 | 2,128 | 10,427 | 506 | 1,395 | 8,526 |
| 奈良 | 3 | 88 | 246 | 953 | 595 | 673 | 2,558 | 91 | 433 | 2,034 |
| 和歌山 | 4 | 62 | 188 | 756 | 746 | 1,336 | 3,092 | 66 | 500 | 2,526 |
| (小計) | (45) | (858) | (1,844) | (7,813) | (6,149) | (7,198) | (23,907) | (903) | (3,052) | (19,952) |
| 鳥取 | 1 | 28 | 57 | 351 | 339 | 191 | 967 | 29 | 99 | 839 |
| 島根 | 3 | 38 | 137 | 580 | 865 | 1,214 | 2,837 | 41 | 198 | 2,598 |
| 岡山 | 15 | 192 | 454 | 2,010 | 2,269 | 1,621 | 6,561 | 207 | 793 | 5,561 |
| 広島 | 8 | 124 | 348 | 1,973 | 2,485 | 2,527 | 7,465 | 132 | 752 | 6,581 |
| 山口 | 6 | 95 | 166 | 1,115 | 867 | 421 | 2,670 | 101 | 393 | 2,176 |
| 徳島 | 0 | 20 | 52 | 164 | 160 | 161 | 557 | 20 | 101 | 436 |
| 香川 | 46 | 169 | 233 | 940 | 840 | 1,495 | 3,723 | 215 | 379 | 3,129 |
| 愛媛 | 12 | 72 | 197 | 883 | 890 | 728 | 2,782 | 84 | 406 | 2,292 |
| 高知 | 3 | 6 | 32 | 122 | 86 | 42 | 291 | 9 | 67 | 215 |
| (小計) | (94) | (744) | (1,676) | (8,138) | (8,801) | (8,400) | (27,853) | (838) | (3,188) | (23,827) |
| 福岡 | 23 | 232 | 461 | 1,706 | 1,401 | 670 | 4,493 | 255 | 640 | 3,598 |
| 佐賀 | 23 | 202 | 250 | 717 | 468 | 188 | 1,848 | 225 | 338 | 1,285 |
| 長崎 | 7 | 71 | 106 | 635 | 516 | 252 | 1,587 | 78 | 220 | 1,289 |
| 熊本 | 2 | 34 | 80 | 607 | 877 | 691 | 2,291 | 36 | 124 | 2,131 |
| 大分 | 9 | 97 | 211 | 837 | 681 | 623 | 2,458 | 106 | 563 | 1,789 |
| 宮崎 | 2 | 37 | 133 | 371 | 195 | 94 | 832 | 39 | 153 | 640 |
| 鹿児島 | 1 | 40 | 67 | 271 | 6 | 1 | 386 | 41 | 87 | 258 |
| (小計) | (67) | (713) | (1,308) | (5,144) | (4,144) | (2,519) | (13,895) | 780 | (2,125) | (10,990) |
| 沖縄 | 0 | 25 | 13 | 22 | 0 | 2 | 62 | 25 | 24 | 13 |
| 総計 | (542) | (4,425) | (8,181) | (32,976) | (27,618) | (23,822) | (97,564) | (4,967) | (12,714) | (79,883) |

農林水産省構造改革局地域計画課（1981）より作成

第1章 わが国におけるため池の存在形態

表1-8 1979年度における都道府県別実受益面積
単位:ha

| 受益面積<br>都道府県 | 200ha〜 | 40〜200ha | 20〜40ha | 5〜20ha | 2〜5ha | 1〜2ha | 計 |
|---|---|---|---|---|---|---|---|
| 北海道 | (40,441) | (8,596) | (1,657) | (1,737) | (1,674) | (597) | (54,702) |
| 青森 | 6,129 | 5,976 | 2,092 | 2,254 | 904 | 263 | 17,618 |
| 岩手 | 23,782 | 3,867 | 2,222 | 4,234 | 962 | 328 | 35,395 |
| 宮城 | 10,465 | 5,519 | 4,895 | 6,968 | 2,195 | 342 | 30,384 |
| 秋田 | 33,041 | 15,172 | 7,665 | 5,588 | 779 | 239 | 62,484 |
| 山形 | 51,227 | 9,522 | 3,940 | 2,365 | 465 | 152 | 67,671 |
| 福島 | 40,247 | 12,916 | 9,489 | 12,930 | 1,348 | 210 | 77,140 |
| (小計) | (164,891) | (52,972) | (30,303) | (34,339) | (6,653) | (1,534) | (290,692) |
| 茨城 | 610 | 2,908 | 2,785 | 4,908 | 1,309 | 177 | 12,697 |
| 栃木 | 722 | 1,056 | 1,234 | 1,578 | 382 | 56 | 5,028 |
| 群馬 | 4,729 | 1,451 | 958 | 1,611 | 506 | 69 | 9,324 |
| 埼玉 | 1,090 | 1,178 | 449 | 1,107 | 294 | 31 | 4,149 |
| 千葉 | 3,702 | 7,630 | 4,687 | 5,170 | 586 | 85 | 21,860 |
| 東京 | 0 | 0 | 35 | 66 | 19 | 0 | 120 |
| 神奈川 | 0 | 143 | 0 | 77 | 32 | 6 | 258 |
| 山梨 | 2,699 | 1,071 | 658 | 784 | 17 | 0 | 5,229 |
| 長野 | 6,432 | 6,278 | 4,625 | 4,759 | 867 | 194 | 23,155 |
| 静岡 | 2,888 | 2,083 | 1,775 | 2,230 | 661 | 56 | 9,693 |
| (小計) | (22,872) | (23,798) | (17,206) | (22,290) | (4,673) | (674) | (91,513) |
| 新潟 | 6,450 | 10,272 | 5,302 | 5,046 | 1,228 | 311 | 28,609 |
| 富山 | 4,558 | 1,426 | 1,724 | 3,270 | 1,201 | 482 | 12,661 |
| 石川 | 2,647 | 5,625 | 3,631 | 6,884 | 1,927 | 511 | 21,225 |
| 福井 | 0 | 683 | 870 | 1,750 | 510 | 75 | 3,888 |
| (小計) | (13,655) | (18,006) | (11,527) | (16,950) | (4,866) | (1,379) | (66,383) |
| 岐阜 | 1,407 | 4,121 | 2,525 | 4,261 | 1,093 | 208 | 13,615 |
| 愛知 | 46,077 | 4,898 | 3,689 | 6,149 | 1,478 | 259 | 62,550 |
| 三重 | 2,579 | 5,755 | 4,954 | 7,110 | 837 | 161 | 21,396 |
| (小計) | (50,063) | (14,774) | (11,168) | (17,520) | (3,408) | (628) | (97,561) |
| 滋賀 | 14,014 | 3,338 | 3,599 | 4,686 | 726 | 275 | 26,638 |
| 京都 | 913 | 1,897 | 3,093 | 5,373 | 1,212 | 275 | 12,763 |
| 大阪 | 4,610 | 4,292 | 3,653 | 5,908 | 2,497 | 1,851 | 22,811 |
| 兵庫 | 9,583 | 13,059 | 13,110 | 22,445 | 5,407 | 1,758 | 65,362 |
| 奈良 | 1,991 | 3,498 | 5,504 | 8,008 | 1,485 | 552 | 21,038 |
| 和歌山 | 913 | 2,098 | 3,469 | 5,998 | 1,852 | 1,153 | 15,483 |
| (小計) | (32,024) | (28,182) | (32,428) | (52,418) | (13,179) | (5,864) | (164,095) |
| 鳥取 | 350 | 1,622 | 1,192 | 2,714 | 889 | 169 | 6,936 |
| 島根 | 1,060 | 2,128 | 3,176 | 4,769 | 2,197 | 893 | 14,223 |
| 岡山 | 5,409 | 10,411 | 9,640 | 15,271 | 5,430 | 1,476 | 47,637 |
| 広島 | 1,814 | 5,780 | 6,486 | 14,358 | 5,923 | 2,213 | 36,574 |
| 山口 | 2,230 | 4,963 | 3,721 | 8,970 | 2,250 | 381 | 22,515 |
| 徳島 | 0 | 877 | 1,109 | 1,401 | 395 | 149 | 3,931 |
| 香川 | 32,099 | 11,959 | 5,441 | 7,229 | 1,974 | 873 | 59,575 |
| 愛媛 | 4,136 | 4,726 | 4,776 | 7,465 | 2,242 | 694 | 24,089 |
| 高知 | 838 | 606 | 733 | 968 | 217 | 40 | 3,402 |
| (小計) | (47,986) | (43,072) | (36,274) | (63,145) | (21,517) | (6,888) | (218,882) |
| 福岡 | 8,937 | 14,326 | 11,238 | 14,364 | 3,625 | 582 | 53,072 |
| 佐賀 | 6,726 | 10,012 | 5,291 | 6,020 | 1,244 | 178 | 29,471 |
| 長崎 | 2,457 | 3,825 | 2,367 | 5,286 | 1,418 | 250 | 15,603 |
| 熊本 | 1,460 | 2,501 | 1,780 | 4,803 | 2,367 | 620 | 13,531 |
| 大分 | 3,368 | 5,863 | 4,806 | 7,286 | 1,811 | 582 | 23,716 |
| 宮崎 | 822 | 1,465 | 2,497 | 2,944 | 524 | 91 | 8,343 |
| 鹿児島 | 517 | 2,843 | 1,698 | 2,451 | 19 | 1 | 7,529 |
| (小計) | (24,287) | (40,835) | (29,677) | (43,154) | (11,008) | (2,304) | (151,265) |
| 沖縄 | 0 | 1,349 | 367 | 255 | 0 | 0 | 1,971 |
| 総計 | (396,219) | (231,584) | (170,607) | (251,808) | (66,978) | (19,868) | (1137,064) |

農林水産省構造改善局地域計画課(1981)より作成

表1-9 1979年度における都道府県別延受益面積

単位: ha

| 都道府県 \ 受益面積 | 200ha〜 | 40〜200ha | 20〜40ha | 5〜20ha | 2〜5ha | 1〜2ha | 計 | 5ha〜計 |
|---|---|---|---|---|---|---|---|---|
| 北海道 | (42,416) | (9,078) | (1,791) | (1,805) | (1,691) | (600) | (57,381) | (55,090) |
| 青森 | 16,397 | 8,968 | 2,704 | 2,692 | 993 | 279 | 32,033 | 30,761 |
| 岩手 | 23,782 | 4,012 | 2,446 | 4,950 | 1,018 | 337 | 36,545 | 35,190 |
| 宮城 | 10,465 | 7,285 | 6,092 | 7,756 | 2,283 | 351 | 34,232 | 31,598 |
| 秋田 | 36,904 | 19,693 | 10,583 | 6,771 | 868 | 294 | 75,113 | 73,951 |
| 山形 | 53,287 | 12,473 | 4,820 | 2,990 | 593 | 187 | 74,350 | 73,570 |
| 福島 | 40,247 | 13,999 | 10,441 | 13,606 | 1,408 | 229 | 79,930 | 78,293 |
| (小計) | (184,082) | (66,430) | (37,086) | (38,765) | (7,163) | (1,677) | (332,203) | (323,363) |
| 茨城 | 610 | 3,816 | 3,818 | 5,778 | 1,481 | 188 | 15,691 | 14,022 |
| 栃木 | 972 | 1,143 | 1,362 | 1,773 | 409 | 56 | 5,715 | 5,250 |
| 群馬 | 5,584 | 1,715 | 1,115 | 1,790 | 528 | 69 | 10,801 | 10,204 |
| 埼玉 | 2,136 | 1,406 | 1,069 | 2,352 | 585 | 71 | 7,619 | 6,963 |
| 千葉 | 3,702 | 8,922 | 5,105 | 5,440 | 602 | 88 | 23,859 | 23,169 |
| 東京 | 0 | 0 | 35 | 87 | 19 | 0 | 141 | 122 |
| 神奈川 | 0 | 143 | 0 | 117 | 32 | 6 | 298 | 260 |
| 山梨 | 2,699 | 1,071 | 686 | 784 | 17 | 0 | 5,257 | 5,240 |
| 長野 | 7,411 | 7,390 | 5,007 | 5,141 | 896 | 201 | 26,046 | 24,949 |
| 静岡 | 2,888 | 2,123 | 2,003 | 2,364 | 701 | 57 | 10,136 | 9,378 |
| (小計) | (26,002) | (27,729) | (20,200) | (25,626) | (5,270) | (736) | (105,563) | (99,557) |
| 新潟 | 9,915 | 11,192 | 6,046 | 5,339 | 1,286 | 315 | 34,093 | 32,492 |
| 富山 | 4,558 | 2,115 | 2,015 | 4,067 | 1,325 | 536 | 14,616 | 12,755 |
| 石川 | 2,647 | 7,270 | 3,944 | 7,658 | 2,127 | 525 | 24,171 | 21,519 |
| 福井 | 0 | 683 | 892 | 1,768 | 510 | 77 | 3,930 | 3,343 |
| (小計) | (17,120) | (21,260) | (12,897) | (18,832) | (5,248) | (1,453) | (76,810) | (70,109) |
| 岐阜 | 1,407 | 4,618 | 2,909 | 4,792 | 1,153 | 217 | 15,096 | 13,726 |
| 愛知 | 46,077 | 7,069 | 4,506 | 7,953 | 1,631 | 281 | 67,517 | 66,147 |
| 三重 | 2,579 | 7,077 | 5,471 | 7,535 | 899 | 167 | 23,728 | 22,662 |
| (小計) | (50,063) | (18,764) | (12,886) | (20,280) | (3,683) | (665) | (106,341) | (101,993) |
| 滋賀 | 14,214 | 4,148 | 4,215 | 5,046 | 760 | 280 | 28,663 | 27,623 |
| 京都 | 913 | 2,109 | 3,707 | 6,383 | 1,401 | 314 | 14,827 | 13,112 |
| 大阪 | 5,167 | 6,070 | 5,027 | 8,517 | 2,939 | 2,003 | 29,723 | 24,781 |
| 兵庫 | 18,841 | 30,614 | 24,088 | 36,035 | 7,980 | 2,123 | 119,681 | 109,578 |
| 奈良 | 1,991 | 5,071 | 6,287 | 8,868 | 1,592 | 561 | 24,370 | 22,217 |
| 和歌山 | 1,143 | 3,457 | 4,824 | 7,044 | 2,011 | 1,196 | 19,675 | 16,468 |
| (小計) | (42,269) | (51,469) | (48,148) | (71,893) | (16,683) | (6,477) | (236,939) | (213,779) |
| 鳥取 | 350 | 2,095 | 1,457 | 2,954 | 942 | 181 | 7,979 | 6,856 |
| 島根 | 1,363 | 2,236 | 3,464 | 5,076 | 2,270 | 900 | 15,309 | 12,139 |
| 岡山 | 5,409 | 11,942 | 11,728 | 18,157 | 6,192 | 1,600 | 55,028 | 47,236 |
| 広島 | 2,144 | 8,437 | 8,946 | 17,012 | 6,640 | 2,358 | 45,537 | 36,539 |
| 山口 | 2,230 | 6,057 | 4,329 | 9,667 | 2,439 | 413 | 25,135 | 22,283 |
| 徳島 | 0 | 1,478 | 1,341 | 1,539 | 431 | 157 | 4,946 | 4,358 |
| 香川 | 32,529 | 13,157 | 6,228 | 8,622 | 2,308 | 960 | 63,804 | 60,536 |
| 愛媛 | 4,588 | 4,904 | 4,930 | 7,907 | 2,392 | 728 | 25,449 | 22,329 |
| 高知 | 1,218 | 606 | 798 | 978 | 244 | 42 | 3,886 | 3,600 |
| (小計) | (49,831) | (50,912) | (43,221) | (71,912) | (23,858) | (7,339) | (247,073) | (215,881) |
| 福岡 | 9,246 | 15,173 | 12,193 | 16,125 | 3,990 | 626 | 57,353 | 52,737 |
| 佐賀 | 16,813 | 12,985 | 6,744 | 7,102 | 1,366 | 187 | 45,197 | 43,644 |
| 長崎 | 2,457 | 4,224 | 2,660 | 5,435 | 1,442 | 251 | 16,469 | 14,776 |
| 熊本 | 1,460 | 2,586 | 1,900 | 4,905 | 2,396 | 629 | 13,876 | 10,851 |
| 大分 | 3,368 | 6,662 | 5,366 | 7,785 | 1,891 | 590 | 25,662 | 23,181 |
| 宮崎 | 822 | 1,911 | 3,638 | 3,505 | 560 | 92 | 10,528 | 9,876 |
| 鹿児島 | 517 | 3,077 | 1,698 | 2,488 | 19 | 1 | 7,800 | 7,780 |
| (小計) | (34,683) | (46,618) | (34,199) | (47,345) | (11,664) | (2,376) | (176,885) | (162,845) |
| 沖縄 | 0 | 1,653 | 367 | 255 | 0 | 0 | 2,275 | 2,275 |
| 総計 | (443,466) | (293,913) | (210,795) | (296,713) | (75,260) | (21,323) | (1,341,470) | (1,244,887) |

農林水産省構造改善局地域計画課(1981)より作成

改修が最も多く、次に洪水吐の改修である。また、江戸時代以前の老朽ため池は全体の34.5％に上っているが、このうち改修されたものは20％である。老朽ため池は西南日本の地震や台風、地すべりの指定地域に多い。

　これらの分析に加え、白井・成瀬(1983)は降水量と河川の分布から、ため池数が多く、しかも小規模ため池の割合が高いのは、瀬戸内海沿岸に代表される夏冬ともに降水量の少ない地域であり、さらに水源となる大きな河川の少ない地域であることを明らかにした。関連して、ため池の分布状況は竹内(1939)が5万分の1地形図から読み取った、受益面積がおおむね2.25ha以上のため池の分布について記した結果とほぼ同じであることを指摘している。ただし、東北地域には昭和初期と比較してため池数がかなり多くなっている。この理由は昭和初期から1979年時までに、全国で3,102のため池が築造され、そのうち大規模ため池が東北地域を中心にして538築造されたことによると説明されている。さらに、今後のため池の利用は生活環境としての多目的な利用価値が増大すること、ムラ社会の崩壊によるため池管理の困難さから、地方自治体がため池の利用と保全を積極的に図る必要性を指摘している。

　1952～54年度の調査との比較は前述のように、対象とするため池数が異なる上に、各調査項目の集計に用いるため池の区分が異なるため、ほとんど比較することができない。その中で、受益面積5ha以上のため池数と延受益面積については比較できる。前調査から1979年度調査までの期間に、受益面積5ha以上のため池数は沖縄県を除いて48,956から46,064と前調査時の94.2％に減少したが、延受益面積では909,397haから1,242,612haと前調査時の136.6％に増加した(**表1-9**)。また、貯水量については、厳密な比較ではないが、1979年度調査における大規模ため池と中規模ため池は受益面積5ha以上のため池におよそ該当すると思われるので、それらの合計した値と前調査分における受益面積5ha以上分を比較した(**表1-3②**)。それによると、この期間に有効貯水量の合計は17億5,616万4千$m^3$から20億2,609万8千$m^3$になり、前調査時の115.4％に増加した。これらのことは、ため池の総数は減少しているが、一方で比較的大規模なため池が築造されることによって、灌漑面積と貯水量が増加したと推測される。

　このことを前述の東京大学農業工学科による分析結果と1979年度調査との比較によって再検討してみる。1979年度調査における受益面積5～20haのため池数は沖縄県を除いて、32,954(前分析対象の95.7％に該当)、延受益面積の合計で296,458ha(同101.1％)、20ha以上のため池数は13,110(同123.5％)、延受益面積の合計では946,154ha(同161.2％)、5ha以上のため池数の合計では46,064(同102.2％)、延受益面積の合計では1,048,247ha(同141.2％)である。受益面積5～20haの場合にはため池数、延受益面積とも1952～54年度の分析対象より減少、またはほぼ同値であるが、20ha以上の場合にはため池数で約24％、延受益面積で約61％分増加した。これによって、この期間における小規模ため池の改廃と、受益面積20ha以上の大規模ため池の築造が推測される。

### (3) 1989年度調査からみた特色

　1989年度には長期要防災事業量調査として、30項目の調査が行われ、その結果はため池台帳(農林水産省構造改善局地域計画課1991)にまとめられた(**表1-10**)。30項目のうち、ため池地区数については悉皆調査が行われ、全国のため池地区総数は218,893であった(**表1-11**)。この他の項目では調査対象は2ha以上地区に限定されている。2ha以上地区とは、灌漑を目的として築造された受益面積2ha以上のダム等で河川管理施設を除いたものに、1979年度に調査対象となったため池で、

## 表1-10 1989年度におけるため池の状況(2 ha 以上地区のまとめ)

| 項目 | | 地区数(池数) | 実受益面積(ha) | 項目 | | 地区数(池数) | 実受益面積(ha) |
|---|---|---|---|---|---|---|---|
| 実受益面積 | 2ha未満 | 12,706 | 0 | 地域区分I | 都市近郊地域 | 17,056 | 219,275 |
| | 2～5ha | 21,230 | 60,014 | | 平地農村地域 | 21,098 | 483,751 |
| | 5～20ha | 25,711 | 229,072 | | 農山村地域 | 27,202 | 405,594 |
| | 20～40ha | 5,610 | 143,923 | | 山村地域 | 3,497 | 126,619 |
| | 40ha以上 | 3,596 | 802,230 | 地域区分II | 都市的地域 | 20,148 | 275,264 |
| 諸元型式 | アースフィルダム | 51,993 | 790,002 | | 平地農業地域 | 16,782 | 378,701 |
| | ロックフィルダム | 166 | 123,955 | | 中間農業地域 | 27,713 | 439,790 |
| | 重力式コンクリートダム | 229 | 137,167 | | 山間農業地域 | 4,210 | 141,484 |
| | 重力式以外のコンクリートダム | 91 | 13,651 | 地震関連地域 | 指定あり | 25,007 | 314,468 |
| | その他 | 16,374 | 170,464 | | 指定なし | 43,846 | 920,771 |
| 事業主体 | 国 | 702 | 338,996 | 中山間地帯 | 指定あり | 37,092 | 757,687 |
| | 県 | 1,000 | 135,043 | | 指定なし | 31,761 | 477,552 |
| | 市町村 | 6,194 | 72,538 | 堤高 | ～5m | 28,054 | 197,827 |
| | 土地改良区 | 1,698 | 71,087 | | 5～10m | 32,749 | 352,443 |
| | 集落または申し合わせ組合 | 27,682 | 294,009 | | 10～15m | 6,005 | 132,803 |
| | 個人 | 1,677 | 9,002 | | 15～30m | 1,815 | 210,618 |
| | その他 | 29,900 | 314,564 | | 30m～ | 230 | 341,548 |
| | 不明 | 0 | 0 | 総事業費 | ～200万円 | 280 | 1,782 |
| 築造年代 | 近世以前 | 17,676 | 225,541 | | 200～1,000万円 | 5,788 | 38,312 |
| | 明治 | 10,520 | 105,065 | | 1,000～3,000万円 | 8,980 | 73,155 |
| | 大正 | 2,547 | 45,180 | | 3,000～5,000万円 | 4,107 | 47,271 |
| | 昭和(1～19年) | 3,507 | 113,284 | | 5,000万～1億円 | 2,829 | 41,963 |
| | 昭和(20～39年) | 2,204 | 177,436 | | 1億円～ | 1,019 | 55,242 |
| | 昭和(40年以降) | 1,585 | 320,836 | | 該当なし | 45,850 | 977,514 |
| | 不明 | 30,814 | 247,897 | 貯水 | 河川水を直接 | 35,470 | 807,963 |
| 大改修 | 昭和20～30年に実施 | 2,919 | 63,910 | | 河川水を導水 | 5,866 | 162,133 |
| | 昭和40年以降に実施 | 17,464 | 364,750 | | 天水 | 25,707 | 239,776 |
| | 未実施 | 48,470 | 806,579 | | その他 | 1,810 | 25,367 |
| 所有者 | 国 | 9,901 | 434,760 | 配置形態 | 単独 | 47,755 | 1,057,598 |
| | 県 | 366 | 86,416 | | 主なため池 | 8,440 | 177,597 |
| | 市町村 | 14,628 | 177,615 | | その他のため池 | 12,658 | 44 |
| | 土地改良区 | 3,526 | 189,285 | 他目的利用 | 洪水調整 | 6,998 | 153,776 |
| | 集落または申し合わせ組合 | 33,657 | 297,682 | | 公園利用 | 491 | 14,921 |
| | 個人 | 4,968 | 28,427 | | 養魚・釣堀 | 1,777 | 45,770 |
| | その他 | 1,807 | 21,054 | | その他 | 1,805 | 78,842 |
| | 不明 | 0 | 0 | | 該当なし | 57,782 | 911,930 |
| 管理者 | 国 | 79 | 50,461 | 将来の利用予定 | 現状のまま | 65,721 | 1,115,330 |
| | 県 | 117 | 63,500 | | 統合による廃止 | 218 | 5,777 |
| | 市町村 | 7,683 | 184,168 | | 廃止 | 564 | 5,702 |
| | 土地改良区 | 6,839 | 431,805 | | 洪水調整 | 811 | 14,400 |
| | 集落または申し合わせ組合 | 47,756 | 444,966 | | 公園利用 | 694 | 78,625 |
| | 個人 | 5,698 | 40,435 | | 養魚・釣堀 | 199 | 4,786 |
| | その他 | 681 | 19,904 | | 用地創設 | 141 | 1,835 |
| | 不明 | 0 | 0 | | その他 | 505 | 8,784 |
| 利用状況 | 農業用水 | 67,027 | 1,189,577 | 現況取水施設 | 既に破損、放置危険 | 2,471 | 21,408 |
| | 他種用水＋農業用水 | 501 | 29,340 | | 既に破損、補修必要 | 14,508 | 131,092 |
| | 他種用水 | 86 | 2,167 | | その他(通常対応) | 51,874 | 1,082,739 |
| | 用水以外＋農業用水 | 348 | 6,572 | 現況洪水吐 | 破損、直に補修必要 | 2,750 | 29,068 |
| | 用水以外 | 59 | 1,171 | | 破損、補修必要 | 14,155 | 131,380 |
| | ほとんど未利用・不明 | 832 | 6,412 | | その他(通常対応) | 49,339 | 1,044,807 |
| | 未調査 | 0 | 0 | | 洪水吐なし | 2,609 | 29,984 |
| 有効貯水量 | ～5,000 m³ | 27,129 | 121,502 | 現況堤体 | 直に補修の必要あり | 2,974 | 29,393 |
| | 5,000～10,000m³ | 13,632 | 92,272 | | 補修の必要あり | 17,867 | 168,827 |
| | 10,000～30,000m³ | 16,788 | 174,393 | | その他(通常対応) | 48,012 | 1,037,019 |
| | 30,000～10万m³ | 8,263 | 166,058 | 現況漏水 | 漏水、直に補修必要 | 1,692 | 18,596 |
| | 10万～100万m³ | 2,609 | 257,060 | | 漏水、補修必要 | 12,621 | 129,801 |
| | 100万m³～ | 432 | 423,954 | | その他(変化なし) | 54,540 | 1,086,842 |
| 事業 | 老朽ため池整備工事必要 | 19,799 | 231,105 | 現況堆砂 | 直にしゅんせつ必要 | 1,243 | 19,959 |
| | 防災ため池工事必要 | 3,539 | 29,943 | | しゅんせつ必要 | 12,065 | 140,161 |
| | 必要なし | 40,496 | 870,981 | | その他(通常対応) | 55,545 | 1,075,119 |
| | 不明 | 5,019 | 103,210 | 現況周辺地山 | 地山崩壊、直に対策 | 358 | 8,966 |
| 着工希望年度 | 5年以内 | 5,266 | 75,959 | | 地山崩壊の危険性あり | 2,987 | 40,220 |
| | 6～10年 | 7,957 | 87,485 | | その他 | 65,508 | 1,186,053 |
| | 11～15年 | 9,733 | 94,050 | 現況管理施設 | 新設の必要あり | 1,304 | 16,524 |
| | 16年以上、該当なし | 45,897 | 977,745 | | 改修の必要あり | 4,924 | 78,271 |
| 農振率 | ～50% | 17,273 | 68,362 | | その他 | 62,625 | 1,140,444 |
| | 50～80% | 1,195 | 45,057 | 現況環境 | 水管理に支障 | 1,055 | 29,400 |
| | 80～100% | 984 | 73,940 | | 悪臭等、生活に影響 | 1,248 | 17,668 |
| | 100% | 49,401 | 1047,880 | | その他(影響なし) | 66,550 | 1188,171 |
| | 計 | 68,853 | 1,235,239 | | 計 | 68,853 | 1,235,239 |

農林水産省構造改善局地域計画課(1991)より作成

表1-11 1989年度における都道府県別ため池地区数

| 都道府県 \ 受益面積 | 200ha〜 | 40〜200ha | 20〜40ha | 5〜20ha | 2〜5ha | 放置池* | 1〜2ha | 〜1ha | 計 |
|---|---|---|---|---|---|---|---|---|---|
| 北海道 | (82) | (110) | (51) | (97) | (111) | (0) | (284) | (250) | (985) |
| 青森 | 14 | 102 | 83 | 262 | 253 | 2 | 271 | 410 | 1,397 |
| 岩手 | 10 | 101 | 174 | 590 | 337 | 0 | 783 | 1,030 | 3,025 |
| 宮城 | 19 | 154 | 282 | 978 | 954 | 0 | 1,096 | 2,588 | 6,071 |
| 秋田 | 68 | 315 | 370 | 782 | 399 | 0 | 569 | 477 | 2,980 |
| 山形 | 46 | 189 | 149 | 320 | 203 | 15 | 119 | 201 | 1,242 |
| 福島 | 38 | 193 | 353 | 1,355 | 827 | 0 | 246 | 88 | 3,100 |
| (小計) | (195) | (1,054) | (1,411) | (4,287) | (2,973) | (17) | (3,084) | (4,794) | (17,815) |
| 茨城 | 2 | 61 | 166 | 621 | 476 | 0 | 312 | 134 | 1,772 |
| 栃木 | 4 | 26 | 35 | 192 | 123 | 0 | 81 | 53 | 514 |
| 群馬 | 12 | 35 | 48 | 184 | 139 | 0 | 86 | 121 | 625 |
| 埼玉 | 3 | 14 | 45 | 230 | 166 | 0 | 85 | 184 | 727 |
| 千葉 | 8 | 111 | 181 | 493 | 241 | 0 | 110 | 76 | 1,220 |
| 東京 | 0 | 0 | 1 | 7 | 1 | 0 | 0 | 0 | 9 |
| 神奈川 | 0 | 0 | 0 | 9 | 6 | 0 | 3 | 2 | 20 |
| 山梨 | 2 | 13 | 21 | 68 | 7 | 5 | 1 | 6 | 123 |
| 長野 | 21 | 121 | 187 | 588 | 326 | 0 | 169 | 520 | 1,932 |
| 静岡 | 7 | 25 | 51 | 240 | 209 | 0 | 140 | 63 | 735 |
| (小計) | (59) | (406) | (735) | (2,632) | (1,694) | (5) | (987) | (1,159) | (7,677) |
| 新潟 | 26 | 182 | 191 | 679 | 569 | 0 | 582 | 3,412 | 5,641 |
| 富山 | 9 | 40 | 79 | 338 | 360 | 0 | 419 | 1,327 | 2,572 |
| 石川 | 6 | 95 | 165 | 820 | 671 | 0 | 622 | 769 | 3,148 |
| 福井 | 0 | 14 | 27 | 185 | 180 | 0 | 100 | 225 | 731 |
| (小計) | (41) | (331) | (462) | (2,022) | (1,780) | (0) | (1,723) | (5,733) | (12,092) |
| 岐阜 | 6 | 73 | 85 | 497 | 353 | 0 | 360 | 1,306 | 2,680 |
| 愛知 | 11 | 100 | 143 | 867 | 521 | 0 | 337 | 479 | 2,458 |
| 三重 | 40 | 156 | 215 | 787 | 344 | 0 | 586 | 2,240 | 4,368 |
| (小計) | (57) | (329) | (443) | (2,151) | (1,218) | (0) | (1,283) | (4,025) | (9,508) |
| 滋賀 | 5 | 71 | 141 | 471 | 219 | 0 | 222 | 959 | 2,088 |
| 京都 | 4 | 67 | 205 | 588 | 391 | 6 | 260 | 350 | 1,871 |
| 大阪 | 15 | 173 | 122 | 741 | 662 | 0 | 1,490 | 3,193 | 6,396 |
| 兵庫 | 18 | 415 | 854 | 3,648 | 2,319 | 0 | 2,334 | 43,512 | 53,100 |
| 奈良 | 8 | 89 | 231 | 737 | 447 | 0 | 686 | 3,600 | 5,798 |
| 和歌山 | 5 | 49 | 172 | 721 | 634 | 0 | 594 | 3,751 | 5,926 |
| (小計) | (55) | (864) | (1,725) | (6,906) | (4,672) | (6) | (5,586) | (55,365) | (75,179) |
| 鳥取 | 2 | 27 | 56 | 301 | 280 | 4 | 230 | 336 | 1,236 |
| 島根 | 3 | 31 | 114 | 461 | 511 | 0 | 874 | 3,989 | 5,983 |
| 岡山 | 23 | 350 | 501 | 2,120 | 2,011 | 0 | 2,072 | 3,207 | 10,284 |
| 広島 | 12 | 162 | 379 | 2,071 | 2,474 | 0 | 2,617 | 13,283 | 20,998 |
| 山口 | 3 | 94 | 178 | 1,101 | 1,177 | 0 | 1,425 | 8,504 | 12,482 |
| 徳島 | 6 | 24 | 52 | 155 | 124 | 0 | 91 | 350 | 802 |
| 香川 | 61 | 153 | 208 | 1,175 | 901 | 0 | 1,262 | 12,398 | 16,158 |
| 愛媛 | 35 | 56 | 210 | 986 | 608 | 0 | 639 | 862 | 3,396 |
| 高知 | 1 | 5 | 41 | 130 | 75 | 0 | 65 | 131 | 448 |
| (小計) | (146) | (902) | (1,739) | (8,500) | (8,161) | (4) | (9,275) | (43,060) | (71,787) |
| 福岡 | 52 | 211 | 448 | 1,723 | 1,042 | 0 | 820 | 1,148 | 5,444 |
| 佐賀 | 10 | 174 | 224 | 876 | 483 | 0 | 296 | 874 | 2,937 |
| 長崎 | 6 | 61 | 109 | 630 | 402 | 5 | 432 | 2,139 | 3,784 |
| 熊本 | 1 | 33 | 57 | 444 | 627 | 0 | 488 | 984 | 2,634 |
| 大分 | 5 | 90 | 216 | 731 | 574 | 0 | 321 | 556 | 2,493 |
| 宮崎 | 1 | 37 | 103 | 300 | 143 | 0 | 95 | 156 | 835 |
| 鹿児島 | 5 | 31 | 46 | 324 | 112 | 11 | 47 | 74 | 650 |
| (小計) | (80) | (637) | (1,203) | (5,028) | (3,383) | (16) | (2,499) | (5,931) | (18,777) |
| 沖縄 | 11 | 19 | 15 | 27 | 0 | 1 | 0 | 2 | 75 |
| 総計 | (726) | (4,652) | (7,784) | (31,650) | (23,992) | (49) | (24,721) | (120,319) | (213,893) |

農林水産省構造改善局地域計画課(1991)より作成

表1-12 1989年度における都道府県別実受益面積(実受益面積2ha以上)

単位:ha

| 都道府県 | 200ha～ | 40～200ha | 20～40ha | 5～20ha | 2～5ha | 計 | 5ha～計 |
|---|---|---|---|---|---|---|---|
| 北海道 | (253,286) | (8,990) | (1,285) | (856) | (350) | (264,767) | (264,417) |
| 青森 | 5,033 | 6,138 | 1,908 | 2,110 | 657 | 15,846 | 15,189 |
| 岩手 | 16,009 | 4,868 | 2,711 | 3,960 | 838 | 28,386 | 27,548 |
| 宮城 | 18,128 | 6,787 | 4,986 | 5,994 | 2,072 | 37,967 | 35,895 |
| 秋田 | 24,549 | 12,029 | 6,078 | 5,600 | 956 | 46,212 | 48,256 |
| 山形 | 51,342 | 10,047 | 2,801 | 2,326 | 458 | 66,974 | 66,516 |
| 福島 | 30,733 | 11,160 | 7,717 | 11,023 | 2,187 | 62,820 | 60,633 |
| (小計) | (145,794) | (51,029) | (26,201) | (31,013) | (7,168) | (261,205) | (254,037) |
| 茨城 | 3,400 | 3,164 | 2,703 | 4,678 | 1,118 | 15,133 | 13,945 |
| 栃木 | 1,543 | 1,175 | 685 | 1,328 | 285 | 5,016 | 4,731 |
| 群馬 | 4,229 | 1,653 | 1,079 | 1,346 | 395 | 8,702 | 8,307 |
| 埼玉 | 1,573 | 771 | 429 | 1,291 | 423 | 4,487 | 4,064 |
| 千葉 | 4,351 | 5,349 | 4,122 | 4,313 | 651 | 18,786 | 18,135 |
| 東京 | 0 | 0 | 35 | 27 | 4 | 66 | 62 |
| 神奈川 | 0 | 0 | 0 | 25 | 17 | 42 | 25 |
| 山梨 | 1,631 | 1,012 | 557 | 134 | 19 | 3,853 | 3,334 |
| 長野 | 6,600 | 6,783 | 4,054 | 4,921 | 848 | 23,206 | 22,358 |
| 静岡 | 2,971 | 1,751 | 1,110 | 1,824 | 606 | 8,262 | 7,656 |
| (小計) | (26,298) | (21,658) | (14,774) | (20,387) | (4,436) | (87,553) | (83,117) |
| 新潟 | 14,616 | 7,986 | 3,875 | 5,341 | 1,468 | 33,286 | 31,818 |
| 富山 | 4,469 | 1,515 | 1,589 | 2,608 | 879 | 11,060 | 10,181 |
| 石川 | 2,260 | 4,367 | 3,794 | 6,488 | 1,766 | 18,675 | 16,909 |
| 福井 | 0 | 763 | 533 | 1,500 | 486 | 3,282 | 2,796 |
| (小計) | (21,345) | (14,631) | (9,791) | (15,937) | (4,599) | (66,303) | (61,704) |
| 岐阜 | 2,058 | 3,333 | 1,643 | 3,628 | 918 | 11,580 | 10,662 |
| 愛知 | 17,402 | 4,886 | 3,235 | 6,854 | 1,383 | 33,760 | 32,377 |
| 三重 | 4,190 | 4,985 | 3,826 | 5,708 | 845 | 19,554 | 18,709 |
| (小計) | (23,650) | (13,204) | (8,704) | (16,190) | (3,146) | (64,894) | (61,748) |
| 滋賀 | 2,383 | 3,645 | 2,617 | 3,594 | 556 | 12,795 | 12,239 |
| 京都 | 831 | 1,611 | 2,843 | 4,061 | 924 | 10,270 | 9,346 |
| 大阪 | 2,009 | 3,593 | 1,918 | 4,914 | 1,657 | 14,091 | 12,434 |
| 兵庫 | 10,610 | 11,411 | 12,407 | 21,139 | 4,995 | 60,562 | 55,567 |
| 奈良 | 1,173 | 3,368 | 4,551 | 6,060 | 1,110 | 16,262 | 15,152 |
| 和歌山 | 714 | 1,416 | 3,041 | 5,508 | 1,682 | 12,361 | 10,679 |
| (小計) | (17,720) | (25,044) | (27,377) | (45,276) | (10,924) | (126,341) | (115,417) |
| 鳥取 | 70 | 1,553 | 1,118 | 2,180 | 741 | 6,292 | 4,921 |
| 島根 | 1,459 | 1,512 | 2,451 | 3,778 | 1,339 | 10,539 | 9,200 |
| 岡山 | 22,805 | 13,682 | 8,988 | 15,392 | 5,237 | 66,104 | 60,867 |
| 広島 | 5,964 | 7,386 | 6,688 | 14,018 | 5,922 | 39,978 | 34,056 |
| 山口 | 1,305 | 3,886 | 3,020 | 7,368 | 2,720 | 18,299 | 15,579 |
| 徳島 | 200 | 1,100 | 907 | 1,041 | 321 | 3,569 | 3,248 |
| 香川 | 27,338 | 8,486 | 3,731 | 7,505 | 2,015 | 49,075 | 47,060 |
| 愛媛 | 21,008 | 3,200 | 4,231 | 7,684 | 1,651 | 37,774 | 36,123 |
| 高知 | 458 | 621 | 874 | 994 | 202 | 3,149 | 2,947 |
| (小計) | (80,607) | (41,426) | (32,008) | (59,960) | (20,148) | (234,149) | (214,001) |
| 福岡 | 8,248 | 9,454 | 8,623 | 13,149 | 2,796 | 42,270 | 39,474 |
| 佐賀 | 4,765 | 7,351 | 3,924 | 6,073 | 1,229 | 23,342 | 22,113 |
| 長崎 | 2,038 | 2,693 | 2,265 | 5,034 | 1,148 | 13,178 | 12,030 |
| 熊本 | 750 | 2,357 | 1,399 | 3,627 | 1,827 | 9,960 | 8,133 |
| 大分 | 2,099 | 4,274 | 4,271 | 6,101 | 1,590 | 18,335 | 16,745 |
| 宮崎 | 472 | 1,582 | 1,908 | 2,293 | 345 | 6,600 | 6,255 |
| 鹿児島 | 2,440 | 2,058 | 1,017 | 2,869 | 308 | 8,692 | 8,384 |
| (小計) | (20,812) | (29,769) | (23,407) | (39,146) | (9,243) | (122,377) | (113,134) |
| 沖縄 | 5,252 | 1,085 | 376 | 307 | 0 | 7,020 | 7,020 |
| 総計 | (594,764) | (206,836) | (143,923) | (229,072) | (60,014) | (1,234,609) | (1,174,595) |

農林水産省構造改善局地域計画課(1991)より作成

第1章 わが国におけるため池の存在形態

表1-13 1979年度と1989年度における都道府県別ため池地区数(ため池数)の比較

| 都道府県 | 1979年度 1ha以上地区数 | 1989年度 1ha以上地区数 | 1989年度分/1979年度分 | 1979年度 2ha以上地区数 | 1989年度 2ha以上地区数 | 1989年度分/1979年度分 |
|---|---|---|---|---|---|---|
| 北海道 | (1,735) | (735) | 0.42 | (1,075) | (451) | 0.42 |
| 青森 | 1,204 | 987 | 0.82 | 901 | 716 | 0.79 |
| 岩手 | 1,474 | 1,995 | 1.35 | 1,126 | 1,212 | 1.08 |
| 宮城 | 2,554 | 3,483 | 1.36 | 2,179 | 2,387 | 1.10 |
| 秋田 | 2,093 | 2,503 | 1.19 | 1,799 | 1,934 | 1.01 |
| 山形 | 1,101 | 1,041 | 0.95 | 911 | 922 | 1.01 |
| 福島 | 2,979 | 3,012 | 1.01 | 2,727 | 2,766 | 1.01 |
| (小計) | (11,405) | (13,021) | 1.14 | (9,643) | (9,937) | 1.03 |
| 茨城 | 1,595 | 1,638 | 1.03 | 1,405 | 1,326 | 0.94 |
| 栃木 | 493 | 461 | 0.93 | 430 | 380 | 0.88 |
| 群馬 | 552 | 504 | 0.91 | 482 | 418 | 0.87 |
| 埼玉 | 609 | 543 | 0.89 | 534 | 458 | 0.95 |
| 千葉 | 1,209 | 1,144 | 0.95 | 1,101 | 1,034 | 0.94 |
| 東京 | 16 | 9 | 0.56 | 16 | 9 | 0.56 |
| 神奈川 | 36 | 18 | 0.50 | 28 | 15 | 0.54 |
| 山梨 | 131 | 117 | 0.89 | 131 | 116 | 0.89 |
| 長野 | 1,466 | 1,412 | 0.96 | 1,221 | 1,243 | 1.02 |
| 静岡 | 706 | 672 | 0.95 | 649 | 532 | 0.82 |
| (小計) | (6,813) | (6,518) | 0.96 | (5,997) | (5,531) | 0.92 |
| 新潟 | 1,841 | 2,229 | 1.21 | 1,499 | 1,647 | 1.10 |
| 富山 | 1,886 | 1,245 | 0.66 | 1,101 | 826 | 0.75 |
| 石川 | 2,497 | 2,379 | 0.95 | 1,972 | 1,757 | 0.89 |
| 福井 | 530 | 506 | 0.95 | 442 | 406 | 0.92 |
| (小計) | (6,754) | (6,359) | 0.94 | (5,012) | (4,636) | 0.92 |
| 岐阜 | 1,359 | 1,374 | 1.01 | 1,140 | 1,014 | 0.89 |
| 愛知 | 2,062 | 1,979 | 0.96 | 1,747 | 1,642 | 0.94 |
| 三重 | 1,719 | 2,128 | 1.24 | 1,530 | 1,542 | 1.01 |
| (小計) | (5,140) | (5,481) | 1.07 | (4,417) | (4,198) | 0.95 |
| 滋賀 | 1,368 | 1,129 | 0.82 | 1,080 | 907 | 0.84 |
| 京都 | 1,718 | 1,521 | 0.88 | 1,372 | 1,261 | 0.92 |
| 大阪 | 4,744 | 3,203 | 0.67 | 2,317 | 1,713 | 0.74 |
| 兵庫 | 10,427 | 9,588 | 0.92 | 8,299 | 7,254 | 0.87 |
| 奈良 | 2,558 | 2,198 | 0.86 | 1,885 | 1,512 | 0.80 |
| 和歌山 | 3,092 | 2,175 | 0.70 | 1,756 | 1,581 | 0.84 |
| (小計) | (23,907) | (19,814) | 0.83 | (16,709) | (14,228) | 0.85 |
| 鳥取 | 967 | 900 | 0.93 | 776 | 670 | 0.86 |
| 島根 | 2,837 | 1,994 | 0.70 | 1,623 | 1,120 | 0.69 |
| 岡山 | 6,561 | 7,077 | 1.08 | 4,940 | 5,005 | 1.01 |
| 広島 | 7,465 | 7,715 | 1.03 | 4,938 | 5,098 | 1.03 |
| 山口 | 2,670 | 3,978 | 1.49 | 2,249 | 2,553 | 0.52 |
| 徳島 | 557 | 452 | 0.81 | 396 | 361 | 0.91 |
| 香川 | 3,723 | 3,760 | 1.01 | 2,228 | 2,498 | 1.12 |
| 愛媛 | 2,782 | 2,534 | 0.91 | 2,054 | 1,895 | 0.92 |
| 高知 | 291 | 317 | 1.09 | 249 | 252 | 1.01 |
| (小計) | (27,853) | (28,727) | 1.03 | (19,453) | (19,452) | 0.99 |
| 福岡 | 4,493 | 4,296 | 0.96 | 3,823 | 3,476 | 0.91 |
| 佐賀 | 1,848 | 2,063 | 1.12 | 1,660 | 1,767 | 1.06 |
| 長崎 | 1,587 | 1,645 | 1.04 | 1,335 | 1,213 | 0.91 |
| 熊本 | 2,291 | 1,650 | 0.72 | 1,600 | 1,162 | 0.73 |
| 大分 | 2,458 | 1,937 | 0.79 | 1,835 | 1,616 | 0.88 |
| 宮崎 | 832 | 679 | 0.82 | 738 | 584 | 0.79 |
| 鹿児島 | 386 | 576 | 1.49 | 385 | 529 | 1.37 |
| (小計) | (13,564) | (12,846) | 0.92 | (11,376) | (10,347) | 0.91 |
| 沖縄 | 62 | 73 | 1.18 | 60 | 73 | 1.22 |
| 総計 | (97,564) | (93,574) | 0.96 | (73,742) | (68,853) | 0.93 |

農林水産省構造改善局地域計画課(1981,1991)より作成

1989 年度に池の存在は認められるが、灌漑用としての利用がなく、将来も利用予定のない、放置されたため池を加えたものである。

　1989 年度の調査のうち、**表 1-12** には都道府県別の実受益面積を示した。2 ha 以上地区について項目毎に特色を述べる (**表 1-10**)。

　ア．実受益面積区分毎のため池地区数では、受益面積 5〜20 ha の区分の地区数が最も多く (全体の 37.3％)、続いて 2〜5 ha の区分 (30.8％) となり、大きな受益面積区分の地区数の占める割合が少ない。ところが実受益面積では、200 ha 以上の区分のため池による面積が最も多く、全体の 48.2％を占める。次には 5〜20 ha のため池によるものが 18.5％、続いて 40〜200 ha によるものが 16.7％となり、大きな受益面積区分のため池による灌漑面積の占める割合が高い (表 1-12)。

　イ．諸元型式ではアースフィルダムが最も多い (ため池地区数で全体の 75.5％、実受益面積で全体の 64.0％、以下、同様にため池地区数と実受益面積の全体に占める割合を示す)

　ウ．事業主体では集落または申し合わせ組合が最も多く (ため池地区数：40.2％、実受益面積：23.8％)、以下、市町村 (ため池地区数：21.2％、実受益面積：5.9％)、国 (ため池地区数：14.4％、実受益面積：27.4％)、県 (ため池地区数：1.5％、実受益面積：10.9％) の順である。このうち、国や県はため池地区数に占める割合では少ないが、実受益面積での割合が大きく、大規模なため池の築造を行っているといえる。

　エ．所有者では集落または申し合わせ組合 (ため池地区数：48.9％、実受益面積：24.1％)、市町村 (ため池地区数：21.2％、実受益面積：14.4％)、国 (ため池地区数：14.4％、実受益面積：35.2％) が主なものである。ため池地区数の約半数が集落または申し合わせ組合であるのに対して、実受益面積では国有が最も多く、国のため池は大規模であることがわかる。

　オ．管理者では集落または申し合わせ組合が最も多く (ため池地区数：69.4％、実受益面積：36.0％)、続いて市町村 (ため池地区数：11.2％、実受益面積：14.9％)、土地改良区 (ため池地区数：9.9％、実受益面積：35.0％) である。集落または申し合わせ組合の管理するため池は数に比べて受益面積が小さいことから小規模であり、反対に土地改良区の管理する池は比較的規模が大きいことがわかる。また、国の比率が所有者の項目における比率より下回っていることは、管理を地元の組織に移管しているためと思われる。

　カ．築造年代はため池地区総数の 44.8％分が不明であるが、残り分でみると、近世以前 (ため池地区数：25.7％、実受益面積：18.2％) と明治期 (ため池地区数：15.3％、実受益面積：8.5％) が多い。昭和 40 年代以降のものは地区数では少数ながら、受益面積では最大であって (ため池地区数：1.6％、実受益面積：26.0％)、近年のため池の大規模化が推測される。

　キ．大改修の実施については、ため池地区総数の 70.4％が未実施であるものの、昭和 40 年代以降では、それ以前に比べて改修の進展が見られる。

　ク．利用状況は農業用水のみの利用が大部分である (ため池地区数：97.3％、実受益面積：96.3％)。

　ケ．有効貯水量に関しては、ため池地区数では 5 千 $m^3$ 未満が 39.4％ と最も多く、1 万 $m^3$ 未満までを含めると全体の 59.2％ に該当する。しかし、実受益面積では 10〜100 万 $m^3$ が 20.8％ と最大であるように、比較的大規模なため池の果たす役割が大きい。

　コ．地域区分 I は農村統計に用いる旧経済地帯区分である。農山村地域 (ため池地区数：39.5％、実受益面積：32.8％) と平地農村地域 (ため池地区数：30.6％、実受益面積：39.2％) の占める割合が大きいが、ため池地区数と実受益面積の関係からみて、農山村地域におけるため池の方が平地農村地域の

ものより小規模と言える。

サ．地域区分Ⅱは農村統計に用いる新経済地帯区分である。中間農業地域（ため池地区数：40.2％、実受益面積：35.6％）の占める割合が最も高く、平地農業地域（ため池地区：24.4％、実受益面積：30.6％）と都市的地域（ため池地区数：29.3％、実受益面積：22.3％）が続いている。ため池地区数と実受益面積の割合からみると、平地農業地域のため池の規模が比較的大きいと言える。

シ．地震関連地域は地震予知連絡会が選定した地震観測地域及び観測強化地域であって、大規模地震対策特別措置法に基づく地震防災対策強化地域を含むものである。ここでは「指定なし」が大部分（ため池地区数：63.7％、実受益面積：74.5％）を占めている。

ス．中山間地帯区分は山村振興法、過疎地域振興特別措置法、離島振興法、半島振興法の4法による指定のうち、1つ以上の指定がされているものである。ここでは「指定あり」（ため池地区数：53.9％、実受益面積：61.3％）が「指定なし」を上回っている。

セ．農振率は受益面積のうち、農業振興地域内にある面積の割合である。ため池地区数では70％以上のため池が地域内にある。

ソ．堤高の区分では5～10mのものがため池地区数でも実受益面積でも最も多く、ため池地区数では5m未満の40.7％が、実受益面積では30m以上の27.6％がそれに次いでいる。ため池地区数でみると、堤高10m未満の区分に属すものの割合が88.3％と最大になるが、受益面積では堤高30m以上が5～10mの28.5％に次いで27.7％を占めるように、大規模なため池の果たす役割が大きい。

タ．総事業費は全体の66.6％が「該当なし」である。該当するものでは、1,000～3,000万円（ため池地区数：13.0％、実受益面積：5.9％）が最も多く、それに続く区分は、ため池地区数でみると200～1,000万円の区分が8.4％、実受益面積では1億円以上の区分が4.5％である。ため池地区数では少ない1億円以上の大型ため池が実受益面積では大きな役割を果たしている。

チ．貯水（水源）では、河川水を貯水するもの（ため池地区数：51.5％、実受益面積：65.4％）が最も多く、次が天水（ため池地区数：37.3％、実受益面積：19.4％）である。河川水を貯水するため池には谷池の多くが、天水には平地の皿池の多くが該当すると思われる。

ツ．配置形態としては、単独（ため池地区数：69.4％、実受益面積：83.6％）が最も多く、子池や孫池を有さないものが大多数である。

テ．他目的利用では「該当なし」、すなわち他目的利用を行っていないもの（ため池地区数：83.9％、実受益面積：73.8％）が大部分を占める。他目的利用としては洪水調整（ため池地区数：10.2％、実受益面積：12.4％）が最も多い。利用状況の項目とも合わせて考察すると、ため池のほとんどは農業用水の供給のみに使用され、他目的利用はあまり行われていないといえよう。

ト．将来の利用予定をみても「現状のまま」（ため池地区数：95.4％、実受益面積：90.3％）で、将来的にも他目的利用はあまり考慮されていない。

ナ．現況取水施設については、「通常対応」（ため池地区数：75.3％、実受益面積：87.7％）が多く、補修を必要とするものが少ない。洪水吐についても、「通常対応」（ため池地区数：71.7％、実受益面積：84.6％）が大部分を占め、堤体についても「通常対応」（ため池地区数：69.7％、実受益面積：83.9％）が多い。

ニ．改修工事については、大規模工事である老朽ため池整備工事や防災ため池工事の「必要なし」（ため池地区数：58.8％、実受益面積：70.5％）の回答が多い。この数字は上記の破損状況の割合を下回り、小規模な改修希望が多いことを示している。

ヌ．これらの工事の着工は「必要なし」と「16年以上」（ため池地区数：66.7％、実受益面積：79.1％）が多いことから、緊急の工事を要するものの割合は低いと言える。

ネ．漏水や堆砂、周辺地山の崩壊、管理施設の新・改設、周辺環境についても、「通常対応」や「影響なし」の割合がため池地区数にして79～97％、実受益面積にして87～92％と、緊急の対応を要するものは少ない。

なお、このため池台帳の中国・四国地域分については、既に農林水産省が分析を行っている（農林水産省中国・四国農政局計画部 1993）。

### （4）1979年度調査と1989年度調査との比較

1989年度調査におけるため池地区数を、1979年度調査の調査対象と同じ受益面積1ha以上に限定して比較すると（表1-7、11、13）、1989年度の地区数は1979年度の96％に減少している。受益面積区分毎のため池地区数をみると、受益面積40ha以上では1979年度の108％に、1～2haでは101％に増加したが、2～40haでは92％に減少した。特に、2～5ha地区では87％と減少率が高い。ため池地区数の増減を地域別で比較すると、東北、東海、中国・四国、沖縄では1979年度分を上回り、なかでも、東北と沖縄での増加が大きい。この他の地域では減少しているが、特に北海道は大きく減少した。都道府県別では、岩手、宮城、山口、鹿児島においては135％以上に増加し、北海道、東京、神奈川、富山、大阪、和歌山、島根、熊本ではおよそ70％以下に減少している。さらに、受益面積2ha以上の区分に限定して比較すると、1989年度の地区数は1979年度分の93％に減少した。地域的には東北と沖縄で増加し、都道府県別では鹿児島、香川、新潟、宮城が110％以上の増加、北海道、東京、神奈川、山口等は60％未満と減少している。なお、1989年度調査のうち、大阪府のため池地区数は1992年のため池総数が約12,000とされていることから（大阪府農林水産部耕地課 1992）、調査時の実数は1万以上と推定される。

次に、受益面積2ha以上の区分で実受益面積の合計をみると、ため池数とは異なり、1989年度分は1979年度分の111％に増加している（表1-8、12）。これは両調査の10年間に、小規模ため池の統廃合と大規模池の築造が行われたことを伺わせる。続いて、受益面積5ha以上の区分でみると、全国のため池地区数の合計では1989年度分は1979年度分の97％の値であるが、実受益面積の合計では112％に増加している。さらに、20ha以上の区分では、それぞれの割合は100.1％と119％になり、40ha以上では108％と128％である。したがって、1979～89年度の間にも比較的大規模なため池の築造がされたと言える。なお、2ha以上の合計で、実受益面積が増加した地域は中国・四国（107％）と沖縄（356％）であり、都道府県別では茨城、栃木、埼玉、新潟、岡山、広島、愛媛、高知、沖縄である。

他の項目については調査対象が異なるので、厳密な比較は不可能であるが、1979年度と1989年度の両調査における共通の項目について、おおまかな比較をしてみる。まず、諸元型式について、1989年度では重力式以外のコンクリートダムの割合が高くなり、新造の大型のため池にこの型式が多いと想像される。

事業主体では1989年度において、国、県、市町村の割合が増加し、築造年代では昭和20年代以降が増加している。これは1979～89年度の間に、行政が事業主体となって、ため池が築造されたことによると思われる。所有者では個人の割合が減少し、管理者でも個人と国の割合が減少している。これは個人所有のため池が統廃合されたり、他の組織に管理を移行させたり、国の場合は管理

第 1 章　わが国におけるため池の存在形態　　　　　　　　　　　　　　　　　　　　　　　63

表1-14　1952～54、1978、1989年度における都道府県別ため池数、水田面積、水田面積1ha当たりため池数

| 都道府県 | 1952～54年度 | | | 1978年度 | | | 1989年度 | | |
|---|---|---|---|---|---|---|---|---|---|
| | ため池数 | 水田面積 | 池数/ha | ため池数 | 水田面積 | 池数/ha | ため池数 | 水田面積 | 池数/ha |
| 北海道 | (563) | (165,183) | (0.003) | (159) | (271,600) | (0.001) | (985) | (244,500) | (0.004) |
| 青森 | 1,668 | 72,513 | 0.023 | 738 | 96,400 | 0.008 | 1,397 | 91,800 | 0.015 |
| 岩手 | 9,484 | 64,907 | 0.150 | 9,484 | 104,800 | 0.090 | 3,025 | 102,100 | 0.030 |
| 宮城 | 7,036 | 103,339 | 0.068 | 6,800 | 125,900 | 0.054 | 6,071 | 120,100 | 0.051 |
| 秋田 | 5,806 | 111,520 | 0.052 | 1,949 | 139,300 | 0.014 | 2,980 | 136,300 | 0.022 |
| 山形 | 2,451 | 99,895 | 0.025 | 690 | 111,800 | 0.006 | 1,242 | 107,100 | 0.012 |
| 福島 | 5,756 | 96,850 | 0.059 | 2,119 | 122,700 | 0.017 | 3,100 | 117,000 | 0.027 |
| (小計) | (32,201) | (549,027) | (0.059) | (21,780) | (700,900) | (0.031) | (17,815) | (674,400) | (0.026) |
| 茨城 | 1,434 | 91,573 | 0.016 | 2,000 | 119,100 | 0.017 | 1,772 | 111,500 | 0.016 |
| 栃木 | 701 | 76,226 | 0.009 | 531 | 113,200 | 0.005 | 514 | 109,700 | 0.005 |
| 群馬 | 552 | 38,208 | 0.014 | 698 | 38,900 | 0.018 | 625 | 35,000 | 0.018 |
| 埼玉 | 820 | 66,298 | 0.012 | 650 | 65,400 | 0.010 | 727 | 58,400 | 0.012 |
| 千葉 | 1,373 | 104,589 | 0.013 | 961 | 93,200 | 0.010 | 1,220 | 87,700 | 0.014 |
| 東京 | 47 | 7,359 | 0.006 | 34 | 1,170 | 0.029 | 9 | 655 | 0.014 |
| 神奈川 | 185 | 19,105 | 0.010 | 56 | 7,770 | 0.007 | 20 | 6,000 | 0.003 |
| 山梨 | 144 | 17,777 | 0.008 | 144 | 13,000 | 0.011 | 123 | 10,800 | 0.011 |
| 長野 | 2,844 | 80,036 | 0.036 | 1,543 | 79,600 | 0.019 | 1,932 | 71,600 | 0.027 |
| 静岡 | 1,127 | 58,949 | 0.019 | 619 | 37,800 | 0.016 | 735 | 31,100 | 0.024 |
| (小計) | (9,227) | (560,120) | (0.017) | (7,236) | (569,140) | (0.013) | (7,677) | (522,455) | (0.015) |
| 新潟 | 13,133 | 179,782 | 0.073 | 5,368 | 188,000 | 0.029 | 5,641 | 173,800 | 0.032 |
| 富山 | 4,554 | 80,496 | 0.057 | 3,813 | 71,200 | 0.054 | 2,572 | 65,700 | 0.039 |
| 石川 | 5,270 | 53,581 | 0.098 | 3,227 | 46,900 | 0.069 | 3,148 | 43,100 | 0.073 |
| 福井 | 1,160 | 47,360 | 0.024 | 745 | 46,300 | 0.016 | 731 | 42,800 | 0.017 |
| (小計) | (24,117) | (361,219) | (0.067) | (13,158) | (352,400) | (0.037) | (12,092) | (325,400) | (0.037) |
| 岐阜 | 3,497 | 61,993 | 0.056 | 2,489 | 57,800 | 0.043 | 2,680 | 16,700 | 0.160 |
| 愛知 | 6,735 | 87,473 | 0.077 | 2,003 | 64,500 | 0.031 | 2,458 | 55,700 | 0.044 |
| 三重 | 9,569 | 71,260 | 0.134 | 9,569 | 63,300 | 0.151 | 4,368 | 55,900 | 0.078 |
| (小計) | (19,801) | (220,726) | (0.090) | (14,061) | (185,600) | (0.076) | (9,506) | (128,300) | (0.074) |
| 滋賀 | 7,290 | 63,079 | 0.116 | 7,290 | 59,300 | 0.123 | 2,088 | 55,500 | 0.072 |
| 京都 | 2,247 | 37,065 | 0.061 | 2,145 | 31,700 | 0.068 | 1,871 | 29,100 | 0.064 |
| 大阪 | 3,567? | 35,285 | 0.101 | 13,000 | 16,500 | 0.788 | 6,396? | 13,400 | 0.477 |
| 兵庫 | 55,685 | 97,794 | 0.569 | 54,187 | 88,200 | 0.614 | 53,100 | 81,300 | 0.658 |
| 奈良 | 13,767 | 32,010 | 0.430 | 13,700 | 23,600 | 0.581 | 5,978 | 20,200 | 0.300 |
| 和歌山 | 8,192 | 29,225 | 0.280 | 8,256 | 17,900 | 0.461 | 5,926 | 14,800 | 0.400 |
| (小計) | (90,748) | (294,458) | (0.308) | (98,578) | (237,200) | (0.416) | (75,179) | (214,300) | (0.351) |
| 鳥取 | 1,725 | 33,528 | 0.051 | 1,726 | 30,700 | 0.056 | 1,236 | 27,600 | 0.045 |
| 島根 | 17,897? | 50,615 | 0.353 | 6,757 | 44,200 | 0.153 | 5,983 | 38,000 | 0.157 |
| 岡山 | 10,570 | 86,215 | 0.123 | 8,553? | 73,400 | 0.117 | 10,284 | 66,000 | 0.156 |
| 広島 | 15,981 | 70,826 | 0.226 | 6,475? | 58,800 | 0.280 | 20,998 | 53,400 | 0.393 |
| 山口 | 16,761 | 73,367 | 0.228 | 16,761 | 55,700 | 0.301 | 12,482 | 50,300 | 0.248 |
| 徳島 | 1,388 | 28,710 | 0.048 | 116? | 24,800 | 0.005 | 802 | 23,300 | 0.034 |
| 香川 | 12,416 | 39,400 | 0.315 | 18,620 | 33,100 | 0.563 | 16,158 | 31,000 | 0.521 |
| 愛媛 | 5,137 | 42,322 | 0.121 | 3,213 | 33,600 | 0.096 | 3,396 | 30,100 | 0.113 |
| 高知 | 521 | 33,907 | 0.015 | 421 | 30,300 | 0.014 | 448 | 27,600 | 0.016 |
| (小計) | (82,396) | (458,890) | (0.180) | (72,642) | (384,600) | (0.189) | (71,787) | (347,300) | (0.207) |
| 福岡 | 7,056 | 100,634 | 0.070 | 5,881 | 87,700 | 0.067 | 5,444 | 80,900 | 0.067 |
| 佐賀 | 2,272 | 54,828 | 0.041 | 2,724 | 52,100 | 0.052 | 2,937 | 49,100 | 0.060 |
| 長崎 | 13,569? | 31,944 | 0.042 | 3,088 | 30,500 | 0.101 | 3,784 | 28,200 | 0.134 |
| 熊本 | 2,242 | 77,621 | 0.029 | 3,459 | 86,400 | 0.040 | 2,634 | 81,900 | 0.032 |
| 大分 | 3,902 | 52,718 | 0.074 | 2,332 | 51,200 | 0.046 | 2,493 | 47,700 | 0.052 |
| 宮崎 | 935 | 47,244 | 0.020 | 223? | 44,800 | 0.005 | 835 | 41,200 | 0.020 |
| 鹿児島 | 684 | 55,138 | 0.012 | 785 | 52,200 | 0.015 | 650 | 46,800 | 0.014 |
| (小計) | (30,660) | (420,127) | (0.073) | (18,492) | (404,900) | (0.046) | (18,777) | (375,800) | (0.050) |
| 沖縄 | —— | —— | —— | 57 | 1,250 | 0.046 | 75 | 876 | 0.086 |
| 総計 | 289,713 | 3,029,750 | 0.096 | 246,158 | 3,107,590 | 0.079 | 213,893 | 2,833,331 | 0.075 |

農林水産省農地局資源課(1955)、農林水産省構造改善局防災課(1978)
および農林水産省構造改善局地域計画課(1991)より作成

表1-15　1952～54年度と1989年度における都道府県別ため池数

| 都道府県 受益面積 | 1952～54年度 | | | 1989年度 | | | b/a |
|---|---|---|---|---|---|---|---|
| | 5 ha～ | ～5 ha | 計 a | 5 ha～ | ～5 ha | 計 b | |
| 北海道 | (199) | (364) | (563) | (340) | (645) | (985) | (1.75) |
| 青森 | 620 | 1,048 | 1,668 | 461 | 936 | 1,397 | 0.84 |
| 岩手 | 1,132 | 8,352 | 9,484 | 875 | 2,150 | 3,025 | 0.32 |
| 宮城 | 1,361 | 5,675 | 7,036 | 1,433 | 4,638 | 6,071 | 0.86 |
| 秋田 | 1,945 | 3,861 | 5,806 | 1,535 | 1,445 | 2,980 | 0.51 |
| 山形 | 852 | 1,599 | 2,451 | 704 | 538 | 1,242 | 0.51 |
| 福島 | 2,169 | 3,587 | 5,756 | 1,939 | 1,161 | 3,100 | 0.54 |
| (小計) | (8,079) | (24,122) | (32,201) | (6,947) | (10,868) | (17,815) | (0.55) |
| 茨城 | 653 | 781 | 1,434 | 850 | 922 | 1,772 | 1.24 |
| 栃木 | 365 | 336 | 701 | 257 | 257 | 514 | 0.73 |
| 群馬 | 283 | 269 | 552 | 279 | 346 | 625 | 1.13 |
| 埼玉 | 207 | 613 | 820 | 292 | 435 | 727 | 0.89 |
| 千葉 | 761 | 612 | 1,373 | 793 | 427 | 1,220 | 0.89 |
| 東京 | 18 | 29 | 47 | 8 | 1 | 9 | 0.19 |
| 神奈川 | 77 | 108 | 185 | 9 | 11 | 20 | 0.11 |
| 山梨 | 111 | 33 | 144 | 104 | 19 | 123 | 0.85 |
| 長野 | 736 | 2,108 | 2,844 | 917 | 1,015 | 1,932 | 0.68 |
| 静岡 | 486 | 641 | 1,127 | 323 | 412 | 735 | 0.65 |
| (小計) | (3,697) | (5,530) | (9,227) | (3,832) | (3,845) | (7,677) | (0.83) |
| 新潟 | 1,258 | 11,875 | 13,133 | 1,078 | 4,563 | 5,641 | 0.43 |
| 富山 | 430 | 4,124 | 4,554 | 466 | 2,106 | 2,572 | 0.56 |
| 石川 | 1,335 | 3,935 | 5,270 | 1,086 | 2,062 | 3,148 | 0.60 |
| 福井 | 214 | 946 | 1,160 | 226 | 505 | 731 | 0.63 |
| (小計) | (3,237) | (20,880) | (24,117) | (2,856) | (9,236) | (12,092) | (0.50) |
| 岐阜 | 671 | 2,826 | 3,497 | 661 | 2,019 | 2,680 | 0.77 |
| 愛知 | 1,555 | 5,180 | 6,735 | 1,121 | 1,337 | 2,458 | 0.36 |
| 三重 | 1,345 | 8,224 | 9,569 | 1,198 | 3,170 | 4,368 | 0.46 |
| (小計) | (3,571) | (16,230) | (19,801) | (2,980) | (6,526) | (9,506) | (0.48) |
| 滋賀 | 859 | 6,431 | 7,290 | 688 | 1,400 | 2,088 | 0.29 |
| 京都 | 971 | 1,276 | 2,247 | 864 | 1,007 | 1,871 | 0.83 |
| 大阪 | 1,292 | 2,275 | 3,567 | 1,051 | 5,345 | 6,396 | 1.79 |
| 兵庫 | 5,784 | 49,901 | 55,685 | 4,935 | 48,165 | 53,100 | 0.95 |
| 奈良 | 1,632 | 12,135 | 13,767 | 1,065 | 4,733 | 5,798 | 0.42 |
| 和歌山 | 1,124 | 7,068 | 8,192 | 947 | 4,979 | 5,926 | 0.72 |
| (小計) | (11,662) | (79,086) | (90,748) | (9,550) | (65,629) | (75,179) | (0.82) |
| 鳥取 | 401 | 1,324 | 1,725 | 386 | 850 | 1,236 | 0.72 |
| 島根 | 898 | 16,999 | 17,897 | 609 | 5,374 | 5,983 | 0.33 |
| 岡山 | 2,856 | 7,714 | 10,570 | 2,994 | 7,290 | 10,284 | 0.97 |
| 広島 | 2,724 | 13,257 | 15,981 | 2,624 | 18,374 | 20,998 | 1.31 |
| 山口 | 1,677 | 15,084 | 16,761 | 1,376 | 11,106 | 12,482 | 0.74 |
| 徳島 | 199 | 1,189 | 1,388 | 237 | 565 | 802 | 0.58 |
| 香川 | 932 | 11,484 | 12,416 | 1,597 | 14,561 | 16,158 | 1.30 |
| 愛媛 | 1,480 | 3,657 | 5,137 | 1,287 | 2,109 | 3,396 | 0.66 |
| 高知 | 141 | 380 | 521 | 177 | 271 | 448 | 0.86 |
| (小計) | (11,308) | (71,088) | (82,396) | (11,287) | (60,500) | (71,787) | (0.87) |
| 福岡 | 2,505 | 4,551 | 7,056 | 2,434 | 3,010 | 5,444 | 0.77 |
| 佐賀 | 964 | 1,308 | 2,272 | 1,284 | 1,653 | 2,937 | 1.29 |
| 長崎 | 753 | 12,816 | 13,569 | 806 | 2,978 | 3,784 | 0.28 |
| 熊本 | 564 | 1,678 | 2,242 | 535 | 2,099 | 2,634 | 1.17 |
| 大分 | 1,388 | 2,514 | 3,902 | 1,042 | 1,451 | 2,493 | 0.63 |
| 宮崎 | 638 | 297 | 935 | 441 | 394 | 835 | 0.89 |
| 鹿児島 | 391 | 293 | 684 | 406 | 244 | 650 | 0.95 |
| (小計) | (7,203) | (23,457) | (30,660) | (6,948) | (11,829) | (18,777) | (0.61) |
| 総計 | (48,956) | (240,757) | (289,713) | (44,812) | (169,081) | (213,818) | (0.74) |

農林水産省農地局資源課(1955)と農林水産省改善局地域計画課(1991)より作成

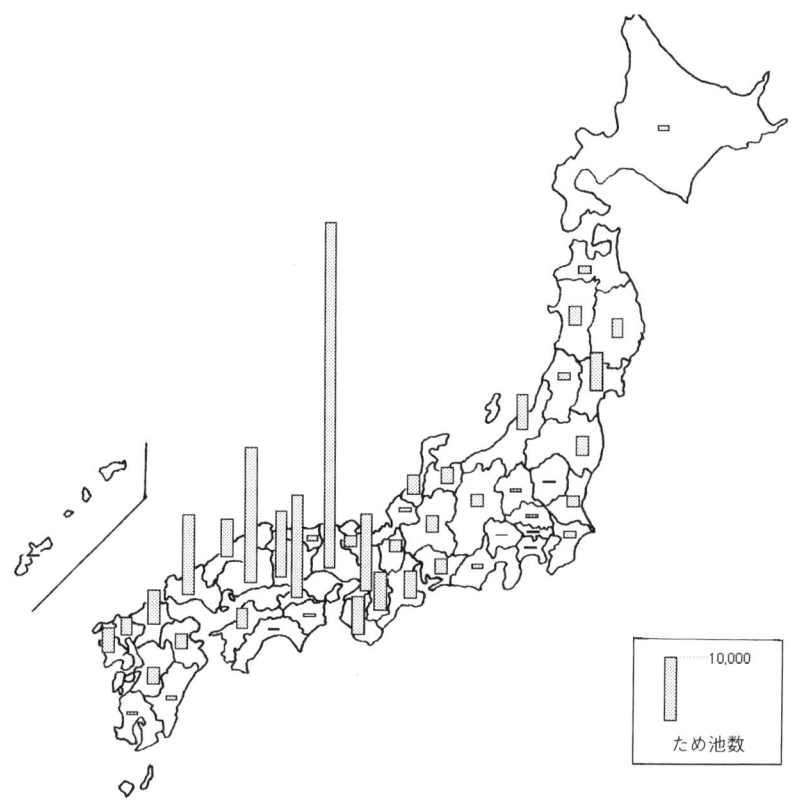

第1章　わが国におけるため池の存在形態

**図1-2　1989年度における都道府県別ため池数**
農林水産省構造改善局地域計画課(1991)より作成

を地元に委託することが多いためであろう。

大改修については1979年度に比べて1989年度では改修済の割合が増加し、特に昭和40年代以降の改修が進展したと推定される。

利用状況では1979年度に比べ、1989年度での他目的利用がわずかに増加している。

有効貯水量では100万$m^3$以上の大型の池の割合が増加し、堤高も30m以上のものが増加して、この間の大型ため池の築造が裏づけられる。

### (5) 1952～54年度と1989年度における全国のため池の分布

1989年度の調査では都道府県別のため池地区総数が調査されているので、全国のため池の分布を知ることができる。地域別に見ると、ため池は近畿と中国・四国に多く、都道府県別では兵庫県を第1位として、広島、香川、山口、岡山が1万以上である(**図1-2、表1-11**)。なお、このうち、大阪府に関しては前述のように、ため池の実数は1万以上と思われる。ため池の少ない都道府県は東京、神奈川、山梨、沖縄、高知が450未満である。次に、水田1ha当たりのため池地区数から、ため池の密集度を見ると、兵庫、大阪、奈良、広島、山口、香川が0.24以上と高く、北海道、山形、栃木、群馬、千葉、東京、神奈川、山梨、鹿児島では0.015未満と低い(**表1-14**)。これらの特色は、受益面積1ha以上のため池を対象とした1979年度と比較して、1ha未満も含めて対象とした1989年度では、1ha未満のため池の占める割合が高い山口県や香川県の位置づけが異なっている。

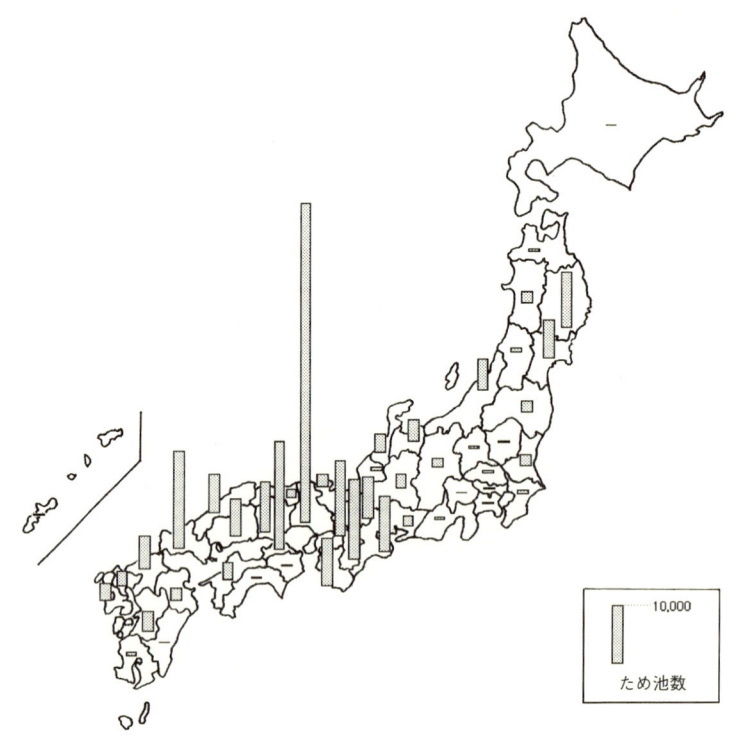

**図1-3 1978年度における都道府県別ため池数**
農林水産省構造改善局防災課(1978)より作成

　次に、前記の農林省による1952～54年度の調査と1989年度の調査との比較を行う。両調査の調査項目や項目内の区分方法の違いから、比較可能な項目はため池数と受益面積のみである。1952～54年度の全国のため池総数は289,713で、沖縄県を除いた1989年度のため池地区数は213,818である(**表1-15**)。この35～37年間に、1952～54年度調査の26.2％分にあたる75,895のため池が減少した。受益面積区分別の比較は両調査における区分が異なるため、共通に比較が可能な5ha以上と5ha未満に区分して分析した。その結果、5ha以上では48,956から44,812と4,144(前調査時の91.5％)減少し、5ha未満では240,757から169,081へと71,676(前調査時の70.2％)減少した。これによって、5ha未満のため池の減少率が高いことがわかる。

　地域別では北海道を除いた全地域で減少しているが、特に東海と北陸では前調査時のそれぞれ48％、50％にまで減少した。都道府県別では前調査時の50％以下に減少したのは、岩手(32％)、新潟(43％)、東京(19％)、神奈川(11％)、愛知(36％)、三重(46％)、滋賀(29％)、奈良(42％)、長崎(28％)である。反対に、前調査時の120％以上に増加したのは、北海道(175％)、茨城(120％)、大阪(179％)、広島(131％)香川(133％)、佐賀(129％)である。このうち、大阪は前調査時の数値が小さすぎると思われるので、実際にはため池の大幅な増加はないと推定される。

　受益面積に関して、1952～54年度の調査は全ため池を対象とした延受益面積であり、1989年度の調査は2ha以上地区の実受益面積である上に、受益面積による区分が異なるので、両者の比較は不可能である。しかし、受益面積5ha以上のため池については、延受益面積と実受益面積の違いはあるものの、おおむねの比較が可能である。受益面積5ha以上のため池について、1952～54年度の調査における延受益面積の合計は909,397haであるが、1989年度の調査における沖縄県を除いた実

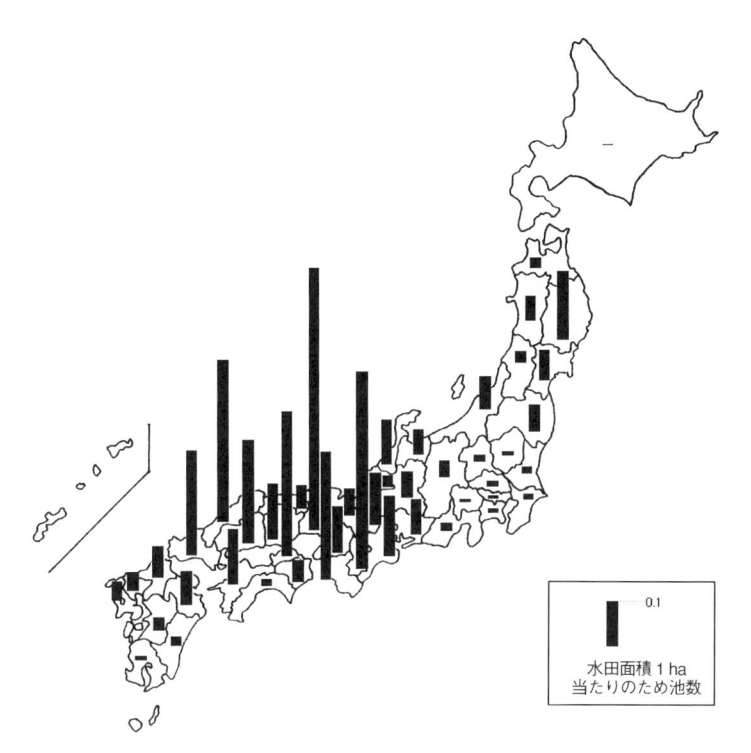

第1章 わが国におけるため池の存在形態　　　　　67

図1-4　1952〜54年度における都道府県別水田面積1ha当たりため池数
農林省農地局資源課(1955)より作成

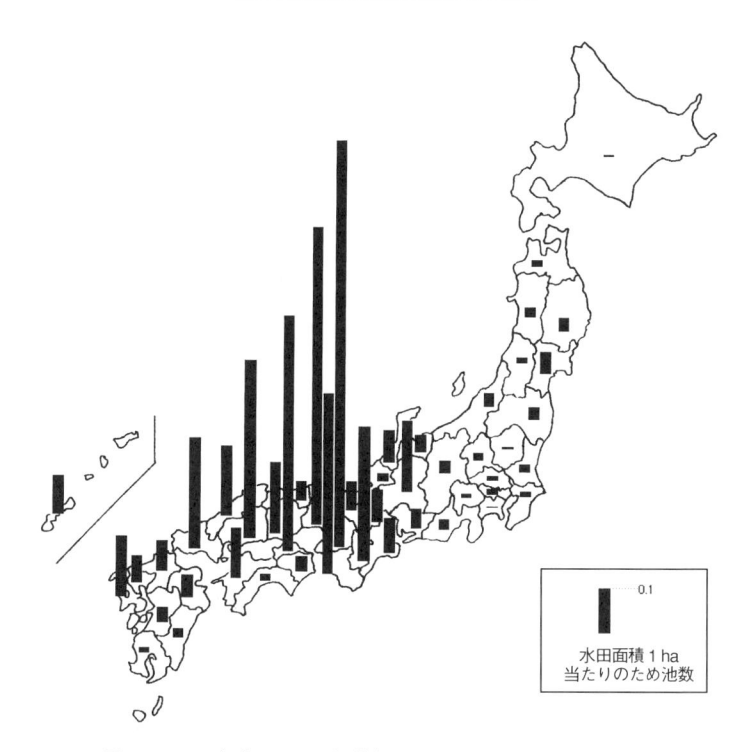

図1-5　1978年度における都道府県別水田面積1ha当たりため池数
農林水産省構造改善局防災課(1978)より作成

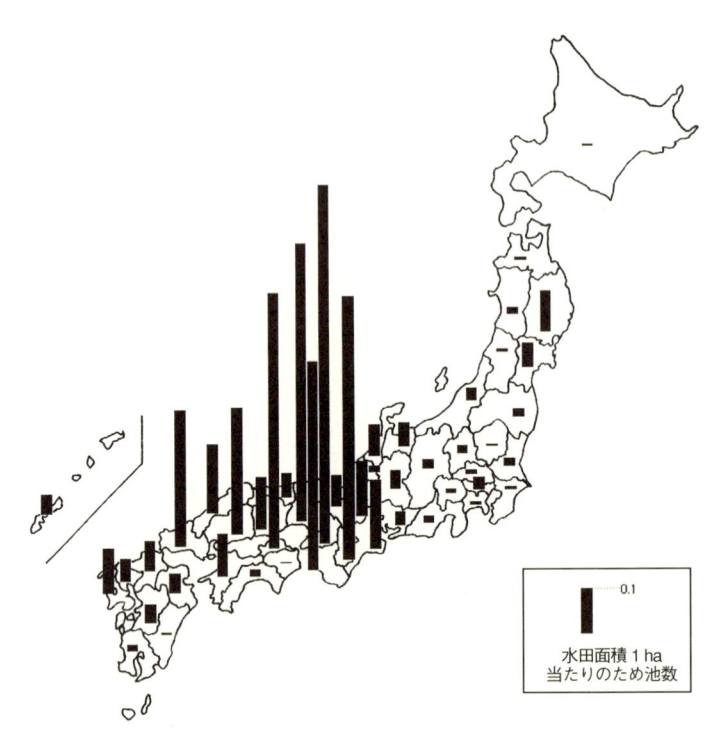

図1-6　1952〜54年度における都道府県別水田面積1ha当たりため池数
農林省農地局資源課(1955)より作成

受益面積の合計は1,168,205 ha である。単純計算では、この間に少なくても 258,808 ha (1952〜54年調査時の28.5％分)が増加したことになる。以上から、1950年代前半より1980年代末までの間に、ため池は数の上では3/4以下に減少した。とりわけ、受益面積5ha未満のため池の減少が大きい。これに対して、受益面積の合計は受益面積5ha以上のため池によるものに限っても、約30％以上の増加を示した。これはため池の廃止とともに、改造や大規模なため池の築造があったことを示している。

なお、農林水産省構造改善局防災課による1978年5月の調査では、全国のため池総数は246,158と記されている(図1-3、表1-14)。したがって、全国のため池総数は1952〜54年度から1978年までの24〜26年間に43,555減少し(年平均1,675〜1,815)、1978年から1989年度までの9年間に27,265(年平均3,029)減少したことになる。このことは1978年以降のため池の減少が急速に進行したことを示している。

加えて、1978年時の都道府県別ため池数と、1952〜54年度、1978年度、1989年度における水田1ha当たりのため池数を表1-14に示した(図1-4、5、6)。それによると、1978年当時のため池の分布傾向は今まで記述してきた時期のものとほぼ同様である。そして、水田1ha当たりのため池数からみたため池の密集度も3つの時期を通じて、兵庫、奈良、大阪、和歌山、香川、広島、山口が高い。反対に、密集度が低いのは北海道、東京、神奈川、山梨、高知、鹿児島である。ため池数が1952〜54年度と1978年度もしくは1989年度の間に半分以下に大きく減少した都県は、秋田、新潟、東京、神奈川、愛知、三重、滋賀、奈良である。これらの都県では、大都市圏の都市化や大規模農業用水の通水、大規模ため池の築造等の影響があると推測される。また、1978年の大阪府のため池

数は 13,000 とあるが、これは大阪府耕地課(1992)の示す値と比較して、正しいと思われる。しかし、岡山県の 8,553、広島県 6,475、宮崎県 223、北海道 159 は 1952～54 年度と 1989 年度の値と比較して、少なすぎると思われる。

　本節のまとめとして、ため池は近畿、中国・四国地域に多く分布し、都道府県別では兵庫、広島、香川、山口、岡山、大阪等が多く、北海道、栃木、東京、神奈川、山梨、徳島、沖縄等が少ない。この傾向は戦前より現在までおよそ共通している。受益面積区分別ため池数では 1 ha 未満が 1989 年度調査においても約 60％を占めるように、小規模な池が多い。全国のため池数及び受益面積は減少し、特に 1978 年以降の減少率が高い。しかし、5 ha 以上のため池は数の上でも受益面積の上でも若干増加している。例えば、沖縄県を除いた受益面積 5 ha 以上のため池による延受益面積の合計は 1952～54 年度調査から 1979 年度調査までの間に 335,490 ha 増加し、1979 年度調査から 1989 年度調査までの間に、実受益面積で 1,243,778 ha 増加した。詳細に見ると、5～20 ha では 1979 年度から 1989 年度までの間に実受益面積で 22,733 ha 減少しているのに対して、20 ha 以上では 147,113 ha と増加している。このように、近年の大規模なため池の築造が受益面積に影響を与えていることがわかる。これらの比較的規模の大きいため池は国や都道府県が築造する例が多く、従来からのアースフィル型式に加えて、重力式以外のコンクリートダムの割合が増加している。ため池の管理者・所有者としては伝統的に申し合わせ組合や集落が圧倒的に多いが、大規模な池の築造に伴って、土地改良区や行政の割合が増加している。

　ため池は全体数では減少を続けながらも、比較的大規模なため池による受益面積や貯水量が増加していることから、まだその役割を終えたものではなく、今後とも農業用水の供給を行っていくと思われる。これらのため池を今後とも有効に、しかも安全に維持・管理していく工夫が望まれる。

● 参考文献

大阪府農林水産部耕地課(1992)：オアシス環境づくりマニュアル．大阪府農林水産部耕地課, 30p.

亀田隆之(1973)：『日本古代用水史の研究』, 吉川弘文館, 416p.

喜多村俊夫(1950)：『日本灌漑水利慣行の史的研究　総論篇』, 岩波書店, 503p.

黒田弘子(1985)：『中世惣村の構造』, 吉川弘文館, 348p.

四国新聞社・香川清美・長町博・佐戸政直(1975)：『讃岐のため池』, 美巧社, 547p.

白井義彦・成瀬敏郎(1983)：我が国におけるため池の利用と保全─1981 年ため池台帳からみた考察─．地理科学　38-1, pp.20-35, 地理科学学会．

末永雅雄(1947)：『池の文化』, 創元社, 206p．1972 年に学生社から 255p．で再出版．

総務庁統計局(1990)：第 40 回日本統計年鑑, 日本統計協会, 842p.

竹内常行(1939)：溜池の分布について[本州、四国、九州](1)・(2)・(3)．地理学評論 15-4, pp.283-300, 15-5, pp.319-342, 15-6, pp.444-457, 日本地理学会．

竹山増次郎(1958)：『溜池の研究』, 有斐閣, 358p.

土屋　生(1966)：『灌漑水利権(上)』, 中央大学出版会, 313p.

土木学会(1936)：『明治以前日本土木史』, 岩波書店, 1745p.

農林省農地局資源課(1955)：溜池台帳．農林省農地局資源課, 718p.

農林省農地局資源課(1957a)：溜池統計　全国篇．農林省農地局資源課, 55p.

農林省農地局資源課(1957b)：溜池統計　地方篇附解析．農林省農地局資源課, 658p.

農林省農林経済局統計調査部(1955)：第 31 次農林省統計表(昭和 29 年), 農林省農林経済局統計調査部, 706p.

農林水産省経済局統計情報部(1979)：第 55 次農林水産省統計表(昭和 53～54 年), 農林統計協会, 607p.

農林水産省構造改善局地域計画課(1981)：長期要防災事業量調査　ため池台帳(集計編)．農林水産省構造改善局地域計画課，507p．

農林水産省構造改善局地域計画課(1991)：長期要防災事業量調査Ⅵ　ため池台帳(全国集計編)．農林水産省構造改善局地域計画課，625p．

農林水産省構造改善局防災課(1978)：都道府県別ため池数(表)，農林水産省構造改善局防災課．

農林水産省中国四国農政局計画部(1991)：中国・四国地域におけるため池の現状と整備手法及び問題点．農林水産省中国四国農政局計画部，104p．

旗手　勲(1985)：『水利の日本史—流域の指導者たち—』，農林統計協会，240p．

兵庫県農林水産部農地整備課(1984)：『兵庫のため池誌』，兵庫県，696p．

寳月圭吾(1943)：『中世灌漑史の研究』，吉川弘文館，366p．

牧　隆泰(1958)：日本水利施設進展の研究．土木雑誌社，410p．

森　浩一(1978)：『日本古代文化の研究—池』，社会思想社，348p．

渡辺洋三(1954)：『農業水利権の研究』，東京大学出版会，485p．1979年に増補版510p．が東京大学出版会より出版．

# 第2章　都市化地域におけるため池の改廃
—— 兵庫県おける1966～97年までのため池の改廃 ——

## 1．ため池最多県にみる改廃状況

　第1章に記したように、沖縄県を除いた全国のため池数は1950年代から1989年までの30数年間に、前時期の26.2％分に当たる75,895が減少した。地域別で減少数が最も多いのは近畿地域の15,569で、続いて東北地域の14,386である。うち、東北地域は前述のように、大規模ため池による受益面積が増加しているので、ため池の減少には大規模ため池の築造に伴う小規模ため池の統廃合の意味があると思われる。しかし、近畿地域においては大規模ため池による受益面積は減少しており、ため池の減少は主として都市化による改廃と推測される。そこで、筆者は近畿地域のうちから兵庫県を取り上げて、近年の改廃状況を分析することにした。

　兵庫県を研究対象とする理由として、まず、同県が全国最多のため池を有する上に、播磨地域と淡路島という全国でも有数のため池卓越地帯を有すること、その中で播磨地域では都市化と工業化が顕著であることが上げられる。さらに、筆者が第III部として詳述する阪神・淡路大震災によって、ため池が大きな被害を受けた地域であること、その結果、全国に先駆けてため池データベースが作成され、それ以前のため池台帳等の資料も整備されていることが上げられる。

　さて、地理学の分野におけるため池の改廃に関する研究では、主としてため池の水利慣行を考察する中でため池の潰廃と転用状況を丹念に調査し、それが水利等に及ぼす影響に言及する研究が行われてきた(例えば、川内、堀内の研究)。それらは、ため池の潰廃に伴う水利慣行の変化を綿密に分析した点で高く評価される。しかし、研究目的の関係から、それらの研究対象地域は大阪府や奈良県の一部に限定され、広域な地域を視野に入れたものではない。また、兵庫県に関して、福田(1973)は1963～70年におけるため池の廃止と廃止後のため池底地の転用状況を分析し、そのような事例は都市化・工業化の進展する播磨地域に集中していることを指摘したが、1970年以降の改廃状況は明らかではない。そこで、筆者は1970年代以降の兵庫県において、ため池の改廃状況とその地域的特色を示すことにした。そして、この研究はため池とそれを取り巻く地域の保全を考える際の基礎的な条件を把握するために意義あるものと考えられる。

　研究の方法としては、兵庫県農地整備課による1966～96年の各年の市町別ため池総数、同課の作成した最も古いため池台帳(1966～68年作成、以下、旧台帳と略称する)、同課が1996年に作成してデータベース化したため池台帳(以下、データベースと略称する)及び1966～96年までに県に提出されたため池の改廃届けを資料として、県内のため池の改廃状況を分析した。このうち、旧台帳の作成年が3年間にわたっているのは、受益面積5ha以上もしくは貯水量30,000m$^3$以上のA級ため池については1966年に、受益面積1ha以上5ha未満もしくは貯水量10,000m$^3$以上30,000m$^3$未満のB級ため池については1967年に、0.5ha以上1ha未満もしくは貯水量5,000m$^3$以上10,000m$^3$未満のC級ため池については1968年に調査が行われたためである。なお、各年度の市町別ため池

表2-1 兵庫県における1960～95年の人口と人口増加率

| 人口＼年 | 1960年 | 1965年 | 1970年 | 1975年 | 1980年 | 1985年 | 1990年 | 1995年 |
|---|---|---|---|---|---|---|---|---|
| 人　口 | 3,906,487 | 4,309,944 | 4,667,928 | 4,992,140 | 5,144,892 | 5,278,050 | 5,405,040 | 5,401,897 |
| 増加率 | 7.9% | 10.3% | 8.3% | 6.9% | 3.1% | 2.6% | 2.4% | -0.1% |

国勢調査結果より作成

数はすべてのため池を対象としているが、旧台帳とデータベースは受益面積 0.5 ha 以上のため池が対象である。続いて、県内でも特に、ため池が密集する神戸市と稲美町を例に、旧台帳とデータベースを比較して、両市町のため池の貯水量と堤・堤長の変化から、ため池の改廃状況を具体的に分析した。

## 2．人口と農業の変化

　兵庫県における 1960～95 年の人口と人口増加率を**表 2-1** に示す。これによれば、兵庫県の人口増加率は 1965 年の 10.3％を最高にして増加率が減少し、1995 年にはマイナスの値を示した。これに対して、瀬戸内海沿岸市町とその背後に位置する市町の人口は県全体に比べて上昇率が高く、1995 年においてもプラスの人口増加率を示す市町が多い（**表 2-2**）。**図 2-1** には 1970～95 年における市町別の人口の変化を示した。図 2-1 からは、人口の増加傾向を示す市町が県の南部と淡路島に集中し、中部から北部では豊岡市と和田山町の 2 市町以外は人口減少地域であることがわかる。兵庫県の 1985～90 年の年令階級別人口移動を分析した森川（1992）も、この間の県東南部での社会増と県中北部、淡路島における社会減を指摘している。なお、本章の各図表における行政区画は 1996 年現在のものである。1966～70 年時の志方町、城東町、多紀町はその後に合併した加古川市と篠山町にそれぞれ含めて処理した。篠山町、西紀町、丹南町、今田町は 1999 年 4 月 1 日に合併して篠山市になったが、本章での行政区画は調査時である 1997 年時点のものとした。

　次に、農業の変化をため池の維持・管理との関連が深い農家数と水田面積からみることにする。**図 2-2** は 1966～70 年における市町別のため池分布図である。これによれば、ため池は東播磨と淡路島に多く分布することがわかる。図 2-2 によるため池の密集地域は図 2-1 の人口増加地域とおおむね一致している。

　県の総農家数は 1970～95 年の間に 178,519 戸から 124,823 戸になり、30.1％の減少を見た。農家数の減少傾向は全県的に認められるが、減少率 50％以上の市町は瀬戸内海沿岸に集中している（**図 2-3**）。1970～95 年の県の専業農家数は 12,902 戸から 14,145 戸になり、9.6％増加した。専業農家数が変化なしか増加傾向にある地域は北部、中部、西部に広く見られ、反対に減少率が 40％以上の市町は県東南部の東播磨地域に集中している（**図 2-4**）。このことから、専業農家数の増加は農業の進展とばかりは言い切れず、むしろ過疎化傾向にある県の中部や北部では、生産年齢人口の流出や高齢化に伴う高齢者の専業等の影響も大きいと思われる。

　同時期における第 1 種兼業農家数は 37,856 戸から 9,798 戸になり、74.1％の減少となった。この減少傾向は全県的なものであるが、県南部ではため池が密集する加古川右左岸の台地上の三木市、小野市、加西市等と淡路島の北淡町、一宮町、瀬戸内沿岸の高砂市、姫路市等では減少率 80％以上である（**図 2-5**）。第 2 種兼業農家数は全県で 127,761 戸から 100,880 戸と 21.0％減少したが、ため池の多い東播磨と淡路島、特に神戸市とその後背地では変化なし、もしくは増加傾向にある市町が多

第2章　都市化地域におけるため池の改廃　　　　　　　　　　　　　　　　　73

表2-2　兵庫県の市町における1970〜90年の人口の変化

| 市町名 | 1970年 | 1995年 | 増加率% | 市町名 | 1970年 | 1995年 | 増加率% |
|---|---|---|---|---|---|---|---|
| 神戸 | 1,288.937 | 1,423,792 | +10.46 | 一宮 | 12,440 | 5,567 | -55.25 |
| 尼崎 | 553.696 | 488,586 | -11.76 | 波賀 | 5,851 | 5,058 | -13.25 |
| 西宮 | 377,043 | 390.389 | +3.54 | 千種 | 5,009 | 4,405 | -12.06 |
| 芦屋 | 70,938 | 75,032 | +5.77 | 八鹿 | 13,801 | 12,562 | -8.93 |
| 伊丹 | 153,763 | 188,431 | +22.55 | 養父 | 10,289 | 8,913 | -13.37 |
| 宝塚 | 127,179 | 202,544 | +59.26 | 大屋 | 7,527 | 4,962 | -34.08 |
| 川西 | 87,127 | 144,539 | +65.89 | 関宮 | 5,745 | 4,853 | -15.53 |
| 三田 | 33,090 | 96,279 | +190.96 | 生野 | 7,652 | 5,582 | -27.05 |
| 猪名川 | 7,032 | 27,130 | +285.81 | 和田山 | 15,514 | 16,764 | +8.06 |
| 明石 | 206,525 | 287,606 | +39.26 | 山東 | 7,787 | 6,551 | -15.87 |
| 加古川 | 127,112 | 260,567 | +105.00 | 朝来 | 8,553 | 7,869 | -8.00 |
| 三木 | 41,245 | 78,653 | +90.70 | 豊岡 | 44,094 | 47,742 | +8.27 |
| 高砂 | 68,900 | 97,632 | +41.70 | 城崎 | 5,904 | 4,592 | -22.22 |
| 吉川 | 7,826 | 7,909 | +1.06 | 竹野 | 6,726 | 5,880 | -12.58 |
| 稲美 | 21,116 | 31,377 | +48.59 | 香住 | 15,568 | 14,502 | -6.85 |
| 播磨 | 13,116 | 33,583 | +156.05 | 日高 | 19,592 | 18,666 | -4.73 |
| 西脇 | 37,934 | 38,257 | +0.85 | 出石 | 11,235 | 10,917 | -2.83 |
| 小野 | 37,623 | 48,214 | +28.15 | 但東 | 7,181 | 6,062 | -15.58 |
| 加西 | 48,354 | 51,706 | +6.93 | 村岡 | 8,987 | 7,070 | -21.33 |
| 社 | 17,073 | 21,415 | +25.43 | 浜坂 | 13,328 | 11,827 | -11.26 |
| 滝野 | 8,351 | 10,823 | +29.60 | 美方 | 3,766 | 2,726 | -27.62 |
| 東条 | 6,725 | 7,505 | +11.60 | 温泉 | 9,633 | 7,802 | -19.01 |
| 中 | 11,995 | 11,698 | -2.50 | 柏原 | 7,218 | 9,793 | +35.67 |
| 加美 | 7,710 | 7,476 | -3.04 | 氷上 | 18,864 | 19,021 | +0.83 |
| 八千代 | 6,577 | 6,266 | -4.73 | 青垣 | 8,673 | 7,957 | -8.26 |
| 黒田庄 | 8,030 | 8,082 | +0.65 | 春日 | 13,246 | 12,963 | -2.14 |
| 姫路 | 408,353 | 470,986 | +15.34 | 山南 | 14,274 | 13,984 | -2.03 |
| 家島 | 10,110 | 9,042 | +10.56 | 市島 | 14,166 | 10,270 | -27.50 |
| 夢前 | 13,716 | 22,056 | +60.81 | 篠山 | 14,164 | 22.229 | +56.94 |
| 神崎 | 8,575 | 8,432 | -1.67 | 西紀 | 4,304 | 4,125 | -4.16 |
| 市川 | 14,686 | 15,062 | +2.56 | 丹南 | 11,073 | 14,503 | +30.98 |
| 福崎 | 16,637 | 19,854 | +19.34 | 今田 | 3,423 | 3,895 | +13.79 |
| 香寺 | 10,981 | 20,221 | +84.14 | 洲本 | 44,499 | 42,373 | -4.78 |
| 大河内 | 6,084 | 5,397 | -11.29 | 津名 | 9,861 | 17,084 | +73.25 |
| 相生 | 40,657 | 36,103 | -11.20 | 淡路 | 5,054 | 7,431 | +47.03 |
| 龍野 | 36,105 | 40,607 | +12.47 | 北淡 | 7,809 | 10,687 | +36.85 |
| 赤穂 | 45,942 | 51,426 | -11.94 | 一宮 | 6,939 | 9,549 | +37.61 |
| 新宮 | 16,560 | 17,519 | +5.79 | 五色 | 6,591 | 10,466 | +58.79 |
| 揖保川 | 9,135 | 12,825 | +40.39 | 東浦 | 4,976 | 8,484 | +70.50 |
| 御津 | 11,258 | 12,480 | +10.85 | 緑 | 2,762 | 5,988 | +116.80 |
| 太子 | 20,457 | 31,634 | +5.75 | 西淡 | 7,444 | 13,248 | +77.97 |
| 上郡 | 16,902 | 18,849 | +11.52 | 三原 | 8,336 | 16,854 | +102.21 |
| 佐用 | 10,135 | 9,131 | -9.91 | 南淡 | 12,743 | 20,574 | +61.45 |
| 上月 | 7,155 | 5,831 | -18.50 | 県合計 | 4,589,950 | 5,401,897 | +17.69 |
| 南光 | 5,038 | 4,817 | +4.39 | | | | |
| 三日月 | 4,082 | 3,562 | -12.74 | 兵庫県企画部統計課(1972)および兵庫県生活文化部統計課(1977)より作成 | | | |
| 山崎 | 25,258 | 26,663 | +5.56 | | | | |
| 安富 | 4,506 | 11,559 | +156.52 | | | | |

い(図2-6)。

　同時期における水田面積は、884,406 ha から 677,569 ha に 23.4％減少した。水田面積も全県的に減少しているが、40％以上の高い減少率を示す市町は瀬戸内沿岸に多い(図2-7)。水田作付け面積は79,972 ha から 52,241 ha へと前時期の 34.7％が減少した。水田作付け面積は水田面積に比べて減少率が大きく、減少率 20％未満は 5 市町に過ぎない。瀬戸内沿岸では淡路島の 4 町を除いて、40％以上の減少率となった市町が多い(図2-8)。

74　第Ⅰ部　ため池の存在形態

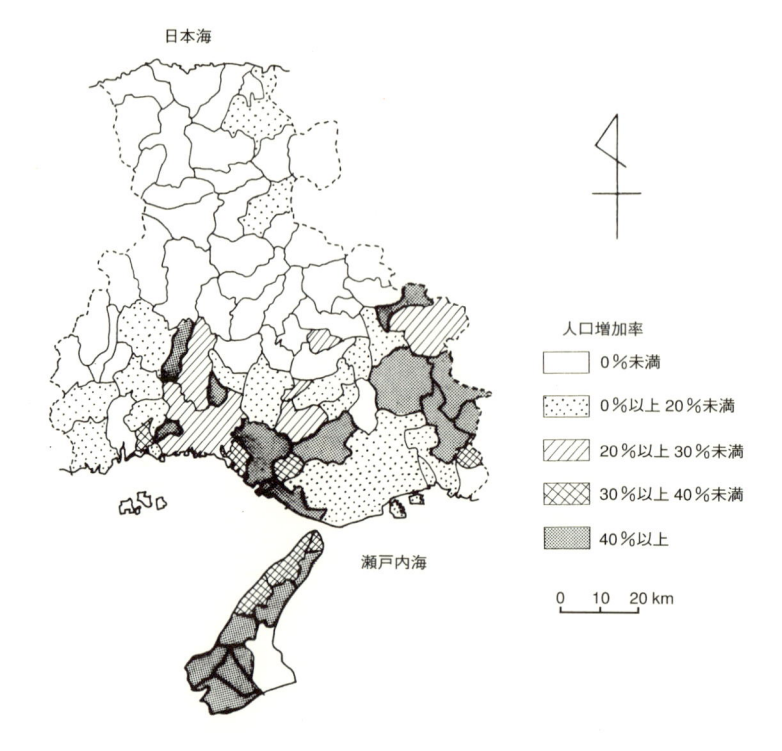

**図2-1　兵庫県における1970〜95年の市町別人口の変化**
国勢調査結果より作成

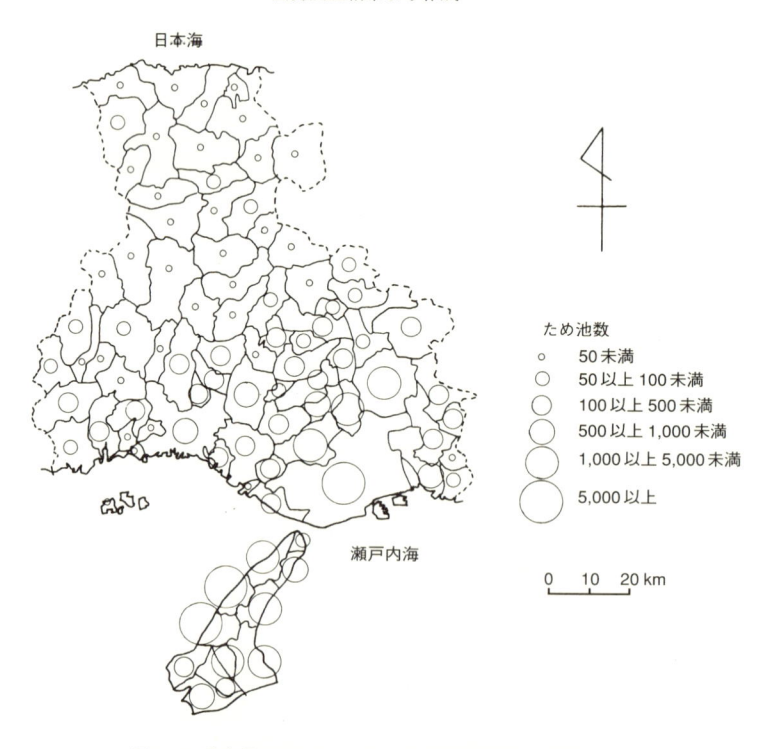

人口増加率
- 0％未満
- 0％以上20％未満
- 20％以上30％未満
- 30％以上40％未満
- 40％以上

**図2-2　兵庫県における1966〜70年の市町別ため池数**
兵庫県農地整備課(1966, 67, 68, 70)より作成

ため池数
- 50未満
- 50以上100未満
- 100以上500未満
- 500以上1,000未満
- 1,000以上5,000未満
- 5,000以上

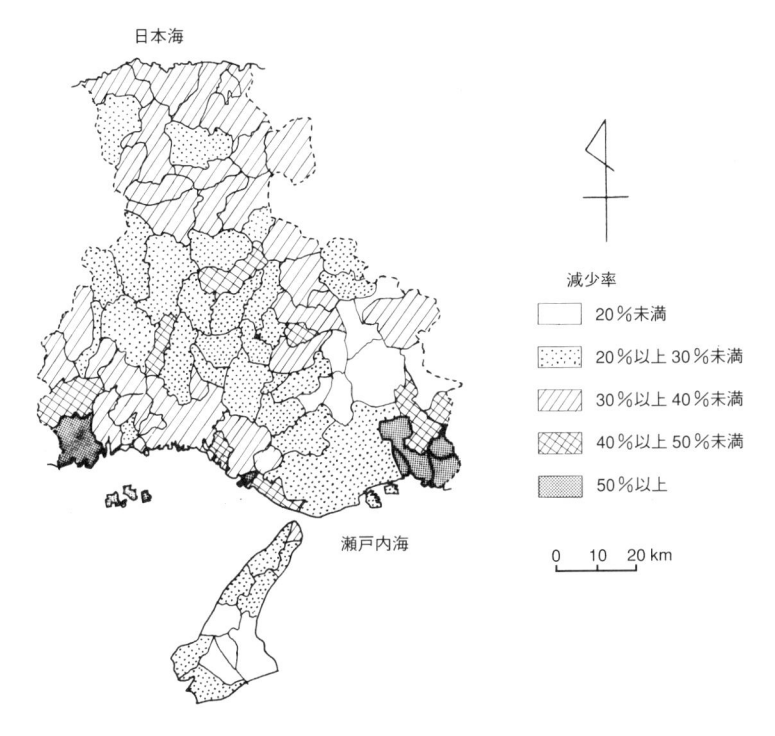

第2章　都市化地域におけるため池の改廃　　75

図2-3　兵庫県における1970〜95年の市町村別総農家数の変化
農林省統計調査部(1971)と農林水産省統計情報部(1996)より作成

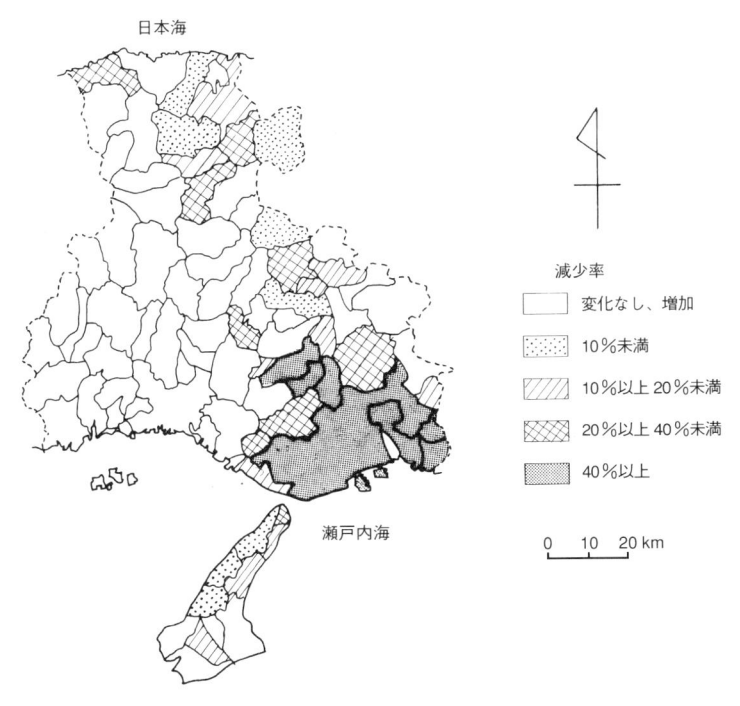

凡例（減少率）:
- 20%未満
- 20%以上30%未満
- 30%以上40%未満
- 40%以上50%未満
- 50%以上

図2-4　兵庫県における1970〜95年の市町村別専業農家数の変化
農林省統計調査部(1971)と農林水産省統計情報部(1996)より作成

凡例（減少率）:
- 変化なし、増加
- 10%未満
- 10%以上20%未満
- 20%以上40%未満
- 40%以上

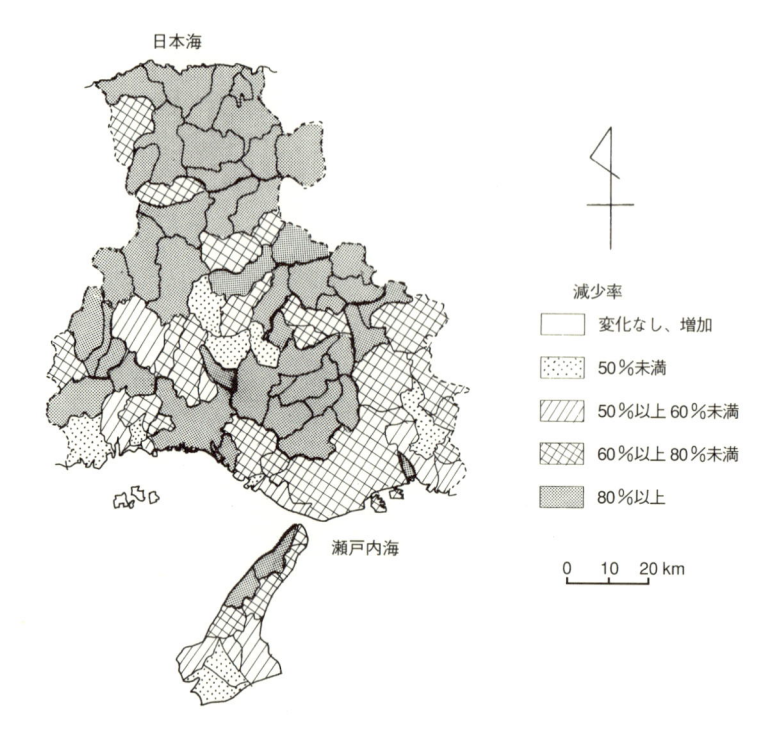

図2-5　兵庫県における1970～95年の市町別第1種兼業農家数の変化
農林省統計調査部(1971)と農林水産省統計情報部(1996)より作成

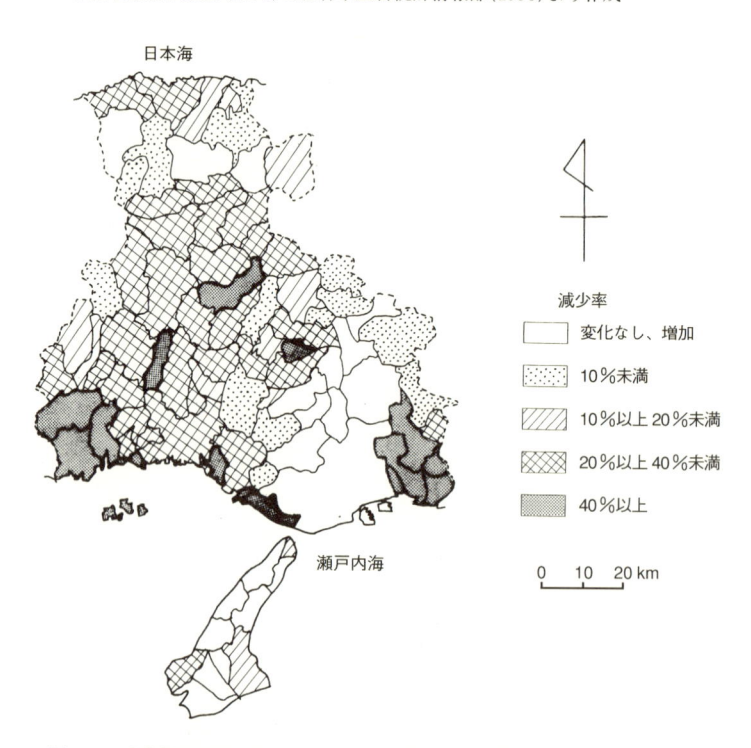

図2-6　兵庫県における1970～95年の市町別第2種兼業農家数の変化
農林省統計調査部(1971)と農林水産省統計情報部(1996)より作成

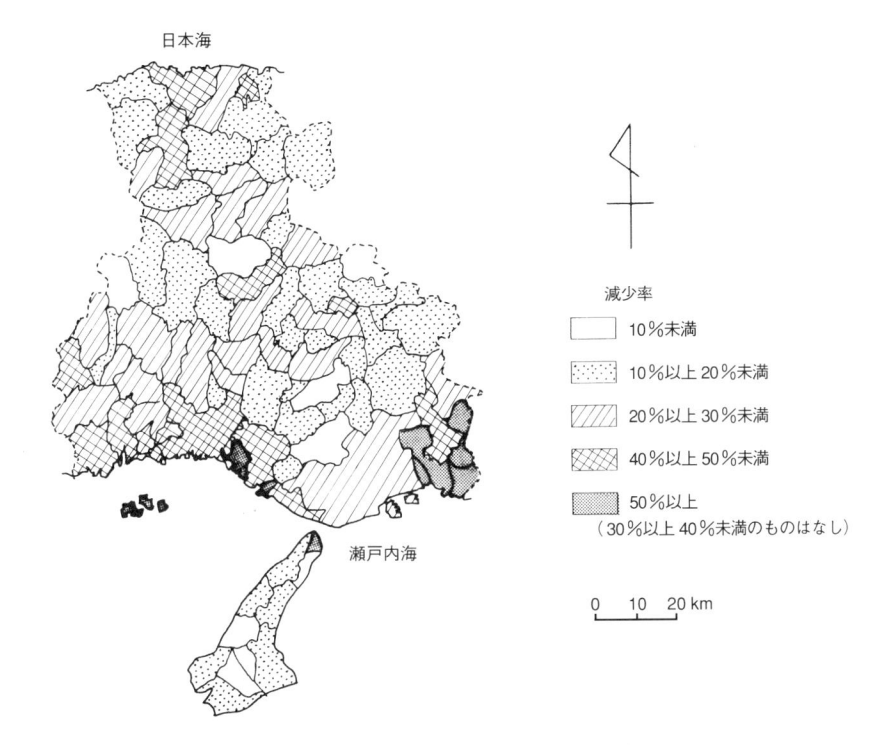

第2章　都市化地域におけるため池の改廃

図2-7　兵庫県における1970～95年の市町別水田面積の変化
農林省統計調査部(1971)と農林水産省統計情報部(1996)より作成

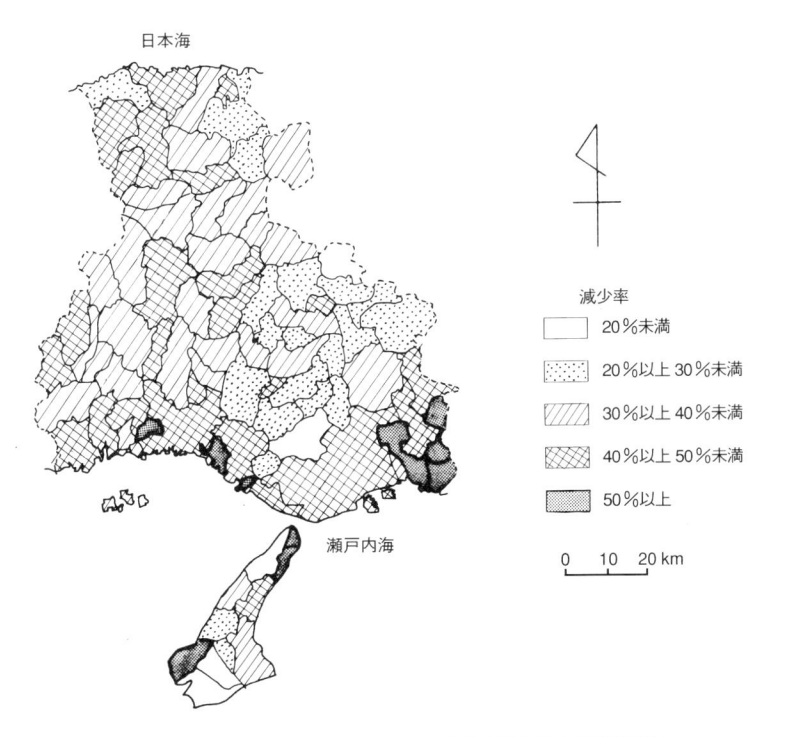

減少率
- 10％未満
- 10％以上20％未満
- 20％以上30％未満
- 40％以上50％未満
- 50％以上
（30％以上40％未満のものはなし）

図2-8　兵庫県における1970～95年の市町別水田作付面積の変化
農林省統計調査部(1971)と農林水産省統計情報部(1996)より作成

減少率
- 20％未満
- 20％以上30％未満
- 30％以上40％未満
- 40％以上50％未満
- 50％以上

表2-3　兵庫県における1966～97年のため池数の変化

| 時期＼池数 | A級 | B級 | C級 | D級 | 計 |
|---|---|---|---|---|---|
| 1966～70年 | 5,550<br>(10.0%) | 4,127<br>(7.4%) | 3,487<br>(6.3%) | 42,373<br>(76.3%) | 55,537池<br>(100.0%) |
| 1997年4月 | 5,191<br>(10.1%) | 3,735<br>(7.3%) | 3,157<br>(6.2%) | 39,081<br>(76.4%) | 51,164<br>(100.0%) |
| 変化 | -359<br>(8.2%)<br>[ 6.5%] | -392<br>(9.0%)<br>[ 9.5%] | -330<br>(7.5%)<br>[ 9.5%] | -3,292<br>(75.3%)<br>[ 7.8%] | -4,373<br>(100.0%)<br>[ 7.9%] |

[ ]内は1966～70年時の池数に対する割合
兵庫県ため池台帳（1966～70）と兵庫県農地整備課資料より作成

　以上のことから、ため池の密集する播磨地域は1970年以降も人口が増加したのに対して、農家については、総農家数の減少、専業農家数の減少、第1種兼業農家数の激減、第2種兼業農家数のやや増加の傾向が見られた。淡路島では人口は増加傾向にあり、総農家数はやや減少した。専業農家数については地域差が見られ、第1種兼業農家数は減少しているが減少率には地域差がある。第2種兼業農家数はおおむね変化なしか増加傾向である。したがって、兵庫県のため池の密集地域では人口が増加し、専業農家と第1種兼業農家が減少し、第2種兼業農家が増加して、水田作付け面積が減少している。このことから、ため池の水利用が減少し、維持・管理も十分に行き届かない状況が推定できる。これらの農業に見られる変化は、特に播磨地域において顕著であり、ため池の改廃を促す重要な要因となりうるものである。なお、水田作付け面積減少の要因には、生産調整による減反も考えられるが、減反とため池の維持・管理との関係については分析を行っておらず、今後の課題としたい。

## 3．ため池数の変化

　兵庫県農地整備課（1971, 1997）によれば、兵庫県における1966～70年時のため池総数は55,537、1997年4月の総数は51,164であり、この間に前時期の7.9%分にあたる4,373のため池が減少した（表2-3）。受益面積による分級別構成比では、0.5ha未満のD級のため池がどちらの時期においても全体の76%以上を占め、小規模なため池が多い。1997年4月現在の市町村別ため池の分布状況を図2-9に示した。分布の特色は1966～70年と1997年の両時期とも同様で、ため池は淡路島と瀬戸内海沿い及び県東南部に集中している。1966～97年4月までの間に減少したため池数を市町別に示すと図2-10のとおりである。図2-10はため池の分布図と同じような特色を示し、淡路島及び神戸市とその周辺で減少数が多くなっている。図2-10と図2-2を見比べると、元来、ため池が多く分布していた地域で減少が大きく、ため池数の少なかった地域で減少が小さいと言える。減少したため池を受益面積の分級別にみると、A級がやや少なく、1966～70年時の総数の6.5%、B級とC級がやや多くて9.5%、D級が7.8%で、全体として7.9%分にあたるため池が減少した。

　次に、1966～96年までの時期において、県によって廃止が確認されたため池数を市町別に図示した（図2-11）。以下、県に廃止届けが提出されたため池を廃池と記すが、当該のため池が届出後に埋め立てられたのか、転用されたのか、放置されているのか等の実態については不明である。兵庫県は1951年にため池の保全に関する条例を制定しており、この中で受益面積0.5ha以上のため池の改廃について、届出の規定がある。図2-11においても廃池の多い地域は瀬戸内海沿岸市町とその後

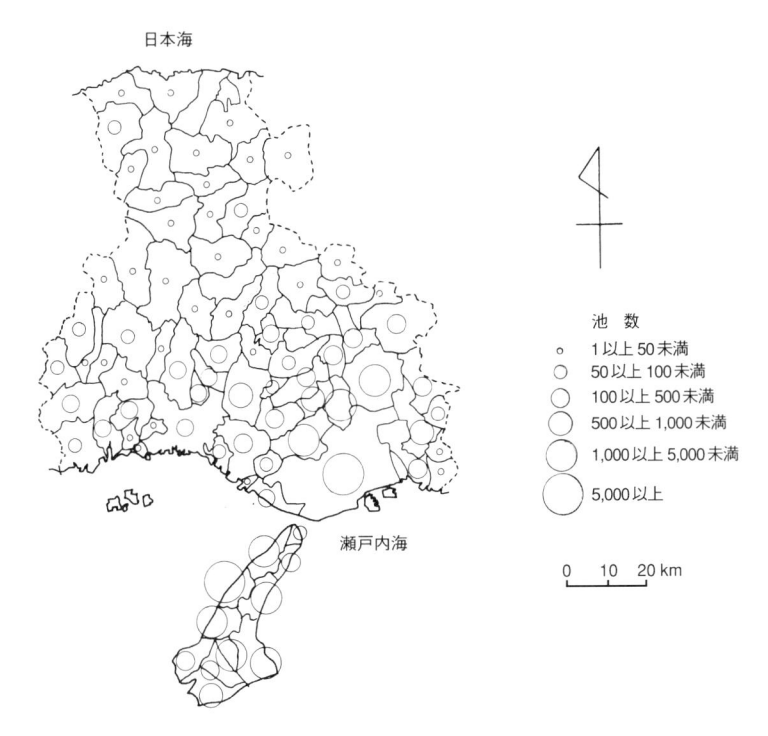

第2章　都市化地域におけるため池の改廃

図2-9　兵庫県における1997年の市町別ため池数
兵庫県農地整備課(1997)より作成

池　数
- 1以上 50未満
- 50以上 100未満
- 100以上 500未満
- 500以上 1,000未満
- 1,000以上 5,000未満
- 5,000以上

図2-10　兵庫県における1966～97年の市町別ため池減少数
兵庫県農地整備課(1971, 97)より作成

減少ため池数
- 10未満
- 10以上 50未満
- 50以上 100未満
- 100以上 150未満
- 150以上 200未満
- 200以上

第Ⅰ部　ため池の存在形態

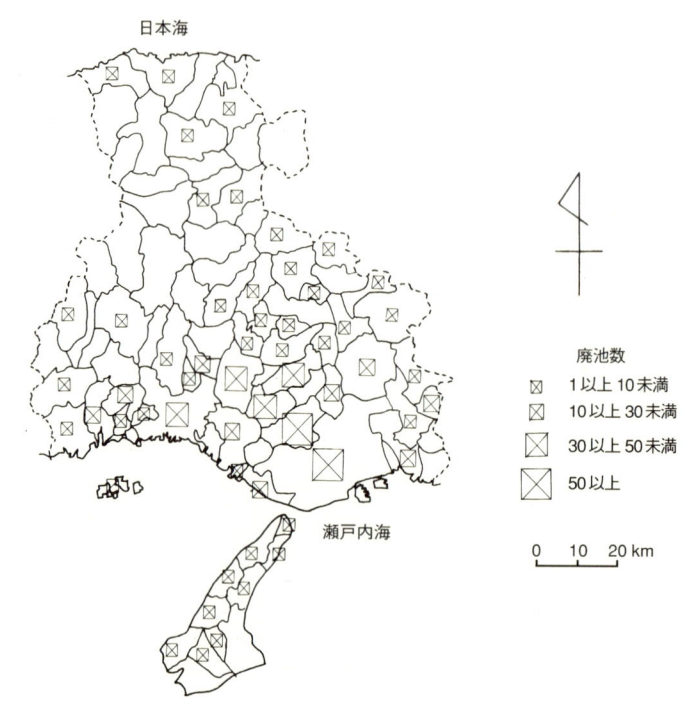

図2-11　兵庫県における1966～96年の市町別廃池数（A～C級の届出分）
兵庫県農地整備課（1966, 67, 68, 96）より作成

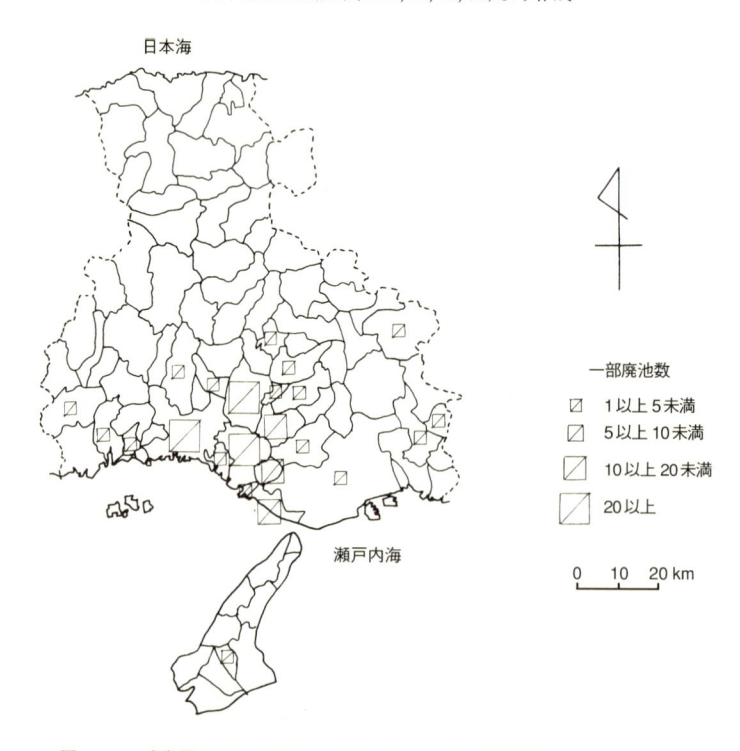

図2-12　兵庫県における1966～96年の市町別一部廃池数（A～C級の届出分）
兵庫県農地整備課（1966, 67, 68, 96）より作成

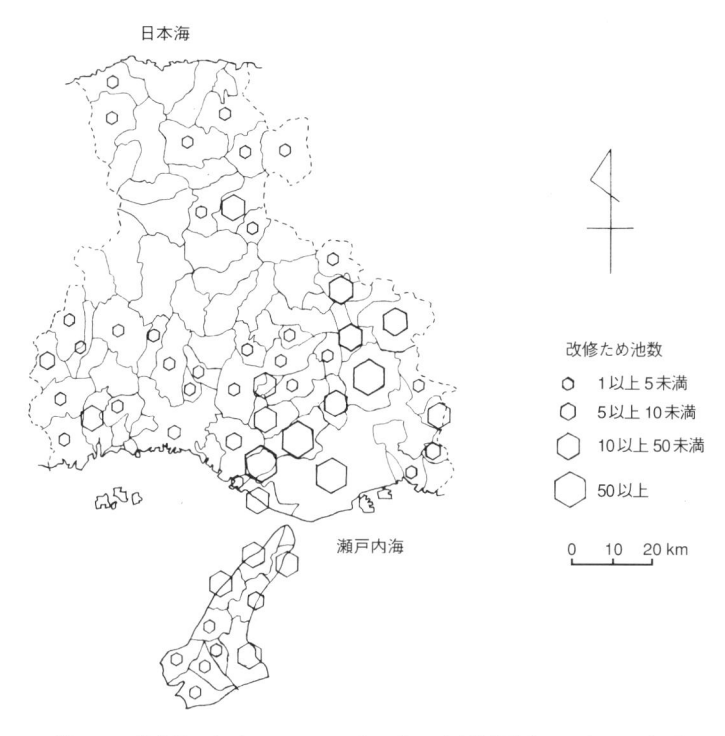

図 2-13 兵庫県における 1966〜96 年の市町別改修池数（A〜C 級の届出分）
兵庫県農地整備課（1966, 67, 68, 96）より作成

背地で、元来、ため池が多く分布する地域である。しかし、淡路島においては、ため池の分布数に比較して廃池数が少ない。県農地整備課の資料によれば、1966〜96年の間に、受益面積 0.5 ha 以上（A〜C級）の兵庫県のため池総数は 1,081 減少したのに対して、A〜C級での廃池は減少数全体の 57.3% 分にあたる 620 である。この間のため池総数の差はかならずしも廃池数と一致するとはいえないが、減少したため池の多くは廃止されたと推定される。したがって、県への届出がないまま、廃止された池がかなり多いことが伺われる。そして、ため池全体の約76%を占める、届出義務のないD級の池でもおそらく多数のため池が廃止されていると推測される。

続いて、同様の時期に受益面積による分級のA〜C級のため池で一部廃池されたため池数を市町別に示した（図 2-12）。一部廃池とは、ため池の一部分の廃止を県に届出たものである。この数は全部で151と少ないが、県中南部の加古川下流両岸地域と姫路市に多い。これも元来、ため池が多く分布する地域であるが、同じようにため池が多く分布する神戸市や淡路島では一部廃池の届出が少ない。この理由は定かではない。

同様に、受益面積のA〜C級のため池で改修の届出がされたため池（以下、改修池と略記する）は776で、これを市町別に図示した（図 2-13）。図 2-13 はため池の分布図とかなり類似した傾向を示し、改修の多い地域は神戸市とその周辺の県東南部及び淡路島である。

以上の廃池、一部廃池、改修池について、受益面積による級別の割合をみる（表 2-4）。表 2-4 によると、いずれの場合でもA級の割合が非常に大きく、次いでB、Cの順になっている。特に、一部廃池と改修池ではA級の占める割合が高い。1966〜70年の調査時のA〜C級までのため池数の構成割合はA：42.2%、B：31.4%、C：26.5%であるので、改廃された池の中でA級の池の占める割合

表2-4　兵庫県における1966～96年までの届出のあった廃池、一部廃池、改修池（A～C級）

| 級 | A | B | C | 計 |
|---|---|---|---|---|
| 廃　　池 | 305<br>(49.2%) | 183<br>(29.5%) | 132<br>(21.3%) | 620池<br>(100.0%) |
| 一部廃池 | 131<br>(86.8%) | 18<br>(11.9%) | 2<br>(1.3%) | 151<br>(100.0%) |
| 改修池 | 632<br>(81.2%) | 120<br>(15.4%) | 24<br>(30.8%) | 779<br>(100.0%) |

兵庫県ため池台帳（1966～68）と兵庫県ため池台帳（1996）より作成

表2-5　兵庫県における1966～96年までの届出のあった廃池、一部廃池、改修池の改変時期（A～C級）

| 時期 | 1965年前 | 1966～70年 | 1971～75年 | 1976～80年 | 1981～85年 | 1986～90年 | 1991～95年 | 計 |
|---|---|---|---|---|---|---|---|---|
| 廃　　池 | 0<br>0.0% | 18<br>(2.9%) | 141<br>(22.7%) | 78<br>(12.6%) | 157<br>(25.3%) | 152<br>(24.5%) | 74<br>(11.9%) | 620池<br>(100.0%) |
| 一部廃池 | 0<br>0.0% | 3<br>(2.0%) | 23<br>(15.2%) | 18<br>(11.9%) | 43<br>(28.5%) | 58<br>(38.4%) | 6<br>(4.0%) | 151<br>(100.0%) |

| 時期 | 1945年前 | 1946～55年 | 1956～65年 | 1966～75年 | 1976～85年 | 1986～95年 | 計 |
|---|---|---|---|---|---|---|---|
| 改修池 | 143<br>(18.4%) | 161<br>(20.7%) | 424<br>(54.4%) | 41<br>(5.3%) | 4<br>(0.5%) | 6<br>(0.8%) | 779<br>(100.0%) |

兵庫県ため池台帳（1966～68）と兵庫県ため池台帳（1996）より作成

はひじょうに高い。この理由は特定できないが、比較的大型のA級の池は全部にしろ一部にしろ廃止することで、まとまった面積の土地を生み出すことが可能であること等の理由が推定できる。

改廃の時期については（表2-5）、廃池では1986～90年がもっとも多く、次が1981～85年である。一部廃池についても同じであるが、1986～90年の割合が廃池よりも高い。いずれの場合も1960年代は少ないが、1970年代に入ると多くなり、70年代後半に小康状態となって、80年代では大変、多くなる。これは経済の成長と衰退に伴う土地開発とのかかわりがあると考えられる。ところが、改修の時期では1956～65年がもっとも多く、それ以降はひじょうに少ない。1956～65年には、1961年9月の第二室戸台風、1963年5～6月の集中豪雨、1964年の台風20号、1965年の台風23号と、兵庫県が連続的に大きな被害を受けた時期であるから、この間の災害復旧による工事が多かったと思われる。

## 4．神戸市と稲美町におけるため池の改廃

兵庫県は1996年度に県下の受益面積0.5ha以上のため池を対象にして、新しいため池台帳を作成し、データベース化した。このデータベースの項目はため池の名称、所在地、座標（経緯度による位置）、型式、所有者、管理者、事業者、築造年、市町村担当課、地形、地質、水系、地震危険域・山村振興地域等の地域指定、写真・断面図等の画像情報の有無、堤長、堤高、貯水量、流域面積、灌漑面積、洪水吐の型式・機能・能力、被害想定等の多岐にわたっているが、1996年現在では、これらがすべて記入されている例はまれで、空欄のめだつものが多い。さらに、データベースは阪神・淡路大震災後の短期間に作成されたため、旧台帳との名称の違いや貯水量の大幅なくい違い、座標のずれ等の誤記入も多い。しかし、旧台帳とデータベースとの比較ができれば、両資料の作成された時期間のため池の改廃状況を把握するのに効果的である。

そこで、ため池が密集する東播磨地域のうち、神戸市と稲美町を取り上げ、旧台帳とデータベースのため池とを照合し、ため池の変化を分析しようとした。神戸市と稲美町を事例とした理由は、前者は県内の市町の中で最多のため池を有し、都市化が進展しているためであり、後者は旧台帳のすべてのため池について、この間の変化が正確に把握できるからである。

 旧台帳とデータベースとの比較を行うため、両時期に共通するため池の改廃にかかわる項目のうち、総貯水量と堤長、堤高をとりあげた。なぜなら、これら3項目は大部分のため池について数値が記入されていることと、ため池の改廃を直接的によく現しているからである。このうち、堤長と堤高については、簡便な方法で測定される例が多いことから、測定時の誤差が若干あると思われるが、記入された値をそのまま利用した。

 神戸市は1万以上のため池を有し、受益面積別のA〜C級までのため池数は旧台帳で1,652、1997年4月では1,514、データベースでは1,554である。このうち、1997年4月のため池数よりデータベースのため池数が多くなっている原因は、データベースには旧台帳にないため池が加わっているからであるが、データベースに新たなため池が付け加えられた理由は定かではない。

 神戸市の旧台帳とデータベースを照合した結果、廃止されたと思われるため池が169ある。廃止されたと思われるため池とは、廃止が確認されたため池と、旧台帳に記載されながらデータベースには記載されていないため池の両者を合わせたものである（以下、廃止池と称す）。この他、データベースでは、貯水量や堤長・堤高をはじめとする多くの数的データが未記入のため池が409ある（以下、多くのデータが未記入の池を不明池と称す）。したがって、旧台帳に記載された1,652のため池中、データベースと実際に照合ができたものは1,243で、旧台帳のため池の65.3%分である。しかし、多数のため池を有する市町のうちで、神戸市は旧台帳とデータベースとの照合率が高い部類に属す。このように、ため池の正確な数を把握することは、県レベルの大規模な調査によってもかなり困難を伴うのである。

 神戸市における、旧台帳のため池のうち、データベースと比較して総貯水量を増加させたため池の総貯水量の合計は4,969,475 m³ で、減少させたものの合計は5,813,816 m³ であり、差し引き844,341 m³ の減少となる。これは旧台帳の総貯水量の合計の3.8%分にあたる減少である。なお、廃止池についても減少分として計算した。ため池の数では貯水量を増加させたため池はA級に多く、減少させたため池はB級に多いが、容量としては増加、減少ともA級がもっとも多い（**表2-6**）。この結果、旧台帳とデータベースとの照合が可能であったため池のうち、97.8%分のため池で貯水容量に変化が認められた（旧台帳のため池総数の63.5%分）。このように、神戸市のため池では旧台帳とデータベースの作成時期の30年間に貯水量を変化させたため池が大半を占めている。

 次に、堤長と堤高から水面積の変化をみる。旧台帳には大部分のため池の水面積が記入されているが、データベースでは記述例が少なかったり、不十分だったりして、旧台帳との比較は不可能なため、堤長と堤高の変化をみた（**表2-7**）。表2-7によると、堤長と堤高の変化がなかったのはわずか12のため池にすぎず、廃池と不明池を除いた残りの1,064のため池で（旧台帳の池総数の64.4%分）で堤防の改変が行われている。このうち、明らかに水面積を減じているものは497で（旧台帳の池数の50.3%）、反対に明らかに増加させているものは169（旧台帳の池数の10.2%）、どちらとも断定できないものは398（旧台帳の池数の24.1%）である。堤高・堤長の改変としては堤高を下げ、かつ堤長を減じる例が最も多い。堤高を変化させたため池は1,007、堤長を変化させたものは1,013、両方変化させたものは956であるが、結果として水面積を減少させたものが多い。

表2-6　神戸市と稲美町における1966〜96年のため池の貯水量の変化

神戸市（池数）

| 級 | 増加 | 減少 | 変化なし | 廃止池 | 不明池 | 計 |
|---|---|---|---|---|---|---|
| A | 212 | 195 | 7 | 37 | 132 | 583池 |
| B | 138 | 242 | 12 | 103 | 131 | 626 |
| C | 89 | 173 | 8 | 29 | 144 | 443 |
| 計 | 439 (26.6%) | 610 (36.9%) | 27 (1.6%) | 169 (10.2%) | 407 (24.5%) | 1652 (100.0%) |

稲美町（池数）

| 級 | 増加 | 減少 | 変化なし | 廃止池 | 不明池 | 計 |
|---|---|---|---|---|---|---|
| A | 25 | 26 | 19 | 49 | 0 | 119池 |
| B | 2 | 3 | 0 | 18 | 0 | 23 |
| C | 0 | 0 | 0 | 3 | 0 | 3 |
| 計 | 27 (18.6%) | 29 (20.0%) | 19 (13.1%) | 70 (48.3%) | 0 (0.0%) | 145 (100.0%) |

神戸市（総貯水量）

| 級 | A | B | C | 計 |
|---|---|---|---|---|
| 増加貯水量 | +3,060,407 m³ | +1,582,424 m³ | +326,644 m³ | +4,969,475 m³ |
| 減少貯水量 | −3,267,653 m³ | −2,074,541 m³ | −471,622 m³ | −5,813,816 m³ |
| 計 | −207,246 m³ | −492,117 m³ | −144,978 m³ | −844,341 m³ |

稲美町（総貯水量）

| 級 | A | B | C | 計 |
|---|---|---|---|---|
| 増加貯水量 | +7,309,000 m³ | +7,060 m³ | +0 m³ | +7,316,060 m³ |
| 減少貯水量 | −3,375,550 m³ | −284,180 m³ | −14,500 m³ | −3,674,230 m³ |
| 計 | −3,933,450 m³ | −277,120 m³ | −14,500 m³ | +3,641,830 m³ |

兵庫県ため池台帳（1966〜68）と兵庫県ため池台帳（1996）より作成

　続いて、稲美町では貯水量を増加させたため池数と減少させたため池数がほぼ等しいが、貯水量が変化していないため池数は全体の13.1％に当たることから、貯水量に変化のあったため池が大部分と言える。また、廃止池が旧台帳のため池総数の48.3％にあたる70と多いにもかかわらず、総貯水量は増加分の合計が7,316,060 m³、減少分の合計が3,674,230 m³で、全体として差し引き3,641,830 m³の増加をみた。中でもA級での増加が著しい。反対に、ため池数の少ないB、C級での貯水量が減少し、特にC級のため池はデータベース上では消滅した。このことから、比較的小規模なため池を廃止して、大規模なため池の容量を増加させたことが推測される。

　神戸市に比べて、稲美町での廃止池が多い理由としては、稲見町は印南野台地上にあり比較的大型の皿池が多いことから、廃池がしやすく、他の用地としての転用もしやすいと考えられる。堤長、堤高の変化では堤長、堤高とも増加させた場合が旧台帳のため池数の13.8％ともっとも多く、次が堤高を増して、堤長を減じるもの8.3％で、それ以外はいずれも5.5％以下の数値となり、あまり大きな差はない。しかし、明らかに総貯水量を増加させたと思われるため池が全体の22.7％であるのに対し、明らかな減少分は9.0％であって、このことからも結果的に総貯水量の合計が増加したが示される。

　以上のことから、稲美町と比較して小規模なため池が多く、都市化の進行も大きい神戸市では、ため池の改変がきわめて多く、その大部分は貯水量と水面積を減少させるものである。反対に、元来、比較的大規模な台地上の皿池が多い稲美町では、転用のしやすさから廃止池が多い。しかし、

第 2 章　都市化地域におけるため池の改廃　　　　　　　　　　　　　　　85

表2-7　神戸市と稲美町における1966～96年のため池の堤長・堤高の変化

神戸市

| 級 | 貯水量増加 | | | 貯水量増減不明 | | 貯水量減少 | | | 変化なし | 廃池 | 不明 | 計 |
|---|---|---|---|---|---|---|---|---|---|---|---|---|
| | 長+,高+ | 長+,高0 | 長0,高+ | 長+,高- | 長-,高+ | 長-,高- | 長-,高0 | 長0,高- | | | | |
| A | 56 | 10 | 7 | 95 | 75 | 125 | 23 | 14 | 9 | 37 | 132 | 583池 |
| B | 45 | 8 | 6 | 83 | 51 | 171 | 8 | 17 | 3 | 103 | 131 | 626 |
| C | 33 | 2 | 2 | 69 | 25 | 128 | 6 | 5 | 0 | 29 | 144 | 443 |
| 計 | 134 (8.1%) | 20 (1.2%) | 15 (0.9%) | 247 (15.0%) | 151 (9.1%) | 424 (25.7%) | 37 (22.4%) | 36 (2.2%) | 12 (0.7%) | 169 (10.2%) | 407 (24.6%) | 1652 (100.0%) |

稲美町　　　　　　　　　　　　　　　　　　　　　　　　長：堤長、高：堤高、+：増加、-：減少、0：増減なし

| 級 | 貯水量増加 | | | 貯水量増減不明 | | 貯水量減少 | | | 変化なし | 廃池 | 不明 | 計 |
|---|---|---|---|---|---|---|---|---|---|---|---|---|
| | 長+,高+ | 長+,高0 | 長0,高+ | 長+,高- | 長-,高+ | 長-,高- | 長-,高0 | 長0,高- | | | | |
| A | 18 | 6 | 7 | 7 | 12 | 5 | 3 | 3 | 9 | 49 | 0 | 119池 |
| B | 2 | 0 | 0 | 1 | 0 | 1 | 0 | 1 | 0 | 18 | 0 | 23 |
| C | 0 | 0 | 0 | 0 | 0 | 0 | 0 | 0 | 0 | 3 | 0 | 3 |
| 計 | 20 (13.8%) | 6 (4.1%) | 7 (4.8%) | 8 (5.5%) | 12 (8.3%) | 6 (4.1%) | 3 (2.1%) | 4 (2.8%) | 9 (6.2%) | 70 (48.3%) | 0 (0.0%) | 145 (100.0%) |

兵庫県ため池台帳（1966～68）と兵庫県ため池台帳（1996）より作成

一方で、稲美町は総農家数の減少率が20％未満と低く、水田面積の減少率も10～20％と低いように、瀬戸内海沿岸市町の中では農業がさかんである。そのため、廃池の際は比較的小規模なものを選び、その不足分を補うような形で大規模なため池をさらに改造して貯水量を増加させたと考えられる。

## 5．播磨地域に集中するため池の改廃問題

　全国で最多のため池を有する兵庫県では、ため池が特に密集する播磨地域を中心に、1970年代以降、都市化の進行と水田面積の減少が認められる。そして、1966～97年までの31年間に、県全体では1960年代のため池総数の約8％にあたるの4,373のため池が減少した。しかし、これらのうちで、県に廃池の届出がされたものは、この間のため池の減少数の約57％にあたる620である。ため池の一部廃池が県によって確認されたものはさらに少なく151であり、改修の届出のあった例も776である。これらの改廃されたため池の分布をみると、瀬戸内海沿岸を中心とした元来、ため池が多く分布して、都市化が進行する播磨地域に集中している。この特色は福田（1973）が1960年代の分析を行った結果と同様である。さらに、神戸市と稲美町の事例では、この2市町における旧台帳のため池数の10.2～48.3％分にあたるため池の廃止が推測され、同じく旧台帳の45.5～64.5％のため池で貯水量や水面積の変化があり、何らかの改変が行われたと考えられる。

　ため池の大部分は水利組合、集落、土地改良区等によって管理され、行政の規制が十分に及ばないものである。一方、兵庫県は全国に先駆けてため池の条例を設けて、その保全に努めているが、ため池の大部分を占める受益面積0.5ha未満のものは対象外である。条例の対象であるため池についても、本章で示したように、県に無届けの改廃が進んでいる。以上の結果から、兵庫県では播磨地域を中心にして、行政が十分に把握しえないため池の改廃が進行していることが判明した。防災上からも地域の環境保全の上からも、ため池の適正な維持・管理の必要性が認められる。

● 参考文献

川内眷三(1983)：松原市における灌漑用溜池の潰廃傾向について．人文地理 35-4, pp.328-344, 人文地理学会, pp.40-56.

川内眷三(1989)：泉北ニュータウン造成に伴う灌漑用溜池の潰廃とその保全．法政地理 17, pp.13-26, 法政大学地理学会.

川内眷三(1993)：八尾市・生駒山地西麓扇状地面の水利特性と溜池潰廃について．日本地理学会 水の地理学研究・作業グループ「水の地理学―その成果と課題―」日本地理学会 水の地理学研究・作業グループ, pp.91-124.

総理府統計統計局(1963)：昭和35年 国勢調査報告第四巻 兵庫県, 農林統計協会, 529p.

総理府統計統計局(1968)：昭和40年 国勢調査報告第6巻 その28 兵庫県, 農林統計協会, 396p.

総理府統計統計局(1972)：昭和45年 国勢調査報告第3巻 都道府県・市区町村編その28 兵庫県, 農林統計協会, 749p.

総理府統計統計局(1977)：昭和50年 国勢調査報告第3巻 都道府県・市区町村編その28 兵庫県, 農林統計協会, 679p.

総理府統計統計局(1982)：昭和55年 国勢調査報告第2巻 基本集計結果(1)その2 都道府県・市区町村編28 兵庫県, 農林統計協会, 1019p.

総理府統計統計局(1986)：昭和60年 国勢調査報告第2巻 第1次基本集計結果その2 都道府県・市区町村編 28 兵庫県, 農林統計協会, 508p.

総務庁統計局(1991)：平成2年 国勢調査報告第2巻 第1次基本集計結果その2 都道府県・市区町村編 28 兵庫県, 農林統計協会, 635p.

総務庁統計局(1996)：平成7年 国勢調査報告第2巻 人口の男女・年齢・配偶関係, 世帯の構成・住居の状態その2 都道府県・市区町村編 28 兵庫県, 農林統計協会, 922p.

農林省統計調査部編(1971)：1970年世界農林業センサス 兵庫県統計書, 農林統計協会, 653p.

農林水産省統計情報部編(1996)：1995年農業センサス 第1巻 兵庫県統計書, 農林統計協会, 715p.

兵庫県農林水産部農地整備課(1966)：兵庫県ため池台帳(A級), 兵庫県農林水産部農地整備課, 443p.

兵庫県農林水産部農地整備課(1967)：兵庫県ため池台帳(B級), 兵庫県農林水産部農地整備課, 336p.

兵庫県農林水産部農地整備課(1968)：兵庫県ため池台帳(C級), 兵庫県農林水産部農地整備課, 289p.

兵庫県農林水産部農地整備課(1971)：市町別ため池集計表, 兵庫県農林水産部農地整備課.

兵庫県農林水産部農地整備課(1996)：兵庫県ため池台帳(データベース), 兵庫県農林水産部農地整備課.

兵庫県農林水産部農地整備課(1997)：農業用ため池調(表), 兵庫県農林水産部農地整備課.

福田 清(1973)：都市化によるかんがい用貯水池の廃止―その現状と背景―．地理学評論 46-8, pp.554-560.

堀内義隆(1978)：奈良盆地における溜池の転用．奈良文化女子短期大学紀要 9, pp. 18-28, 奈良文化女子短期大学.

森川 洋(1992)：兵庫県の1985-90年における年令階級別人口移動．人文地理 44-4, pp.439-457.

# 第3章　ため池の存立条件からみた農業集落の変化
──1970～90年の神戸市を例にして──

## 1．農業集落とため池の管理

　兵庫県には1997年4月現在でも、都道府県別ため池数では全国第1位に当たる51,164のため池が存在する。県内の地域別では、淡路島と播磨地域にため池が多く、市町別では神戸市が最も多い。本章では兵庫県内の市町で最多のため池を有し、都市化が進展する神戸市を例に、ため池卓越地域における農業集落の変化をさぐろうとした。その理由は、農業集落の変化がため池の水利用や維持・管理に大きな影響を与えるからで、そのことがため池の改廃の重要な要因のひとつになると考えられるからである。また、防災上や景観上の観点から、ため池を保全する際にも、ため池の維持・管理の中心である農業者の集団としての農業集落の実態を考慮した計画が必要だからである。

　都市化地域のため池の保全については、行政としても手をこまねいてきたのではなく、近年では大阪府の「ため池オアシス構想」を初めとする全府県的な取り組みの事例も見られる。既に、兵庫県では1951年に「ため池の保全に関する条例」を制定し、神戸市も1983年には市内のため池に対する保全対策、安全対策、高度利用等の考え方を示しているように(神戸市農政局1983)、早くから取り組みがなされている。しかし、ため池保全の取り組みの中で重要な役割を担う農業者の実態については、かならずしも十分な考慮がされているとは言い難い面がある(内田1999)。

　一方、従来の地理学分野において、都市化地域のため池の改廃に関連する研究は1970年代前半から見い出される。その代表的なものは福田(1973)、堀内(1978)、川内(1983・1989, 1993)等である。これらの論文は、ため池をめぐる水利慣行の変化やため池の潰廃の実態把握を目的として、十分な成果を上げている。しかし、研究目的の関係から、ため池の維持・管理者としての農業集落の変化には力点が置かれていない。

　筆者はこれまで防災上の観点から、ため池の保全についての一連の研究を行ってきた(例えば、内田1998)。また、筆者は第2章において兵庫県における1966～97年のため池の改廃状況と農家の変化について分析した結果、兵庫県では1966～97年の間に、瀬戸内海沿岸を中心としてため池数が約8％減少したが、県に届出をしたものは少なく、行政の管理が及ばない部分でのため池の改廃が進行したことを指摘した。そして、専業農家の減少、第1種兼業農家の大幅な減少が認められることから、ため池の維持・管理も困難になりつつあることが推測された。しかし、ため池の利用者、維持・管理者としての農業集落の状況は県内でも地域毎に異なり、防災上の観点から言えば、人口や資産が集積している都市化地域での状況をまず把握する必要がある。

　以上のことから、筆者は県内で最も多くのため池を有する、代表的な都市化地域である神戸市において農業集落の分析を行った。

　研究の方法としては、1970年、1980年、1990年の世界農林業センサスの農業集落カードから、ため池及びその維持・管理に関連すると考えられるいくつかの項目を比較分析した(以下、農業集落

カードの年表記をそれぞれ70年、80年、90年と略記する)。既に、森滝(1984)はため池密集地帯である奈良盆地において、農業集落カードの分析によって、農業集落と水利用の変化を論じた。この論文では、70年と80年の農業集落カードのほぼすべての項目を比較分析し、集落が所有するため池(以下、集落池と略称する)の存続は、集落を構成する小農の経営基盤の損壊が比較的軽微であり、今後の地域農業発展の活力を備えている場合であることが指摘されている。筆者はこの論文から示唆を得、農業集落カードを主要な分析資料として、ため池密集地域における農業集落の変化を考察し、そこからため池の維持・管理が困難になりつつあることを指摘しようとした。

## 2. 農業集落の分布と基本構造

神戸市におけるため池数は1966～70年に12,620、1990年には11,169と減少している(表3-1)。神戸市におけるこの期間のため池の減少率は県全体と比較して大きいが、受益面積5ha以上のため池については数が増加している。これはこの期間に、比較的大型のため池が築造されたことを示し、筆者が1979年と1989年の全国のため池数を分析した結果でも、受益面積40ha以上のため池数の増加が認められた(第1章参照)。

これらのため池は農業者によって利用され、多くの場合は農業者の集団によって維持・管理されているので、ため池が減少する背景として、ため池の維持・管理を行う農業者側にどのような変化が生じているのかを検討することにした。その主要な資料は前述のように、1970年、1980年、1990年の農業集落カードである。表3-2には神戸市における農業集落数、総戸数、総農家数、専業農家数、第1種兼業農家数、第2種兼業農家数、水田面積と水田作付け面積の1970～90年の変化を示した。

神戸市の農業集落は北区、西区、須磨区、垂水区に分布し、中でも北区と西区に偏在している(図3-1)。このうち、西区は1982年に垂水区の一部が分離して成立したが、本章における行政区画はすべて現在のものに合わせて、論を進めることにする。農業集落は北区では武庫川支川の長尾川と有野川、美嚢川支川の淡河川と山田川沿いに分布し、西区では明石川の本川、支川沿いと明石川の西部の稲美町にかけて広がる印南野台地上に分布している。これらの集落のうち、農家数が4戸以下に減少した6集落が1980年に農業集落カードから除外され、1990年にはさらに3集落が除外された。1980年と1990年に除外された集落のうち7集落は鉄道に近接し、大規模な住宅開発がされている。残り2集落のうち、西区福吉は鉄道には近接しないが、明石駅とバスで連結されており、昭和40年代から区画整理が行われて、日本住宅公団の住宅団地が建設された。もう1つの集落である北区衝原は呑吐ダム建設によって集落の多くが水没した。なお、この呑吐ダムは都市域にある数少ないダムであり、播磨平野東部及び北神戸地域への農業用水補給と圃場整備、上水道の開発を目的として1970年より開始された国営東播用水事業によって建設された。衝原の水没補償の交渉は都市化地域のため難航したが、建設計画の説明から約5年を要して妥結した(白井ら1991)。現在、呑吐ダムを含めた加古川水系の3つのダムからの農業用水や上水が神戸市をはじめとする4市2町に供給されている。

表3-2によれば、神戸市の農業集落の総戸数は1970～80年に約3倍に、70～90年では約5.3倍に増加して都市化が進行している。これに対して、1990年の総農家数は1970年時の79％に減少し、総戸数に占める農家の割合は5％にまで低下した。農家の内訳は専業農家と第1種兼業農家が減少

第3章　ため池の存立条件からみた農業集落の変化

表3-1　神戸市における1966〜90年のため池数の変化

1966〜70年*

| 地域＼受益面積 | 〜0.5ha | 0.5〜1ha | 1〜5ha | 5ha〜 | 計 |
|---|---|---|---|---|---|
| 神戸市 | 10,969 | 443 | 627 | 581 | 12,620 |
| 県 | 42,373 | 3,487 | 4,127 | 5,550 | 55,537 |

1990年

| 地域＼受益面積 | 〜0.5ha | 1〜0.5ha | 5〜1ha | 5ha〜 | 計 |
|---|---|---|---|---|---|
| 神戸市 | 9,588 (0.88) | 415 (0.94) | 553 (0.88) | 613 (1.06) | 11,169 (0.89) |
| 県 | 40,179 (0.95) | 3,340 (0.96) | 3,900 (0.94) | 5,364 (0.97) | 52,783 (0.95) |

注）＊5ha以上については1966年度、1〜5haについては1967年度、0.5〜1haについては1969年度、0.5ha未満については1970年度の調査である。（　）内は1966〜1970年時を1とした時の値。

兵庫県農林水産部農地整備課資料より作成

表3-2　神戸市における1970〜90年の農業集落の状況

| 項目＼年度 | 1970年 | 1980年 | 1990年 |
|---|---|---|---|
| 集落数 | 212集落 (1.00) | 206集落 (0.97) | 203集落 (0.96) |
| 総戸数 | 22,077戸 (1.00) | 65,187戸 (2.95) | 116,215戸 (5.26) |
| 総農家数 | 7,698戸 (1.00) | 6,793戸 (0.88) | 6,094戸 (0.79) |
| 専業農家数 | 1,333戸 (1.00) | 959戸 (0.72) | 821戸 (0.62) |
| 第1種兼業農家数 | 2,773戸 (1.00) | 1,118戸 (0.40) | 845戸 (0.30) |
| 第2種兼業農家数 | 3,212戸 (1.00) | 4,591戸 (1.43) | 4,414戸 (1.37) |
| 総農家数／総戸数 | 0.35 | 0.10 | 0.05 |
| 水田面積 | 562,563 ha (1.00) | 470,064 ha (0.83) | 441,365 ha (0.78) |
| 水田作付面積 | 525,681 ha (1.00) | 392,202 ha (0.74) | 304,081 ha (0.58) |

注）（　）内は1970年当時を1とした時の値。
農業集落カードより作成

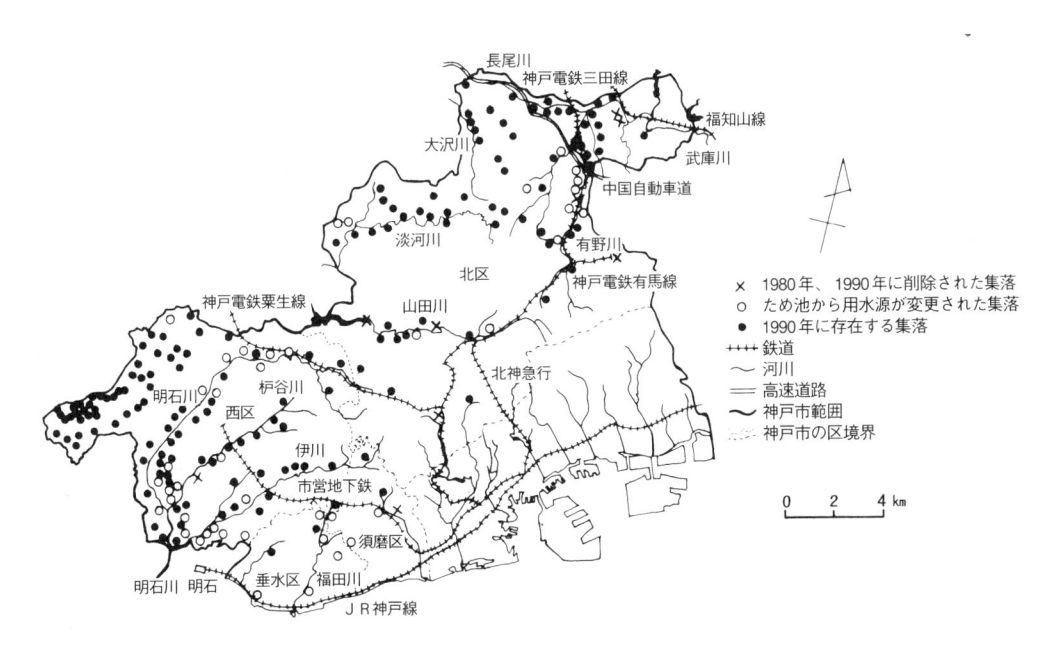

図3-1　神戸市における農業集落
農業集落カードより作成

し、第2種兼業農家が増加した。中でも第1種兼業農家の減少が大きい。参考までに、神戸市における1970年の農家数を1960年を1として比較すると、総農家数は1960年時の0.87に、専業農家数は0.35に、第1種兼業農家数は1.05に、第2種兼業農家数は1.32に変化している。したがって、1960～70年の間に専業農家数が、1970～80年の間に第1種兼業農家数がそれぞれ大幅に減少したことがわかる。

　農業を主とする専業農家と第1種兼業農家の減少は、煩雑なため池の維持・管理と水利用に影響を及ぼすものと思われる。次に、1970～90年には水田面積も減少しているが、その減少率は総農家数の減少率に近い。むしろ、水田では作付け率の低下の方が大きく、90年時では70年時の58％分しか作付けされていない。このことから、ため池による用水需要量の減少が推定され、それがため池の改廃の誘因となることを示唆している。

## 3．農業用水源の変化

　次に、神戸市の農業集落における農業用水源を見る。この調査は1970年時と1980年時に実施され、1990年時には実施されていない（**表3-3①**）。表3-3には、集落が所有するため池（以下、集落池と称す）が存在する集落の数も示した。70年、80年とも主たる用水源がため池である集落が最も多いが、その数は171（全体の81.5％）から136（全体の66.3％）に減少した。河川を用水源とする集落数はほとんど変化なく、38（18.0％）から39（19.0％）になった。この他、80年では主たる用水源が井戸である2集落があり、不明が28集落（13.6％）になった。70年から80年の10年間にため池を用水源とする集落が減少して、不明が増加したことで、ため池の改廃が進行したことが推測される。

　集落池をもつ集落はこの間に51増加している。集落池が70年時に存在せずに80年時に存在する集落は大部分が北区にあり、都市化の進行程度が大である有野川沿いを除いた、都市化の進行が比較的緩やかな地域に位置する。また、北区の農業集落には、現在でもかなり多くの棚田が存在して見事な景観を呈しており、ため池は棚田の水源としても機能している。表3-1によれば、1970～90年において受益面積5ha以上のため池は32増加しているが、この数字は1970～1980年間に増加した集落池の数より少ない。しかも、1970年代以降に築造されたため池は県や土地改良区による大規模なものが多いと思われ（第1章参照）、一般的に集落池は大規模なものではないことから、増加した32のため池すべてが集落池である可能性は低い。集落池が増加した原因は明らかではないが、70年と80年の調査において、調査方法や調査精度に異なりがあったことも考えられる。

　農業用水源の変化の内訳を**表3-3②**に示した。用水源が変化した集落は全部で62あり、これは70年の水田のある集落の29.4％に該当する。残りの約70％の集落では用水源の変更がなかったことになる。最も多い変更は用水源をため池から河川に変更した場合と水源が不明になった場合で、この他、ため池から井戸に変更したものを加えると合計で44（うち集落池がある集落は42）集落となって、変化があった集落の71％分になる。これらの事例ではため池が改廃されている可能性が高いと思われる。こうした集落の位置は鉄道、国道、国道バイパス、高速道路沿いや神戸市中心部、明石駅に近い位置で、大規模住宅地内、ゴルフ場内、ゴルフ場隣接地である。さらに、これらは統計資料や現地での聞き取り調査によると、総戸数に対する農家数の割合が10％未満、水田作付け率が70年時の30％未満、農家数に占める第2種兼業農家数の割合が80％以上、販売金額1位の作物が施設園芸作物や野菜であり、野菜もしくは果実の観光農園、貸農園、菊や百合の花き栽培が行われてい

第3章 ため池の存立条件からみた農業集落の変化

表3-3① 神戸市の農業集落における用水源

| 主な用水源＼集落数 | 1970年 | 1980年 |
|---|---|---|
| 河川(集落池あり) | 38 ( 8) | 39 ( 23) |
| ため池(集落池あり) | 171 (122) | 136 (136) |
| 井戸(集落池あり) | 0 ( 0) | 2 ( 2) |
| 他(集落池あり) | 1 ( 0) | 0 ( 0) |
| 不明 | 0 ( 0) | 28 ( 20) |
| 計 | 211*(130) | 205*(181) |

注）＊水田が存在しない1集落を除外した。
農業集落カードより作成

表3-3② 神戸市の農業集落における用水源の変化

| 1970～80年の主な用水源の変化 | 集落数 |
|---|---|
| 池→川 （集落池あり） | 21 (21) |
| 川→池 （集落池あり） | 11 (11) |
| 池→井戸 （集落池あり） | 2 (2) |
| 池→不明 （集落池あり） | 21 (19) |
| 川→不明 （集落池あり） | 5 (1) |
| 井戸→不明 （集落池あり） | 1 (0) |
| 他→不明 （集落池あり） | 1 (0) |
| 計 | 62 (54) |

農業集落カードより作成

表3-4 神戸市の農業集落における農業用水管理組織(1980年)

| 組 織 | 集落数（％） |
|---|---|
| 水 利 組 合 | 97 (46.0%) |
| 土 地 改 良 区 | 1 ( 0.4%) |
| 実 行 組 合 | 19 ( 9.0%) |
| 集　　　　落 | 31 (14.7%) |
| そ の 他 | 29 (13.7%) |
| 不　　　明 | 28 (13.2%) |
| 計 | 205* |

注）＊水田を持たず農業用水管理組織の記載のない1集落を除外した。
農業集落カードより作成

るという特色がある。このような都市化地域の近郊農業においては、ため池を用水源とした水田農業の位置付けが相対的に低下していると推測される。

なお、80年度においては、農業用水の管理組織が調査されている（**表3-4**）。これによると、管理組織としては水利組合が46％で最も多くを占め、次が集落の14.7％、その他13.7％である。水利組合や実行組合は実質的に集落と同じ組織の場合もあるので、集落が実際上の管理に果たす役割はこの数字よりも大きいはずである。そして、その他の分類には個人による管理もかなり多く含まれていると推定できる。また、神戸市のため池において、行政や土地改良区管理のものが少ない理由は、同市のため池では受益面積0.5ha未満のものが全体の89.5％を占めるように、比較的小規模なものが多いためと考えられる。

## 4．共同作業の変化

### （1）用排水路と農道の管理

次に、用排水路と農道の管理について分析する。用排水路と農道は耕地や一部のため池と異なり、私有化できないものであるため、管理についても共同作業によって行われる。その意味で、これらの管理の状況は農村共同体としての農業集落の存続をはかる好適な指標となる。農業集落カードによって用排水路と農道の管理の項目を比較すると、それぞれの年度で調査項目が異なるが、共通するものもあるので、年度毎の特色とおおむねの変化の様子がとらえられる（表3-5、6）。このうち80年分では、管理と対応の両面から調査が行れ、70年は対応面のみ、90年は管理面のみが調査されている。

用排水路の管理に関して、70年では全戸出役が全集落の60％以上あり、出不足金徴収や日当支払いの割合もまだ16％以下と低い。80年になると共同作業の割合は70年以上に高くなっているが、出不足金徴収の割合が43％近くにまで上昇し、日当の支払いの割合も70年の約2倍となることから、80年の調査項目にはない全戸出役の状況は70年より低調になっていると推測される。90年では共同作業の割合が80年よりさらに上昇している。しかし、全戸出役や出不足金徴収等に関する調査が行われていないので、共同作業に参加する農家数がどの程度なのか不明であるが、おそらく日当支払いや出不足金徴収の割合が高くなっていると思われる。

一方、農道の管理に関して、70年では全戸出役が全集落の70％以上あり、出不足金徴収や日当支払いの割合も用排水路の場合より低い。したがって、この時期では用排水路より農道の管理の方が共同管理の度合が高かったと言える。しかし、80年になると、出不足金徴収と日当支払いの割合が同年の用排水路管理の場合と近似した値に増加することから、共同作業は維持されているものの、全戸出役の割合が低下してきたことがわかる。90年では共同作業の割合が60％台に低下して、その他の割合は上昇することから、共同管理の度合がさらに低下したことがわかる。

これらのことから、従来、集落の厳重な共同作業によって継続的に管理されてきた用排水路と農道管理において、共同作業の形態は維持されているが、全戸出役の割合は低下し、日当の支払いや出不足金徴収の割合が増加している。それでも用排水路の方が農道に比較して共同作業形態がよく維持されている。そして、共同作業に出役する農家の割合が減少することから、用排水路に直結するため池の維持・管理や水利用に関する作業も困難になっていくと予想される。

### （2）寄合の回数と議題

ため池の改廃やため池に直結する用排水路の維持・管理、水田農業の確立等は集落の重要な問題であるから、当然、寄合によって協議されるべき議題である。また、農業集落としての結束が薄れれば寄合の開催そのものが困難になるので、寄合の回数も集落の維持や共同作業の実施状況をはかる指標となりうる。そこで、農業集落における1年間の寄合の回数と議題について分析した（表3-7）。この調査は、70年では行われなかったので、80年と90年の10年間の比較を行った。

寄合の回数について、80年では年に10～20回が最も多く、全体の34.4％を占めるが、20回以上も全体の13.1％ある。ところが、90年では10～20回と5回未満がどちらも36.0％と最も多くなり、20回以上は3.4％で、しかも30回以上のものはなくなっている。このことから、90年では80年と

第3章　ため池の存立条件からみた農業集落の変化

表3-5　神戸市の農業集落における用排水路管理の変化

| 管理内容／集落数 | 1970年 | 1980年 |
|---|---|---|
| 全戸出役 | 128 (60.4%) | ―― |
| 出不足金を徴収する | 34 (16.0) | 88 (42.7%) |
| 日当を支払う | 10 ( 4.7) | 19 ( 9.2) |
| その他 | 4 ( 1.9) | 70 (34.0) |
| 不明 | 36 (17.0) | 29 (14.1) |
| 計 | 212 (100%) | 206 (100%) |

| 管理内容／集落数 | 1980年 | 1990年 |
|---|---|---|
| 共同作業 | 153 (74.3%) | 168 (82.8%) |
| 人を雇う | 1 ( 0.5) | 0 ( 0.0) |
| その他 | 24 (11.6) | 26 (12.8) |
| 不明 | 28 (13.6) | 9 ( 4.4) |
| 計 | 206 (100%) | 203 (100%) |

農業集落カードより作成

表3-6　神戸市の農業集落における農道管理の変化

| 管理内容／集落数 | 1970年 | 1980年 |
|---|---|---|
| 全戸出役 | 150 (70.8%) | ―― |
| 出不足金を徴収する | 31 (14.6) | 83 (40.3%) |
| 日当を支払う | 9 ( 4.2) | 17 ( 8.2) |
| その他 | 22 (10.4) | 78 (37.9) |
| 不明 | 0 ( 0.0) | 28 (13.6) |
| 計 | 212 (100%) | 206 (100%) |

| 管理内容／集落数 | 1980年 | 1990年 |
|---|---|---|
| 共同作業 | 152 (73.8%) | 134 (66.0%) |
| 人を雇う | 1 ( 0.5) | 0 ( 0.0) |
| その他 | 25 (12.1) | 55 (27.1) |
| 不明 | 28 (13.6) | 14 ( 6.9) |
| 計 | 206 (100%) | 203 (100%) |

農業集落カードより作成

表3-7　神戸市の農業集落における寄合の回数と議題の変化

| 回数／集落数 | 1980年 | 1990年 |
|---|---|---|
| ～5回／年 | 42 (19.8%) | 73 (36.0%) |
| 5～10回／年 | 36 (17.0) | 50 (24.6) |
| 10～20回／年 | 73 (34.4) | 73 (36.0) |
| 20～30回／年 | 18 ( 8.5) | 7 ( 3.4) |
| 30～40回／年 | 6 ( 2.8) | 0 ( 0.0) |
| 40～50回／年 | 2 ( 0.9) | 0 ( 0.0) |
| 50回～／年 | 1 ( 0.5) | 0 ( 0.0) |
| 不明 | 28 (13.2) | 0 ( 0.0) |
| 計 | 206 (100.0) | 203 (100.0) |

| 議題／回数 | 1980年 | 1990年 |
|---|---|---|
| 土地基盤整備 | 23 ( 3.9%) | 76 (16.3%) |
| 農道・用排水路の維持 | 28 ( 4.8) | 155 (33.3) |
| 水田再編 | 12 ( 2.1) | ―― |
| 集落有施設・機械 | 15 ( 2.6) | 25 ( 5.4) |
| 共同出荷 | 13 ( 2.2) | ―― |
| 農協・共済業務 | 7 ( 1.2) | ―― |
| 集落有財産 | 78 (13.3) | ―― |
| 祭り | 162 (27.7) | ―― |
| 生活環境 | 144 (24.7) | ―― |
| 非農業的開発 | 39 ( 6.7) | ―― |
| 公害 | 34 ( 5.8) | ―― |
| 水田農業確立 | ―― | 190 (40.8) |
| 請負農作業 | ―― | 15 ( 3.2) |
| 不明 | 29 ( 5.0) | 5 ( 1.1) |
| 計 | 584 (100.0) | 466 (100.0) |

農業集落カードより作成

比較して、寄合の回数が減少したと言える。

　寄合の議題については、それぞれの年における調査項目が異なるので、厳密な比較はできないが、おおむねの傾向を知ることは可能である。80年で最も多い議題は「祭り」、次に「生活環境」で、この2つの議題は全体の52.4％に相当する。これらに次いで、「集落有財産」、「非農業的開発」、「公害」の議題がある。90年では「水田農業確立」の議題が最も多く40.8％、次いで「農道・用排水路の維持」が33.3％で、この2つの議題が大部分を占める。なお、90年の調査では「祭り」の項目が除外されている。この項目の除外は全国的に祭りの議題が減少して、とくに調査の必要がないと判断されたためかもしれない。

　ともかく、80年では農業そのものというより、「祭り」や「生活環境」といった生活にかかわる事柄が議題の中心である。しかも、「非農業的開発」や「公害」の議題も見えることから、地域の開発

によって農業集落を取り巻く環境が悪化していることがわかる。さらに、「集落有財産」の中には入会地とともにため池も含まれる場合が多いので、集落有ため池の改廃も地域の開発に伴って議題にのぼった可能性もある。

　これに対して、90年では、「水田農業確立」や「土地基盤整備」等の農業、特に水田農業の維持にかかわる問題と、「農道・用排水路の維持」あるいは少数ながら議題となっている「請負農作業」のように農業集落としての集団の弱体化につながる議題が見られる。表3-2においても示したように、80年から90年の間には総農家数、専業農家数、第1種兼業農家数の減少が引き続き進行していたので、水田農業の維持や共同作業の維持が一層、困難になってきたことが推察できる。

## 5．農業生産の変化

　これまでに、直接ため池にかかわる用水源や用排水路の管理及びため池の維持・管理と関連する共同作業や寄合の議題・回数について見てきた。次に、農業生産面の変化から、ため池の水利用及び維持・管理の問題を考察する。**表3-8**には、神戸市の農業集落における1970～90年の作物別作付面積の変化を示した。いずれの年においても稲が最多の面積を占めるが、その面積は年毎に減少している。稲に次ぐのはどの時期においても野菜であって、野菜の作付け面積が全体に占める割合は70～90年の間にやや増加している。第3位、4位の作物は年によって変化している。70年では3位が麦、4位がいも・豆であるが、80年ではそれぞれ花き・花木、いも・豆であり、90年では飼料作物、果樹である。このことから、神戸市の農業集落においては稲と野菜を中心にして、他の様々な作物を組み合わせ、組み合わせる作物の種類は年代によって異なっていることがわかる。特に、80年以降は稲、野菜に次ぐものとして、花き・花木、果樹のような高い収入の得られる作物が栽培され、都市型の農業の特色が一層、強まっている。これらの中で、麦がほとんど消滅したのに対して、いも・豆の生産が80年以降も減少しない理由は、観光いも園としての生産があるからであろう。飼料作物は後述のように、神戸市では酪農や肉牛の飼育が盛んであるため、牛の飼料としての生産である。

　続いて、**表3-9**によって、神戸市の農業集落における1970～90年の農産物販売金額の第1位から3位までを部門別に見てみる。これによると、どの年においても稲が最も高いが、稲にかわって野菜が第1位となる例もあり、70年や80年ではいも・豆が1位の場合もある。しかし、80年から施設園芸が第1位となる事例が見られ、90年ではその割合が野菜と同数にまで増加している。第2位の部門はどの年においても野菜が多い。野菜に次ぐものは年によって異なり、70年では酪農と稲、80年では施設園芸と酪農、90年では施設園芸と稲が主たるものである。第3位の部門は70年では酪農、次いで野菜、施設園芸、養鶏であるが、80年では野菜、酪農、施設園芸、90年では野菜、施設園芸、果実が主体である。このことから、酪農の割合が減少し、施設園芸が増加していることの他に、90年では果実や肉牛の割合が上昇していることが注目される。

　これらのうち、西区の押部谷町、神出町、岩岡町、櫨谷町、伊川谷町、垂水区下畑では、いちご狩り、すいか狩り、ぶどう狩り、なし狩り、かき狩り、いも掘り等の観光農園、野菜・果実の直販及び貸農園がさかんに行われ、JA神戸西営農部内に神戸市観光園芸協会が設立されている。施設園芸や野菜、果実の生産・販売額の上昇はこれら観光農園によるところも大きいと思われる。ちなみに、1970年の販売金額規模別農家数を見ると、50万円未満の農家が全体の64.3％あり、500万円以

第3章　ため池の存立条件からみた農業集落の変化　　　　　　　　　　　　　　　　　　　　　95

表3-8　神戸市の農業集落における作付け面積の変化

| 作物/面積(対70'年比)<br>(構成比) | 1970年 | | 1980年 | | 1990年 | |
|---|---|---|---|---|---|---|
| 稲 | 525,681ha<br>(82.9%) | (1.00) | 392,202ha<br>(84.3%) | (0.75) | 304,081ha<br>(75.6%) | (0.58) |
| 野　菜 | 71,814<br>(11.3%) | (1.00) | 49,617<br>(10.7%) | (0.69) | 62,312<br>(15.5%) | (0.87) |
| 工芸作物 | 4,986<br>(0.8%) | (1.00) | 3,100<br>(0.7%) | (0.62) | 2,115<br>(0.5%) | (0.42) |
| 飼料作物 | 230<br>(0.04%) | (1.00) | 216<br>(0.05%) | (0.94) | 18,537<br>(4.6%) | (80.60) |
| 花き・花木 | 3,901<br>(0.6%) | (1.00) | 6,275<br>(1.35%) | (1.61) | 0<br>(0.0%) | (0.00) |
| 果　樹 | 0<br>(0.0%) | (1.00) | 0<br>(0.0%) | (1.00) | 8,293<br>(2.1%) | (8293.00) |
| いも・豆 | 9,134<br>(1.4%) | (1.00) | 12,263<br>(2.6%) | (1.34) | 5,659<br>(1.4%) | (0.62) |
| 麦 | 18,063<br>(2.8%) | (1.00) | 1,732<br>(0.4%) | (0.09) | 1,376<br>(0.3%) | (0.08) |
| 計 | 633,809<br>(100.0%) | (1.00) | 465,405<br>(100.0%) | (0.73) | 402,373<br>(100.0%) | (0.63) |

注)（ ）内は1970年の面積を1とした値。（ ）内％は各年における構成比

表3-9　神戸市の農業集落における農産物部門別販売金額1～3位

| | 農産物部門/農家数 | 1970年 | | 1980年 | | 1990年 | |
|---|---|---|---|---|---|---|---|
| 第1位 | 稲 | 4,925 | (64.0) | 4,090 | (60.2) | 2,964 | (48.6) |
| | 野　菜 | 254 | ( 3.3) | 209 | ( 3.1) | 158 | ( 2.6) |
| | いも・豆 | 133 | ( 1.7) | 121 | ( 1.8) | 95 | ( 1.6) |
| | 酪　農 | 21 | ( 0.3) | 0 | ( 0.0) | 3 | ( 0.0) |
| | 施設園芸 | 0 | ( 0.0) | 46 | ( 0.7) | 156 | ( 2.6) |
| | その他 | 5 | ( 0.1) | 0 | ( 0.0) | 10 | ( 0.2) |
| 第2位 | 野　菜 | 344 | ( 4.5) | 68 | ( 1.0) | 254 | ( 4.2) |
| | 酪　農 | 188 | ( 2.4) | 50 | ( 0.7) | 53 | ( 0.9) |
| | 稲 | 111 | ( 1.4) | 16 | ( 0.2) | 95 | ( 1.6) |
| | 養　鶏 | 36 | ( 0.5) | 14 | ( 0.2) | 4 | ( 0.1) |
| | 施設園芸 | 32 | ( 0.4) | 52 | ( 0.8) | 232 | ( 3.8) |
| | 工芸作物 | 15 | ( 0.2) | 11 | ( 0.2) | 0 | ( 0.0) |
| | 果　実 | 6 | ( 0.1) | 0 | ( 0.0) | 31 | ( 0.5) |
| | 養　豚 | 5 | ( 0.1) | 1 | ( 0.0) | 0 | ( 0.0) |
| | いも・豆 | 1 | ( 0.0) | 11 | ( 0.2) | 2 | ( 0.0) |
| | その他 | 0 | ( 0.0) | 0 | ( 0.0) | 56 | ( 0.9) |
| | 肉　牛 | 0 | ( 0.0) | 0 | ( 0.0) | 9 | ( 0.1) |
| 第3位 | 酪　農 | 78 | ( 1.0) | 48 | ( 0.7) | 20 | ( 0.3) |
| | 野　菜 | 48 | ( 0.6) | 66 | ( 1.0) | 96 | ( 1.6) |
| | 施設園芸 | 30 | ( 0.4) | 46 | ( 0.7) | 89 | ( 1.5) |
| | 養　鶏 | 29 | ( 0.4) | 11 | ( 0.2) | 7 | ( 0.1) |
| | 工芸作物 | 27 | ( 0.3) | 16 | ( 0.2) | 3 | ( 0.0) |
| | 養　豚 | 9 | ( 0.1) | 1 | ( 0.0) | 0 | ( 0.0) |
| | 果　実 | 5 | ( 0.1) | 0 | ( 0.0) | 21 | ( 0.3) |
| | いも・豆 | 1 | ( 0.0) | 11 | ( 0.2) | 2 | ( 0.0) |
| | 稲 | 0 | ( 0.0) | 16 | ( 0.2) | 13 | ( 0.2) |
| | 肉　牛 | 0 | ( 0.0) | 0 | ( 0.0) | 3 | ( 0.0) |
| | 麦 | 0 | ( 0.0) | 0 | ( 0.0) | 1 | ( 0.0) |
| | その他 | 0 | ( 0.0) | 0 | ( 0.0) | 24 | ( 0.4) |
| | 総農家数 | 7,698戸 (100%) | | 6793戸 (100%) | | 6094戸 (100%) | |

農業集落カードより作成

上のものはわずかに0.4％であったのに対して、1990年では農家数は70年時の79％に減少しているものの、50万円未満は全体の33.5％しかなく、500万円以上は5.7％に増加している。

　以上のように、神戸市の農業集落では近年は東播用水の通水効果ともあいまって近郊農業化が一層進展し、収益性の高い野菜、施設園芸、果樹栽培等の比重が高まり、観光農園等の経営上の変化も起きた。また、東播用水は多数のため池を用水の中継池として利用しているので、大規模用水の通水によるため池の改廃は顕著ではない。また、野菜や施設園芸の用水源はため池、東播用水、さく井等で、これらの中では東播用水の割合が高いが、その正確な数値は不明である。以上のような変化の中で、緻密な水管理と施設管理が必要なため池の灌漑に依存する稲作は規模が縮小されるとともに、多種の作物栽培や酪農、肉牛飼育、観光農園等の多角経営の進展によって、時間と労力を要するため池と用排水路の維持・管理が疎かになりがちと思われる。

## 6．水利共同体としての農業集落の弱体化

　兵庫県の市町中、最多のため池を有する神戸市を対象に、1970年、1980年、1990年の農業集落カードの分析からため池の利用に影響を与えると思われる農業集落の変化をみた結果、次の結論を得た。

　①ため池の総数は1970～90年の間に、1970年頃の総数の約11.5％分減少した。これは兵庫県全体と比べて減少率が大きい。しかし、集落池に限ると減少傾向は認められない。これは集落共有財産としての集落池の廃止が容易に行えないためであろう。

　②1970～80年の間に、主たる用水源をため池とする集落が減少し、用水源をため池から河川や井戸に変更したり、水源が不明になったりする集落が全体の21％ある。これらの集落のため池は改廃された可能性が高い。そして、これらの集落は都市化の著しい地域にある。

　③農道や用排水路の維持・管理では、共同作業の形態は維持されているが、出役する戸数は減少して、日当の支払いや出不足金の徴収の割合が増加している。このことから、今後、ため池の維持・管理に必要な共同作業も、十分な人数が確保できなくなることが懸念される。

　④寄合の回数と議題については、回数が減少し、議題は「祭り」、「生活環境」にかかわるものから、「農道・用排水路の維持」や「水田農業確立」に関するものへと変化し、農業集落としての共同作業や水田農業の維持に対する困難性が伺われる。

　⑤農業生産面から見ると、水田農業の地位が低下して、高収入や短期間で現金収入の得られる近郊農業が盛んになったことで、ため池の水利用は減少し、維持・管理も粗放化していると推定される。

　以上のように、ため池が密集する都市化地域である神戸市では、専業農家と第1種兼業農家数が減少し、農業が都市型の近郊農業に変化している。このことによって、ため池の水利用は減少し、農業集落が農村共同体としての機能を十分に果たせなくなり、ため池の維持・管理も困難になってきていると思われる。しかし、このことは農業集落におけるため池や水路等の水利施設を共有し、維持管理を遂行するのに必要な水利の基礎集団（共同体）の存在が確認できたとも言える。今後、ため池を取り巻く農業環境はため池にとって、ますます不利な方向へ向かうと推定される中で、地域の実情を正確にとらえた、ため池の保全のあり方が問われている。

● 参考文献

内田和子(1998)：ため池の防災に関する地理学的研究．平成 8、9 年度文部省科学研究費補助金一般研究(C)研究成果報告書，105p.

内田和子(1999)：ため池の新しい維持・管理方式に関する考察—大阪府ため池オアシス構想を例にして—．地学雑誌 108-3, pp.263-275, 東京地学協会.

川内眷三(1983)：松原市における灌漑用溜池の潰廃傾向について．人文地理 35-4, pp.328-344, 人文地理学会.

川内眷三(1989)：泉北ニュータウン造成に伴う灌漑用溜池の潰廃とその保全．法政地理 17, pp.13-26, 法政大学地理学会.

川内眷三(1993)：八尾市・生駒山地西麓扇状地面の水利特性と溜池壊廃について．日本地理学会 水の地理学研究・作業グループ編「水の地理学—その成果と課題—」, pp.91-124, 日本地理学会 水の地理学研究・作業グループ.

神戸市農政局農林土木課(1983)：神戸市のため池対策に関する答申書(概要)．神戸市農政局農林土木課, 16p.

白井義彦・吉本剛典・三宅康成(1991)：都市域における水利開発と環境整備—神戸市域呑吐ダムの水没補償を中心として—．兵庫教育大学研究紀要 11, pp.127-145, 兵庫教育大学.

農林統計協会(1970)：世界農林業センサス農業集落カード・兵庫県(マイクロフィッシュ版), 農林統計協会.

農林統計協会(1980)：世界農林業センサス農業集落カード・兵庫県(マイクロフィッシュ版), 農林統計協会.

農林統計協会(1990)：世界農林業センサス農業集落カード・兵庫県(マイクロフィッシュ版), 農林統計協会.

福田 清(1973)：都市化によるかんがい用貯水池の廃止—その現状と背景—．地理学評論 46-8, pp.554-560, 日本地理学会.

堀内義隆(1978)：奈良盆地における溜池の転用．奈良文化女子短期大学紀要 9, pp18-28, 奈良文化女子短期大学.

森滝健一郎(1984)：奈良盆地の農業集落と水利用の変化—溜池存廃に関する統計分析を中心に—．京都大学防災研究所年報 27-B-2, pp.291-315, 京都大学防災研究所.

# 第Ⅱ部　ため池の決壊による水害の地域分析
## ──歴史的教訓──

入鹿池（愛知県犬山市、写真提供：犬山市役所）

西日本においては気候的・地形的な制約や土地開発の経緯から、ため池が顕著に発達し、農業に不可欠な役割を果たしている。しかし、ため池の多くは小規模な土堰堤による構造物な上に、近代以前の築造のものが多くて老朽化が進み、しかも個人や小水利組織の所有物であるため、必ずしも十分な維持管理がなされていない実態がある。そのため、ため池は地震による堤防や洪水吐の損傷のような自然災害による被害を受けやすいとともに、貯水期の大雨等が誘因となって自らが決壊し、水害を生じることで災害の原因ともなる。

　したがって、ため池に関する災害はため池本体の損傷を主とする災害と、ため池の決壊による水害とに大きく2分される。さらに、ため池の損傷に起因する受益地での用水不足とそれに伴う米（もしくは他の作物）の生産量の減少もため池の二次的災害と言える。そこで、本論ではこれらのため池の災害に関して、第Ⅱ部としてため池の決壊による水害、第Ⅲ部として地震によるため池の損傷を取り上げて事例研究を行い、災害の復旧と被害への対応についても考察した。そして、第Ⅲ部では、ため池の損傷による用水不足と水田の作付との関連についても分析を行った。

　ため池の決壊による洪水は古代より多くの例があり、例えば大宝年間（701〜707年）に建造されたと言われる香川県の満濃池では、築造後、再三決壊し、821年に弘法大師によって修築された。しかし、その後も決壊を繰り返し、1630年の修築まで約600年間復旧できない状態で、池底には「池内村」が成立していた。これ以降も決壊があり、現在の原形は1870年の再築によっている。

　それにもかかわらず、前述のように、ため池の決壊による水害を研究対象とした本格的な研究は乏しく、少数の研究も1990年代に多い。この理由を推察するに、それまでのため池の水害は第5章に示す入鹿池のような大規模なものでない限り、堤体の破損と排水域の浸水被害を主体とし、災害復旧も当該ため池の受益者の手で処理されていたと考えられる。しかるに、現代における急速な地域開発により、特に大都市近郊では都市化が進展し、ため池の集水域では雨水の流出形態が変化するとともに、ため池周辺に多くの人口と資産が移動して、ため池の決壊や越水による水害は大きな被害をもたらす可能性が高まり、看過できない問題となった。さらに、都市化による農家の兼業化や水田面積の減少による用水需要の減少がため池の維持・管理を粗放化させ、その意味でも自然災害時のため池の損傷や決壊の危険性を高めている。このように、ため池本来の持つ構造物としての脆弱性に加えた環境変化が、ため池の防災対策や災害研究の必要性を高めたと言えよう。ちなみに、阪神・淡路大震災時のため池は貯水率が低かったため、水害は免れたが、平年並みの貯水率であったり、地震の発生が灌漑期であったなら、兵庫県は大水害を受けたと予想される。そこで、筆者はため池の決壊による水害対策の必要性を感じ、そのような水害の代表的な事例を分析して水害の特色を把握し、今後のため池の防災対策に役立てようと試みた。

　なお、第Ⅱ部の事例は、まだ本格的な都市化が進展しない時代のものである。しかし、第4章、5章に示すように、都市化の影響がほとんど見られない時期にあっても、ため池の決壊は大きな被害を生じさせているので、現在の都市化の進展している地域においては、さらに大きな被害を生じさせると予想される。しかも、都市化が進展しても、ため池の排水域の基本的な地形は変化していないため、ため池の決壊による洪水流の方向や浸水範囲は原則として、都市化以前の状態と同じ傾向を示すと考えられる。そのため、都市化以前の水害について十分な分析を行うことは、現在のため池による水害に備えるための基本的な配慮点を示すことになり、防災上の効果が大きいと考えられる。

　続いて、ため池の水害に関する既往の主な研究を上げ、その概要を示すことにする。まず、地理

学分野の赤桐(1968)と水野・堀田(1968)は十勝沖地震時のため池の決壊による水害の浸水状況を分析し、福田(1981)は台風による香川県のため池の被害をまとめている。農業土木分野の藤井ら(1991)は1990年の台風19号による岡山県下のため池被害を分析して、大年ら(1997)は1997年3月の高知県安芸市のため池決壊の状況を報告し、岩松(1997)は1997年7月の鹿児島県出水市の土石流災害の中でため池の決壊にふれ、山本ら(1998)は1997年の台風9号による農業災害の中でため池の水害にふれている。これらの研究は、ため池の被害を決壊数や被害額等によって数量的に分析したり、農業災害全体を研究対象とする中でため池災害を部分的にとらえていたり、決壊による浸水状況や構造物としてのため池本体の損傷状態を示したりする内容である。また、水害地域の市町村や土地改良区が記録を残している例もある。(例えば、三木市1970、入鹿用水土地改良区1994、小阪1933、井手町史編集委員会1983等)。

　このように、ため池の災害研究自体、まだ緒に就いたばかりであるが、これらの既往の研究成果や資料は、ため池の水害を研究対象として十分に分析、考察している段階にあるとは思えない。そこで、筆者は過去の代表的な水害を事例として、ため池の集水域と排水域の地形や土地利用の変化、水文条件、浸水状況、被害程度、災害復旧の過程、被害の補償、ため池の維持・管理体制等の総合的な観点から水害を分析して、その特色を把握しようとした。このような総合的な研究によって防災対策に必要な配慮点を示すことは、今後のため池の保全ばかりでなく、ため池が立地する地域の環境保全にも必要である。

# 第4章　ため池卓越地帯における水害の事例分析

## 1．ため池卓越地帯としての播磨地域

　兵庫県のため池数は全国最多であるが、これを地域別に見ると、淡路島と本土分（島しょを除いた地域）南部の播磨地域に集中している。これらの地域は香川平野とならんで全国で最も高密度にため池が分布する、代表的なため池卓越地帯である。このうちの播磨地域においては、過去の代表的なため池による水害として、現在の三木市の中心市街地が被災した水害と、現在の稲美町のため池が決壊して加古川市から播磨町にまで浸水が及んだ水害がある。前者は丘陵内のため池が決壊した事例であり、後者は印南野台地上のため池が決壊した事例である。本章ではこの2つの事例について分析を行う。なお、筆者がため池卓越地帯の水害を事例とした理由は、ため池数の多さに寄因する決壊の危険性に加えて、ため池の近接性に寄因する高位のため池から低位のため池に連続的に及ぶ決壊を招くからである。

## 2．丘陵内谷池の決壊による水害――1932年旧三木町の事例分析――

　旧三木町は現在の三木市の中心をなす地区であって、1954年に隣接の別所村、細川村、口吉川村と合併して三木市になった。三木市の地形はまず、加古川の支川美嚢川の両岸にそれぞれ500mほどの幅で広がる自然堤防・後背湿地・旧河道から成る沖積低地が存在する。その背後には約2mの比高をもつ沖積段丘及び比高が3～6mほどの扇状地・洪積下位段丘（以下、下位段丘と称する）があって、さらに、その背後には洪積中位段丘（以下、中位段丘と称する）と洪積上位段丘（以下、上位段丘と称する）及び丘陵が位置する。このうち、美嚢川南岸側に面する上位段丘面は開析が進んで起伏が大きい。三木市の中心的な市街地である旧三木町は沖積低地と沖積段丘の一部上に展開している（図4-1）。

　ため池は丘陵や上位段丘内の谷底平野を中心として分布し、一部は中位、下位段丘内の谷底平野にも分布する。水田は市街地と同様に大部分が沖積低地に存在していて、背後の段丘や丘陵に位置するため池によって灌漑されている。1932年当時の旧三木町の水田面積は118町2反6畝であり、その約66％がため池によって灌漑され、残り34％が河川灌漑であった（小阪1933）。三木市耕地課の資料によれば、1996年現在、三木市の水田総面積1,710haのうち、70％がため池によって灌漑され、河川灌漑は29％、その他による灌漑が1％であるように、この地域におけるため池の重要性が示されている。

　さて、1932年の災害は7月上旬の梅雨前線の豪雨によるもので、7月1～10日までの旧三木町の日雨量（午前6時～翌日午前6時）は表4-1の通りである。神戸においては7月1日の日雨量が140mmであったが、旧三木町では7月1日午後から豪雨となり、2日未明には雨はさらに激しさを

表4-1 旧三木町における1932年7月1～10日の日雨量

| 日 | 1日 | 2日 | 3日 | 4日 | 5日 | 6日 | 7日 | 8日 | 9日 | 10日 |
|---|---|---|---|---|---|---|---|---|---|---|
| 雨量 mm | 18.2 | 127.8 | 8.2 | 0 | 0 | 0 | 3.2 | 37 | 9.5 | 11.5 |

小阪(1933)より作成

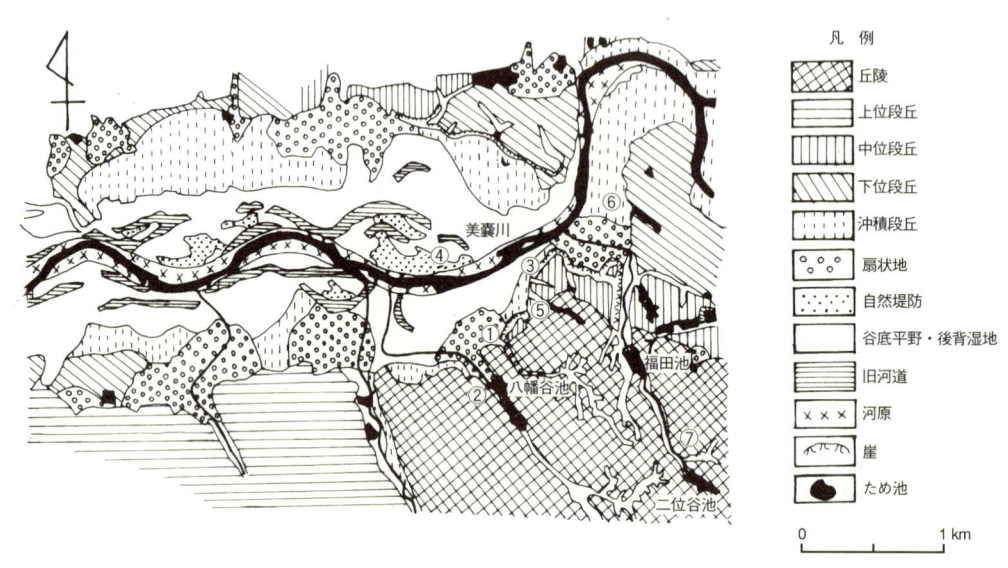

図4-1　旧三木町及び周辺地域の地形分類
土地条件図、空中写真判読及び現地調査より作成

増し、午前7時少し過ぎから町内で災害が連続的に発生した。災害の発生箇所は災害の発生順を示す数字の位置によって図4-1中に示した。なお、災害の発生箇所のうち、ため池の決壊や越水によるものの場合は、決壊または越水したため池の地点を示した。

　この時の災害は、午前7時から8時までの1時間以内に、町内各所で次々と水害や崖崩れをみた連続的な災害である。午前7時過ぎに福井部(現、三木市本町)の永代池が決壊して明石町・清水町(現、本町、福井)が浸水した(図4-1中の①)。次に、丘陵内の土砂崩れによって八幡谷池とその排水路が埋まり、濁水が氾濫して下位段丘上の墓地が流失した(図4-1中の②)。同じ頃、旧三木高等女学校北側の中位段丘の崖が崩れた(図4-1中の③)その後、美嚢川右岸の氾濫で末広町が浸水した(図4-1中の④)。一方、馬場池等2つのため池の排水路から越流した水によって上の丸町が浸水し(図4-1中の⑤)、大塚の井谷池からの排水によって下流の芝町、府内町が浸水した(図4-1中の⑥)。そして、午前7時40分に丘陵内の二位谷池と福田池がほぼ同時に決壊し、下流の川池と恵宝池も決壊して、谷からの濁流により、滑原町(現、本町)で大被害を生じた(図4-1中の⑦)。このうち、ため池の決壊による災害である図4-1中の①、②、⑦の事例を分析する。

　①の事例。永代池は丘陵から扇状地に至る谷の出口に位置し、降雨があると背後の丘陵からの水が多量に池に流入する。同池は過去の1897年9月にも決壊した記録がある(小阪1933)。聞き取り調査によると、災害当時の永代池は堤防上に土嚢を積んで池の貯水容量を増加させており、既に堤防本来の高さを越える水位に到達していたことと、排水口が故意に塞がれていたところに丘陵からの多量の水が流入したので、容易に決壊した。水は永代池の排水河川が形成した扇状地上に浸水し、明石町字大木の下では家屋が流失した(図4-2)。

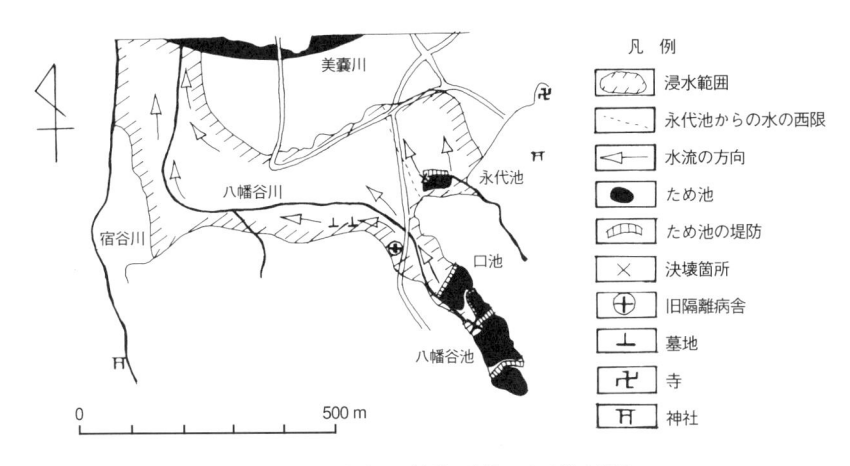

第4章 ため池卓越地帯における水害の事例分析　105

図4-2　1932年の永代池・八幡池の決壊による洪水状況
聞き取り調査及び小阪（1933）より作成

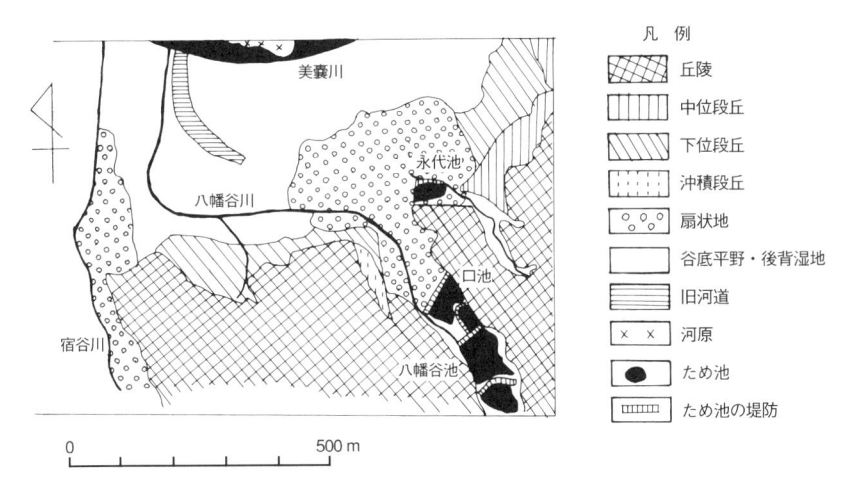

図4-3　八幡谷川流域及び周辺地域の地形分類
土地条件図及び空中写真判読より作成

②の事例。八幡谷池のある八幡谷上流の丘陵内で土砂崩れがあり、土砂を含んだ濁水によって八幡谷池が決壊して、排水路である八幡谷川を土砂で埋積しながら濁水が流下した。八幡谷川は八幡谷を出て西に向きを変え、墓地に沿って流れ、北流して美嚢川に合流していた。八幡谷川を流下してきた多量の土砂と流木を含む濁水は八幡谷川が流向を南北から東西に変更する地点から墓地内に浸水したが、水勢が強く、墓地は深さ3.6～5.4mにわたって土砂が浸食され、石碑や柩が流出した。この後、氾濫した水は美嚢川に達した（図4-2）。

永代池からの浸水と八幡谷池からの浸水はほぼ同時刻に発生して両池からの水が混じりあっている部分があるため、2つのため池の浸水範囲を厳密に区別することは不可能であるものの、永代池からの浸水範囲はおよそ扇状地内にとどまっている。なぜなら、図4-3の扇状地は永代池背後の谷からの河川と八幡谷川の両川が形成した2つの扇状地から成っており、八幡谷川の形成した扇状地の方が大きく土砂の堆積量も多いことから、永代池の排水河川は2つの扇状地の境界を越えられなかったと推測されるからである。なお、2つの扇状地の境界は南北に走る道路付近までと思われる。

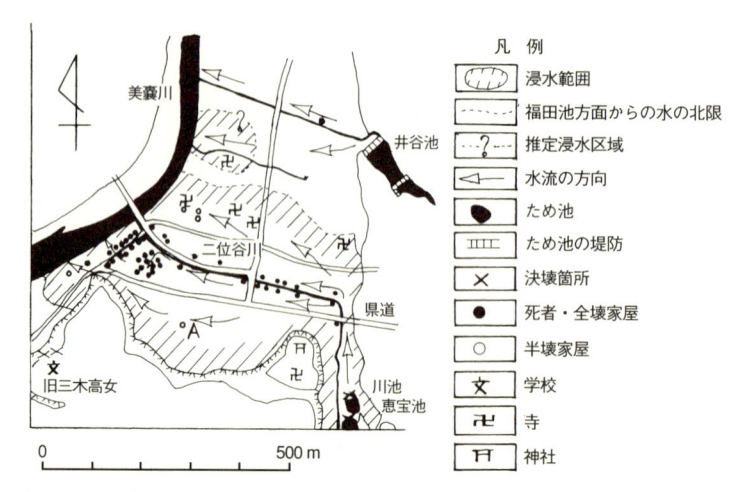

図4-4　1932年の福田池・二位谷池、その他のため池の決壊による洪水状況
聞き取り調査及び小阪(1933)より作成

一方、八幡谷からの水は丘陵との境界を同川の流路沿いに進み、美嚢川の旧河道に入って美嚢川に合流した。浸水の西側の境界は他の河川の形成した扇状地との境界までである。北側の浸水は八幡谷川自身の形成した扇状地の末端と美嚢川の旧河道を結んだ線で止まっている（図4-3）。

この事例では墓地の流失による被害が大きいが、永代池では堤防の決壊口の直下を中心に、4〜5軒の家屋の破損や浸水が見られた。小阪(1933)によれば、八幡谷池は過去の1861年、1897年、1925年にも決壊しており、1925年の決壊では旧三木町隔離病舎東側の家屋が流失して死者1名がでている。1925年の災害の場合は八幡谷池に続く口池も決壊しているので、口池に近接する隔離病舎付近での被害が大であったと考えられる。1925年の災害後、口池は堅固な復旧工事が施行されたので、1932年の災害では決壊しなかったと思われる。なお、八幡谷池と永代池の築造年は不明であるが、近世の築造と思われる。

⑦の事例。八幡谷と同じ丘陵の東側に位置する地獄谷の二位谷池と福田池が午前7時40分に決壊し、続いて同じ谷内下流の川池と恵宝池が決壊した。ため池の決壊とともに地獄谷も両側の谷壁が大きく崩落し、ため池の水と土砂及び引き倒された大小の樹木が入り交じった濁水が谷を下り、県道に当たって一瞬水勢は衰えた。ところが、後からの水に押されて、濁水は比高が約6mある県道を乗り越え、県道付近の民家をすべて破壊した。排水路である二位谷川に沿って濁水はさらに進み、旧芝町や旧平山町裏の家屋や蔵をなぎ倒し、田畑を埋積しながら、旧滑原町下滑原に入って大被害を与えた（図4-4）。

旧滑原町が大被害を受けた原因は、流下してきた藁葺き屋根が石造の平山橋にかかってせき止められたため、二位谷川沿いを中心にして進んできた濁流のほとんどの水量が南西方向に迂回して、滑原町方面に向かったからである。濁水は滑原町の商店街を横切って美嚢川に流入したが、水の流路に当たった家は将棋倒しとなり、全壊や流失の被害でほぼ全滅状態であった。これらの出来事は瞬時とも思える短時間内の事件と伝えられ、地獄谷のため池の決壊から数分以内のことと思われる。二位谷池から二位谷川沿いに美嚢川に出た水流のたどった距離は3kmほどであるので、それから判断すると水流は自動車なみの速さであったことが推測できる。

二位谷池の堤防の標高は103.9m、地獄谷の出口の標高は50m、滑原町の標高が39.9mであるか

第4章 ため池卓越地帯における水害の事例分析

表4-2 旧三木町における1932年災害の町別被災と義損金の分配

| 町　名 | 被害戸数 | 死傷者 | | | 義損金分配額 |
|---|---|---|---|---|---|
| | | 死　者 | 重傷者 | 軽傷者 | |
| 芝　　町 | 14 | 2 | 1 | 2 | 939円20 |
| 平　山　町 | 32 | 3 | 0 | 2 | 2516円00 |
| 東　条　町 | 1 | 0 | 1 | 1 | 25円00 |
| 滑　原　町 | 47 | 28 | 3 | 23 | 5771円30 |
| 新　　町 | 1 | 0 | 0 | 0 | 16円20 |
| 明　石　町 | 5 | 0 | 0 | 0 | 210円60 |
| 計 | 100 | 33 | 5 | 28 | 9478円30 |

小阪（1933）より作成

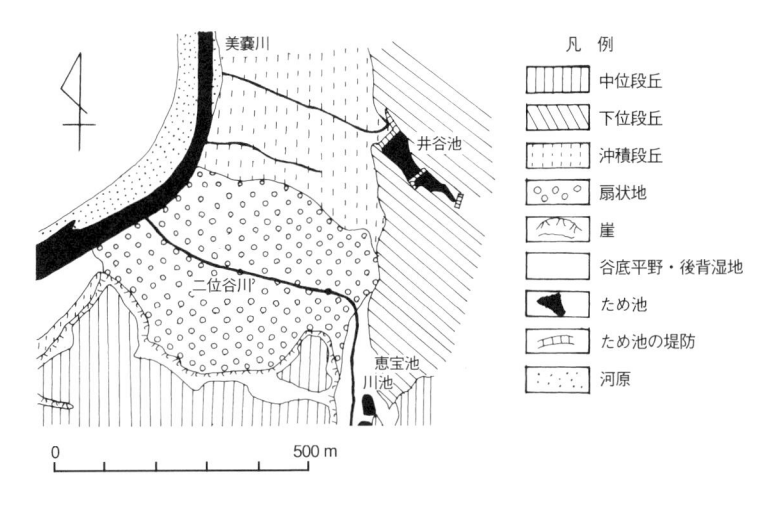

図4-5　二位谷川流域及び周辺地域の地形分類
土地条件図、空中写真判読及び現地調査より作成

ら、谷の部分の勾配は26.9/1,000に対して、谷の出口から美嚢川合流点までの勾配は10.1/1,000、平均して21.3/1,000であって、谷を下る水流の速さは人々に大きな脅威を与えたと想像される。図4-4中A地点の当時の住人からの聞き取りでは、水が迫ってくるのをみてすぐ2階に上がったが危険を感じ、外から長いさお竹を出してもらって家から脱出した途端に家が崩壊したと言う。この証言も水の速度と勢いを物語っている。なお、図4-4中に死者・家屋全壊として表示した箇所は、小阪（1933）が死者や家屋全壊等の深刻な被害を受けた町税減免措置者の居住地として記した家のうち、当時の場所が確定できたものである。

この日の旧三木町内の被害を町内別に、表4-2に示した。このうち、死者は33人であるが、うち28名が滑原町住人、2名が芝町住人、3名が平山町住人である。そして、重傷者3名は滑原町、軽傷者28名のうち23名が滑原町であるように地獄谷でのため池の決壊に基づく被害がとりわけ甚大であったことがわかる。死者や家屋全壊・流失等の深刻な被害を生じた地点は、谷の出口、排水河川が大きく迂回する地点、排水河川と県道の交差地点、排水河川沿い、排水河川がせき止められた地点である。

地獄谷からの水は約2時間で排水されたが、水の通過した県道付近は木材や瓦や土砂が軒の高さまで積もり、その上に丘陵からの赤色の土砂が堆積していた。平生は谷幅が4〜5mである地獄谷

も両側の谷壁の石積がほとんど崩落し、谷幅が 18～27 m に広がった。

次に、図4-5 から、水害と地形との関連をみる。決壊したため池からの水流は二位谷川を中心に南北に流れた後に東西に方向を転じ、浸水域を拡大しながら進み、主にこの河川の形成した扇状地上に浸水している。北部は大塚の井谷池からの浸水があり、どこまでが二位谷川による浸水かは判断しにくいが、聞き取り調査の結果、扇状地と沖積段丘との境界までと思われる。美囊川沿いの南部では扇状地から一部後背湿地と沖積段丘上に浸水しているが、これは前述の平山橋付近でせき止められて迂回した水の勢いが強かったためと思われる。

なお、小阪(1933)によれば、福田池は1861年、1897年にも決壊しているが、二位谷池は1932年まで決壊したことはなかった。福田池の築造は1860年で、二位谷池は文化年間(1804～1815年)である。

## 3. 台地上皿池の決壊による水害
―― 1945年旧天満村、旧平岡村、旧阿閇(あえ)村の事例分析 ――

三木市の南部に続く印南野台地には多くのため池が分布する。印南野台地のため池は、ため池の構造やため池の立地する地点の地形からいうと、比較的平坦な段丘上にあって、主として天水に依存する皿池と段丘を開析した浅く谷幅の広い谷底平野内に分布する皿池及び浅く小規模な谷をせき止めた谷池の3種類に分類される。しかし、段丘の谷池は谷が浅く、上流部に水を涵養する森林もほとんどないので丘陵内の谷池ほどは貯水効率が良くない。とは言っても、大きな河川や丘陵のない印南野台地でのため池の重要性はことさらで、同台地上に位置する稲美町の場合、1996年現在の水田面積は1,702 ha で、このうち99.3％に当たる1,690 ha がため池によって灌漑されている。

印南野台地のため池のうち、最大級のひとつが旧天満村(現、稲美町)の天満大池である。同池は675年築造と伝えられることから、県内の最も古いため池のひとつである。天満大池は印南野台地の北西部から南東部に流れる曇川の谷底平野の谷頭と、北東部から南西部に喜瀬川が流れる谷底平野とが交差する地点にある。段丘上を流れる多くの河川は平素ほとんど水がなく、降雨時に水が流れる枯れ川のような河川であって、流域の水田を灌漑することは困難である。また、天満大池は南に隣接する河原山池と暗渠の樋管で接続され、この2つのため池はセットとして機能している。すなわち、河原山池は天満大池の子池にあたり、上位段丘上の標高40～41 m の地点にあって、天水と親池からの補給水以外には自己水源をもたない皿池である。

1945年10月9日に、河原山池が決壊して水害を生じた。しかし、この時の水害について詳細に記した文書はなく、関係市町村史にもほとんど記録が残されておらず、神戸新聞にも関連する記事が掲載されていない。『兵庫県災害誌』にも、10月8～10日の豪雨について、「加古、稲美郡一円浸水家屋相当あり、特に加古郡被害大」と記されているのみである。

前章で記述した旧三木町の水害に比べれば、規模が小さいとは言え、少なくても死者13名以上を出した災害の記録がないことは不思議であるが、第2次大戦直後の混乱した世相では十分な記録が残せなかったものと推察する。しかも、被災地が当時の天満村、平岡村、阿閇村の3村にわたり、3村が後の町村合併によって別々の市町になったことも記録が残らなかった一因であろう。したがって、本災害については、当時、水害に遭遇した人々からの聞き取りによって記述した。

1945年10月9日の災害は、九州の南方海上を進む阿久根台風に刺激された前線による豪雨が最

表4-3 神戸における1945年10月8～10日の2時間雨量（単位mm）

| 日 | 2時 | 4時 | 6時 | 8時 | 10時 | 12時 | 14時 | 16時 | 18時 | 20時 | 22時 | 24時 | 計 | 1時間最多雨量 |
|---|---|---|---|---|---|---|---|---|---|---|---|---|---|---|
| 8 | — | 0.2 | 2.4 | 3.0 | 2.4 | 7.1 | 5.7 | 13.9 | 5.0 | 25.2 | | 23.1 | 88 | 30 |
| 9 | 65.6 | 58.8 | 38.5 | 40.9 | 5.8 | 6.4 | 7.6 | 6.0 | 4.1 | 4.7 | 1.3 | 0.6 | 240.3 | 49.6 |
| 10 | 1.7 | 0.7 | 1.4 | 3.4 | 4.5 | — | — | | 0.2 | 1.0 | 6.5 | 7.9 | 27.3 | 10.9 |

兵庫県災害誌 p.143 より

大の要因である。この地域に近い神戸での雨量を調べると、10月8日夜から9日朝までの雨量が多く（**表4-3**）、河川の水位も加古川、明石川、美嚢川とも9日に最高水位に達している（神戸海洋気象台 1954）。そして、河原山池の決壊は9日午後2時頃に起きた。決壊前に喜瀬川の上流にある長法池（現在、2級河川喜瀬川はこの池から河口までで、これより上流分を地元では手中流と言う）が決壊し、上流から根こそぎに倒してきた松の大木等とともに喜瀬川が谷幅いっぱいに真っ白な滝のようになって天満大池に押し寄せた。この当時は刈入れが10月下旬から11月上旬だったため、池は3割ほどの水位であった。天満大池はたちまち満水となって、水が堤防を越流する寸前で川池が決壊し、次いで河原山池の北側の堤防が2ヵ所、南側の堤防1ヵ所が決壊した。北側の決壊箇所のうち、西側の部分の直下にある民家3軒が水の勢いで全壊した。河原山池が決壊する前に、これらの民家は既に床下浸水していたので、民家の住人はほとんど避難していたが、残っていた1人は家から電柱に飛びついて難を逃れた。なお、堤防の決壊箇所のうち、北側の1ヵ所は喜瀬川の旧河道が堤防と交差する地点で、この箇所はその後改修が行われたにもかかわらず、兵庫県南部地震時にも損傷を受けた。

河原山池からの水は下流にある内ケ池等のため池を次々と決壊させ、15分ほどで2.8km離れた旧平岡村土山（現、加古川市）の国道2号線に達した。このことから、水流の速度はおよそ時速12kmほどと推定される。この水流が国道でせき止められて湖状になり、その水勢によって国道が崩落したため、付近の民家が多数全半壊して（数は不明）、12名の人命が失われた。これらの民家では瞬時に水が二階まで達し、避難するのが困難であったという。また、この地域には農家が多くあり、牛馬も多数溺死して下流の阿閇村（現、播磨町）方面に流れていった。

国道2号線付近で大きな被害を与えた後、水流は近接するため池を決壊させながら喜瀬川沿いに進み、喜瀬川の谷の出口付近にある阿閇村の住吉橋を崩落させた。さらに、付近の蓮池を決壊させ、同村野添（現、播磨町野添）の県道と喜瀬川の交差する地点で再度、水流がせき止められてダム化し、県道を崩落させた。この時の強い水流によって、県道と河川の交差する地点付近の民家では死者1名を出した。野添地区では床上～床下浸水の被害であった。さらに水は喜瀬川沿いに進んで、同村本荘で海に入った（**図4-6**）。

次に、この水害と地形との関連を喜瀬川流域及び周辺地域の地形分類図から見ることにする（**図4-7**）。浸水は台地部では喜瀬川の谷底平野を中心として、それに続く小さな谷底平野や近接する谷底平野を結ぶ範囲内に生じ、上位段丘の一部にも浸水した。段丘を離れた下流部の自然堤防・後背湿地帯の右岸側では小さな尾根筋に沿って浸水がとまり、左岸側では中位段丘・下位段丘と後背湿地との崖線でとまっている。河口部付近ではデルタ部に浸水している。ただし、国道や県道、堅固な橋梁とため池の排水河川とが交差する地点では、一時的にせき止められた水の勢いが強いため、通常の地形の境界線を越えて浸水する。

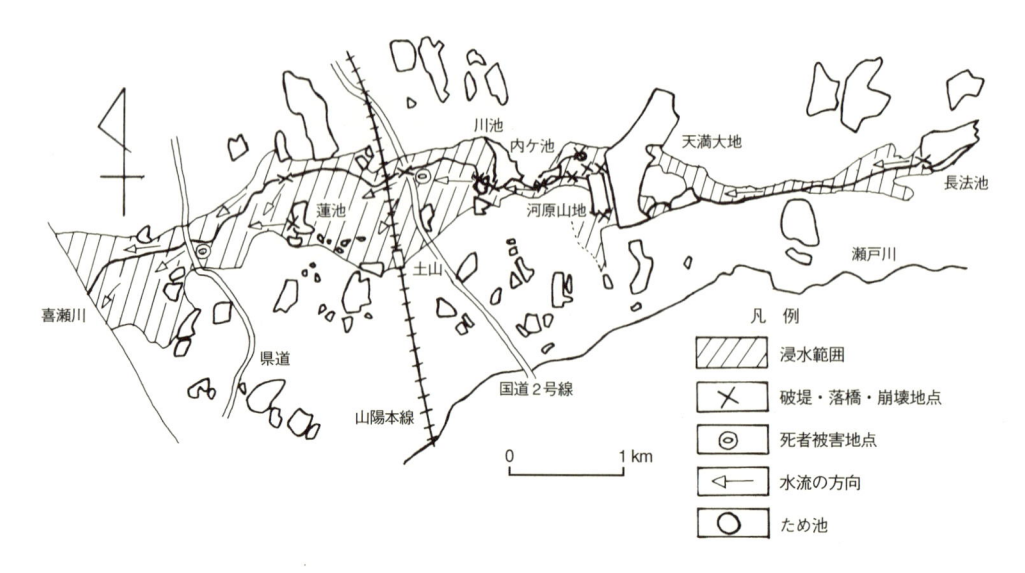

**図4-6　1945年の河原山池の決壊による洪水状況**
聞き取り調査より作成

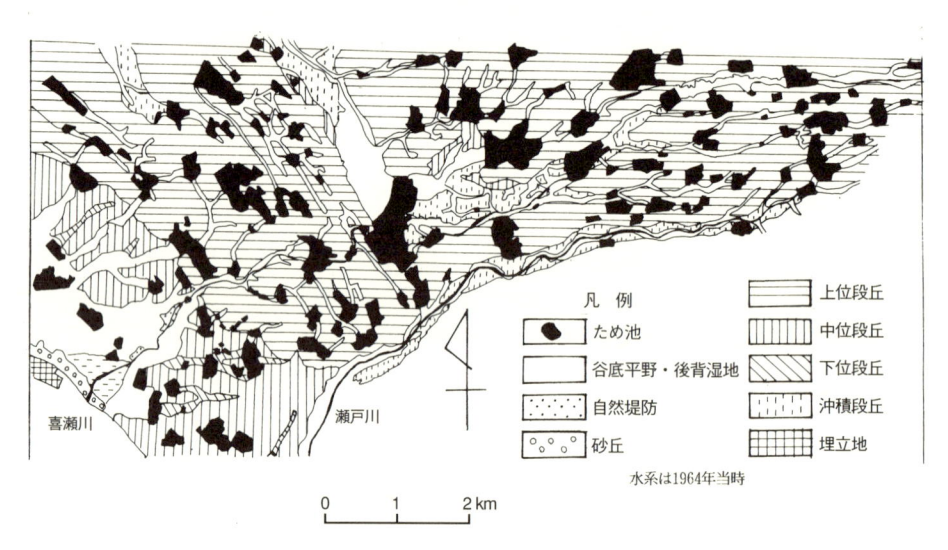

**図4-7　喜瀬川流域及び周辺地域の地形分類**
土地条件図、空中写真判読及び現地調査より作成

　被害について、死者や家屋全壊、流失といった大きな被害を生じた地点は、谷の出口付近、排水河川と道路や橋梁の交差する地点、ため池の決壊口の直下である。
　なお、決壊したため池からの水が上位段丘上を流下した、河原山池から国道2号線までの土地の勾配は8/1,000程度であるが、それより下流の低地ではおよそ3.3/1,000となり、平均しても5/1,000程度であるので、水の流速は旧三木町の場合に比べて遅い。これらのことから、国道2号線までの水の速度は、前述のように時速12km程度と考えられ、かならずしも避難不可能な速度ではないが、国道に水流が阻まれた際の急激な増水と、それに続く国道の崩落による水の急激な流下が被害を大きくしたと思われる。

## 4．ため池の決壊による水害の特色と災害復旧

### （1）ため池の決壊による水害の特色

　地形と浸水との関連についてまとめると、決壊したため池からの水は排水河川（排水路）沿いに流れ、その水路を中心にして左右に拡散して、水は排水河川に戻ることなく、短時間で海や排水河川が合流する本川へ流入する。水流の速さは、自転車か自動車並みの速度に達する。

　丘陵内や台地上では浸水範囲は原則として、排水河川の形成した谷底平野の範囲であるが、その谷底平野に連続したり、隣接したりする小さな谷底平野までを含むことがある。また、特に、丘陵内の場合は谷の傾斜が急勾配であるので、谷壁の両岸が水流によって崩壊し、従来の谷底平野の谷幅を拡大する。

　谷底平野を離れて、扇状地部では扇状地内の浸水にとどまり、自然堤防・後背湿地帯では排水河川による堆積が及ぶ境界と思われる部分（わずかな尾根筋のところまで）に浸水し、最下流部ではデルタの範囲内である。

　段丘上では、形成年代を異にする2つの段丘にまたがって浸水はしない。一般的に、浸水は地形の境界でとまる。ただし、排水河川が道路や橋梁等の堅固な障害物に交差する地点では、水流がせき止められた後、水が障害物を破壊したり、水流の進路にある他のため池を決壊させて水量を増加させると、強い水勢の水は地形境界を越えて浸水する。

　被害の特色としては、一般的に谷池の方が丘陵や山地内にあるため、低地までの勾配が大になる関係で流速が速く、段丘上等に位置する皿池より大きな被害を生じさせる。

　死者や家屋全壊のような深刻な被害は次の場所で生じやすい。i) ため池の堤防の直下、特に、破堤しやすい堤防のコーナー付近。ため池内に旧河道がある場合は、旧河道と堤防の交差する地点で破堤しやすい。ii) 国道、県道級の堅固で、周囲の土地より高い位置にある道路と排水河川とが交差する地点付近。堅固な造りの橋梁と排水河川とが交差する地点付近。これらの地点では水流が一時的にせき止められた後、道路や橋梁が崩壊して、多量の勢いの強い水が流下することで大きな被害を生じる。iii) 排水河川が谷から低地に出る谷の出口付近。iv) 排水河川が大きく流路を変化させる地点。v) 強い水流の進路となる排水河川の両岸付近。

　ため池の比較的小規模な決壊では、洪水吐付近で丸く穴があいて破堤することが多いが、今回の事例のような破堤では堤防が大きくV字型に決壊する。また、排水河川と接続、もしくは隣接するため池、特に小規模なため池は連鎖的に決壊しやすい。

　さらに、丘陵内の谷池が決壊する場合は、丘陵内の谷の谷壁を崩壊させながら水が流下するので、なぎ倒した樹木と浸食・崩壊した土砂が水と混じりあって破壊力を増し、水が引いた後の堆積物が多い。

### （2）水害の復旧

　旧三木町の場合、災害直後に下流の被災民より二位谷池と福田池の復旧に対する反対があったが、工事の設計と仕様を県に一任し、堤防と洪水吐をできる限り頑丈にする上、貯水管理は灌漑受益者と下流住民とで共同に行い、灌漑受益者の負担で常任に監視人を雇う、町がため池管理規定を設けることの条件で調整がなされ、復旧工事がされた（小阪1933）。しかし、監視人や管理規定について

は、その後実行されたのかどうかは不明である。

　復旧費は二位谷池が6,494円（うち県補助金4,545円、地元負担金1,949円）、福田池が7,217円（うち県補助金3,935円、地元負担金3,282円）で、川池と恵宝池は灌漑の受益地がきわめて少ないため、廃池となった。福田池の復旧工事は1933年2月に着工、5月に竣工し、二位谷池は1933年3月に着工、6月に竣工した。八幡谷池の復旧については記録がない。永代池は灌漑地域の多くが住宅地であったため、災害以降は貯水することをやめ、空池となった。また、この災害復旧工事後、福田池は1986年に改修されたが、二位谷池と八幡谷池については改修の記録がない。

　災害当時の神戸新聞によれば、旧三木町では災害直後、交通が遮断されたことで生活必需品の物価が2～3倍に急上昇したと記され、重要な交通手段である神戸や明石を結ぶバス路線は7月7日に復旧したとある。災害による死者や家屋全壊等の被災者とその家族には、町税軽減の措置がなされ、補助金が町から支給された（表4-2）。補助金は1戸当たり5～30円が支給され、その財源は同郡内各町村と他府県、民間企業等からの義捐金である。義捐金は総額で14,358円27銭に達した。

　旧天満村、平岡村、阿閇村にかかわる河原山池の復旧は県や村からの援助はなく、ため池の受益者によって行われた。そのため、復旧工事は3年がかりとなり、その間、受益地では米の収穫がなかったので、受益地の農民は麦を主食にしたと伝えられる。この災害による死者や被災者に対する補償についても、新聞記事をはじめ、行政や池を管理する土地改良区にもほとんど記録は残っていない。

　河原山池の場合、親池にあたる天満大池の防災対策は重要であるので、災害後の天満大池の改修工事には注意を払う必要がある。天満大池では堤体、洪水吐、取水施設の改良を小規模灌漑排水事業として1953～62年に実施した。続いて、1968～73年には、県営圃場整備事業が天満大池を主水源とする灌漑地域に実施され、同池までの喜瀬川が排水路として整備された。1994年には県営事業で、喜瀬川が同池に流入する部分に転倒ゲートが設置され、喜瀬川からの流量が制御されるようになった。また、河原山池も1982～85年に大規模老朽ため池事業で全面改修され、1995年には兵庫県南部地震による被害の復旧工事がされた。なお、喜瀬川の最下流は1968年頃からの高潮対策事業によってコンクリート壁で覆われた。

## 5．水害と土地利用の変化

　播磨地域において、ため池の決壊による代表的な水害について分析した結果、浸水範囲、被害状況、地形等との関連からいくつかの特色を指摘できた。これらの結果から、多量の降雨時におけるため池の決壊による水害に備えるには、過去の水害を分析して得られた特色を把握した上で、あらかじめ浸水範囲や被害の傾向を想定しておくことが重要といえる。この際に、ため池を取り巻く地域の土地利用の変化には注目しておく必要がある。なぜなら、ひとつには、ため池の集水域での土地開発が土地の保水力を失わせ、ため池に流入する水量を増加させるからである。もうひとつは、ため池の排水河川流域での土地開発が排水河川への流量を増加させ、ため池の上流部での開発によって増加した流量ともあいまって水害を激化させるとともに、被害を受ける人数や資産を増加させるからである。この他、ため池の改廃が進むと、残存しているため池とその排水河川への流入水量が増加してそれらへの負担を増し、水害を激化させる原因にもつながる。

　既に、旧三木町の場合にも、1932年の災害の要因の1つとして、二位谷池、福田池の上流地区で

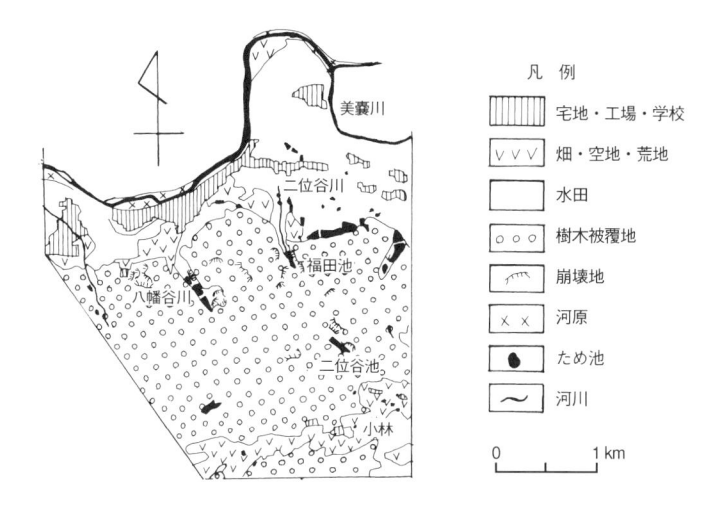

第4章　ため池卓越地帯における水害の事例分析　　　　　　　　　　　　　　113

**図4-8　1886年当時の旧三木町及び周辺地域の土地利用**
1886年測図2万分の1地形図より作成

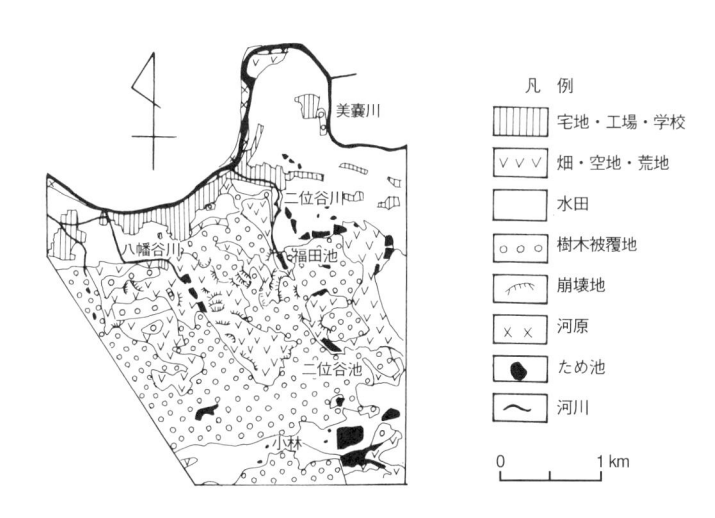

**図4-9　1927年当時の旧三木町及び周辺地域の土地利用**
1927年発行2万5千分の1地形図より作成

の開発が進んだことが指摘されている(小阪1933)。このことを検証するために、1886年測図の2万分の一地形図と1923年測図、1927年発行の2万5千分の一地形図から、旧三木町の土地利用図を作成した(図4-8、図4-9)。両図を比較すると、地獄谷の上流の小林地区では、図4-8では畑地であった土地に、図4-9では大きなため池が築造されて開田が進んでおり、丘陵内も全域が松に覆われていたものが、樹木の被覆部分が減少して、崩壊地も増加している。八幡谷池の上流部でも地獄谷上流部ほどではないが、開田が進み、樹木の被覆も少なくなって、崩壊地も増加している。さらに、1990年測図、1991年発行の2万5千分の一地形図から土地利用図を作成して(図4-10)、図4-9と比較すると、地獄谷、八幡谷とも上流部の宅地化が進展し、土地の開発は丘陵内の一部にも及んで、丘陵の樹木の被覆も少なくなっている。さらに、2つの谷の出口から美嚢川までの間の低地も開発が進み、宅地が増加して水田が減少している。

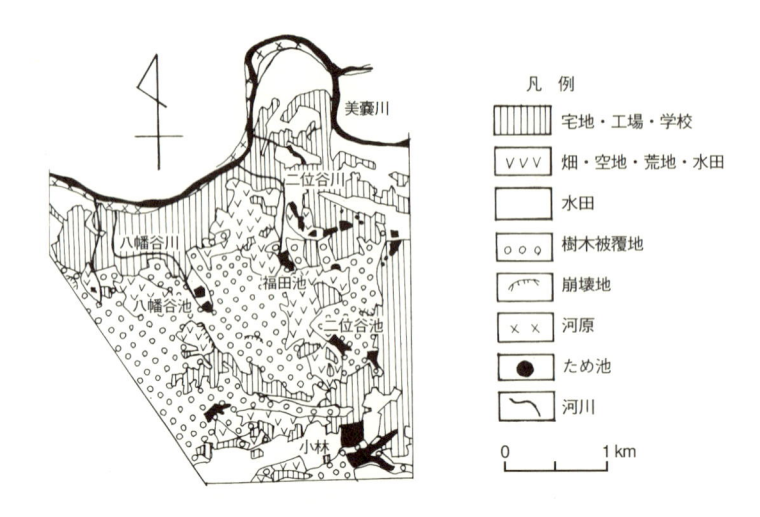

**図4-10　1991年当時の旧三木町及び周辺地域の土地利用**
1991年発行2万5千分の1地形図より作成

　喜瀬川流域についても、1923年測図、1947年発行2万5千分の一地形図と1990年測図、1991年発行の2万5千分の一地形図から土地利用図を作成した(**図4-11**、**図4-12**)。両図を比較すると、図4-11と比べ図4-12では全体的に住宅地が増加し、特に河原山池より下流地域で増加している。そして、ため池の数も減少し、かつてため池があった土地やため池の一部が住宅や学校、工場に変化しているところも多い。長法池周辺やその上流では樹木の被覆も少なくなっている。また、河原山池より下流では新幹線や国道のバイパス等の喜瀬川と交差する堅固な構造物も増加し、河口部には工場が多く建設されている。

　参考として、本論で取り扱った主な決壊したため池の規模を**表4-4**に示した。これらのため池の規模は1996年現在のもので、おおむねどの池も本論で記した災害当時より規模を縮小しているが、決壊に際して下流に流下した水量のおよその目安とはなろう。

　以上のように、第2・3節で記述した地域では水害後の土地利用の変化が大きく、ため池の中には改修工事が施工されたものもあるが、水害当時に比べると、大量の降雨時にため池や排水河川に流入する水量は増加し、今後、ため池が決壊した際には池の排水河川下流部での被害が大きくなることが予想される。

　また、旧三木町での災害復興には、行政その他からの多大な支援があったが、旧天満村等の事例では、筆者の調査結果から見る限りではほとんど支援がなかったと思われる。近年は老朽ため池改修事業や防災ため池事業等の、行政主導の大規模な改修工事もあるが、そうした事業の対象となるため池は一部にしか過ぎない。しかも、ため池用地のかなり多くの部分が民有地であり、管理面においても、個人や小規模な水利組合、集落によるものが多い。このように、公有水面としての法的な規制を行いにくいため池には、行政の管理や指導が十分に行き届かない面がある。こうした状況下でため池が決壊して水害を生じた場合、責任の所在、ため池の復旧工事、被災者への補償等は大変難しい問題となろう。幸いにして、最近では播磨地域にため池の大規模な決壊を伴う豪雨災害は発生していないが、有事の際の被害の想定や災害の復旧、被災者への補償等の問題は平生から考慮しておくべき事柄である。

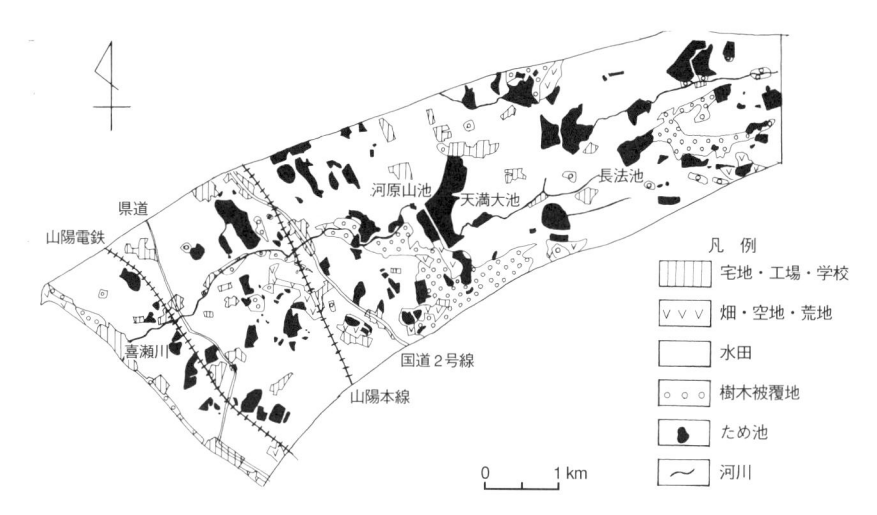

第4章　ため池卓越地帯における水害の事例分析　　　　　　　　　　　　　　115

**図4-11　1947年当時の喜瀬川流域及び周辺地域の土地利用**
1947年発行2万5千分の1地形図より作成

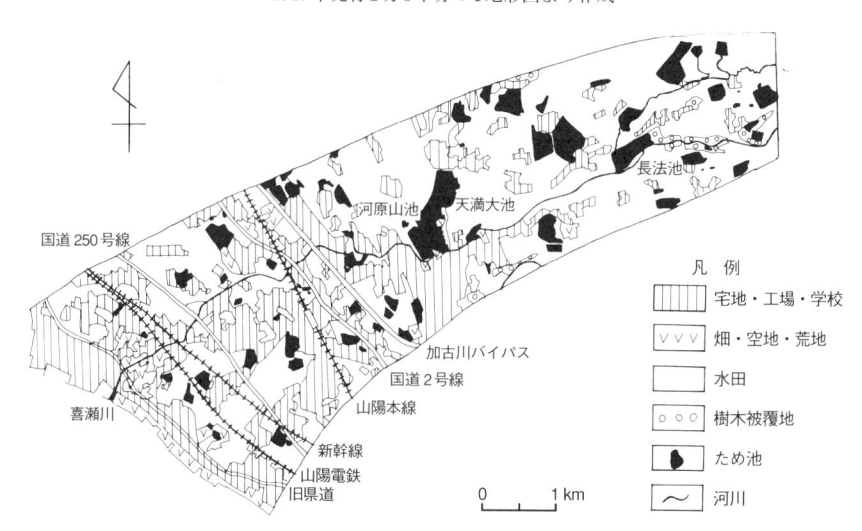

**図4-12　1991年当時の喜瀬川流域及び周辺地域の土地利用**
1991年発行2万5千分の1地形図より作成

表4-4　決壊した主なため池の規模（1996年現在）

| 池　名 | 総貯水量($m^3$) | 受益面積(ha) |
|---|---|---|
| 二位谷池 | 36,000 | 61.901 |
| 福田池 | 53,000 | 8.300 |
| 八幡谷池 | 2,100 | 0.000 |
| 河原山池 | 305,000 | 42.000 |
| 長法池 | 556,000 | 58.000 |
| 川　池[1] | 740,000 | 13.000 |
| 新川池[2] | 750,000 | 13.000 |
| 蓮　池[3] | 20,000 | 4.200 |

旧三木町の永代池、川池、恵宝池は廃止された。災害当時の川池はその後、1)と2)の2池に分離され、水面積は1/2程度になった。3)の水面積は当時の1/4程度に縮小している。
兵庫県三木土地改良事務所、稲美町、播磨町および加古川市資料より作成

阪神・淡路大震災以降、兵庫県ではため池のデータベースが作成された。データベースに載せられたデータはまだ十分なものとは言えないが、今後ともデータベースを改良しながら活用して、行政、ため池の管理者・受益者、ため池周辺地域住民の三者がため池に関する認識を深めていくことが肝要であろう。

なお、本章の事例はいずれも50年以上前のもので、ため池を取り巻く環境はその時点とは大きく異なっている。しかし、過去の事例ではあっても、その時点の水害の分析からは現在でも重要な示唆が得られる。なぜならば、ため池の集水域と排水域の地形の基本的な構成と特質は変化していないからである。例えば、次章に示す愛知県入鹿池の事例でも、浸水範囲はかつての河川が形成した地形によって規定されている。そのため、現在の都市化による流出量の変化、ため池や河川の改修工事による危険度の低下、排水域の高速道路等の堅固な建造物の増加等があっても、ため池の決壊による水流の基本的な動きと浸水状況に大きな変化は現れないと推測される。

### ●参考文献

赤桐毅一(1968)：十勝沖地震による溜池の決壊と洪水．東北地理　20-4, pp.202-205, 東北地理学会．

井手町史編集委員会(1983)：南山城水災誌．京都府綴喜郡井手町役場, 260p.

入鹿池史編纂委員会編(1994)：入鹿池史．入鹿用水土地改良区, 1409p.

岩松　暉(1997)：1997年7月鹿児島県出水市針原川土石流災害．自然災害科学　16-2, pp.107-112, 日本自然災害学会．

大年邦雄・中西和史・松田誠祐(1997)：1997年3月高知県安芸市における農業用溜池の決壊災害．農業土木学会誌　65-6, pp.625-627, 農業土木学会．

神戸海洋気象台(1954)：兵庫県災害誌．神戸海洋気象台．279p.

小阪　香(1933)：三木町水災誌．三木町役場, 800p.

福田　清(1981)：ため池と大雨．三野与吉先生喜寿記念会編『地理学と地理教育：その背景と展望』, 古今書院, pp.289-296.

藤井弘章・島田　清・西村伸一(1991)：9019台風による岡山県内のため池災害．文部省科学研究費補助金突発災害調査研究成果重点領域研究報告書『自然災害総合研究班』(研究代表者・名合宏之), pp.101-130.

三木市編(1970)：三木市史．三木市役所, 293p.

水野　裕・堀田報誠(1968)：十勝沖地震による青森県の災害—八戸市の被害を中心として—．東北地理　20-4, pp.187-194, 東北地理学会．

山本晴彦・早川誠而・岩谷　潔(1998)：山口県北部における1997年台風9号の豪雨特性と農業災害．自然災害科学　17-1, pp.31-44, 日本自然災害学会．

# 第5章　大規模ため池の決壊と浸水地域の復元

## 1．大規模ため池・愛知県入鹿池の決壊

　ため池の決壊による水害に備えるには、日頃、ため池の維持管理と点検に努める他、過去の主要な決壊の事例を分析し、その水害の状況を明らかにすることを通して、それらの水害に見られる共通性や特殊性を見出すことが必要である。その理由は、水害に共通する法則性が見い出されれば、一般的に水害に対処する方法や避難方法等の計画策定に役立たせることが可能となるからで、特殊性の指摘は個々のため池及びその存在する地域固有の問題として、より詳細な防災計画への示唆となりうるからである。

　前章では、ため池卓越地域におけるため池の連続的な決壊による水害について、その特色を分析した。本章では史上最大級の単独ため池による災害である、1868年の入鹿池の決壊に伴う水害の状況を復元し、その実態を分析して、水害の特色をとらえようとした。ここで巨大な単独ため池の事例を研究対象とする理由は、ため池卓越地域では複数のため池が連続的に決壊するため、個々のため池の水害特性がかならずしも明確にとらえられないからである。

　研究の方法としては、まず、この水害を記録する史料や現地での聞き取り調査から、水害の状況をできるだけ正確に復元して、洪水状況図を作成した。次に、既存資料と空中写真判読及び現地調査によって浸水区域の地形分類を行い、既存の地質的資料も加味して、同地域の地形的な特色を明らかにした。これらの洪水状況と地形分類の結果から、洪水と地形との関連を分析した。その際、前章と同様に、水害を死傷者数や被害額として量的にとらえるのみでなく、ため池からの洪水流の方向や水勢、浸水深、浸水範囲等を調査することで面的かつ動的にとらえ、さらに、洪水を受ける土地の地形や土地利用の分析と合わせ、水害を総合的にとらえることに努めた。なぜなら、防災上、被害の想定は重要であり、その際、被害額の想定のみならず、想定浸水域等の危険度例示を加えた総合的なものが有効だからである。

　また、日本において、入鹿池を始めとする巨大ため池やダムの決壊による水害に関する本格的な分析を行った研究は、筆者の知る限りではほとんどないと思われる。その点においても筆者の研究の意義が認められ、その分析結果はダムの決壊による洪水の防御にも有益な示唆のひとつとなりうる。

## 2．研究対象地域の概要

### （1）入鹿池の概要

　入鹿池は、愛知県犬山市の山地内に位置する農業用ため池である。同池は周囲の三方を尾張富士、羽黒山、奥入鹿山、大山等の山地に囲まれた盆地状の低地に位置し、現在の犬山市街地の南東約

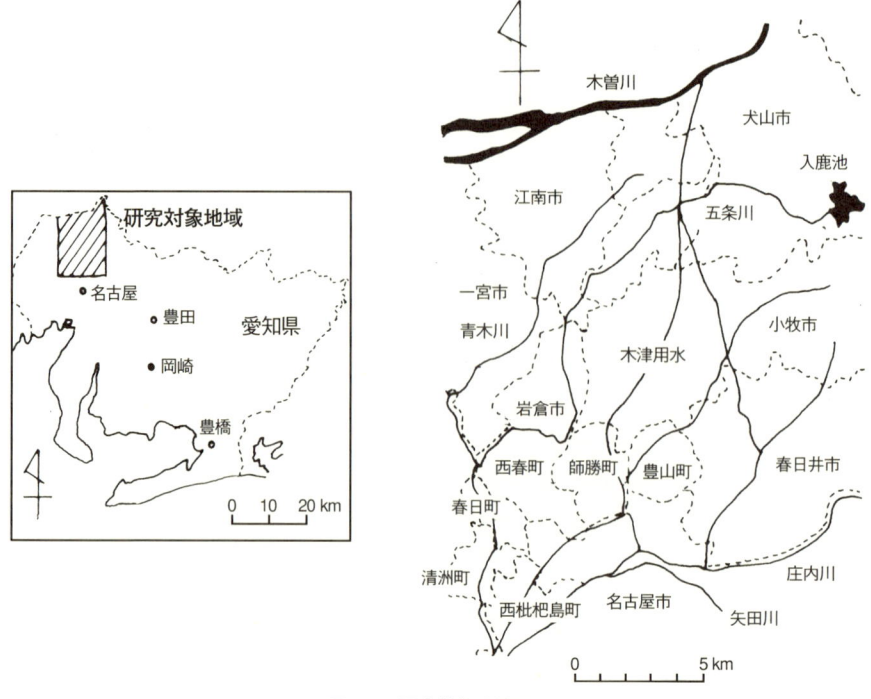

図5-1 研究対象地域図

6kmの地点にある(**図5-1**)。この低地には周囲の山地から、今井川、荒田川、奥入鹿川が流れ込み、池の築造前には入鹿村が存在した。これらの小河川は入鹿村の村はずれで合流して、南部に流れていた。1626年の旱魃を機に、当時の小牧村の江崎善左衛門、上末村の落合新八郎、鈴木久兵衛、田楽村の鈴木作右衛門、村中村の丹羽又兵衛、外坪村の船橋仁左衛門の6人が入鹿村に流れ込む河川の出口を塞き止めて、ため池を築造する計画を立案し、その案は尾張藩の事業として実施された。その際、入鹿村民は1戸当たり米1石の補償金を得て、前原、神尾、奥入鹿(ともに現在の犬山市)及び入鹿出新田(現、小牧市)へ移転した(佐藤ら 1995)。入鹿村民の移転に関しては、この他にも、村民の家屋の間口1間に付き金1両の手当金が支給され、神社に対しても移転料が支給され、移転先に関しても特に制限もなく、新たな居住地には入鹿出新田を名のる自由があったと言われる(野崎 1995)。尾張藩による、このような手立てが入鹿村民の移転を速やかに進行させた点で注目される。

入鹿池を塞き止める堤防は、河内国の優れた技術者が築造したことから河内堤と呼ばれ、1633年に完成した。堤防の長さは96間(約175m)、堤高14間半(約26m)、堤頂幅3間(約5.5m)、堤敷75間(約136m)であり、堤防東側の岩盤の一部を掘削して樋門が設置された。築造当時の池の貯水容量等は不明であるが[1]、現在は満水時面積152.1ha、貯水量15,187,000㎥、満水位の標高90.95m、水深16.95m、灌漑面積1294.1haで、余水吐転倒ゲートを起立させた場合の貯水量16,810,000㎥は(その際の満水位標高は94.0mとなる)農業用人工灌漑ため池としては、香川県の満濃池を抜いて日本最大である。参考までに、**表5-1**として、入鹿池の記録の残る時点での諸元を示した。

入鹿池の用水によって、現在の犬山市、大口町、小牧市、春日井市等の台地上の開発が可能になり、1634年と1662年の検地の間に6,787石(梶川 1997)あるいは6,838石分(犬山市教育委員会 1978)の新しい土地が開発され、これが入鹿新田石高とされる。入鹿池の用水はこれ以前の宮田用水(1628

第5章　大規模ため池の決壊と浸水地域の復元

表5-1　入鹿池の諸元

| 項　　目 | 1911年 | 1956年 | 1962年 | 1997年 |
|---|---|---|---|---|
| 満 水 面 積 | 1.68 km² | ? | 1.58 km² | 1.521 km² |
| 貯 水 量 | ? | 14,187.79 m³ | 1,416 万m³ | 1,518 万m³(*1,681万m³) |
| 満 水 位 | ? | ? | ? | 90.95m(*92.00m) |
| 池 の 周 長 | 11.78 km | ? | 約 12 km | 約 16 km |
| 堤 高 | ? | 26.9 m | ? | 25.7 m |
| 堤 長 | ? | 120.0 m | ? | 724.1 m |
| 集 水 面 積 | ? | 3,268.0 ha | ? | 3,440 ha |
| 灌 漑 面 積 | ? | 1,369.68 ha | ? | 1,294.1 ha |

＊は転倒ゲート起立時の値
入鹿池史編纂委員会(1994)より作成

年)、般若用水(1619年)、これ以降の木津用水(1648年)、新木津用水(1664年)等とともに、新田開発に大きな役割を果たした。入鹿池とその用水は尾張藩の管理下に置かれ、1673年には久保一色(現、小牧市)に水役所が置かれた。水役所には灌漑期間中、杁奉行配下1名と小牧陣屋の手代が交代で詰め、入鹿池杁守(水門番)が2人置かれた。

### (2) 濃尾平野東部の概要

入鹿池が1868年に決壊した際の氾濫区域である濃尾平野東部は、犬山から西南部に張り出す木曽川の扇状地とそれに続く自然堤防・後背湿帯、さらにその南部に続くデルタから成る低地と、その東部に連続する台地から構成されている。この平野の東部には丘陵と山地が位置し、低地との境界を成している。**図5-2**は研究対象地域の地形分類図である。

図5-2によれば、研究対象地域における山地は、北東部の一部に分布する標高292.8mの本宮山を主峰とする本宮山山地で、低起伏の山地である。山地の地質は古生代末～中生代にかけての固い堆積岩類で構成され、小牧山(標高85.9m)や岩崎山(54.9m)等のきわめて小規模な山地が台地上に孤立して存在する。丘陵は第三紀層から成り、小牧市付近に分布して、篠岡丘陵と呼ばれる。丘陵の標高は80～100mで、頂部は高度が比較的よくそろって定高性を示すことから、近年では大規模な宅地造成が行われている。

丘陵の西部には、濃尾東縁台地と呼ばれる台地が存在する。これらの台地は小牧市付近までは、旧木曽川の形成した扇状地が木曽川の分流や支川等の河川によって開析されて形成されたもので、春日井市域の大山川以南では、庄内川とその支川による扇状地や氾濫原が相対的な隆起や海水準低下等の影響を受けた後に、それらの河川によって開析されたものと言われる(愛知県企画部土地利用調整課1986)。台地は高位から低位までの5段の段丘から成るが、図5-2の範囲内には高位段丘は存在しない。上位段丘は丘陵に隣接してわずかに点在する程度で、面積的にはごく少ない。中位段丘は標高35m前後の平坦面を残す段丘であるが、図5-2では春日井市の田楽と犬山市の山地に隣接する地点に、わずかに分布する。田楽付近では、下位段丘との間に明瞭な段差がない。下位面はこの地域ではもっとも広い段丘面で、面上には山地や丘陵から流れ出るかつての木曽川の支川であった小河川の旧河道と思われる浅い谷がいくつも認められる。低位面上にも、かつての木曽川や庄内川の派川や支川の旧河道であった谷底平野が多く見られる。低位面は図5-2の南部では、沖積面との比高がほとんどなく、西方と南方では沖積面下に埋没する。これらの段丘面から成る台地は、濃尾傾動運動によって、全体に西方ないし南西方に傾斜している。なお、段丘の構成地質は上位段丘

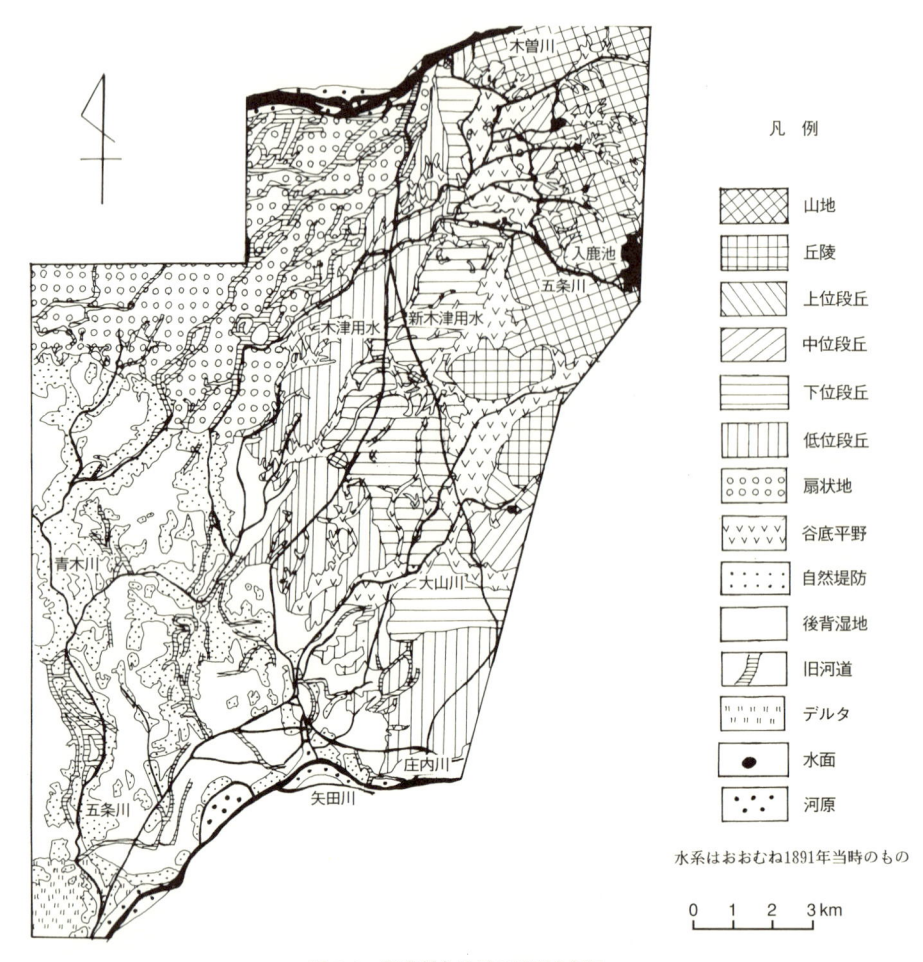

**図 5-2 研究対象地域の地形分類図**
愛知県企画部土地利用調整課(1983, 86)、建設省国土地理院土地条件図・名古屋北部、岐阜、空中写真判読及び現地調査より作成

は砂と細礫で、中位、下位、低位段丘は礫層であって、いずれも形成時期は更新世である。
　台地の西には沖積低地が展開し、沖積低地は北から扇状地、自然堤防・後背湿地帯、デルタに3区分される。扇状地部は犬山緩扇状地と呼ばれ、標高約45mの犬山を扇頂として標高11～12mの一宮市北東部から岩倉市北部を扇端とする。扇状地は南西に約3/1,000の割合で傾斜し、扇状地面には御囲堤完成(1609年)までの木曽川の派川であった旧河道が認めらる。一之枝川、二之枝川、三之枝川、黒田川と呼ばれるこれらの旧河道は、扇状地面を2～3m下刻している(**図 5-3**)。一宮氾濫平野とも呼ばれる扇状地の南部に続く自然堤防・後背湿地帯では、17世紀初頭まで存在していた木曽川の派川や庄内川の旧河道沿いに、大きな自然堤防が形成されている。これらの背後に、孤立的に分布する小型の自然堤防は17世紀以前に形成されたもので、河道の変化によって埋積が進んでいる(愛知県企画部土地利用調整課 1986)。図 5-2 の南西部のごく一部には、デルタが見られる。デルタは奈良時代以降に、浅海底や砂州等が木曽川をはじめとする諸河川の埋積によって形成された三角州である。

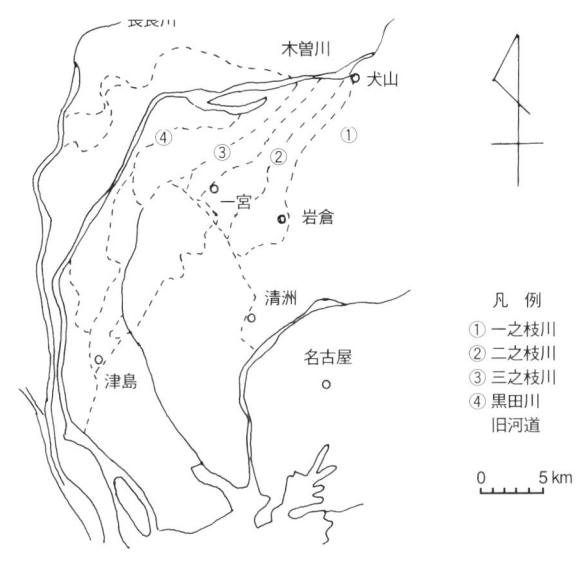

第5章　大規模ため池の決壊と浸水地域の復元　　　　　　　　　　　　　121

図5-3　木曽川の旧河道
総理府資源調査会(1961)より作成

凡　例
① 一之枝川
② 二之枝川
③ 三之枝川
④ 黒田川
　旧河道

## 3．1868年の水害の状況

　太田陣屋御番之者(1868)、長谷川玄通(1868)市橋(1931)及び吉野(1983)によれば、1868年は旧暦4月下旬から5月中旬まで15日間雨が降り続き、畑には小麦が芽を出す有様であった。4月下旬の段階で、入鹿池の水位が6間3尺余(約11.8m)となったため、少し排水したが、5月に入ってもまだ雨が降り止まず、水位は7間5尺(約13.9m)になった。樋門を少しあけて放水したものの、水位は下がらず、藩の見回り役人が泊まり込みで警戒にあたったが、5月11日夜には9間1尺5寸(約16.8m)を越えた。11日夜から排水河川沿いの村々では、昼夜とも見張り番を置いた。入鹿池の締切り堤防を一部破壊して水位を下げることも考慮されたが、排水河川沿い諸村の多大な被害が予想されることから、計画は実行されなかった。かわって5月上旬から、奉行の命により、池の堤防上に土俵を積んで増水に対応する方法がとられ、堤防上には12段の土俵が積まれた。12日には、水位は9間3尺余(約17.3m)になり、12日夜より地響きがして、14日(新暦7月3日)の未明、豪音を発して堤防が決壊した。

　決壊以前にも、入鹿池の上流部に位置する入鹿村では、日々浸水域が拡大して村中に及んだため、村民は高所に避難していた。同村の浸水の範囲は、例年より10町余(約1.09km)上流までと記録される。同じく、入鹿池の上流部に位置する今井村でも、水は入鹿池から約2km上流まで押し寄せ、同池に流入する成沢川の橋はほとんど流失したが、人家の大部分は山麓の比較的標高の高い地点にあったため、浸水を免れた。なお、決壊の時間については、13日未明、14日寅ノ中刻、14日午前3時等の説がある。犬山城大手門番所役人の記録では、14日七ツ(午前4時)の太鼓を打ったところ豪音が聞こえ、入鹿池決壊の報を受けた(小野木1868)とある。決壊の報が城に届くには、池から城までの距離を考慮して、20〜30分は要したであろうことから、この記録による決壊の時刻は午前3時から4時の間と思われる。

表5-2 入鹿切れ洪水による主な被災集落の17世紀末～18世紀末の概要

| 集落名 | 耕地面積 | 戸数(戸) | 人口(人) | 馬数(頭) |
|---|---|---|---|---|
| 今井 | 42町8反9畝50歩 | 204 | 757 | 25 |
| 奥入鹿 | 4町7反13畝17歩 | 65 | 268 | 9 |
| 神尾入鹿新田 | 9町7反7畝18歩 | 42 | 202 | 9 |
| 安楽寺 | 4町9反3畝38歩 | 15 | 80 | 3 |
| 羽黒 | 223町4反18畝32歩 | 403 | 1,670 | 65 |
| 羽黒新田 | 不明 | 不明 | 不明 | 不明 |
| 楽田 | 252町5反9畝21歩 | 379 | 1,423 | 30 |
| 五郎丸 | 73町0反7畝29歩 | 69 | 305 | 11 |
| 橋爪 | 131町9反12畝41歩 | 112 | 482 | 9 |
| 河北 | 約92町 | 85 | 356 | 7 |
| 小口 | 約264町 | 47 | 1,941 | 36 |
| 余野 | 約62町 | 132 | 520 | 10 |
| 外坪 | 約45町 | 68 | 201 | 6 |
| 河内屋新田 | 約20町 | 35 | 147 | 5 |
| 伝右衛門新田 | 約7町6反 | 26 | 110 | 3 |
| 宗雲新田 | 約14町 | 22 | 87 | 3 |
| 長桜 | 約15町 | 22 | 80 | 2 |
| 長桜替地新田 | 約22町 | 29 | 115 | 1 |
| 八左衛門新田 | 約4町9反 | 14 | 64 | 不明 |

名古屋市教育委員会(1964・65・66)および角川日本地名大辞典編纂委員会(1991)より作成

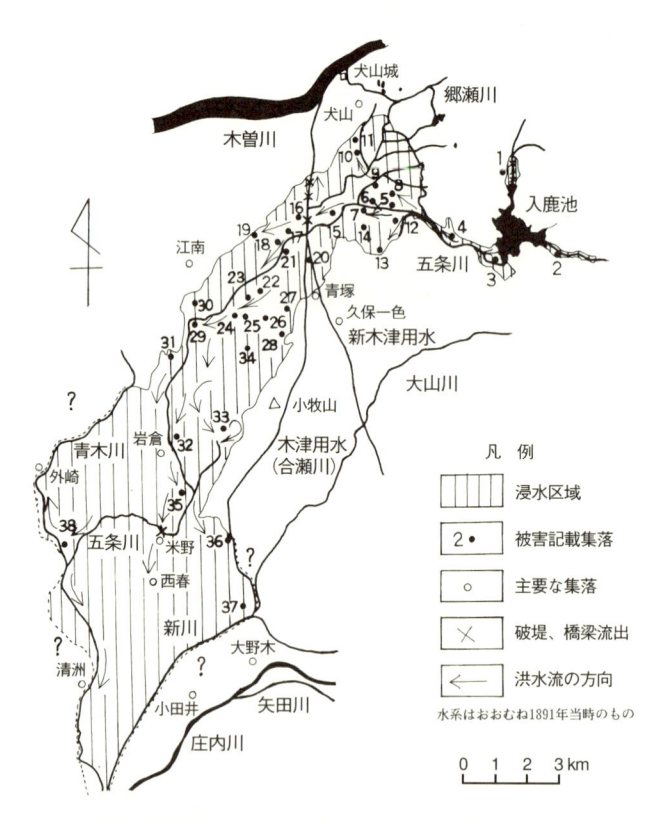

図5-4 研究対象地域における1868年5月の入鹿池決壊による洪水状況
長谷川玄通(1868)、長谷川春苓(1868)、近藤(1868b)、太田陣屋御番之者(1868)、庄屋浅右衛門(1868)、小野木(1868)、錦江法隣山小比丘(1868)、吉野(1868)、市橋(1931, 67)、市橋(1940)、岩倉町(1955)、大口町(1982)、江南市史編纂委員会(1988)、吉野(1983)により作成

第5章 大規模ため池の決壊と浸水地域の復元

表5-3 主要集落における入鹿切れ洪水の被害

| 図中No. | 集落名 | 死者(人) | 流失家屋(戸) | 田畑被害 | 堆積物 | 最大浸水深(cm) | 湛水時間(hr) | 洪水到達時間 |
|---|---|---|---|---|---|---|---|---|
| 1 | 今井 | 0 | 0(浸水3～4戸) | 浸水 | ? | 30～40 | ? | 決壊以前 |
| 2 | 奥入鹿 | 2～4 | 0(大部分の家屋浸水) | 浸水 | ? | 30～40 | ? | 決壊以前 |
| 3 | 神尾入鹿新田 | 2～4 | 40 | 全部荒地 | 岩石、大礫 | 300～1,500 | 6～7 | 3:30～40 |
| 4 | 安楽寺 | 0 | 30～74 | 全部荒地 | 岩石、大礫 | 60～450 | ? | 3:30～40 |
| 5 | 堀田 | 154 | 150 | 全部荒地 | 岩石、大礫 | 180 | 1.5 | 4:00 |
| 6 | 河原 | 69 | | 全部荒地 | 岩石、大礫 | 100～180 | 1.5 | 4:00 |
| 7 | 成海 | 25～27 | 23～24 | 全部荒地 | 岩石、大礫 | 100～180 | 1.5 | 4:00 |
| 8 | 朝日 | 272* | 102～110 | 全部荒地 | 岩石、大礫 | 909 | 1.5 | 4:00 |
| 9 | 稲葉 | 40 | 27～28 | 全部荒地 | 岩石、大礫 | 909 | 1.5 | 4:00 |
| 10 | 五郎丸 | 25～26 | 18 | 荒地多い | 礫 | 90.9 | 4 | ? |
| 11 | 橋爪 | ? | ? | 荒地多い | 礫 | 90.9 | 4 | ? |
| 12 | 長塚 | 1～2 | 0 | 所々荒地 | ? | 90.9～121.2 | ? | ? |
| 13 | 追分 | 0 | 0 | 所々荒地 | ? | 30.3～60.6 | ? | ? |
| 14 | 羽黒新田 | 1 | ? | ? | ? | ? | ? | ? |
| 15 | 河北 | 76 | 176 | 全部荒地 | 岩石、大礫 | ? | ? | 朝 |
| 16 | 上小口 | 28 | 60～70 | 荒地多い | 砂 90.9 cm | 180 | 48 | 朝(8:30) |
| 17 | 中小口 | 53 | | 荒地多い | ? | ? | ? | 朝 |
| 18 | 下小口 | 11～12 | ? | 荒地多い | ? | ? | ? | 朝 |
| 19 | 余野 | 2～4 | ? | 荒地多い | ? | ? | ? | 朝 |
| 20 | 萩島 | 12～13 | ? | 荒地多い | ? | ? | ? | 朝 |
| 21 | 寺田 | 8 | ? | 荒地多い | 岩石、大礫 | 140 | ? | 朝 |
| 22 | 伝右衛門新田 | 5～7 | ? | 荒地多い | ? | ? | ? | 朝 |
| 23 | 八左衛門新田 | 17～18 | 0 | 荒地多い | ? | ? | ? | 朝 |
| 24 | 長桜 | 4～6 | ? | 荒地多い | ? | ? | ? | 朝 |
| 25 | 宗雲新田 | 10～11 | ? | 荒地多い | ? | ? | ? | 朝 |
| 26 | 河内屋新田 | 3 | ? | 荒地多い | ? | ? | ? | 朝 |
| 27 | 外坪 | 0 | ? | 荒地多い | ? | ? | ? | 朝 |
| 28 | 横内 | 0 | ? | 荒地多い | ? | ? | ? | 朝 |
| 29 | 御供所 | 4 | 0 | 荒地多い | ? | ? | ? | 朝 |
| 30 | 安良 | 0 | 0 | 荒地多い | ? | ? | ? | 朝 |
| 31 | 小折 | 0 | 0 | 荒地多い | ? | ? | ? | 朝 |
| 32 | 東市場 | 0 | 0 | 荒地多い | 泥 15 cm | 100 | ? | 朝食時 |
| 33 | 舟津 | 0 | 0 | 荒地多い | 泥 30.3 cm | 330～340 | 8 | 朝 |
| 34 | 入鹿出新田 | 4 | 11(倒壊家屋33) | 荒地多い | ? | ? | ? | ? |
| 35 | 曽野 | 1 | 0 | 荒地多い | ? | 70～80 | ? | ? |
| 36 | 六ツ師 | 0 | 0 | 荒地多い | 黒色土 15 cm | ? | ? | ? |
| 37 | 久地野 | 0 | 0 | 荒地多い | 黒色土 12 cm | 30.3～100 | ? | ? |
| 38 | 五日市場 | 0 | 0 | 荒地多い | 泥 | 90～100 | ? | ? |

*村民257人＋他村民10人。長谷川玄通(1868)、近藤(1868b)、太田陣屋御番之者(1868)、庄屋浅右衛門(1868)、小野木(1868)、吉野(1868)、市橋(1931・40・67)、岩倉町(1955)、大口町(1982)、江南市史編纂委員会(1988)、吉野(1983)より作成。

図5-4は決壊を記した諸史料と現地調査及び聞き取り調査から作成した、1868年5月の入鹿池決壊による洪水、いわゆる入鹿切れの洪水状況図である。表5-2には、この洪水によって被害を受けた主な集落の17世紀末から18世紀末頃の概要を、1792年の『尾張徇行記』と寛文年間の1672年に記された『寛文村々覚書』によって示し、表5-3には記録が残る主な集落の被害をまとめた。なお、表5-3中のNo.は図5-4中の集落の位置を示している。

小野木(1868)と市橋(1931)によれば、入鹿池の水は長さ96間の締切り堤防のうち92間を破壊し、満水の水がすべて流失して、排水河川である五条川に沿って流れた。入鹿池より下流約3kmまでの間の五条川は、尾張富士のある山地と本宮山のある山地間の幅100～200mの狭い谷底平野を流下するため、左右の谷壁を崩壊させながら進み、特に谷幅の狭い部分では水深が12～15mにも及

び、そうでない場所でも水深は 90.9～303 cm に達した。この水勢は矢のごとき速さで、堤防と谷底平野の両岸の岩石は砕けて樹木を押し倒し、土砂・樹木がともに流れ出したと記録される。午前 11 時頃までに、水は入鹿池からすべて流出し、谷底平野沿いのほとんどの人家が流失して、田畑は礫に覆われ、長持ほどの大きさの巨大な礫も散乱していた。しかしながら、入鹿池周辺の諸村での死者は少なかった。この理由は入鹿池に近いことで、決壊の間もないことを予期した住民が山地内に避難していたためである。

　吉野(1868)、長谷川玄通(1868)、近藤(1868a, b)、太田陣屋御番之者(1868)及び市橋(1931・1967)によれば、山地間の狭い谷底平野を抜けた洪水流は、平地に出て 700 m ほど西に進んだ後、北西、西南西、南と大きく 3 方向に分流した。西南西に向かった水流は、さらに西南方向にも分派した。谷底平野を出た洪水流の直撃を受け、さらに水流が 3 つに分派した地点にあたる羽黒村は、最も甚大な被害を受けた。羽黒村では、大部分の人家が流失したのみならず、ほとんどの樹木も流失し、溺死者が続出した。当時の記録は人家が破壊される様子を、さながら鉄の槌で卵を割るごとくとある。甚大な被害の原因は、水流の強さと水量の多さに加えた、大岩石、流木、家屋の残がい等が水とともに押し寄せて、人家等の破壊を助長したためである。この地域に押し寄せた岩石のうち、大きなものは縦 3～4 m、横 12～15 m、高さ 1.2～1.5 m ほどであり、田畑は大小の岩石と礫で埋め尽くされた。最大浸水深は羽黒村内でも場所によって異なるが、90～909 cm の範囲である。同村内の鍋蓋と俗称される低地の稲葉地区(図 5-4 中の No.9、以下同様に示す)や、谷底平野を出た水流の直撃を受けた朝日地区(No.8)では、最大の 909 cm であった。

　洪水流の到達時刻は、東の空がかすかに明るくなる頃と伝えられるので、旧暦 5 月中旬の日の出が午前 4 時 30 分頃であることから察して、4 時少し過ぎ頃と推察される。羽黒村を構成する朝日、稲葉、成海(No.7)、堀田(No.5)、河原(No.6)のそれぞれの集落での死者は、順に 267 人、40 人、27 人、154 人、69 人の合計 557 人であって、中でも、谷底平野を抜け出た直後の洪水流に直撃された朝日地区での被害が大きい。このような大きな被害は、水流の早さと破壊力の強さの前に、避難する時間も方法もなかった人々の様子を物語っている。羽黒村での水の速度について、「水はどっと来て、さっと引いた」という記述があることからも、水の速さが想像できる。入鹿池から羽黒村までの距離は約 4 km で、この距離を約 30 分ほどで水が到達したと推定される。朝日地区の記録でも、入鹿池の決壊後 2 時間で水が引いたとあることから、羽黒村に浸水していた時間は 1 時間半程度と推定される。なお、羽黒村までの五条川の堤防も、当然のことながら破壊されている。

　羽黒村から北へ向かった水流は、犬山市街に通じる街道が合瀬川にかかる橋を落下させて、五郎丸村(No.10)から橋爪村(No.11)に達した。羽黒から南へ向かった水流は羽黒新田村まで達したが、そこでの最大浸水深は約 60 cm 以下で、被害も軽微である。これは羽黒新田方面に向かった水流が主流ではなかったことと、同地域は下位段丘上に位置することから、水勢が弱まったためであろう。南へ向かった水流のうち、楽田村長塚(No.12)では最大浸水深が 90.9～121.2 cm、死者が 1～2 人、人家の損傷なし、田畑はところどころで荒れ地となった。しかし、これでも南や北への水流は、西への水流に比べ水勢が弱かったのである。五条川に沿って西進した洪水の主水流は、河北村(No.15)において人家の大部分を破壊し、70 数名の死者を生じさせた。このことから、羽黒村に甚大な被害を与えた後も洪水の本流は、まだ破壊的な威力をもっていたことがわかる。また、五条川と合瀬川(木津用水)の交差する地点で、洪水流の一部は木津用水を北上、南下し、特に北上した水流は用水にかかる橋を次々と破壊した。

太田陣屋御番之者(1868)、長谷川玄通(1868)、吉野(1868)、市橋(1931)、大口町史編纂委員会(1982)及び江南市史編纂委員会(1988)によると、水流の一部は河北から上小口(No.16)を経て、余野(No.19)に達した。水流の支流沿いの上小口では、朝8時30分頃に水が豪音をあげて約1.8mの高さで押し寄せ、同地での最大浸水深は約180cm、堆積物も砂約90cm、死者28人であった。小口村の中でも主水流の直撃を受けた中小口(No.17)では、50人以上の死者が出ている。同じく主水流に沿った寺田(No.21)では、死者は8人、最大浸水深が140cmであった。同村の記録は、「大風の音と思い、外へ出た瞬間に、人の腿の深さまで水が来て、水はどんどん増水し、口にまで達したが、すぐ減水して、縁側の上までになって、縁側の上に大石がのった」とあることから、洪水流の水勢も水量もまだ大きかったことがわかる。

寺田とは五条川をはさんで対岸にある下小口(No.18)では、死者11人であった。寺田の東に位置する萩島(No.20)では、死者13人、そこから約1.5km南の外坪(No.27)とさらにその南の横内(No.28)では、死者0人、人家に損傷なく、田畑が荒れ地となった。これに対して五条川沿いの伝右衛門新田(No.22)では、死者5人、人家損傷なし、田畑は荒れ地となり、長桜(No.24)では死者6人、八左衛門新田(No.23)では死者18人、宗雲新田(No.25)では死者10人、河内屋新田(No.26)では死者3人で、これらの諸村においては床上約60cmの浸水であった。入鹿出新田(No.34)では、倒壊家屋30戸、流失家屋11戸、死者4人、御供所(No.29)では死者なし、人家損傷なし、田畑荒れ地となった。御供所から小折(No.31)にかけては、五条川が南西から南へ向きを変える地点であるため、何日間も湛水して水がよどみ、死体が多く流れ着いたという。

御供所より約4km下流で、入鹿池よりは約20km下流にある東市場(No.32)では、朝食時にゴーゴーという音とともに上流から白い水の波が押し寄せ、村中に浸水したが、家屋の破損や流失はなく、家から道具も流れ出さなかった。しかし、田畑には泥が約15cm堆積して、畦と耕地との境界がわからなくなった(岩倉町1955)。また、東市場では、2kmほど上流の三淵新田からの水が白い高波のように見えて、その後、小高い場所にある神社に避難ができたという話からも、水の速度はあまり速くなかったと推測される。当時の岩倉村での浸水時間は約3時間と記され、同村の石仏や神野では床下浸水が多かったが、北口や門前、西市では床上60cmほどであった。曽野(No.35)では床上に30cmの深さで浸水して、南南西の大山寺方面へ水が流れ、大山寺では床上に35cmほど浸水して、約30分後に南の五条川からの水が逆流してきたが、米野の破堤によってすぐ減水した。大山寺の北西の北島でも、水は東から来て、村の北部での浸水は浅かったが、南部では床上に20cm浸水して、1時間後に米野の破堤で減水した(岩倉町1955)。

東市場から約1.5km東の舟津(No.33)では、夜が明けた頃、ゴーゴーという音が北方より聞こえ、水が台地沿いに西から迂回して舟津に入り、東の台地との間に湛水して、段丘間の谷間状の後背湿地にある村中が池のような状態になった。水深は床上から303cmあり、数時間で水が引いたが、後には泥が30.3cm堆積した(市橋1931)。

五条川は曽野の下流で、南西から西へ大きく方向を変えていて、方向を変えた付近の米野で破堤し、水流は現在の師勝町や西春町方面へも侵入した。米野の破堤によって、舟津や東市場では急速に水が引いた。米野からそのまま西進した水流は青木川合流点に向かい、合流点付近の五日市場(No.38)においては、最大浸水深100cm、死者なし、人家損傷もなしであった。青木川はこの水を受けて逆流したが、五条川からの水が青木川を越えて、さらに西側のどの付近まで浸水したかは不明である。また、米野で破堤して師勝方面へ入った水についても、浸水範囲は定かではないが、木

津用水(合瀬川)右岸の六ツ師(No.36)では死傷者なし、人家損傷なしであって、肥沃な黒土が15cm堆積した。六ツ師の北隣の熊之庄では、合瀬川が4カ所破堤して浸水した(師勝町総務部企画課1981)。同じく、木津用水右岸で用水と新川との合流点に近い久地野(No.37)では、比較的標高の高い場所で庭先に水がかかり、低所では床上浸水し、田畑に黒い泥土が堆積して苗が埋まった(市橋1931)。当時の春日村の五条川左岸の下之郷でも浸水家屋が多数あり、水田は見渡す限りの白海と化した(春日村史編さん委員会1961)。

　入鹿池からの水を主体とする浸水の南限は不明であるが、庄内川も何カ所かが破堤して出水しているので、庄内川付近では両者の水が入り混じったと思われる[2]。米野から入った水は庄内川まで達し、その他、米野付近から南部においては、木津用水、大山川、新川、庄内川の水が入り混じって、現在の名古屋市北部まで押し寄せたと考えられる。なお、入鹿池のこの決壊は築造以来初めての出来事であり、その後、現在まで決壊した記録はない。入鹿切れの被害については、入鹿用水水利組合の調査結果によると、被害範囲は丹羽、春日井、中島、海東の4郡133カ村に及び、流失家屋は807戸、浸水家屋は11,709戸、死者941人、負傷者1,471人、流没耕地8,480町5反20歩と記されている。丹羽郡教育会(1917)、犬山市史編纂委員会(1982)や名古屋地方気象台(1971)も、被害についてこの記録を引用している。春日村史編さん委員会(1961)や師勝町総務部企画課(1981)は、羽黒、河北、小口、伝右衛門新田各村の死者の合計は1,200人、その他の村では300人と記述している。筆者が各記録から集計した死者の数は約840人であり、錦江法隣山小比丘(1868)の入鹿池決壊図に記される、上流から御供所までの死者(住人のみで他所からの死者は含まず)を合計すると約720名である。したがって、死者数を見る限りでは、入鹿用水水利組合の調査による数が正しいと思われる。しかし、浸水範囲に関しては広すぎるように思える。この理由は前述のように、入鹿池からの水が南部では他の河川からの水と混じって特定できないため、庄内川や青木川の氾濫区域も含めて計算したためと考えられる。この洪水によって浸水した面積は、筆者の計算では約97km$^2$に及び、ここに入鹿池の水のみが氾濫したとしても、平均して14～15cmの水深になる。

## 4．水害を規定する地形条件

　入鹿池上流部の今井、奥入鹿地区では、入鹿池に流入する小河川が流れる谷底平野一面に、入鹿池から溢流した水が決壊以前に浸水していた。浸水の始まった時期は定かではないが、ゆっくりとした浸水で破壊的な被害はなく、主として谷底平野内の耕地の冠水に留まった。

　入鹿池締め切り堤から下流の山間部の谷底平野は一面に浸水し、排水河川沿いに水が流れた。狭い谷底平野に、1,400万m$^3$はあったと思われる入鹿池の水が集中したため、特に谷幅の狭い部分では水がせき止められて浸水深が10mを越え、水が流れ去った後には大岩石を含む大小多くの礫が堆積した。また、水勢が強く水量が多いため、谷壁は崩落して谷幅が広がり、谷底平野と谷斜面にそった樹木も根こそぎ流失した。

　狭い谷底平野を離れると、水は大きく3方向に分流し、主流は下位段丘上を浅く開析する五条川沿いに進んだので、谷底平野との境界はそれほど明瞭なものではない下位段丘上にも浸水した。浸水域の東限は、谷底平野が中位段丘及び山地から流下する小河川の形成する小規模な扇状地と接する境界までである。北限は、山地から谷底平野に流出する合瀬川の上流部と、下位段丘上の谷底平野及び低位段丘上の谷底平野をほぼ東西に結んだ線である。なお、合瀬川は木津用水との合流点よ

り下流では、木津用水の水路を流下しているが、合流点より上流は低位段丘と下位段丘を横断して下位段丘の東縁の谷底平野を北上している。浸水域の西限は、扇状地上の旧河道のうち、最も東側の旧一之枝川の河道までである。3方向に分流した水流のうち、北へ向かったものは谷底平野と下位段丘との境界線上を合瀬川の河道沿いに北上した。南へ向かった水流は、薬師川沿いに山地と谷底平野との境界を南下した。そして、下位段丘上を東西方向に伸びる、五条川の旧河道と思われる、小さな谷底平野までで浸水が止まった。

下位段丘上の五条川の両岸沿いの集落で構成される羽黒村は、五条川が入鹿池から山地間の狭い谷底平野を流れて広い平地に出た位置にあるため、水流の直撃を受けて、最大の被害を受けた。羽黒村のうちでも、稲葉集落(No.9)は南北を下位段丘、西部を低位段丘に閉ざされた谷底平野の低地にあるため、浸水深が大きかった。

羽黒村を通過した主水流は、西から南へほぼ直角に流路を転換する五条川の河道に対応できずに、そのまま直進して河北村(No.15)を直撃し、合瀬川の旧河道である谷底平野に入って、小口村(No.16、17、18)に大きな被害を与えた。これ以降、浸水範囲は自然堤防・後背湿地帯に入るまで、扇状地上の一之枝川の旧河道と、東側の下位段丘との境界線までの間になり、地形としては低位段丘と扇状地上に浸水した。なお、現在の犬山市や大口町での扇状地は低位段丘より2～3m低い位置にあるが、一之枝川の旧河道は扇状地面を2～3m下刻しているので、これを越えて扇状地面の西側には浸水していない。

この範囲内で、主水流は五条川沿いに低位段丘上を流下するが、五条川の河道近くに、五条川の旧河道起源と思われる、ある程度連続した谷底平野があると、そこにも分流する。No.22、23、24、25等の地点は、そのような旧河道起源の谷底平野に位置するため、主流から分派した水流に攻撃されて、集落毎に3～18人の死者が出る深刻な被害を生じている。なお、扇状地帯における堆積物は、主流沿いは礫、支流沿いは砂であった。

これより南の、低位段丘面を離れた自然堤防・後背湿地帯では、入鹿池からの水は青木川と五条川を結んだ線をほぼ西限として、低位段丘と自然堤防・後背湿地との境界線を東限とした広い範囲内に浸水している。入鹿池からの水が青木川と五条川を結んだ線を越えて、さらに西部へ浸水した可能性もあるが、その場合の水量は少ないと思われ、また境界線より西部では、青木川や日光川からの水と内水が入り混じり、入鹿池からの水を特定できない。同様に、入鹿池からの水の南限についても、庄内川右岸の味碗においては庄内川の堤防が破堤し、入鹿池からの水と庄内川の水が入り混じって、大被害を生じたとある(名古屋地方気象台1971)。このように、入鹿池からの水は新川を越えて庄内川まで達したと思われるが、この地域でも新川、庄内川、大山川等からの水が混在して、入鹿池からの水を特定できない。自然堤防・後背湿地帯における入鹿池からの水の東限についても、No.35地点より南部では、大山川と木津用水からの水が混入して、特定できない。

自然堤防・後背湿地帯での被害は、死者は曽野(No.34)での1人を除いてないし、人家の流失や倒壊もなく、おおむね浸水被害に留まっている。曽野付近には、矢戸川、境川、巾下川が合流し、五条川の明瞭な旧河道が何本か見られることから、河道の安定しない地点であって、水害を受けやすいことがわかる。現在の岩倉市の事例でも、自然堤防上の神野や石仏での浸水深が浅く、後背湿地や旧河道での浸水深が大きい。この他、自然堤防・後背湿地帯での被害程度が上流に比べて小さいのは、地形上の理由で水が広い地域に拡散して水勢が弱まるとともに、送流物質もそれまでの地域に礫や樹木、倒壊した家屋等を堆積させて、細粒の泥となることによって、破壊力も弱まった

めであろう。浸水深については、自然堤防上では浅いが、河川合流部に付近の後背湿地では 90〜100cm あり、かなりの水量が存在したことがわかる。また、この地域の低位段丘は最も平坦で、沖積面との比高はほとんどない。それにもかかわらず、浸水は沖積面で留まり、段丘に及ばなかったことは興味深い。さらに、五条川が破堤した米野付近は、岩倉市街から大山寺を通る旧河道が五条川と交差する地点であって、米野から西春、師勝方面へ流れた水流は、新川方面に向かう南北方向の五条川の旧河道を通っている。

以上のことから、浸水の範囲をまとめると、北部の犬山市域では、山地及び山地から流下する小河川の形成した小規模な扇状地と下位段丘との間に位置する谷底平野上に浸水する。浸水域の北限は、合瀬川の上流部河道までである。ただし、羽黒付近では、五条川が下位段丘を開析していることと、入鹿池からの主水流の延長上にあるため水勢が強いので、下位段丘上にも浸水し、浸水の南限は五条川の旧河道起原の谷底平野までである。したがって、入鹿池から羽黒村までの地域では、本宮山山地から出て、かつての木曽川の最も東側の派川に合流していた、現在の五条川に該当する河川が小扇状地を形成するような動きと合致した、洪水の様子が見られる。

羽黒新田村より南では、扇状地上の旧河道のうち、最も東側に位置する旧一之枝川の旧河道を西限として、東限は低位段丘と下位段丘との境界まで浸水する。さらに、扇状地帯が終わり、自然堤防・後背湿地帯に入ると、低位段丘上には浸水しないで、後背湿地と低位段丘との境界を東限として、西はおよそ青木川までの間の自然堤防と後背湿地に浸水する。そして、主水流は五条川とその南北方向の旧河道を流れ、自然堤防上にも浸水している。この地域の低位段丘は、前述のように庄内川系統の河川の形成したもので、旧木曽川の形成した扇状地である扇状地帯での下位・低位段丘とは、形成河川を異にしている。そのため、浸水の原因となった河川は、自らの水系とは異なった河川の形成した段丘上には浸水しないと思われる。

このように、入鹿池からの水は扇状地帯においては、木曽川の形成した最も新しい扇状地の一部とその一時代前の古い扇状地である低位段丘上に浸水し、それより南の自然堤防・後背湿地帯においては、主として青木川、五条川につながる旧木曽川派川の形成した自然堤防・後背湿地に浸水したといえる。実際、五条川は中・下流部が一之枝川の河道を流れ、青木川は扇状地上では二之枝川の河道を流れているように、五条川と青木川は近世初頭までの木曽川の主要な派川であった特質を強く受け継いでいると言える。

● 注

1) 近世(年次は不明)の松永家文書によれば、池は南北 548 余間、東西 930 間、面積 164 町 6 反 6 畝とあり、1854 年の水神碑では周回 5,121 間とある(入鹿池史編纂委員会 1994)。このように、平面的な池の大きさは現在と大差ないことから、当時の貯水容量も 1400 万 $m^3$ ほどはあったと推定される。

2) 17 カ所で破堤し、破堤した距離は右岸側約 1,400m、左岸側約 1,450m である。この破堤によって、膳川、松河戸、下津尾、下條、和爾良、高蔵寺、味鋺、志段味、瀬古、幸心、川中、中小田井、上小田井、大野木の各村が被害を受け、味鋺では入鹿池からと庄内川からの濁流がうずまいた(名古屋地方気象台 1971)。5 月 13 日に庄内川の水位が 7〜8 合、新川 1 升、14 日に庄内川は味鋺で北に出水し、入鹿池の水とあいまって新川は急激に増水、比良橋、平田橋、新川橋が落ち、阿原橋の少し上流で小田井方面に出水した(西枇杷島町史編纂委員会 1963)。

## 第5章 大規模ため池の決壊と浸水地域の復元

● **参考文献**

愛知県企画部土地利用調整課(1983)：『愛知県土地分類基本調査 岐阜・美濃加茂・瀬戸』，愛知県企画部土地利用調整課，105p.

愛知県企画部土地利用調整課(1986)：『愛知県土地分類基本調査 津島・名古屋北部』，愛知県企画部土地利用調整課，117p.

市橋 鐸(1931)：『入鹿切聞書』，小牧中学校校友会，36p.

市橋 鐸(1967)：『犬山こぼれ話』，犬山郷土会，257p.

市橋鐸磨(1940)：入鹿切異聞．市橋鐸磨(1940)：『なぎの葉』，私家版，ページ数不詳，所収．

井手町編集委員会(1983)：『南山城水災記』，京都府綴喜郡井手町役場，260p.

犬山市教育委員会(1978)：『犬山 中学校社会科資料集』，犬山市教育委員会，140p.

犬山市史編纂委員会編(1982)：『犬山市史 史料編二』，犬山市，486p.

入鹿池史編纂委員会編(1994)：『入鹿池史』，入鹿用水土地改良区，1409p.

岩倉町史編纂委員会編(1955)：『岩倉町史』，岩倉町，826p.

大口町史編纂委員会編(1982)：『大口町史』，大口町，953p.

太田陣屋御番之者(1868)：太田御陣屋報告書．入鹿池史編纂委員会編(1994)：『入鹿池史』，入鹿用水土地改良区，1409p，所収文書．

小野木鉦三(1868)：入鹿切見聞記．入鹿池史編纂委員会編(1994)：『入鹿池史』，入鹿用水土地改良区，1409p，所収文書．

梶川勇作(1967)：『近世尾張の歴史地理』，企画集団NAF，212p.

春日村史編さん委員会編(1961)：『春日村史』，愛知県西春日井郡春日村，400p.

角川日本地名大辞典編纂委員会編(1991)：『角川日本地名大辞典 23 愛知県』，角川書店，2078p.

錦江法隣山小比丘(1868)：入鹿池決壊図．名古屋市立鶴舞中央図書館所蔵絵図．

江南市史編纂委員会編(1988)：『江南市史 資料五 近現代編』，江南市，654p.

近藤秀胤(1868a)：入鹿堤損亡一件．入鹿池史編纂委員会編(1994)：『入鹿池史』，入鹿用水土地改良区，1409p，所収文書．

近藤秀胤(1868b)：朝日組損亡．入鹿池史編纂委員会編(1994)：『入鹿池史』，入鹿用水土地改良区，1409p，所収文書．

佐藤常雄・徳永光俊・近藤彰彦編(1995)：尾州入鹿御池開発記，佐藤常雄・徳永光俊・近藤彰彦編『日本農業全集 64 開発と保全I』，農山漁村文化協会，pp.108-160．(原本は著者、年代とも不明であるが、近世の作である)．

師勝町総務部企画課(1981)：『師勝町史増補版』，師勝町総務部企画課，804p.

庄屋浅右衛門(1868)：入鹿河内屋堤水崩ニ付流失人家上達留帳．市橋 鐸(1931)：『入鹿切聞書』，小牧中学校校友会，36p．所収文書．

総理府資源調査会(1961)：『水害地域に関する調査研究第I部』，総理府資源調査会，97p.

名古屋市教育委員会編(1964)：『名古屋叢書続編第1巻』(寛文村々覚書 上)，名古屋市教育委員会，432p.

名古屋市教育委員会編(1965)：『名古屋叢書続編第2巻』(寛文村々覚書 中)，名古屋市教育委員会，452p.

名古屋市教育委員会編(1966)：『名古屋叢書続編第3巻』(寛文村々覚書 下)，名古屋市教育委員会，447p.

名古屋地方気象台監修(1971)：『愛知県災害誌』，愛知県，548p.

西枇杷島町史編纂委員会編(1963)：『西枇杷島町史』，愛知県西春日井郡西枇杷島町，223p.

丹羽郡教育会(1917)：『丹羽郡誌』，愛知県丹羽郡教育会，212p.

野崎純一(1995)：江戸時代の国土開発―教材開発の視点から―，社会系教科教育研究会編『社会系教科教育の理論と実践』，清水書院，pp.303-316.

長谷川玄通(1868)：羽黒水災記．犬山市笑面寺所蔵文書．

長谷川春苔(1868)：入鹿池決壊図．犬山市笑面寺所蔵絵図

樋口好古(1792a):『尾張徇行記(一)』, 名古屋市教育委員会編(1964):『名古屋叢書続編第4巻』名古屋市教育委員会, 502p. 所収.

樋口好古(1792b):『尾張徇行記(二)』, 名古屋市教育委員会編(1965):『名古屋叢書続編第5巻』名古屋市教育委員会, 614p, 所収.

吉野積治(1983):『入鹿溜池由来始末記』, 私家版, ページ数不明.

吉野太一郎(1868):入鹿切ニ付溺死人ノ調. 入鹿池史編纂委員会編(1994):『入鹿池史』, 入鹿用水土地改良区, 1409p, 所収文書.

# 第6章　ため池の水害対策と地域の変化

## 1．入鹿池による災害の復旧と課題

　前章では大規模ため池の決壊事例として、1868年における愛知県入鹿池の決壊による水害を、主として地形と浸水状況との関連から考察した。この水害は大変大きな被害をもたらしたもので、災害復旧には多くの努力がなされた。また、筆者が第4章の東播磨地域の事例で記したように、ため池の決壊による水害の復旧と補償には、河川の水害と比べて、多くの困難と問題がある。

　そこで、筆者は入鹿池の決壊による水害後の復旧過程をたどり、ため池の決壊による水害の復旧に伴う困難と課題を再度、示し、今後の参考に資することにした。あわせて、その災害復旧後から現在までの、入鹿池に対する水害対策の歴史も明らかにして、入鹿池の安全性を検討する。さらに、入鹿池の排水域（受益地）における、五条川をはじめとする諸河川の改修状況についても検討して、水害対策面から見た排水域の安全性についても記したい。

## 2．災害の復旧

　尾張藩の管理下にあった入鹿池の決壊は、同池の管理責任者である小牧代官の責任問題となった。1868年7月13日付けで代官は罷免、馬廻役に左遷させられ、配下の手代は叱責を恐れて逐電した（春日井郷土史研究会 1984）。

　この大災害によって食料の価格は高騰し、それまで1～1.5円であった麦1駄（2俵）が8円に値上がりして（岩倉町 1955）、米も1両で1斗4～5升、100文では白米1合5勺しか購入できなくなった（市橋 1967）。被災民は食料にも事欠く上に、浸水域のほとんどの井戸が埋没や汚水の流入で使用できなくなり、高台の諸村から貰い水をした。

　犬山では、直接の領主である成瀬家から、最初に黒米、後に焼米、再度、黒米、その後は麦が被災民に支給され、師勝でも、高橋家から1人に付き米2合が支給された（師勝 1981）。羽黒村では、生存者1人に付き白米4合が7月14日まで支給され、その後は皮麦や稗が支給された（近藤 1868）。尾張藩でも、5ヵ月間にわたって食料と手当金、苗代金、田地復旧費を支給し、その金額は総計で5万1千円余りとなった。この他にも、被害の大小により、10～50年の年賦で貸付金を設けたり、税を免除したりした（犬山市教育委員会 1962）。尾張藩による5ヵ月間の食料は、合計で6,388石4斗4升7合2勺が支給され、手当金と苗代金も含めると、総計51,146両3分14匁9分となり、この他に10～25年間の鍬下年季を許した（丹羽郡教育会 1917、鈴木年代不詳）。

　入鹿池の復旧工事は7月から尾張藩によって開始されたが、8月1日（新暦9月16日）に、大雨で新しく築いた堤防20間が決壊し、羽黒村では32戸が浸水して、9.09～42.42cmの浸水深となった（近藤 1868，長谷川 1868）。幸いにも、この決壊では入鹿池の貯水量が少なかったため、羽黒村以外

表6-1　入鹿池の決壊後の改修工事

| 年 | 工事内容 |
| --- | --- |
| 1882 | 放水路完成、堤防増築 |
| 1884 | 堤防増築(堤長95間) |
| 1906 | 新樋管完成 |
| 1944 | 新放水路完成 |
| 1950 | 新放水路大修理 |
| 1953 | 新放水路大修理 |
| 1962〜72 | 県営大規模老朽溜池工事 |
| 1979〜91 | 県営防災ダム工事 |

入鹿池史編纂委員会(1994)より作成

にさしたる被害はなかったようである。この時の豪雨は庄内川沿いでは、大きな被害をもたらした[1]。再度の決壊後も尾張藩による復旧工事が続けられ、近くの村民は1日10〜15銭の日当で人足に出た(市橋1967)。1871年の廃藩置県によって、工事は愛知県に引き継がれたが、その時点で、締め切り堤防は高さが8.2mまで出来上がっていた。愛知県は1879〜82年に、3万2千円の予算で入鹿池の復旧工事を実施した。その内容は、入鹿池西側の山麓に280mの放水路を設け、池の水位が6間3尺(約11.8m)以上に達すると自然放流するように計画し、堤防も長さ95間(約172m)、高さ15間(約27m)、天端の幅4間(約7.2m)に直した(入鹿池史編纂委員会1994)。その後、1884年7月の大雨で、入鹿池の水位が7間2尺に達したため、さらに堤防の増築がされた(扶桑町1976)。

これ以降の入鹿池の主な改修工事は表6-1に示したが、特に大きな改修工事は1962〜71年のものと、1979〜91年のものである。前者は、後述する1961年の集中豪雨災害の復旧と防災を目的とした大規模老朽溜池事業による改修工事で、堤防の大改修と余水吐の断面拡幅等が実施された。後者は、県営防災ダム事業によるもので、池敷を掘削して334万$m^3$を一時貯流し、併せて余水吐の断面を改修して排水量を上げ、20$m^3$/sの洪水調整容量を付け加えた。

## 3．入鹿池排水域での河川改修の進展

1868年旧暦5月の入鹿切れによって、羽黒村から河北村境までの五条川堤防は2,401.5mにわたって破壊された。旧犬山藩はこの復旧に取りかかったが、工事は半ばで中止されたので、五条川沿岸の諸村は県に陳情して、1885年に工事許可を得た。これを皮切りにして、入鹿池排水域の諸河川の改修が進展する。この後、国直轄の木曽三川分流工事が1900年に完成すると、1904年の庄内川の堤防増築工事を初めてとして、この地域の中小河川の本格的な改修が着手された。五条川では、1927年から県による改修工事が着手され、1932〜34年には時局匡救河川砂防事業の対象として工事が実施された。1932〜35年度には、五条川と新川との合流点から当時の岩倉町生田橋までの12.326km区間が、総工費510,972円92銭で実施され、1936〜37年度には、岩倉町生田橋から同町大将軍橋間の2.2kmと、幅下川合流点から矢戸川合流点までの700m区間が総工費9,508円で実施され、1940〜45年度には、大将軍橋から当時の池野村の新郷瀬川との合流点間の14.723kmが実施予定であったが、戦争の影響で実現しなかった。戦後になって、1951年度には中小口から河北の1.8kmが、1952年度には河北から朝日までの1.75kmが、1953年度には朝日から八幡山麓の1.5kmが実施された(町制五十周年記念誌編纂委員会1955)。

この地域における河川改修の進展を知る目安として、図6-1に1891〜1977年頃までの地形図か

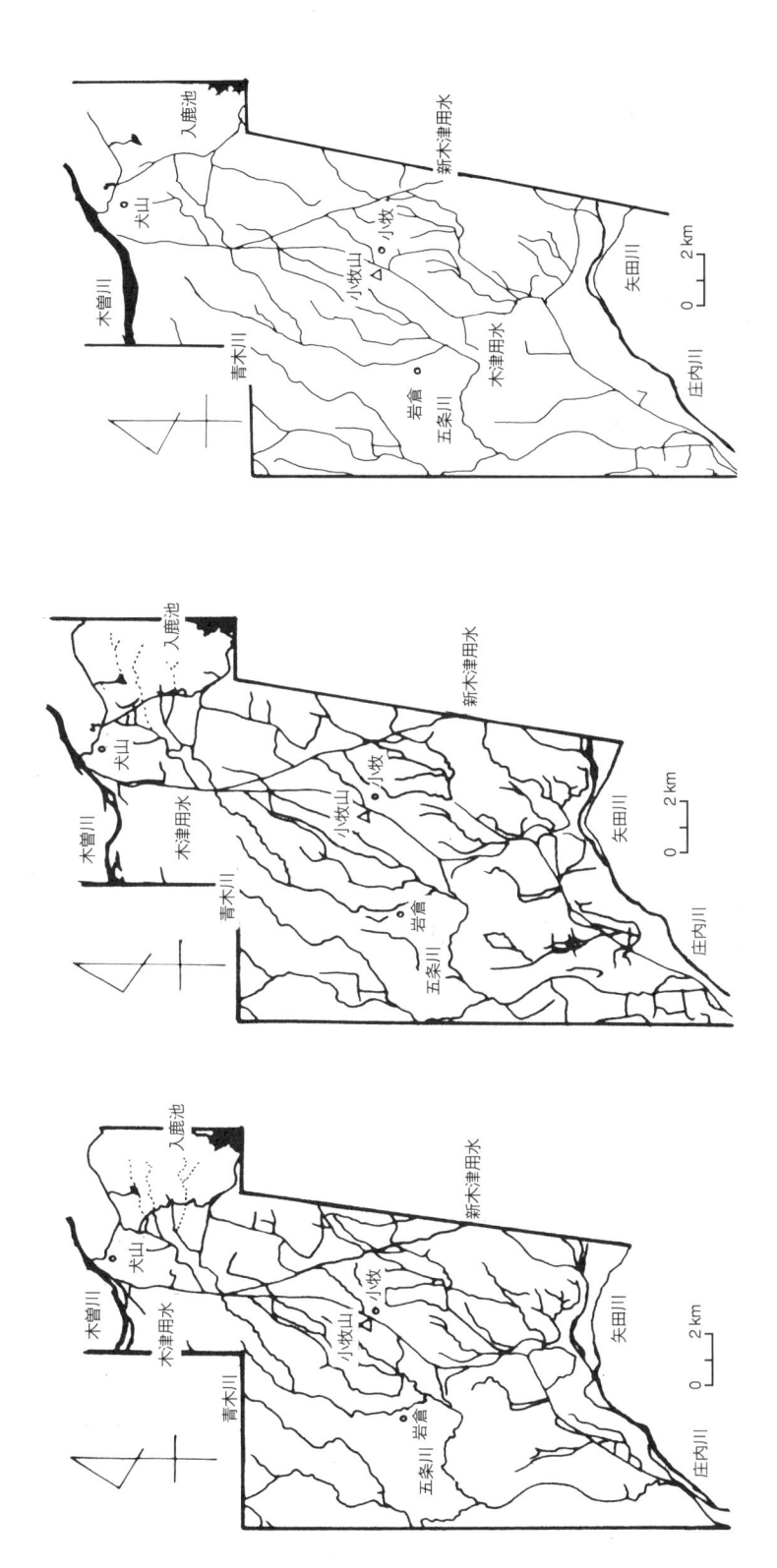

第 6 章　ため池の水害対策と地域の変化

図 6-1①　入鹿池排水域における 1891 年当時の水系
1891 年測量の 2 万分の 1 地形図より作成

図 6-1②　入鹿池排水域における 1955〜59 年当時の水系
1955〜59 年測量の 2 万 5 千分の 1 地形図より作成

図 6-1③　入鹿池排水域における 1976〜77 年当時の水系
1976〜77 年測量の 2 万 5 千分の 1 地形図より作成

ら判読した水系の推移を示した。1891年測量の2万分の1地形図は、この地域の最も古い地形図である。1955〜59年測量の2万5千分の1地形図は、後述する1954年と1961年の災害に最も近い年次の地形図である。1976〜77年測量の2万5千分の1地形図は、1970年と1976年の災害に最も近い年次の地形図である。

1955〜59年測量の地形図からみた水系は、明治期の地形図と比較すると、次の違いがある。犬山地区において、入鹿池からの排水は狭い山地間の谷を抜けた地点でほとんど五条川に入っていた状態から、新郷瀬川を開削して、この地点から北西方向に分流させ、郷瀬川に合流させた。新郷瀬川はこの地域の排水を促し、五条川の負担を軽減する目的で、1932〜34年の時局匡救事業の中で開削された。この他に、南部の地域では庄内川へ合流する矢田川の合流点が変更され、庄内川本川沿いの派川も廃止されている。矢田川の流路付け替え工事は、1936年から開始された。1955〜59年測量の地形図と1976〜77年測量の地形図との比較では、全体的に多くの小河川が廃止され、曲流していた流路も直線的に整えられている。したがって、この20年間に河川改修が急速に進展していることが伺われる。

次に、同地域における、第2次大戦後の主な水害の状況と浸水域の変化について、名古屋地方気象台(1971)、愛知県総務部消防防災課(1982)、愛知県尾張水害予防組合(1990)及び中日新聞記事によって記す。主な水害として、最初に、1954年7月30日には雷による豪雨で、犬山市と名古屋市北部を中心に被害を生じた。特に、犬山市においては、奥入鹿地区での山津波によって、3名の死者と流失家屋3戸の被害があった他に、床上浸水68戸、床下浸水163戸、田畑冠水166町7反の被害を受けた。この他に、春日井市桃山町のため池が決壊して、篠岡と味岡地区に床上浸水120戸、床下浸水500戸、田畑冠水500haの被害を生じた。

1961年6月豪雨は、6月24日から30日までの6日間に総計500〜600mmの集中豪雨によって、日光川流域を中心に、津島市や尾西市に大きな被害を与えた。入鹿池では、6月28日に警戒水位の18mを越える19m45cmの水位となり、締切り堤防に地割れを生じたので、入鹿池土地改良区と水防担当者との間で池の放水をめぐって対立が起きた。結果的には、水害には至らなかったが、入鹿池の放水のあり方をめぐって議論が起こり、池の管理者と水防担当者との間で覚書が調印された[2]。

1970年6月15〜16日の豪雨で、入鹿池排水地域には150〜200mmの降雨があったが、入鹿池周辺では273mmの雨量であった。入鹿池は、1962年から開始された県の改修工事が70%分終了してものの、15〜16日にかけて警戒水位の18.78mを越え、16日の午前2時に満水になったため、余水吐から最高時には60$m^3$/sの水が3時間にわたって放水された。山地間の谷底平野では、入鹿池改修時の泥や砕石場の砂利等の堆積によって排水河川の川幅が狭まり、河床も上昇していた。そのため、安楽寺地区、赤坂地区の五条川と新郷瀬川沿いには浸水被害が生じて、砕石場の作業員1人が死亡した他、床上浸水7戸、床下浸水90戸の被害となった。当時の五条川と新郷瀬川の排水能力は50$m^3$/sであったので、この後、河川の排水能力の上昇と入鹿池の洪水調節機能の付加が課題となった。

1974年7月24日〜25日の豪雨では、尾西市、稲沢市、一宮市、岩倉市等に多数の浸水被害を生じた。特に、日光川水系目比川支川の氾濫によって稲沢市では浸水し、稲沢市と下流の海部郡美和町との間で、排水をめぐる対立が起きた。しかし、入鹿池の排水地域では、大きな被害はなかった。

1976年9月8日〜14日には、台風17号によって1961年6月以来の大災害が起きた。犬山市では、若干の土砂崩れと薬師川沿いの溢水があったが、入鹿池の排水地域では、全体的に小規模な内水氾

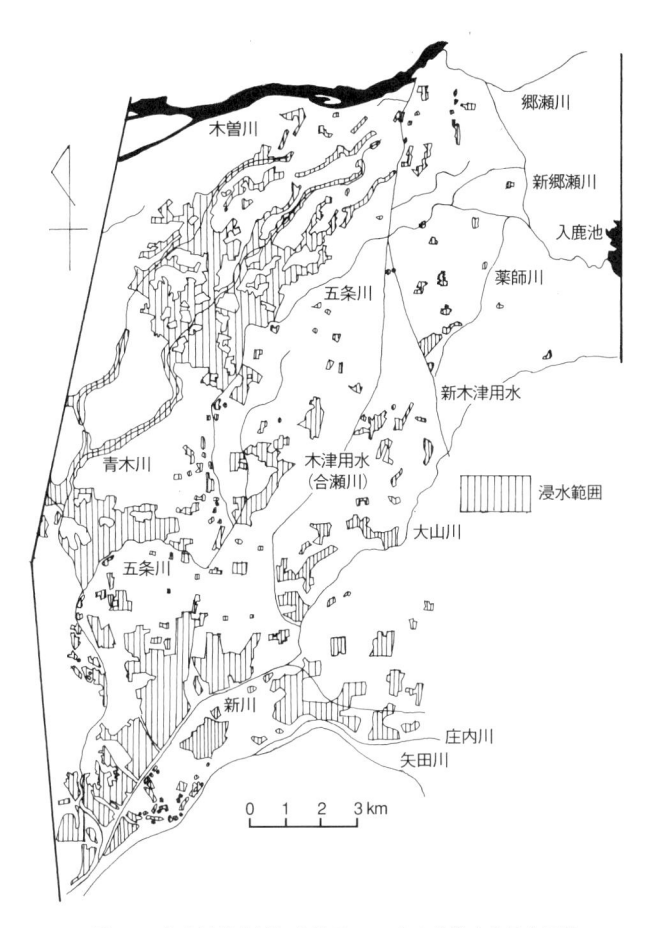

第6章 ため池の水害対策と地域の変化

**図6-2 入鹿池排水域における1976年9月洪水の浸水区域**
愛知県河川課資料より作成

**表6-2 1976年9月洪水と1991年9月洪水の主要都市における総雨量**

| 都市 \ 年月日 | 1976年9月8～13日 | 1991年9月18～19日 |
|---|---|---|
| 犬　　　山 | 416.0 mm | 211.0 mm |
| 一　　　宮 | 674.0 | 156.0 |
| 小　　　牧 | 446.5 | 211.5 |
| 名　古　屋 | 542.0 | 203.0 |

愛知県河川課資料より作成

濫にとどまった。これに対して、一宮市、尾西市、稲沢市等の尾張西部地域、水系で言うと日光川沿い地域においては被害が大きかった。

　1991年9月の台風18号によっても、入鹿池の排水地域で浸水被害があったが、その原因は小規模な内水氾濫によるものであった。このように、入鹿池の排水地域においては、豪雨時の浸水面積は年々、減少している。

　**図6-2**と**図6-3**には、1976年9月洪水と1991年9月洪水の入鹿池排水域における浸水域を示し、**表6-2**には、同地域の主要都市における両洪水時の総雨量を示した。1976年9月洪水では、降雨量のピークが2つ認められる2山洪水である上に、総雨量が多かったため、1991年9月洪水より大き

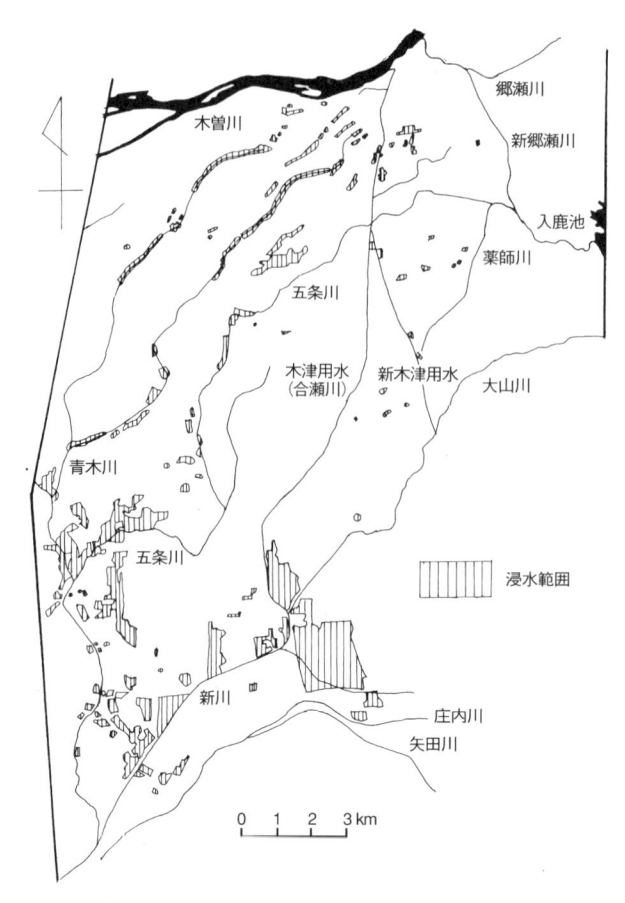

**図6-3 入鹿池排水域における1991年9月洪水の浸水区域**
愛知県河川課資料より作成

な被害が生じたと思われる。

　以上のように、近年においてもかなり広範囲に浸水の被害を受ける日光川流域とは異なって、入鹿池の排水地域では河川改修の効果が現れ、現在は豪雨の際にも、小規模な内水氾濫の被害を受ける程度である。したがって、この地域は入鹿池の決壊がない限り、水害の危険度は大幅に低下したといえる。

## 4. 防災ダムと排水河川の改修

　1868年の入鹿池の決壊は、史上まれな大量の降水によって入鹿池の水位が上昇して満水位を越えたことに起因している。しかし、この他にも、余水吐からの放水及び防災対策としての堤防上への土のうの積み上げ、下流住民への警告の欠如等の管理上の問題も指摘される。

　入鹿池の決壊による洪水によって最も深刻な被害を受けた地点は、決壊した堤防の直下に当たる山地間の谷底平野部分と、排水河川が山間の谷底平野から平地に出た地点である。これらの地点では、大量の水と強い水勢に加え、粒径の大きな礫、流木、流失家屋等の大型の送流物質によって破壊力の大きい洪水を受けた。この他、排水河川の主流やその分流沿いでは、死者や家屋の破損等の

重大な被害を受けた。これらのことは、筆者が指摘するように(内田1997)、谷池が決壊した際に共通する被害傾向であり、山間の谷底平野からの出口付近で、しかも排水河川の主流沿いの地域では、水速が速いために避難する時間がないことも一般的な傾向である。さらに、入鹿池の場合は、池の位置する山地の地質が石材に利用される固い岩石であるため、決壊の際に流送される土砂が大礫となって破壊力を強めている。

浸水の範囲は、扇状地帯においては、現扇状地上の旧一之枝川河道から低位段丘上である。その南部に続く自然堤防・後背湿地帯においては、おおむね青木川の河道から低位段丘と後背湿地との境界までである。入鹿池に近い五条川の上流部では、下位段丘上にも一部浸水した。また、洪水流はかつての木曽川の派川及びその旧河道に沿って流下し、庄内川に合流した。以上のことから、入鹿池の決壊による洪水は、近世初頭までの木曽川の派川とそれ以前の木曽川の形成した新旧の扇状地上及び、近世初頭までの木曽川の派川の形成した自然堤防・後背湿地上に浸水した。そして、洪水流は近世初頭までのそれらの河川の旧河道と、それ以前に形成された旧河道である谷底平野を中心にして、流下した。

ため池の決壊による浸水範囲は、ため池の排水河川が形成した地形に規定される。また、河川の堤防の決壊による洪水より、ため池の決壊による洪水の方が浸水域に集中する水量、水勢とも大きいため、谷底平野や扇状地のみならず、低い段丘上にも浸水する(内田1997)その際、旧河道や段丘上の谷底平野は洪水流の通り道となる。これらの、ため池の決壊による洪水に共通する特色が、入鹿池の洪水においても見られた。このように、ため池の締切り堤防の直下、排水河川が流下する山間の谷底平野、山間の谷底平野と平地との接点付近、排水河川沿い、排水河川の旧河道、かつての旧河道と思われる段丘上の谷底平野、排水河川の流路の変換点付近等は大きな被害を生じやすい地点となるので、注意が必要である。

現在、五条川を中心とする入鹿池排水域の排水河川の改修が進展し、入鹿池自身も防災ダム工事が施されて、入鹿池排水域における水害の危険度は大幅に低下した。しかし、この地域の排水河川の流下能力は大きなものではなく、まれに見る多量の降雨や都市化による内水の増加は、これらの河川の氾濫を助長することになる。一方、入鹿池は防災容量が増加し、締切り堤防も増強されたが、多量の降水があった際には、1961年や1970年の災害時のように、余水吐からの放水方法に問題が生じる可能性もある。

入鹿切れ洪水規模の洪水が再発する可能性はきわめて小さいとは言え、皆無とも断言できない。特に、入鹿池は貯水容量の大きい巨大ため池であるので、決壊の防止には最大の注意が払われるべきである。そのためには、他のため池にも増した厳重かつ慎重な維持管理が望まれる。加えて、上記のように排水河川沿いの小規模な出水は、今後とも十分に起こりうる問題であって、新郷瀬川の開削による、同河川沿い地域の浸水についても配慮が必要であろう。

現在、木曽川左岸低地一体の水防に当たっている愛知県尾張水害予防組合では、想定氾濫区域を入鹿切れの洪水時の浸水域に近いものに設定している。この範囲設定は、考え得る最大洪水の防御区域としては、適切なものと思われる。その際に、かつての洪水時に大きな被害を受けた地区や洪水流の流路に当たった地区は、各地区の洪水の特色に対応した防御の備えをしておくことが大切である。なぜなら、この地域が木曽川とその派川、支川の長年にわたる営みの中で形成されてきたもので、それらの河川の形成した平野の性質は基本的には変化せずに、洪水時にはかつての河川の性質に基づいた特色が現れるからである。

● 注

1) 庄内川沿い各村での破堤距離は上志段味 190 m、中志段味 270 m、下志段味 370 m、下津尾 320 m、成願寺 130 m、味鋺 370 m、大曽 130 m、神領 640 m、和爾良 390 m で、矢田川沿いでは瀬古 130 m、成願寺 110 m とある(名古屋地方気象台 1971)。

2) 1962 年 8 月 16 日付けの「入鹿池治水に関する覚書承認について」の文書では、水防上の入鹿池の管理に関して次のとおり協定している。

　① 関係住民の安全をはかるために、入鹿池の堤塘の補強工事、下流河川の水路の拡幅、浚渫等の改良工事の促進と実現に向けて関係機関は努める。
　② 入鹿池の溢流樋門は 14 門、敷高は 60 尺とする。
　③ 灌漑用貯水の限度を 62 尺とする。
　④ 入鹿用水土地改良区理事長は貯水限度量を超過した際、堤塘または溢流樋門等に異状を発見した際には一宮農地開発事務所及び犬山市長に報告する。
　⑤ 犬山市長は土地改良区理事長から報告を受けた際には現状を確かめ、水防上の必要があると認めた際には尾張水害予防組合管理者に必要な措置を求め、状況を警察署長にも報告する。
　⑥ 水害予防組合管理者は犬山市長より要請があった際には、一宮農地開発事務所長の意見を呈し、土地改良区理事長と協議して必要な措置をとる。
　⑦ 入鹿池及び下流河川の水害防御のため、水害予防組合は水防倉庫 1 棟を設置する。
　　この文書は犬山市長、入鹿用水土地改良区理事長、愛知県尾張水害予防組合管理者、犬山警察署長、一宮農地開発事務所長、一宮土木出張所長の出席のもとに改良区理事長から提出された(入鹿用水土地改良区所蔵文書)。

● 参考文献

愛知県尾張水害予防組合(1990):『水防三十年』, 愛知県尾張水害予防組合, 102p.
愛知県総務部消防防災課編(1982):『愛知県災害誌 昭和 45〜55 年編』, 愛知県総務部消防防災課, 967p.
市橋 鐸(1967):『犬山こぼれ話』, 犬山郷土会, 257p.
犬山市教育委員会(1962):『郷土読本犬山』, 犬山市教育委員会, 186p.
入鹿池史編纂委員会編(1994):『入鹿池史』, 入鹿用水土地改良区, 1409p.
岩倉町史編纂委員会編(1955):『岩倉町史』, 岩倉町, 826p.
春日井郷土史研究会(1984):『春日井の近代史話』, 春日井市教育委員会, 129p.
近藤秀胤(1868):朝日組損亡. 入鹿池史編纂委員会編(1994):『入鹿池史』, 入鹿用水土地改良区, 1409p, 所収文書.
師勝町総務部企画課(1981):『師勝町史増補版』, 師勝町総務部企画課, 804p.
鈴木氏(年代不詳):入鹿池堤防決壊. 鈴木三郎正久家所蔵文書.
町制五十周年記念誌編纂委員会(1955):『新川町誌』, 愛知県西春日井郡新川町, 1392p.
名古屋地方気象台監修(1971):『愛知県災害誌』, 愛知県, 548p.
丹羽郡教育会(1917):『丹羽郡誌』, 愛知県丹羽郡教育会, 212p.
長谷川玄通(1868):羽黒水災記. 犬山市笑面寺所蔵文書.
扶桑町(1976):『扶桑町史』, 扶桑町, 696p.

# 第Ⅲ部　ため池と地震災害
## ──阪神・淡路大震災の教訓──

天満大池公園（兵庫県加古郡、写真提供：稲美町役場）

気候的・地形的な制約や土地開発の経緯から各地で多く築造されてきたため池は、瀬戸内や近畿地域を中心として現在でも水田農業に重要な役割を果たしている。しかし、ため池の多くは近代以前の築造で老朽化が進み、しかも水田面積の減少及び個人や小水利組織の管理物が多いという条件下で、かならずしも十分な維持・管理がなされていない実態がある。その上、近年に築造された大規模なものを除けば、大部分が土堰堤による小規模な貯水池であって、構造的にも自然災害による被害を受けやすい条件を持っている。そして、災害によるため池の損傷は構造物の破損や排水域の水害に留まらず、作付け制限や代替用水の確保等の形で農業生産へも大きい影響を及ぼす。

　第Ⅲ部では、自然災害の中でため池に深刻な損傷を与える地震災害を取り上げ、地震によるため池の被害について分析するものである。

　筆者が既に指摘したように、地震とため池の被害との関連を考察した研究は、阪神・淡路大震災以前においては比較的少なく、1960年代末以降、特に1980年代後半からに集中している。この理由は、関東大震災や福井地震のように、近代以降の巨大地震がため池卓越地帯で発生しなかったことと、第Ⅱ部の冒頭でも述べたように、現代においてため池周辺の環境が大きく変貌するまでは、ため池の被害が非農業者住民とその資産や社会資本にまで大きな影響を及ぼす事例が少なかったためと思われる。その後の阪神・淡路大震災によって、ため池と地震との関連を分析する研究が急増したとはいえ、このテーマを追求する研究はまだ十分とは言えず、今後の防災対策上、一層の進展が必要とされている。

　第Ⅲ部においては、阪神・淡路大震災における兵庫県でのため池の被害を地理学的観点から分析するものである。阪神・淡路大震災におけるため池の被害にかかわる研究は、前述のように主として農業土木分野において行われ、構造物としてのため池の被害分析に主眼が置かれた。これに対して、筆者は工学分野の研究ではほとんど行われてこなかった、ため池の立地条件や老朽度、改修歴、貯水位そして用水供給面から見た被害と復旧の問題を分析し、自然条件に人文・社会条件を加味した考察から、ため池の地震被害への防災対策に示唆を与えようとした。

# 第7章 ため池の立地と老朽度から見た
　　　　被災ため池の特色

## 1．阪神・淡路大震災による被災ため池の研究動向

　1995年1月の阪神・淡路大震災に際しては、社会の関心が神戸を中心とする都市部の被害と活断層に集中し、市街地以外の地域や農業生産への影響があまり注目されなかった。しかし、実際には兵庫県のため池の被害額は約184億円に及び、地震の発生が灌漑期であったなら、堤防の破損による水害も大きかったと想像される。そこで、地震によって被災したため池の特色を明らかにできれば、ため池卓越地域での今後の防災計画に有益な提言が与えられると考えた。

　本章の目的は阪神・淡路大震災において、被災したため池が立地する地形や地質、池の構造、老朽度、改修歴等の諸点において、どのような特色をもっているのかを明らかにし、ため池の防災の観点から配慮すべき点を示唆することである。

　地震によって被災したため池に関する研究は、地理学の分野においてはほとんど例がないと思われ、十勝沖地震によって決壊したため池の浸水状況を示した赤桐(1968)と阪神淡路大震災のため池被害と水利組織への影響を北淡町の一地域において分析した森(1998)がある程度である。農業土木や工学分野においては、阪神・淡路大震災以前では、地震によるため池の被害予測を行った鈴木(1992)、地震時のフィルダムの挙動を分析した菊沢(1987)、北海道南西沖地震による農地・農業用施設の被害を分析した安中ら(1993)と北海道南西沖地震に関する技術検討委員会(1994)及び林(1994)等があり、日本海中部地震と宮城県北部地震によるため池の被害分析では谷ら(1985)と谷(1998)等がある。阪神・淡路大震災とため池の被害に関する主な研究をテーマ別にまとめると以下の通りである。

　a．農地・農道・農業水利施設被害報告、被害と対応─赤江ら(1995)、岡本(1995)、篠ら(1995)、農林水産省近畿農政局土地改良技術事務所(1995)、農林水産省構造改善局・日本農業土木総合研究所(1995)、長谷川(1995)、増川ら(1995b)、松田ら(1995)、安江(1995)、兵庫県南部地震技術検討会(1996)、兵庫県農地整備課(1996)藤ら(1996)、藤井(1997)、岩下ら(1996)、新田(1995)、安部(1995)、関島(1995)、日暮(1995)、武田(1996)、中島・谷(1997)、山本(1997)、内田ら(1997, 1998)─。

　b．農村組織・農村集落の被害と対応─内田(1995)、森下ら(1995)、森下(1997)、森下ら(1997)、木村ら(1997)─。

　c．水環境の変化─渡辺ら(1995)、渡辺(1996a・b)、中桐(1997)、中桐ら(1998)─。

　d．データベース開発─谷ら(1996)、谷(1999)、井谷ら(2000)─。

　e．地質環境と被害─三田村(1996, 1998)─。

　以上のように、地震によって被災したため池に関する研究は現在のところ、農業土木学分野からのものが大部分であって、構造物の被害分析とそれへの対応が主な内容である。しかも、これらの

研究では、抽出した代表的な事例を分析する手法が中心である。しかし、災害研究を進化させるには、被災したすべてのため池を視野に入れ、ため池をとりまく自然、人文・社会条件を総合的に考察する視点からの研究の必要を感じる。なぜなら、ため池と災害との関わり方には、ため池を取り巻く様々な環境が大きく影響するからである。本章から第9章までの研究は、これまでの農業土木や工学分野からの研究の主題とはほとんど成り得なかったもので、総合的な研究へのファーストステップとも言える。

研究の方法としては、今回の震災において被災した兵庫県本土分(以下、県内の島しょ部を除いた地域を本土分と称する)のため池について、立地する地形と地質を地形分類図と地質図から判読し、被災したため池の地形と地質の特色を明らかにする。次に、被災したため池を池の構造から谷池と皿池とに分類し、池の構造と地形・地質との関連からみた特色を明らかにする。さらに、ため池の被害と密接な関連を有すると思われるため池の老朽度と改修歴について、ため池管理者に対して実施した調査結果をもとに分析する。なお、第1にため池の地形と地質を取り上げた理由は、地形と地質がため池の立地の最も基本的な条件であるからである。そして、その他のため池の被災の要因になる可能性をもつ様々な条件、例えば、ため池の規模や堤防の方向、活断層との距離、管理主体等は現在までの筆者の調査では、被災したため池を特定するのに大きな影響を及ぼすものではなかった。そのため、筆者の調査した中で、ため池の被災との関連性が比較的高いと考えられる、ため池の構造及び老朽度と改修歴についてさらに考察した。

なお、本章で最大の被災地である淡路島を除いて本土分を研究対象とした理由は、淡路島の多くのため池が地震による大きな被害を受けた上に、5～7月の降雨によってさらなる被害を受け、筆者の調査時に十分な分析資料が得られなかったためである。

## 2．兵庫県におけるため池の被害の概要

兵庫県農地整備課(1995a)によれば、兵庫県のため池の総数は1995年4月現在51,679で全国で最も多い。兵庫県のため池の規模を受益面積によって見ると、5ha以上のものが10.2％、1ha以上5ha未満のものが7.3％、0.5ha以上1ha未満のものが6.2％、0.5ha未満のものが76.2％であって、きわめて小規模なものが多い。このうち、0.5ha未満のため池は兵庫県のため池台帳には掲載されていないもので、同県のため池条例[1]でも対象外であり、行政の管理や指導の行き届かない部分である。

**図7-1**は兵庫県におけるため池の分布を兵庫県農地整備課(1995b)によって、市町別に示したもので、円内の黒の部分は、受益面積0.5ha未満の小規模ため池の占める割合を示している。図7-1によれば、ため池が多く分布する市町は、淡路島の11市町、神戸市、三田市、三木市、吉川町、稲美町、加古川市、小野市、加西市等である。この中で、神戸市においては、ため池は北区と西区に分布し、六甲山地や海岸沿いの低地には分布していない。神戸市の海岸沿いの低地には、六甲山地から流れ出す住吉川や石屋川等の河川が形成した扇状地を中心に、かつてはため池が分布していたが、都市化に伴い、現在は消滅している。兵庫県における阪神・淡路大震災において何らかの被害を受けたため池(以下、被災ため池と称す)の数は1,372で、これは過去の地震による被災ため池の数としては、最大と考えられる[2]。**図7-2**は兵庫県における阪神・淡路大震災における被災ため池の分布を市町別に示し、**図7-3**は被害額を同じ資料によって、市町別に示したものである。図7-2によれば、被災ため池の数は、淡路島が圧倒的に多く944で、残り428が本土分である。本土分で

第7章　ため池の立地と老朽度から見た被災ため池の特色　　　143

凡例:
- 50未満
- 50以上 500未満
- 500以上 1,000未満
- 1,000以上 5,000未満
- 5,000以上

黒部分は受益面積が0.5ha未満のため池の占める割合

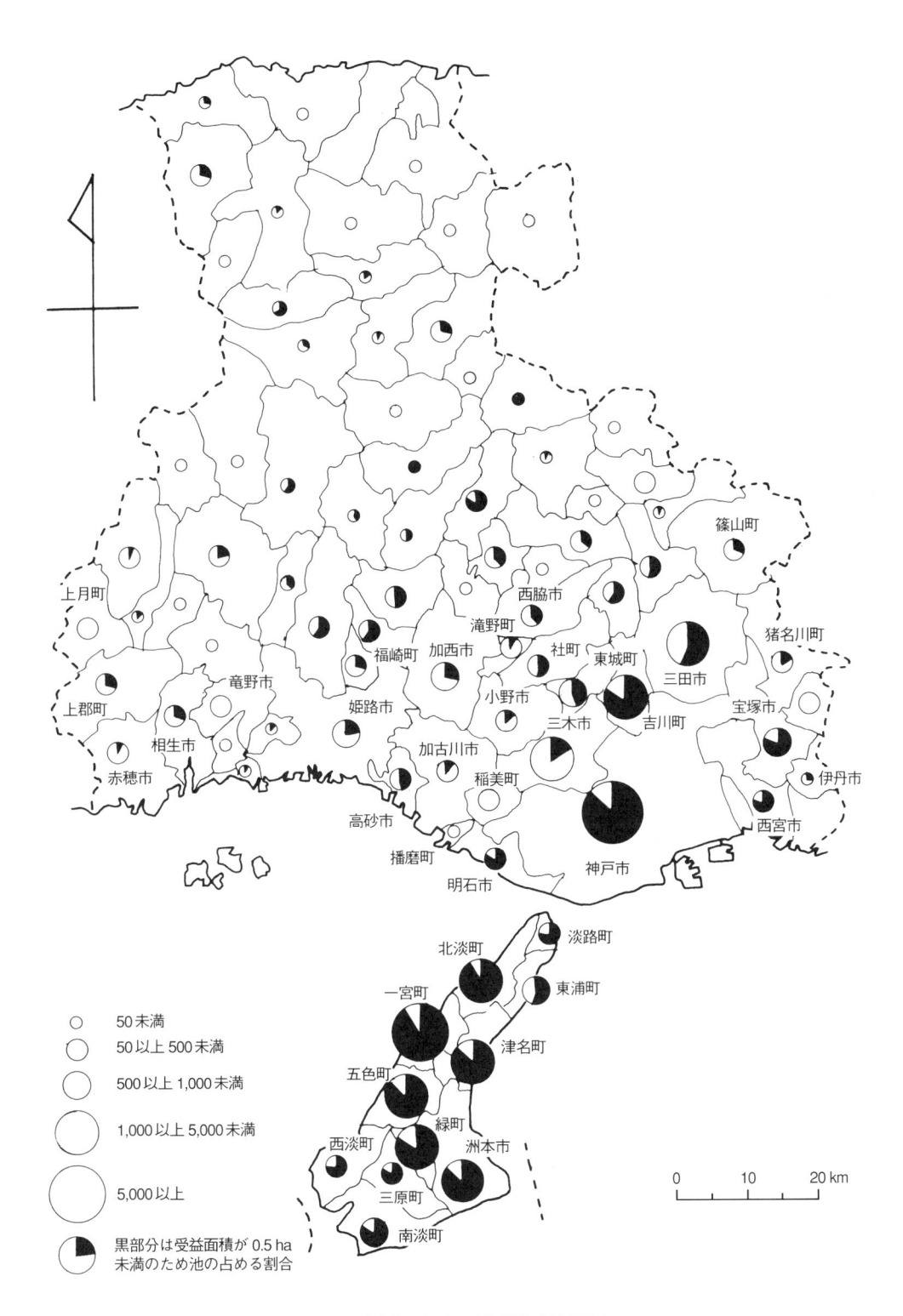

図7-1　兵庫県における市町別ため池の分布
兵庫県農地整備課（1995b）より作成

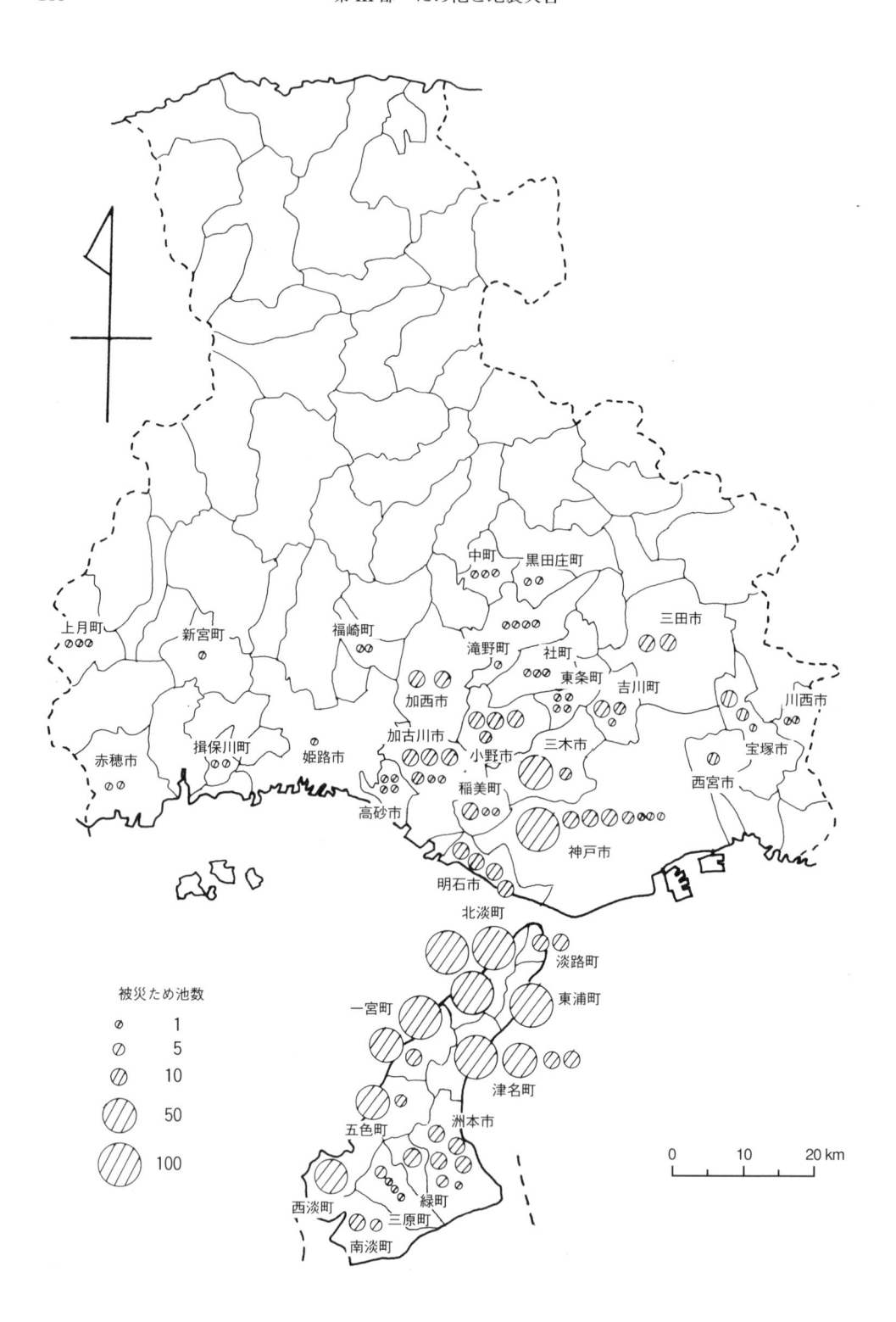

144　第Ⅲ部　ため池と地震災害

図7-2　兵庫県における阪神・淡路大震災の市町別被災ため池の分布
兵庫県農地整備課（1995b）より作成

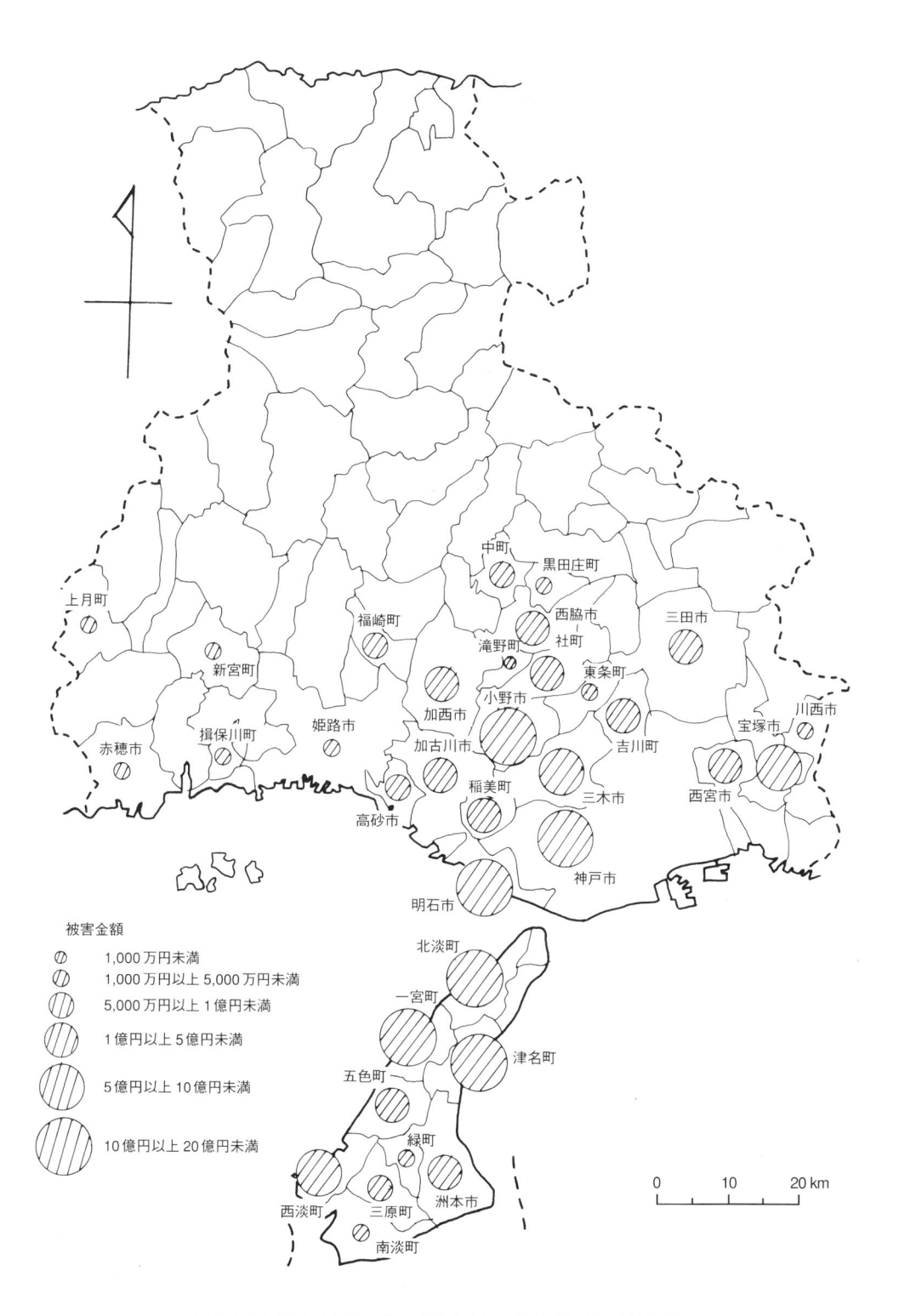

第7章　ため池の立地と老朽度から見た被災ため池の特色　　　　　　　　　　　145

図7-3　兵庫県における阪神・淡路大震災の市町別被災ため池被害額
兵庫県農地整備課（1995b）より作成

被災ため池が多く分布する市町は、神戸市、三木市、三田市、吉川町、稲美町、小野市、加西市、加古川市等で、ため池そのものが多く分布する地域である(図7-1)。

一方、兵庫県におけるため池の総被害額は183億9200万円で、図7-3によれば、最大の被害地域は淡路島11市町の99億4900万円であり、本土分は84億4300万円である。本土分で被害額が大きい市町は、神戸市、明石市、三木市、三田市、吉川町、稲美町、小野市、加古川市等で、その地域に分布するため池そのものが多い市町である。このことは後述するように、ため池の多く分布する地域が今回の地震による震度の大きかった地域とおおむね重複していたためである。

また、図7-2と図7-3を比較すると、明石市や稲美町、小野市等では被災したため池数に対する被害額が神戸市や三木市より大きい。このことから、前者の地域においては、個々のため池の被害額が後者の地域のものより大きいことが予想される[3]。しかし、この事象を十分に説明しうる要因は、現在のところ指摘できない。

なお、ため池の被害の内容は堤防の法面の亀裂と天端の亀裂が大部分で、これに樋管や洪水吐の破損を伴うものが続き、堤防の滑落や崩壊はごく少ない[4]。兵庫県では、被害額30万円以上のため池について査定を行い、修復工事を行っている。こうした査定の対象になったため池を、以下に査定池と称する。査定池は被災ため池の中でも、被害程度の比較的大きなため池と言え、被災ため池は査定池とその他の軽微な被害を受けたため池から成り立っている。さらに、本土分の査定池は279で、本土分被災ため池428の65.2％に該当している。

## 3．被災ため池と地形・地質、池の構造との関連

本土分被災ため池の特色を知るために、全ての査定池と被害の軽微なため池(以下、被害軽微池と称す)及び査定池に近接する被害を受けなかったため池(以下、無被害池と称す)について、池の立地する地形と地質そして池の構造に関する分析を行った。対象としたため池数は査定池が279、被害軽微池が169、無被害池が182の計630である。

分析の対象とした査定池の名称と位置については、兵庫県神戸土地改良事務所(1995)、兵庫県三木土地改良事務所(1995a, b)、兵庫県社土地改良事務所(1995a, b)、兵庫県姫路土地改良事務所(1995)及び兵庫県竜野土地改良事務所(1995)により、被害軽微池については、県の資料と筆者が1995年8〜10月に実施した調査(第4節参照)の回答によった。被害軽微池の数は、1995年4月17日段階の県の集計では149であるが、筆者の調査では169であり、本研究では筆者の調査によるものを対象とした。これは、被害を受けたすべてのため池について、被害の報告と工事の申請がなされた訳ではなく、申請のあった池数を集計した県の資料と被害の実数との間に差異があるためである。無被害池については筆者の調査で得た回答の中から、場所を特定できたものを対象とした。

### (1) 地形との関連

被災したため池が分布する地域の地形は、北部が篠山町、生野町方面へ続く山地、東南部が六甲から猪名川町方面への山地、両山地の間にあたる吉川町、東条町付近の丘陵、丘陵の西に連続する加西市の段丘、南西部に展開する加古川の沖積平野、加古川の沖積平野と六甲山地との間から北部へ続く明石市、稲美町、小野市方面への段丘である(図7-4)。ため池は多目的ダムのような治水・利水施設に比較して、小規模な水利施設であるため、5万分の1より大きい縮尺の地形分類図によっ

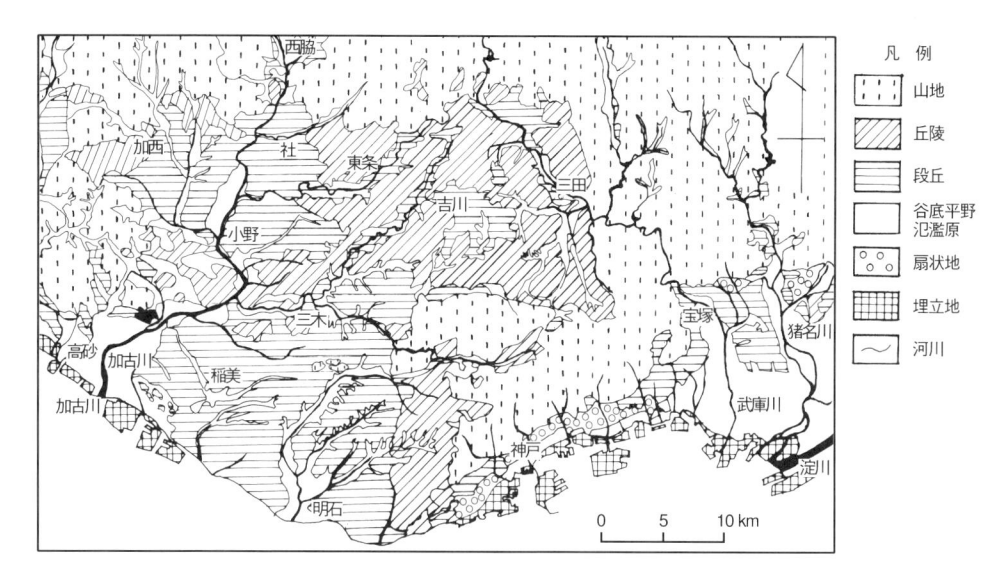

第7章　ため池の立地と老朽度から見た被災ため池の特色　　　147

**図7-4　阪神・淡路大震災における主要な被災ため池分布地域の地形分類**
兵庫県神戸土地改良事業所(1995)、兵庫県三木土地改良事務所(1995)、兵庫県社土地改良事務所(1995)、兵庫県姫路土地改良事務所(1995)、兵庫県竜野土地改良事務所(1995)、土地条件図、土地分類基本調査及び空中写真判読より作成

**表7-1　兵庫県本土分における主要ため池の地形に基づく分類**

| 地　形 | 査　定　池 | 被害軽微池 | 無被害池 | 計 |
|---|---|---|---|---|
| 谷底平野 | 219(78.5%) | 125(73.9%) | 117(64.3%) | 461(73.2%) |
| 段丘 | 36(12.9%) | 33(19.5%) | 58(31.9%) | 127(20.2%) |
| 扇状地 | 19( 6.8%) | 8( 4.7%) | 0( 0.0%) | 27( 4.3%) |
| 境界 | 5( 1.8%) | 3( 1.8%) | 7( 3.8%) | 15( 2.4%) |
| 計 | 279 | 169 | 182 | 630 |

土地条件図、土地分類基本調査及び空中写真判読より作成

て、それらが立地する微地形を判読した。使用した地形分類図は、兵庫県都市住宅部政策課(1980・1981・1985・1986・1987・1991)の土地分類基本調査のうち5万分の1地形分類図と建設省国土地理院(1966a・b・c, 1983)の2万5千分の1土地条件図及び、これらの地図に示されない地域については、2万分の1空中写真の判読と現地調査によって筆者が作成した地形分類図である。これらの地形分類図から、前述の630のため池の立地する地形を判読した結果、ため池には谷底平野、段丘、氾濫原、小規模な扇状地の扇端もしくは扇頂に立地するものと、段丘と氾濫原、段丘と谷底平野、丘陵と段丘という2つの地形の境界にまたがって立地するものがあることがわかった。

このように、ため池は立地する地形から谷底平野型、段丘型、扇状地型、境界型の4つに分類される。このうち、谷底平野や扇状地、地形境界に位置するものは、水を得やすい地形に立地したものと思われるが、段丘上の多くのものは自己水源を持たず、天水を貯水したり、他から導水したものを貯水するため池である。

**表7-1**は査定池、被害軽微池、無被害池について、ため池を立地する地形による4つの型に分類し、それぞれの型に属するため池の数と割合を示したものである。これによると、査定池、被害軽微池、無被害池のいずれにおいても、谷底平野型が大部分を占めることから、この地域のため池は谷底平野に立地するものが多く、次に多いのが段丘型で、扇状地型と境界型は少ないことがわかる。

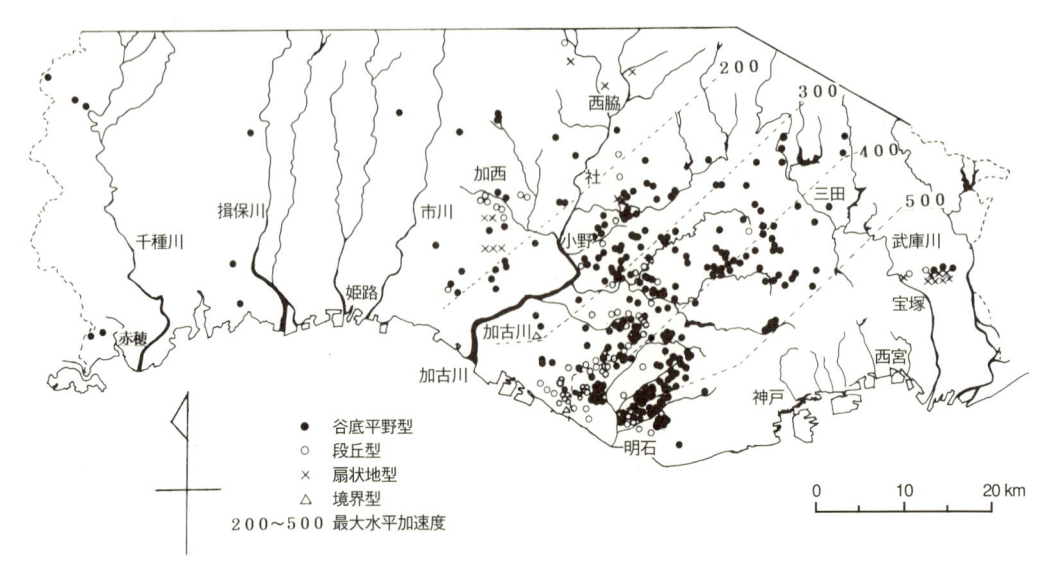

**図7-5　阪神・淡路大震災における主要な被災ため池の分布と地形による分類**
兵庫県神戸土地改良事業所(1995)、兵庫県三木土地改良事務所(1995)、兵庫県社土地改良事務所(1995)、兵庫県姫路土地改良事務所(1995)、兵庫県竜野土地改良事務所(1995)、土地条件図、土地分類基本調査及び空中写真判読より作成

　査定池の場合は、谷底平野型のため池の占める割合が78.5％で、被害軽微池では73.9％、無被害池では64.3％と、被害程度が大になるほど、その割合が高くなっている。これに対して、段丘型のため池の占める割合は、それぞれ12.9％、19.5％、31.9％で、被害程度が小さくなるほど段丘型の割合が高くなっている。扇状地型については事例が少ないものの、この型のため池はすべて被害を受け、被害程度との関連では谷底平野型と同様の傾向が見られる。境界型についてはさらに事例が少なく、特に傾向性も見出せない。
　以上のことから、被害程度が大きくなるほど谷底平野型のため池の占める割合が増加し、被害程度が小さくなるほど段丘型の占める割合が増加すると思われる。
　**図7-5**は、中町分の2池を除いた査定池と主な被害軽微池の分布を、立地する地形による4つの型毎に分類して示したものである。査定池のうちの2池は、本図の図郭から外れているために除外した。また、被害軽微池については、査定池に隣接するものも多く、これらのうち、縮尺と表現上の問題から、査定池と重複して図示されるものを除外した。図7-5からも、被災したため池の多くが谷底平野型であり、谷底平野型は被災ため池が集中する地域全般に分布していることがわかる。一方、段丘型のため池は、段丘が位置する明石市、稲美町、小野市や加西市等の地域を中心に分布している。扇状地型のため池は山地や丘陵の麓に分布している。
　また、図7-5には、被災ため池が集中する地域における阪神・淡路大震災時の最大水平加速度を示した。これによると、被災ため池のほとんどが、最大水平加速度200～500ガルの間に分布している。

### （2）地質との関連
　被災ため池が集中する地域の主な表層地質は、氾濫原と谷底平野に分布する沖積層、段丘に分布する更新世の段丘堆積物、同じく段丘に分布する更新世の砂礫を主体とする大阪層群、丘陵に分布

第7章　ため池の立地と老朽度から見た被災ため池の特色　　　　　　　　　　　　　149

表7-2　兵庫県本土分における主要ため池の地質に基づく分類

| 地　質 | 査定池 | 被害軽微池 | 無被害池 | 計 |
|---|---|---|---|---|
| 沖積層 | 152(54.5%) | 66(39.0%) | 71(39.1%) | 289(45.9%) |
| 段丘堆積物 | 58(20.8%) | 41(24.3%) | 49(27.0%) | 148(23.5%) |
| 大阪層群 | 44(15.8%) | 32(18.9%) | 23(12.6%) | 99(15.7%) |
| 神戸層群 | 12( 4.3%) | 23(13.6%) | 17( 9.3%) | 52( 8.3%) |
| 有馬層群 | 8( 2.9%) | 4( 2.4%) | 15( 8.2%) | 27( 4.3%) |
| その他 | 5( 1.8%) | 3( 1.8%) | 7( 3.8%) | 15( 2.4%) |
| 計 | 279 | 169 | 182 | 630 |

地質図と土地分類基本調査より作成

する古第三紀の砂岩・泥岩・礫岩を主体とする神戸層群、山地に分布する中生代白亜紀の流紋岩類を主体とする有馬層群である。

　被災ため池の立地する地点の表層地質を調査するためには、地形の場合と同様に、できるだけ大縮尺の地質図が必要である。そこで、兵庫県都市住宅部政策課(1980・1981・1985・1986・1987・1991)の土地分類基本調査のうち、5万分の1表層地質図、及び猪木・弘原(1980)、藤田・笠間(1983, 1988)、藤田・前田(1984)、尾崎・松浦(1988)、水野ほか(1990)、栗本ほか(1993)、松浦ほか(1995)、尾崎ほか(1995)の5万分の1地質図を使用し、国土庁土地局国土調査課(1974)の土地分類図のうちの20万分の1地質図も補足的に使用して、前節と同じ査定池279、被害軽微池169、無被害池182の立地する表層地質を判読した。その結果を表7-2に示す。

　表7-2によると、全体的な傾向として、ため池の立地する地点の表層地質は沖積層が多く、次に段丘堆積物、大阪層群、神戸層群、有馬層群の順である。これは第1に、ため池の立地する地形として谷底平野が多く、次に段丘が多いことと関連している。すなわち、谷底平野の表層地質の多くが沖積層であり、段丘では段丘堆積物が多いためである。さらに、谷底平野の場合は、上流部では表層地質が大阪層群や神戸層群もしくは有馬層群に変わり、段丘の場合も、表層地質を大阪層群とする例も多いからである。

　次に、被害の程度とため池の立地する地点の表層地質との関連を見る。まず、沖積層に立地するため池の占める割合は、査定池では54.5％と過半数を越えているのに対して、被害軽微池では39.0％、無被害池では39.1％とほぼ同率で、段丘堆積物の場合は、それぞれ20.8％、24.3％、27.0％と増加している。このことから、被害程度が大である査定池では沖積層のため池の占める割合が高く、これに対して、段丘堆積物の占める割合は被害程度が小さくなるほど、高くなっていると言える。また、表層地質が段丘堆積物から成る段丘より高位の段丘に分布する大阪層群と、丘陵の表層地質である神戸層群に位置するため池の占める割合は、被害軽微池でもっとも高く、山地に分布する有馬層群のため池の占める割合は、無被害池で最も高い。

　このように、被害程度が大である査定池では、軟弱な地盤である沖積層に位置するため池の占める割合が高く、一方、段丘堆積物のため池の占める割合は、被害程度が小さくなるほど増加している。この他、大阪層群、神戸層群のため池は、軽微な被害と関連があると思われる。

### （3）地形と地質との組合せによる考察

　ため池の立地する地形と地質とを組み合わせてみると、被災ため池が集中する地域のため池には、谷底平野・沖積層、谷底平野・段丘堆積物、谷底平野・大阪層群、谷底平野・神戸層群、谷底

表7-3 兵庫県本土分における主要ため池の地形と地質との組合せに基づく分類

| 地形と地質との組合せ | 査定池 | 被害軽微池 | 無被害池 | 計 |
|---|---|---|---|---|
| 谷底平野・沖積層 | 152(54.5%) | 62(36.7%) | 71(39.0%) | 285(45.2%) |
| 谷底平野・段丘堆積物 | 25( 9.0%) | 19(11.2%) | 11( 6.0%) | 55( 8.7%) |
| 谷底平野・大阪層群 | 26( 9.3%) | 18(10.7%) | 3( 1.6%) | 47( 7.5%) |
| 谷底平野・神戸層群 | 12( 4.3%) | 23(13.6%) | 17( 9.3%) | 52( 8.3%) |
| 谷底平野・有馬層群 | 4( 1.4%) | 3( 1.8%) | 15( 8.2%) | 22( 3.5%) |
| 段丘・段丘堆積物 | 18( 6.5%) | 19(11.2%) | 38(20.9%) | 75(11.9%) |
| 段丘・大阪層群 | 18( 6.5%) | 14( 8.3%) | 20(11.0%) | 52( 8.2%) |
| 扇状地・段丘堆積物 | 15( 5.4%) | 3( 1.8%) | 0( 0.0%) | 18( 2.9%) |
| 扇状地・沖積層 | 0( 0.0%) | 4( 2.3%) | 0( 0.0%) | 4( 0.6%) |
| 扇状地・有馬層群 | 4( 1.4%) | 1( 0.6%) | 0( 0.0%) | 5( 0.8%) |
| その他 | 5( 1.8%) | 3( 1.8%) | 7( 3.9%) | 15( 2.4%) |
| 計 | 279 | 169 | 182 | 630 |

土地条件図、土地分類基本調査、地質図及び空中写真判読より作成

平野・有馬層群、段丘・段丘堆積物、段丘・大阪層群、扇状地・段丘堆積物、扇状地・沖積層、扇状地・有馬層群等の組合せが認められる。このうち、多数のため池が立地する地形である谷底平野、段丘及び扇状地と、主な地質とを組み合わせた11種類の組合せについて、査定池、被害軽微池、無被害池のグループ毎に、それぞれの組合せに属するため池数とそれらがグループ内で占める割合を示したのが表7-3である。

表7-3によれば、査定池、被害軽微池、無被害池とも谷底平野・沖積層の組合せのため池が最も多い。これは前述のように、本章で分析の対象としたため池のうち、地形では谷底平野、地質では沖積層のため池の占める割合が多い理由による。しかも、この組合せのため池が占める割合は、査定池では過半数を越え、被害軽微池や無被害池での割合を15%以上、上回っている。また、谷底平野と段丘堆積物、大阪層群、神戸層群の3つの地質との組合せでは、被害軽微池での割合が査定池と無被害池での割合より多くなっている。また、段丘の地形では段丘と段丘堆積物もしくは大阪層群との組合せの割合が、査定池、被害軽微池、無被害池の順に増加している。さらに、扇状地の地形では、どの地質との組合せでも被害を生じていることがわかる。

以上のことから、被害程度の大きい査定池では、谷底平野・沖積層の組合せのため池の割合が高く、段丘・段丘堆積物もしくは大阪層群との組合せにおいては、被害程度が小さくなるほど、その組合せの占める割合が高い。

### (4) ため池の構造と地質との組合せによる考察

ため池を構造面からみると、谷底平野に位置するため池の多くは、小規模な谷を堤防でせき止めた構造の谷池であり、段丘に位置するため池の多くは、比較的平坦な土地にあって、池の側面と前面もしくは池の周囲を堤防で囲った構造の皿池である。扇状地と2つの地形の境界に位置するため池には、谷池と皿池の両者がある。また、段丘にも多くの谷が開析されており、こうした段丘内の谷底平野にも谷池が分布する。さらに、谷幅の広い谷底平野には周囲を堤防で囲った皿池が存在する。

このように、ため池の立地する地形と池の構造との間にはおおむね関連性があるが、地質との間にはあまり関連性がみられない。また、池の構造は池底面の勾配や堤防の形態等の点で、被害とかなり密接な関連があると推定される。そこで、ため池を簡単な構造面の特色から谷池と皿池とに分

第7章　ため池の立地と老朽度から見た被災ため池の特色

表7-4　兵庫県本土分における主要ため池の構造と地質に基づく分類

| 池の構造と地質との組合せ | 査定池 | 被害軽微池 | 無被害池 | 計 |
|---|---|---|---|---|
| 谷池・沖積層 | 141(50.5%) | 54(31.9%) | 56(30.8%) | 251(39.8%) |
| 谷池・段丘堆積物 | 16( 5.7%) | 23(13.6%) | 11( 6.0%) | 50( 7.9%) |
| 谷池・大阪層群 | 26( 9.3%) | 20(11.8%) | 3( 1.6%) | 49( 7.8%) |
| 谷池・神戸層群 | 10( 3.6%) | 15( 8.9%) | 9( 4.9%) | 34( 5.4%) |
| 谷池・有馬層群 | 5( 1.8%) | 3( 1.8%) | 13( 7.1%) | 21( 3.3%) |
| 皿池・段丘堆積物 | 42(15.1%) | 17(10.1%) | 38(20.9%) | 97(15.4%) |
| 皿池・大阪層群 | 18( 6.5%) | 12( 7.1%) | 20(11.0%) | 50( 7.9%) |
| 皿池・沖積層 | 11( 3.9%) | 11( 6.5%) | 15( 8.2%) | 37( 5.9%) |
| 皿池・神戸層群 | 2( 0.7%) | 8( 4.7%) | 8( 4.4%) | 18( 2.9%) |
| 皿池・有馬層群 | 3( 1.1%) | 1( 0.6%) | 2( 2.4%) | 6( 1.0%) |
| その他 | 5( 1.8%) | 5( 3.0%) | 7( 3.8%) | 17( 2.7%) |
| 計 | 279 | 169 | 182 | 630 |

土地条件図、土地分類基本調査、地質図及び空中写真判読より作成

類し、地質と組み合わせて特色を分析してみた。その際、ため池の構造は土地条件図、土地分類基本調査、空中写真判読及び2万5千分の1地形図より判読した。

　表7-4は、査定池、被害軽微池、無被害池毎にため池を構造と主な地質との組合せによって分類した結果を示したものである。まず、査定池、被害軽微池、無被害池とも、谷池・沖積層の組合せの占める割合がもっとも高いが、被害程度が大である査定池では、この組合せのため池の占める割合が特に高い。谷池と段丘堆積物、大阪層群、神戸層群との組合せでは、被害軽微池での割合が最も高く、有馬層群との組合せでは無被害池での割合が高い。また、皿池の場合は、段丘堆積物、大阪層群、沖積層、有馬層群との組合せの占める割合は、査定池と被害軽微池の被害を受けたグループにおける割合より、無被害池での割合が高い。皿池と神戸層群との組合せは、被害軽微池での割合が無被害池での割合よりやや高い。これらのことから、谷池・沖積層の組合せのため池は大きな被害を受ける危険性が高く、谷池と段丘堆積物、大阪層群、神戸層群との組合せは軽微な被害を受ける危険性があり、皿池の場合は段丘堆積物、大阪層群、沖積層、神戸層群との組合せでは、被害を受ける危険性が相対的に低いと思われる。

　以上のように、ため池の立地する地形・地質及びため池の構造との関連を分析した結果、表層地質が沖積層からなる谷底平野をせき止めた谷池は、大きな被害を受ける危険度が高く、その他の段丘堆積物、大阪層群、神戸層群からなる谷池は、軽微な被害を受ける危険性があり、有馬層群の谷池は被害が少ないと思われる。一方、段丘堆積物や大阪層群からなる段丘上の皿池と沖積層からなる谷底平野の皿池は、谷池と比較して、危険度が低いと思われる。なお、沖積層からなる谷池の危険度が高い理由は定かではないが、谷をせき止める構造から、池底面の勾配が皿池より大きく、池底面に分布する沖積層が軟弱な地盤であることは、被害を生じる大きな要因であると考えられる。

## 4．被災ため池の老朽度と改修歴との関連

　前節においては、ため池の被害と地形・地質及び池の構造との関連を分析・考察した。しかし、地形・地質、池の構造との関連だけでは被災ため池を特定する条件にはならない。そこで、筆者は、被災ため池の受益面積、堤防の方向、管理組織、断層との距離、査定額と最大水平加速度との関連等について分析を行ったが、いずれもため池の被害とはある程度の関連性を有するものの、密接な

関連を有するものではなかった。

次に、筆者は、ため池の老朽度と改修歴について調査したところ、上記の被災要因として分析した受益面積以下の各項目よりは、被災したため池との関連性が高いと考えられたので、その結果を報告する。

### （1）老朽度との関連

本論におけるため池の老朽度とは、築造からの年数の長さを示しており、老朽の目安はおよそ100年とした。老朽度は文字通り、古びて朽ちる危険度と関連が深いと考えたため、分析項目として取り上げた。もちろん、築造から100年以上経過したため池の中には、近年の大規模な改修事業によって再新されたものもあるが、その割合はわずかである。その理由は、第10章に示すように、高額の費用を要す大規模な改修事業は国や都道府県の補助金に大きく依存していて、最も一般的な老朽ため池等整備工事の場合でも、補助金を得るには最低限2ha以上の受益面積が必要である。しかし、農林水産省の1989年度調査のため池台帳によれば、全国のため池数の88.8％が受益面積2ha未満のため池である。こうした小規模なため池は小水利組合や個人の管理下にあることが多いので、水田農業の衰退に伴って十分な改修がされ難いと推測される（第1章・2章参照）。したがって、築造から長い年数を経たため池の多くは、文字通り老朽の危険度が高いものと思われる。

ため池の築造年は、各市町村の保有するため池台帳にはほとんど記載されず、改修歴についても、行政側の資料では、近年の県や市町村等の補助で行われた事業しか把握できない。そこで、筆者は査定池の全管理者に対して、管理するすべてのため池とそれらに近接するため池の老朽度と改修歴を尋ねる調査を、1995年8～10月に郵送で行った。その結果、査定池の67％にあたる183のため池とそれに近接する被害軽微池63と無被害池203について、有効な回答が得られた。回答の分析結果を**表7-5**・**表7-6**に示す。

表7-5より、築造されてから100年以上経過したため池の占める割合は査定池で93.4％、被害軽微池で93.6％、無被害池で89.6％といずれも高いが、無被害池での割合は被害を受けたため池の場合より、いくぶんか低い。さらに、築造から100年以上経過したため池の年数を吟味すると、査定池では築造から200年以上のため池が全体の17.5％、300年以上が13.1％を占め、被害軽微池ではそれぞれ7.9％、1.6％となって、無被害池では7.9％、3.4％である。しかも、被害軽微池と無被害池では築造から400年以上経過したため池は無いのに対して、査定池では8池(4.4％)あり、この中には1,000年を越えるものもある。したがって、この地域のため池の大多数は、築造から100年以上の老朽化したものであるが、その中でも、築造から200年以上のひじょうに老朽化したものは、大きな被害を受けやすいと考えられる。また、築造から100年未満のため池の占める割合と被害程度との間には、あまり関連性が認められない。

### （2）改修歴との関連

査定池の全管理者に対して、ため池の改修歴の調査を行った結果は、以下の通りである。なお、分析の対象としたため池の数は、本節第1項と同じである。

表7-6は有効な回答を得たため池を査定池と被害軽微池、無被害池に分類し、各分類毎に改修を行っていない年数を未改修年数として示したものである。ここで未改修年数という意味は、改修歴のない池では築造から現在までの年数を示し、改修歴のある池では最後の改修から現在までに経過

表7-5 兵庫県本土分における主要ため池の老朽度による分類

| 築造年数 | 査定池 | 被害軽微池 | 無被害池 | 計 |
|---|---|---|---|---|
| 100年以上 | 171(93.4%) | 59(93.6%) | 182(89.6%) | 412(91.7%) |
| 50年以上100年未満 | 11( 9.8%) | 2( 3.2%) | 16( 7.9%) | 29( 6.5%) |
| 50年未満 | 1( 0.5%) | 2( 3.2%) | 5( 2.5%) | 8( 1.8%) |
| 計 | 183 | 63 | 203 | 449 |

実態調査より作成

表7-6 兵庫県本土分における主要ため池の改修歴による分類

| 未改修年数 | 査定池 | 被害軽微池 | 無被害池 | 計 |
|---|---|---|---|---|
| 100年以上 | 65(35.5%) | 21(33.4%) | 55(27.1%) | 141(31.4%) |
| 50年以上100年未満 | 17( 9.3%) | 0( 0.0%) | 15( 7.4%) | 32( 7.1%) |
| 30年以上50年未満 | 20(10.9%) | 20(31.7%) | 49(24.1%) | 89(19.8%) |
| 30年未満 | 81(44.3%) [9] | 22(34.9%) [6] | 84(41.4%) [15] | 87(19.4%) |
| 計 | 183 | 63 | 203 | 449 |

[ ]内は全面改修した池数。実態調査より作成

した年数を示している。その際、改修とは部分改修と全面改修の両方を意味している。

この結果、査定池では改修を行っていない年数が100年以上のため池の占める割合が35.5%、被害軽微池では33.4%、無被害池では27.1%と、被害程度が大となるほど、長期間改修を行っていないため池の占める割合が高くなっている。このうち、200年以上未改修のものとなると、査定池では9.3%、被害軽微池では1.6%、無被害池では0%であり、300年以上のものは査定池にのみ見られ、その割合は5.5%であ。ちなみに、査定池では1,000年以上未改修のものも2池ある。さらに、現在まで1度も改修を行ったことのないため池の占める割合を示すと、査定池では35.5%、被害軽微池では30.1%、無被害池では13.8%である。

次に、改修を行っていない年数が100年未満のため池の占める割合についてみると、査定池、被害軽微池、無被害池とも50年未満のものの占める割合が過半数以上と多く、査定池に比べて、被害軽微池と無被害池での割合が10%以上高い。しかし、30年以上50年未満及び30年未満のため池の占める割合と被害程度との間には、特に関連性は見出せない。ただし、未改修年数が30年未満のため池のうち、全面改修を行ったため池の数は査定池、被害軽微池、無被害池の順に多くなっている。したがって、定期的なため池の改修は防砂上重要な意味を持つことがわかる。

以上のことから、築造より200年以上経過した老朽化したため池やこれまでに1度も改修を行ったことのないため池、そして改修をしても、最後の改修から100年以上の長期間が経過しているため池は、被害を受ける危険度が高いと考えられる。一方、未改修年数が50年未満のため池は、大きな被害を受ける危険度が比較的低く、中でも30年以内に全面改修を行ったため池ではさらに低いと思われる。

## 5. 被害と地形・地質、老朽度との関連

阪神・淡路大震災において被災した兵庫県本土分のため池について、それらが立地する地形・地質とため池の構造及び老朽度・改修歴について分析した結果は、次の通りである。研究対象地域に

おけるため池は立地する地形によって、谷底平野型、段丘型、扇状地型、境界型に分類され、その多くが谷底平野型である。地形と被害程度との関連では、無被害池、被害軽微池、査定池の順で谷底平野型のため池の占める割合が高くなり、段丘型の占める割合は低くなる。

ため池の立地する地点の主な表層地質は、沖積層、段丘堆積物、大阪層群、神戸層群、有馬層群である。被害との関係では、被害程度が大である査定池では、沖積層に立地するため池の占める割合が高く、査定池、被害軽微池、無被害池と被害程度が小さくなるほど、段丘堆積物に立地するため池の割合が高くなっている。

ため池の立地する地形と地質とを合わせて考察すると、谷底平野・沖積層、谷底平野・段丘堆積物、谷底平野・大阪層群、谷底平野・神戸層群、谷底平野・有馬層群、段丘・段丘堆積物、段丘・大阪層群の主な組合せが認められる。被害程度と地形・地質との組合せとの関係では、被害程度が大である査定池において、谷底平野・沖積層の組合せのため池の割合が高くなっており、それに対して、被害程度が小さくなるほど、段丘・段丘堆積物の組合せの割合が高くなっている。

ため池の構造と地質との主な組合せは、谷池・沖積層、谷池・段丘堆積物、谷池・大阪層群、谷池・神戸層群、谷池・有馬層群、皿池・段丘堆積物、皿池・大阪層群、皿池・沖積層である。このうち、被害程度が大である査定池において、谷池・沖積層の組合せのため池の占める割合が高く、皿池・段丘堆積物、皿池・大阪層群、皿池・沖積層の組合せでは、被害を受けたため池のグループより、無被害池における割合が高くなっている。

したがって、地形・地質、池の構造との関連では、沖積層の谷底平野をせき止めた谷池は、地震に際して被災する危険度がひじょうに高いと思われる。その理由は定かではないが、谷池は皿池に比べて池底面の勾配が大きく、しかも沖積層が軟弱地盤であることは重要な要因と思われる。そして、皿池はどの地質との組合せにおいても、谷池と比較して被災する危険度が低いと考えられる。

老朽度・改修歴との関連では、査定池は築造から200年以上経過して、しかも長期間改修が行われていない老朽化したものが多い。一方、被害軽微池や無被害池では、築造年の古い池の占める割合が査定池より少なく、過去50年以内に改修をしたものや30年以内に全面改修をしたものの割合が高い。したがって、老朽化して近年、改修を行っていないため池は、地震に際しての危険度が高いと言える。

以上の結果から、筆者は阪神・淡路大震災における被災ため池の多くに共通する重要な特色のいくつかを示し得たと考える。したがって、今後、県や市町でのため池の防災計画の策定に際しては、地形や地質、池の構造及び老朽度・改修歴に関する十分な配慮が必要である。しかし、筆者が指摘した地形・地質や池の構造及び老朽度・改修歴の特色は被災したため池のすべてに共通するものではなく、少数の例外的事例も含んでいる。すなわち、今回の震災によるため池の被害は、様々な要因が複雑にからみあった結果であって、被災の要因を特定するには、なお多くの調査・研究を要すると言える。そのためには、さらに本土分被災ため池の補足調査と最大の被災地である淡路島の被災ため池の調査を実施して、問題の解明にとりくむことが必要である。

●注
1) ため池の保全に関する条例(昭和26年3月27日条例第19号、昭和48年3月31日条例第18号改正)、ため池の保全に関する条例施行規則(昭和26年5月7日規則第49号、昭和43年4月1日規則第25号、昭和54年4月1日規則第53号改正)。これらの条例や規則はため池の工事許可や洪水吐の溢流水障害行為

の禁止等を規定したもので、具体的な防災上の規定はほとんどない。
2) 増川ら(1995)によれば、過去の主な地震によるため池の被害総数は、男鹿地震(1939)74、新潟地震(1964)146、十勝沖地震(1968)210、宮城沖地震(1978)83、日本海中部地震(1983)238で、阪神・淡路大震災に比較して被災ため池の数がきわめて少ないが、これは近年の記録に残る大地震がため池密集地域に大きな被害を及ぼさなかったためと思われる。
3) 県の査定を受けたため池の数と査定額との関係を見ると、明石市では査定を受けたため池の査定額の総計を査定を受けたため池数で除して1池平均の査定額を示すと、約3,879万円であるが、神戸市では約885万円である。
4) 被害の内容が明らかになっている査定ため池198について被害内容を分類して分類毎に割合を示すと、堤防の亀裂のみのもの57.1%、制波ブロック破損7.1%、堤防亀裂と制波ブロック破損6.6%、堤防亀裂と樋管破損6.1%、堤防亀裂と洪水吐破損4.5%、樋管破損3.5%、制波ブロック破損と洪水吐破損3.0%、その他12.1%であるが、堤防の崩壊や滑落はその他のうちの2.5%である。

## ●参考文献

赤江剛夫・小椋正澄・佐藤泰一郎・東 孝寛・肥山浩樹・吉田和洋・長野宇規(1995)：阪神・淡路大震災による淡路島の農地・農道被害．農業土木学会誌 63-11, pp.31-37, 農業土木学会.

安部優吉(1995)：兵庫県南部地震の現場から．農業土木 2-542, pp.12-13, 全国農業土木技術連盟.

井谷昌功・半田修弘・小林秀匡・谷 茂(2000)：「ため池データベース」の構築．農業土木学会誌 68-3, pp.265-269, 農業土木学会.

猪木幸男・弘原海清(1980)：『上郡地域の地質』，地域地質研究報告(5万分の1図幅)，通産省工業技術院地質調査所, 74p.

岩下友也・中村 昭・松本徳久・横山真至(1996)：兵庫県南部地震によるため池を例とした土構造物の被害特性の分析．阪神・淡路大震災に関する学術講演会論文集/c 構造物の被害とメカニズム．pp.421-428, 土木学会.

内田一徳(1995)：災害に対する農村の強みと弱み(調査結果の総括報告)．農業土木学会誌 63-11, pp.1145-1146, 農業土木学会.

内田一徳・畑 武志・田中 勉・田中丸治哉・阪口 秀・杉原 雄・多田明夫・安田武司・真山滋志(1997)：19 GISデータベースによるため池の地震被害の究明．神戸大学特定研究『兵庫県南部地震に関する総合研究』平成8年度報告書, pp.133-136.

内田一徳・畑 武志・田中 勉・田中丸治哉・阪口 秀・杉原 雄・多田明夫・安田武司・真山滋志(1998)：18 GISデータベースによるため池の地震被害の究明．神戸大学特定研究『兵庫県南部地震に関する総合研究』平成9年度報告書, pp.177-184.

岡本芳郎(1995)：兵庫県南部地震と土地改良施設．農業土木 2-542, pp.4-10, 全国農業土木技術連盟.

尾崎正紀・松浦浩久(1988)：『三田地域の地質』，地域地質研究報告(5万分の1図幅)，通産省工業技術院地質調査所, 93p.

尾崎正紀・栗本史雄・原山 智(1995)：『北条地域の地質』，地域地質研究報告(5万分の1図幅)，通産省工業技術院地質調査所, 101p.

木村和弘・森下一男・坂本 充・鈴木 純(1997)：淡路島・農村の震災後の農業的土地利用の変化とその対応．農業土木学会誌 65-9, pp.929-935, 農業土木学会.

栗本史雄・松浦浩久・吉川敏久(1993)：『篠山地域の地質』，地域地質研究報告(5万分の1図幅)，通産省工業技術院地質調査所, 85p.

建設省国土地理院(1966a)：土地条件図神戸．建設省国土地理院.

建設省国土地理院(1966b)：土地条件図姫路．建設省国土地理院．
建設省国土地理院(1966c)：土地条件図高砂．建設省国土地理院．
建設省国土地理院(1983)：土地条件図大阪西北部．建設省国土地理院．
国土庁土地局国土調査課(1974)：土地分類図(兵庫県)．国土庁土地局国土調査課．
篠　和夫・藤井弘章・内田一徳・島田　清・清水英良・田中　勉・西村伸一(1995)：阪神・淡路大震災による水利施設の被害．農業土木学会誌　63-11, pp.1155-1160, 農業土木学会．
関島建志(1995)：農地・農業用施設および対応．農業土木学会誌　63-11, pp.1131-1134, 農業土木学会．
武田和義(1995)：震源地からのたより―兵庫県南部地震の復旧について―．農業土木 3-6, pp.24-26, 全国農業土木技術連盟．
谷　茂・牛窪健一・播磨宗治・山田和広(1996)：ため池データベースの開発とその防災への応用．情報地質　7-4, pp.287-296, 日本情報地質学会．
谷　茂(1999)：フィルダムの地震災害と災害防止システムの研究．東京大学大学院博士論文．
中桐貴生・渡辺紹裕・水谷正一・堀野治彦・中村公人(1998)：阪神・淡路大震災による淡路島北部の農業水利環境の変化―阪神・淡路大震災の農村の水文環境・水利用への影響(2)―．水利科学　41-1, pp.87-102, 水利科学研究所．
中島正憲・谷　茂(1997)：兵庫県南部地震による被災ため池の改修：阪神復興のつち音．土木施工　38-6, pp.64-69, 山海堂．
中谷修造(1995)：淡路島の農業農村整備―21世紀に向けた新しい淡路農業をめざして―．農業土木　11-551, pp.28-29, 全国農業土木技術連盟．
中村公人・堀野治彦・渡辺紹裕・中桐貴生(1997)：阪神・淡路大震災による淡路島北部の農業水利環境の変化―阪神・淡路大震災の農村の水文環境・水利用への影響(1)―．水利科学　40-6, pp.83-93, 水利科学研究所．
新田夏一郎(1995)：阪神・淡路大震災の被害状況．農業土木学会誌　63-11, pp.1125-1130, 農業土木学会．
農林水産省近畿農政局土地改良技術事務所(1995)：兵庫県南部地震によるため池の被害について．農林水産省近畿農政局土地改良技術事務所, 7p．
農林水産省構造改善局・日本農業土木総合研究所(1995a)：平成6年度農地農業用施設緊急地震対策調査委託事業　ため池現地調査編(報告書), 304p. 農林水産省構造改善局・日本農業土木総合研究所．
農林水産省構造改善局・日本農業土木総合研究所(1995b)：平成6年度農地農業用施設緊急地震対策調査委託事業　北淡路3ダム現地調査編(報告書), 190p. 農林水産省構造改善局・日本農業土木総合研究所．
農林水産省構造改善局・日本農業土木総合研究所(1995c)：平成6年度農地農業用施設緊急地震対策調査委託事業　北淡路3ダム現地調査編(現場写真及び資料集), 361p. 農林水産省構造改善局・日本農業土木総合研究所．
農林水産省構造改善局・日本農業土木総合研究所(1995d)：平成6年度農地農業用施設緊急地震対策調査委託事業　ため池現地調査編(現場写真及び資料集), 161p. 農林水産省構造改善局・日本農業土木総合研究所．
農林水産省構造改善局・日本農業土木総合研究所(1995e)：平成6年度農地農業用施設緊急地震対策調査委託事業　ため池現地調査編(被災ため池一覧表及び位置図), 67p. 農林水産省構造改善局・日本農業土木総合研究所．
長谷川高士(1995)：阪神・淡路大震災とその特徴．農業土木学会誌　63-11, pp.1117-1118, 農業土木学会．
日暮　哲(1995)：兵庫県における農地・農業用施設被害への対策．農業土木学会誌　63-11, pp.1135-1137, 農業土木学会．
兵庫県神戸土地改良事務所(1995)：2次災害防止重視パトロール地区(図・表)．兵庫県神戸土地改良事務所．
兵庫県竜野土地改良事務所(1995)：兵庫県南部地震による被災ため池一覧表．兵庫県竜野土地改良事務所．
兵庫県都市住宅部政策課(1980)：土地分類基本調査　篠山．兵庫県都市住宅部政策課, 54p．
兵庫県都市住宅部政策課(1981)：土地分類基本調査　明石・須磨・洲本．兵庫県都市住宅部政策課, 65p．
兵庫県都市住宅部政策課(1985)：土地分類基本調査　三田．兵庫県都市住宅部政策課, 69p．

兵庫県都市住宅部政策課(1986):土地分類基本調査 北条.兵庫県都市住宅部政策課,85p.
兵庫県都市住宅部政策課(1987):土地分類基本調査 生野.兵庫県都市住宅部政策課,55p.
兵庫県都市住宅部政策課(1991):土地分類基本調査 高砂.兵庫県都市住宅部政策課,111p.
兵庫県南部地震技術検討会(1996):平成7年兵庫県南部地震・農業用施設に係わる技術検討報告書.日本農業土木総合研究所,175p.
兵庫県農地整備課(1995a):農業用ため池調(表).兵庫県農地整備課.
兵庫県農地整備課(1995b):兵庫県南部地震査定結果表(農地及び農業用施設).兵庫県農地整備課.
兵庫県農地整備課(1996):『兵庫県南部地震農地・農業用施設震災記録誌』,兵庫県農地整備課,150p.
兵庫県姫路土地改良事務所(1995):兵庫県南部地震による被災ため池一覧表.兵庫県姫路土地改良事務所.
兵庫県三木土地改良事務所(1995a):兵庫県南部地震による被災箇所図.兵庫県三木土地改良事務所.
兵庫県三木土地改良事務所(1995b):『平成7年度水防計画』,兵庫県三木土地改良事務所,70p.
兵庫県三木土地改良事務所(1995c):兵庫県南部地震に係わるため池の被災状況(表)兵庫県三木土地改良事務所.
兵庫県社土地改良事務所(1995a):平成7年1月17日兵庫県南部地震災害位置図.兵庫県社土地改良事務所.
兵庫県社土地改良事務所(1995b):重点監視ため池のランク分け表.兵庫県社土地改良事務所.
藤井弘章・島田 清・西村伸一(1996):兵庫県南部地震によるため池の被害—特に北淡町を中心に—.藤原梯三『平成7年兵庫県南部地震の被害調査に基づいた実証分析による被害の検証』,平成7年度文部省科学研究費補助金総合研究A(研究代表者:藤原梯三)研究成果報告書,pp.208-223.
藤井弘章(1997):『農業土木構造物の耐震信頼性設計に関する研究』,平成6〜8年度文部省科学研究費補助金基盤研究(B)(2)(研究代表者:藤井弘章)研究成果報告書,70P.
藤田和久・笠間太郎(1983):『神戸地域の地質』.地域地質研究報告(5万分の1図幅),通産省工業技術院地質調査所,115p.
藤田和久・笠間太郎(1988):『大阪西北部地域の地質』.地域地質研究報告(5万分の1図幅),通産省工業技術院地質調査所,112p.
藤田和久・前田保夫(1984):『須磨地域の地質』.地域地質研究報告(5万分の1図幅),通産省工業技術院地質調査所,101p.
増川晋・浅野勇・田頭秀和・堀俊和(1995):兵庫県南部地震による農業用水利施設の被害.農業土木学会誌 63-3,pp.237-241,農業土木学会.
松浦浩久・栗本史雄・寒川 旭・豊 遙秋(1995):『広根地域の地質』.地域地質研究報告(5万分の1図幅),通産省工業技術院地質調査所,110p.
松田誠祐・大年邦雄・松本伸介・篠 和夫(1995):兵庫県南部地震における淡路島の被害状況.農業土木学会誌 63-11,pp.1139-1144,農業土木学会.
水野清秀・服部 仁・寒川 旭・高橋 浩(1990):『明石地域の地質』.地域地質研究報告(5万分の1図幅),通産省工業技術院地質調査所,90p.
三田村宗樹(1996):旧河川およびため池の例.日本地質学会環境地質研究委員会編『阪神・淡路大震災:都市直下型地震と地質環境特性』,東海大学出版会,pp.281-290.
三田村宗樹(1998):ため池における地震関連現象に関する一考察.第四紀 30,pp.73-80,第四紀総合研究会.
森下一男・吉田 勲・木村和弘・松田誠祐・大年邦雄・猪迫耕二・森本直也(1995):阪神・淡路大震災による農業集落の被災状況とその対応.農業土木学会誌 63-11,pp.1167-1172,農業土木学会.
森下一男(1997):阪神・淡路大震災における溜池をもつ農業集落の対応と防災体制.1997年度農村計画学会学術研究発表会要旨集.pp.73-76,農村計画学会.
森下一男・木村和弘・林 剛一・鈴木 純(1997):淡路島・農村における住環境および生産環境の震災被害と復旧.農業土木学会誌 65-9,pp.921-928,農業土木学会.
安江二夫(1995):平成7年兵庫県南部地震被害について.農業土木 2-542,pp.2-3,全国農業土木技術連盟.
山本谷晶(1997):兵庫県における農地・農業用施設に関する震災後の対策.農業土木学会誌 65-9,pp.15-22,

農業土木学会.

渡辺紹裕・堀野治彦・水谷正一・中村公人・中桐貴生・大上博基(1995):阪神・淡路大震災による淡路島北部の水環境の変化.農業土木学会誌 63-11, pp.1161-1166, 農業土木学会.

渡辺紹裕(1996a):農村の危機管理と震災—淡路島北部の農業水利システムを中心として—.1996年水資源シンポジウム「国連水の日:高度利用・危機管理の方向」,日本学術会議水資源学研究連絡委員会, pp.16-27.

渡辺紹裕(1996b):大震災が淡路島北部の水量に及ぼした影響.水資源・環境研究 9, pp.82-84, 水資源・環境学会.

# 第8章　被災ため池と貯水率との関連についての検討

## 1．阪神・淡路大震災とため池の水位

　筆者は前章において、兵庫県の島しょ部を除いた地域(兵庫県本土分)における阪神・淡路大震災の被災ため池について、立地する地点の地形・地質、ため池の構造、老朽度・改修歴の点から特色を明らかにした。その結果として、被災したため池のうち査定池では谷底平野をせき止めて作った谷池で、立地する地点の表層地質が沖積層の場合が多く、老朽度や改修歴との関係では築造から200年以上経過して、しかも長期間改修の行われていないものであることを指摘した(第7章)。
　本章は、兵庫県本土分の被災したため池に共通する特色をさらに明らかにするために、ため池の貯水率と構造との関連を分析することを目的とする。被災したため池の特色をさらに調査する理由は、前章の末尾にも示したように、ため池の被災について少数の要因を特定することは困難で、他にも多くの要因が複雑に影響していると考えられるからである。また、貯水率を取り上げて分析する理由は、被災したため池の管理者に対して、老朽度や改修歴を問う調査を実施した際に、被災したため池に共通する特色として、貯水率との関係を指摘する回答がかなり多く見られたからである。
　また、地震時のため池の貯水率と被害との関係についての研究は、現在のところ管見に入らず、筆者の研究の意義が見出される。
　そこで、筆者は1995年10～11月に、兵庫県本土分の被災ため池のうち、査定池の全管理者に対して、地震当日のため池の貯水率と通常年の1月中旬の貯水率等を尋ねる調査票を郵送して、回答を求めた。その際、査定池に近接した場所に立地する被害軽微池と査定池に近接している無被害池についても、査定池と同様の項目に関して回答を求めた。

## 2．地震時と通常年のため池の貯水率

### （1）阪神・淡路大震災時のため池の貯水率

　兵庫県本土分における阪神・淡路大震災の被災ため池は、黒田庄町、中町より南部の、いわゆる播磨地区に集中している(図8-1)。このことは、本来この地区にため池が多く分布していることと、地震の振動が県南部において大きかったことの2点による(第7章参照)。
　筆者は前述のように、査定池の全管理者に対して、地震の被害とため池の貯水率との関係を知る目的で調査を実施した。その結果、本土分の査定池の64.5%にあたる180のため池と、それに近接する被害軽微池61、無被害池193の合計434池に関する有効回答を得た。なお、調査内容は、地震当日のため池の貯水状況とその理由、通常年の1月中旬の貯水状況とその理由の4項目である。
　次に、有効回答を得られたため池を地形図と刊行された地形分類図(建設省国土地理院1966a・b・c, 83、兵庫県都市住宅部政策課1980・81・85・86・87・91)や筆者が作成した地形分類図から、谷

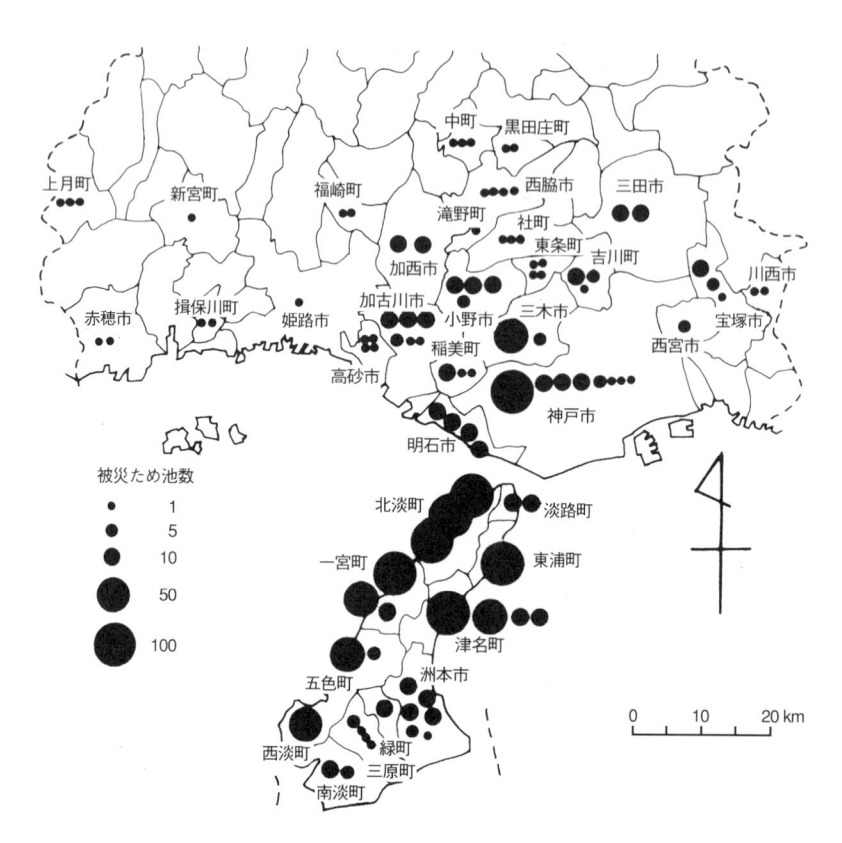

図8-1　兵庫県における阪神・淡路大震災による市町別被災ため池の分布
内田（1996）より作成

　池と皿池とに分類した。この場合の谷池とは山地、丘陵、台地の谷底平野の一部を1面の堤防でせき止めた構造で、細長い三角形に似た形態のものを意味し、皿池とは台地や後背湿地の比較的緩傾斜の土地に、前面と側面あるいは全周を堤防で取り囲んだ構造で、円形や方形の形態のものである。
　ここでため池を谷池と皿池とに分類した理由は、次の通りである。前述のように、筆者は阪神・淡路大震災によって被災した本土分のため池448と被害を受けなかったため池182について、池の立地する地形、地質等を調査した（第7章参照）。その結果、対象としたため池の73.1％が谷底平野に立地し、20.2％が段丘に、4.3％が扇状地に、2.4％が段丘と谷底平野、段丘と丘陵等の2つの地形の境界にまたがって立地することが判明した。このうち、谷底平野に立地するものの大部分が谷池で、ごく少数の皿池を含み、段丘と扇状地に立地するものは皿池、2つの地形の境界に立地するものは谷池であって、研究対象地域のため池は、構造上からは谷池と皿池とに二分されることが明らかになった。さらに、立地する地形や地質を異にする谷池と皿池とでは、被害程度にも違いがあることがわかったからである。
　図8-2は有効回答のあった査定池、被害軽微池、無被害池の434池をそれぞれ谷池と皿池とに分類し、さらにこの6つの分類毎に地震当日の貯水率を0～10割の11区分で示して、区分毎の池数を、ひとつの分類に属す池の中での割合で表したものである。例えば、査定池の谷池のうち、10割（満水位）貯水していたものは3池あるが、その数は査定池の谷池124のうちの2.4％を占めるという意味である。

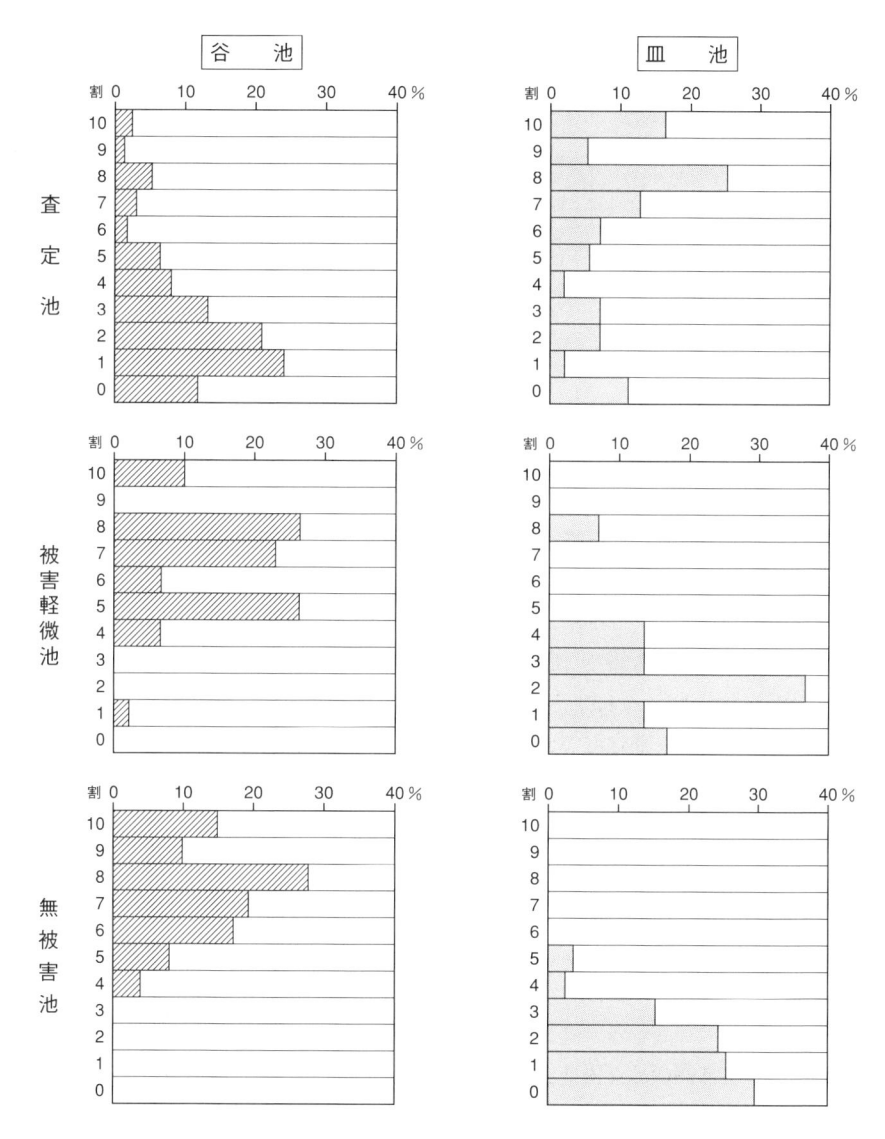

第8章　被災ため池と貯水率との関連についての検討

図8-2　兵庫県本土分における阪神・淡路大震災のため池の貯水率
聞き取り調査より作成

　図8-2によると、谷池の場合は被害程度の大きい査定池において、貯水率3割以下の池が全体の71.0％を占めているのに対して、無被害池では貯水率7割以上の池の占める割合が71.3％となっている。しかし、皿池の場合は、査定池で貯水率7割以上のため池の占める割合は59.0％であり、無被害池では貯水率3割以下のものが74.5％である。
　このことから、谷池では貯水率が低い池に被害が大きく、貯水率が高い池では被害が少ないことがわかる。反対に、皿池では貯水率が高い池に被害が大きく、貯水率が低い池で被害が少ないと言える。特に、無被害池については谷池の場合、貯水率3割以下の池は全くなく、皿池の場合も貯水率6割以上のものがないというように、貯水率と被害との関係が顕著に現れている。
　一方、被害軽微の谷池の場合は、貯水率4割以上のものが96.8％を占め、中でも、貯水率4～6割のものが40.1％を占める。この傾向は査定池より無被害池の場合に似ているが、無被害池の谷池で

は貯水率4〜6割のものは28.7％と相対的に少なく、6割以上のものが88.1％と多い上に、3割以下のものもない。また、無被害池には見られない、貯水率1割の池が少数ある点でも異なる。

被害軽微池の皿池の場合は、貯水率3割以下の池の占める割合が80％を占め、貯水率4割のもので13.3％、貯水率8割のものも6.7％ある。皿池の場合でも、この傾向は無被害池の場合と似ているが、無被害池では貯水率6割以上の池はなく、貯水率4〜5割の池の占める割合が5.5％と低くて、3割以下のものが94.5％を占める。したがって、被害軽微池は谷池、皿池とも一般的には無被害池と似た貯水率の傾向をもつが、貯水率4〜5割の占める割合が高い点と、査定池に見られるような貯水率がひじょうに高かったり、低かったりする池が少数、存在する点でも、無被害池とは異なっている。

さらに、査定池・被害軽微池・無被害池の全体を通してみると、貯水率7割以上のため池が全体に占める割合は32.5％、4〜6割が18.0％、1〜3割が37.1％、0割が12.4％で、1〜3割の貯水率の池の割合が最も高い。このことは、分析対象としたため池において、谷池（256池）の数が皿池（178池）の数を上回っており、谷池の場合は貯水率の低いものが被害を受けていることとの関連が深いと思われる。

### （2）通常年の1月中旬の貯水率

図8-3は、筆者の調査から有効回答を得た434のため池の、通常年の1月中旬の貯水率を査定池、被害軽微池、無被害池の谷池と皿池について、図8-2と同様な方法で示したものである。通常年の貯水率を調査した目的は、阪神・淡路大震災時のため池の貯水率が通常年と異なったものか否か、もし異なったものであるなら、それが被害とどのような関連を有しているかを知るためである。

図8-3によると、査定池の谷池では貯水率7割以上のため池の占める割合が61.2％、無被害池では86.4％、被害軽微池では91.3％であって、いずれの場合も貯水率の高い池が多い。特に、被害軽微池と無被害池では、満水位に貯水するものの割合がそれぞれ43.5％、43.2％とかなり高いのに対して、査定池では13.5％である。また、貯水率5割以下の池の占める割合の合計は、被害軽微池では8.7％、無被害池では12.6％であるのに対して、査定池では27.0％である。したがって、谷池の通常年の貯水率は高いが、被害軽微池と無被害池では特にその傾向が強く、査定池では5割以下の貯水率の池の割合が被害軽微池・無被害池に比べて高い。

皿池の場合には、貯水率7割以上のため池の占める割合が谷池の場合に比べると低いが、査定池では62.0％、無被害池では50.6％、被害軽微池では62.9％と、ともに過半数を越えている。そして、満水位のため池の割合は査定池で32.0％と比較的高く、被害軽微池での18.5％、無被害池での19.0％を上回っている。一方、査定池では未貯水の池の割合も24.0％であり、被害軽微池での11.1％、無被害池での11.4％を上回っている。したがって、皿池の場合も通常年の貯水率は高いが、査定池の場合は被害軽微池・無被害池に比べて貯水率10割と0割の占める比率が高い。さらに、貯水率8割以上のため池の占める割合は、査定池で60.0％、被害軽微池で51.8％、無被害池で30.4％となり、被害程度の大きいほど、貯水率の高い池の割合が多い。

このように、通常年の1月中旬のため池は谷池、皿池とも比較的高い貯水率であることがわかった。そして、通常年に貯水率5割以下の谷池では、地震時の被害程度が大きくて、皿池の場合は8割以上の貯水率の高いため池での被害程度が大きいと言える。さらに、全体としても、通常年の貯水率が7割以上のため池の占める割合は67.3％、4〜6割は20.0％、1〜3割は3.6％、0割は9.10％と

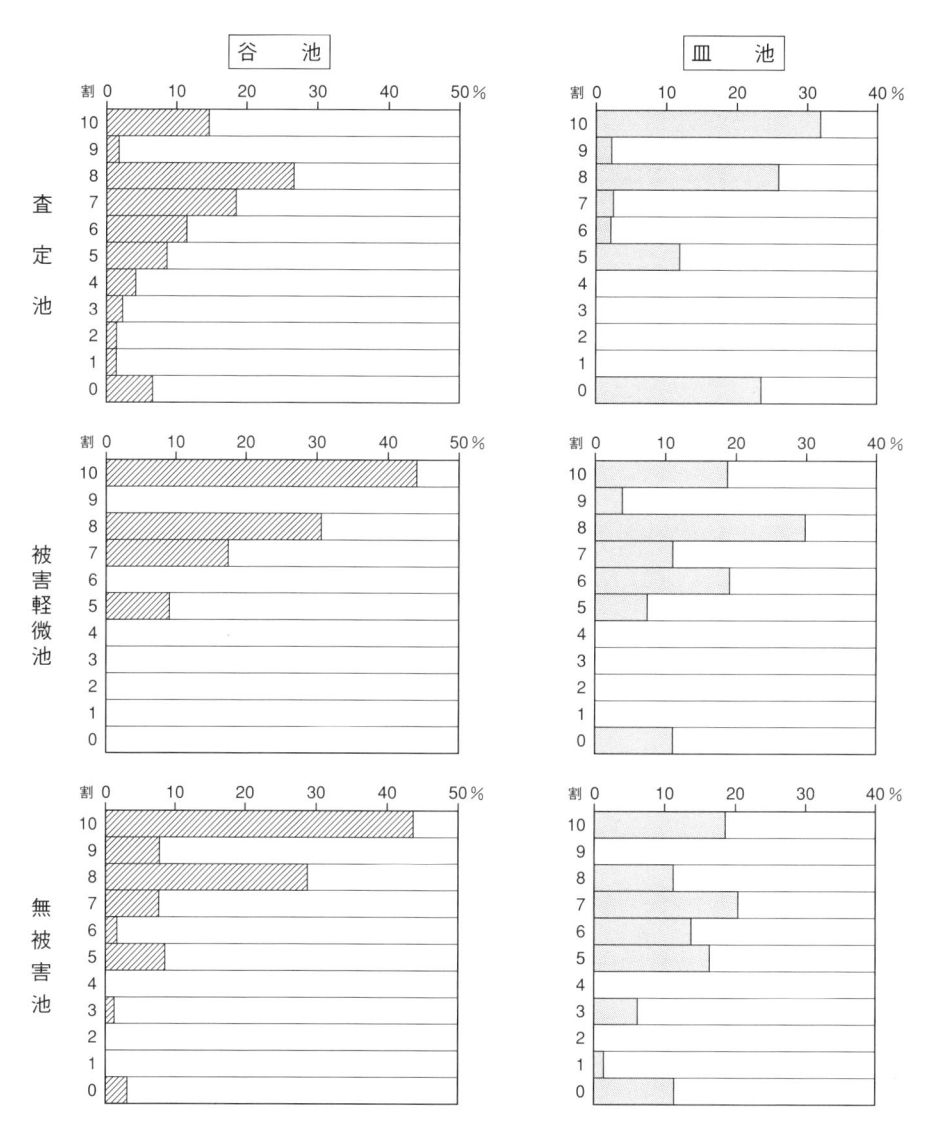

第8章 被災ため池と貯水率との関連についての検討

図8-3 兵庫県本土分における通常年1月のため池の貯水率
聞き取り調査より作成

なっている。このことは、貯水率1～3割のため池の占める割合が比較的高かった、阪神・淡路大震災時の貯水率とはかなり異なっている。

(3) ため池の貯水理由

前項で述べたように、兵庫県本土分のため池は地震時の被害の有無にかかわらず、通常年の1月では比較的高い割合の貯水を行っていることがわかった。そこで、通常年と阪神・淡路大震災時のため池の貯水率について、そのような貯水率の違いを生じた理由について分析する。まず、通常年の貯水率が高い理由について、調査結果から分析する。

表8-1は、兵庫本土分の査定池管理者から得た通常年1月中旬のため池の貯水あるいは未貯水の理由を主な理由毎に分類して、さらに貯水率7割以上、4～6割、1～3割、0割の池毎に示したも

表8-1 通常年1月のため池の貯水・未貯水の理由

| 理由＼貯水率 | 7割以上 | 4〜6割 | 1〜3割 | 0割 | 計 |
|---|---|---|---|---|---|
| 水田灌漑 | 207池 (80.2%) | 49池 (86.0%) | 24池 (44.4%) | 0池 ( 0.0%) | 280池 (72.9%) |
| 畑地灌漑 | 15 ( 5.8) | 3 ( 5.3) | 2 ( 3.7) | 0 ( 0.0) | 20 ( 5.2) |
| 防火用水 | 13 ( 5.1) | 1 ( 1.7) | 0 ( 0.0) | 0 ( 0.0) | 14 ( 3.7) |
| 堤体保護 | 22 ( 8.5) | 1 ( 1.7) | 2 ( 3.7) | 0 ( 0.0) | 25 ( 6.5) |
| その他 | 1 ( 0.4) | 0 ( 0.0) | 2 ( 3.7) | 15 (100.0) | 18 ( 4.7) |
| 不明 | 0 ( 0.0) | 3 ( 5.3) | 24 (44.4) | 0 ( 0.0) | 27 ( 7.0) |
| 計 | 258 (100.0) | 57 (100.0) | 54 (100.0) | 15 (100.0) | 384 (100.0) |

聞き取り調査より作成

のである。貯水理由を貯水率毎に分けて示した理由は、まず貯水と未貯水の理由が異なること、そして貯水の場合には、前項に記したように、貯水率7割以上と3割以下のため池が査定を受けた被害程度との関連が深く、4〜6割の貯水率は軽微な被害との関連が深いためである。貯水理由の有効回答を得たため池は査定池165、被害軽微池47、無被害池161の計373池で、うち15池が貯水率0割である。

表8-1によると、通常年1月中旬の貯水率を7割以上とするため池258池の貯水理由は、水田灌漑が80.2%、畑地灌漑が5.8%、防火用水が5.1%、凍結や風による堤体の損傷防止(堤体保護)が8.5%である。4〜6割の貯水率の57池では、水田灌漑86.0%、畑地灌漑5.3%、防火用水1.7%、堤体保護1.7%である。1〜3割の貯水率の43池では、水田灌漑44.4%、畑地灌漑3.7%、堤体保護3.7%、その他3.7%、不明44.4%である。

ここで言う水田灌漑とは、田植え時の用水確保のために行う貯水のことで、畑地灌漑とは軟弱野菜や植木栽培の養水のことである。貯水理由のうち、水田灌漑の占める割合がひじょうに多いことから、この地域ではため池が水田の重要な水源であって、しかも冬期から貯水をしないと田植え時に十分な用水が確保できないという、水利上の厳しい環境にあることがわかる。また、未貯水の15池の理由は、樋門の修理や水草を枯らすためであった。続いて、地震時の貯水率について貯水、未貯水の理由を考察する。筆者の調査によれば、地震時の貯水・未貯水の理由を記した有効回答は、査定池155、被害軽微池44、無被害池140の合計339池分であった。表8-2は表8-1と同様な方法で、地震時のため池の貯水・未貯水の理由を示したものである。このうち、地震時に7割以上の貯水率のため池は258池で、それらの貯水理由は水田灌漑80.2%、畑地灌漑8.2%、堤体保護8.5%、防火用水2.7%である。4〜6割の貯水率のものでは、水田灌漑92.1%、畑地灌漑5.3%、防火用水2.6%で、1〜3割の貯水率のものでは、水田灌漑80.0%、防火用水20.0%であった。また、未貯水は28池で、その理由は水草を枯らす、樋門を修理するが7.1%、不明が92.9%であった。以上のことから、地震時にため池に貯水をしていた目的は通常年の場合と同様に、大部分が水田灌漑であることがわかる。

次に、これらのため池のうち、通常年と比べて地震時に貯水率を変化させたため池について、その理由を調査した。その結果、上記の339池のうち、地震時に明らかに通常年より貯水率を上げたため池は29池であった。その理由は、翌春の水需要に備えて毎年、秋期から貯水を開始しているのに対して、1994年は夏の渇水の影響が秋にも及んで、秋期の貯水が不十分であったためである。一方、貯水率を下げたため池は194池あり、このうち191池が、その理由として、前年夏の渇水の影響が秋にも及んで、秋期の貯水が不十分であったことをあげている。残りの3池は、工事を行うた

第8章 被災ため池と貯水率との関連についての検討

表8-2 阪神・淡路大震災時のため池の貯水・未貯水の理由

| 理由 \ 貯水率 | 7割以上 | 4〜6割 | 1〜3割 | 0割 | 計 |
|---|---|---|---|---|---|
| 水田灌漑 | 207池 (80.2%) | 35池 (92.1%) | 12池 (80.0%) | 0池 (0.0%) | 254池 (74.9%) |
| 畑地灌漑 | 21 ( 8.2 ) | 2 ( 5.3 ) | 0 ( 0.0 ) | 0 ( 0.0 ) | 23 ( 6.8 ) |
| 防火用水 | 7 ( 2.7 ) | 1 ( 2.6 ) | 3 (20.0 ) | 0 ( 0.0 ) | 11 ( 3.2 ) |
| 堤体保護 | 22 ( 8.5 ) | 0 ( 0.0 ) | 0 ( 0.0 ) | 0 ( 0.0 ) | 22 ( 6.5 ) |
| その他 | 1 ( 0.4 ) | 0 ( 0.0 ) | 0 ( 0.0 ) | 2 ( 7.1 ) | 3 ( 0.9 ) |
| 不明 | 0 ( 0.0 ) | 0 ( 0.0 ) | 0 ( 0.0 ) | 26 (92.9 ) | 26 ( 7.7 ) |
| 計 | 258 (100.0) | 38 (100.0) | 15 (100.0) | 28 (100.0) | 339 (100.0) |

聞き取り調査より作成

めに水を抜いていた。

このように、地震時に通常年より貯水率を上げたため池も貯水率を下げたため池も、貯水率を変化させた理由は、渇水の影響による秋期の貯水不足であった。そして、貯水率を下げたため池は、秋期の貯水不足を挽回しようと試みたが、ため池を取り巻く自然条件が悪く、結果として貯水率が通常年より低下してしまったもので、貯水率を上げた29池は秋期の貯水不足を冬期にうまく補えたため池である。

以上のように、兵庫県本土分の被災ため池の集中地域は用水不足の地域であって、ため池は重要な灌漑用水源であり、特に稲作の用水確保のために冬期もため池に貯水していることがわかった。しかも、1994年夏の渇水が1995年1月のこの地域のため池に、田植え時の用水を確保する目的で、通常以上の貯水を強いたものの、結果として、計画通りに貯水できたため池が少なかったと言える。

## 3. 地震時の貯水率と被害

阪神・淡路大震災時のため池の貯水率は、前項で記したように、通常年の同時期の貯水率とは異なっていた。そこで、本節では地震時の貯水率が通常と異なったことが、被害とどのような関連をもったのかについて検討する。

地震当日の貯水率と通常年の貯水率との違いについて、調査から得られた有効回答は223池分であった。**表8-3**は、通常年より地震時に貯水率を上げたため池29池について、**表8-4**は貯水率を下げたため池194池について、その内訳を示している。まず、これらのため池の数を見ると、地震時に貯水率を上げたため池数より、貯水率を下げたため池数の方が6倍以上多い。そのため、前年夏の旱魃の影響で、平年より貯水率を下げたため池が多いことがわかる。

前節第1項に記したように、地震時の貯水率とため池の被害の関連をみると、谷池の場合は満水位やそれに近い貯水率の池は被害が小さく、未貯水やそれに近い貯水率の池は被害が大きい傾向が指摘できる。これに対して、皿池の場合は未貯水やそれに近い貯水率の池は被害が小さく、満水位やそれに近い貯水率の池は被害が大きい。このような法則性が成り立つと仮定すれば、谷池の中には通常年より貯水率を上げることによって安全度が高まり、貯水率を下げることによって安全度が低下したものが現れて、皿池の場合にはこれと反対の現象がみられることになる。そこで、この法則性を前提として、地震時の貯水率について検討を行う。

表8-3は地震時に通常年より貯水率を上げたため池、表8-4は地震時に通常年より貯水率を下げたため池の数を貯水率毎に示し、そのうち上記の法則性によって安全度が上昇したと思われるため

**表8-3 阪神・淡路大震災時に通常年より貯水率を上げたため池**

| 貯 水 率 | 査 定 池 | | 被害軽微池 | | 無被害池 | |
|---|---|---|---|---|---|---|
| | 谷 池 | 皿 池 | 谷 池 | 皿 池 | 谷 池 | 皿 池 |
| 10 割 | ②池 | 0 池 | ①池 | 0 池 | ⑥池 | 0 池 |
| 9 | ① | 1* | 0 | 0 | 0 | 1* |
| 8 | ② | 0 | ① | 0 | ① | 1* |
| 7 | 0 | 0 | 0 | 0 | 0 | 1* |
| 6 | (1) | 0 | 0 | 0 | 0 | 1) |
| 5 | 0 | 0 | 0 | 0 | 0 | 1) |
| 4 | 1 | 0 | 1 | 0 | 0 | 0 |
| 3 | 0 | 1 | 0 | 0 | 0 | 1 |
| 2 | 0 | 2 | 0 | 0 | 0 | 0 |
| 1 | 1 | 1 | 0 | 0 | 0 | 1 |
| 0 | 0 | 0 | 0 | 0 | 0 | 0 |

聞き取り調査より作成

① 危険度が低下したため池
(1) 危険度がやや低下したため池
1* 危険度が上昇したため池
1) 危険度がやや上昇したため池

池、やや安全度が上昇したと思われるため池、安全度が低下したと思われるため池、やや安全度が低下したと思われるため池についても表示した。

　表8-3によれば、貯水率を8割以上に上げたことで安全度が上昇したと思われる谷池が14ある。このうち、安全度が上昇したにもかかわらず、査定を受ける被害を生じた5池を調査すると、3池は断層に近接しており、1池は受益面積4.1haの小規模なため池としては高い、堤高6mの堤防を有している。残りの1池では、被災池の多くのため池の被害が堤体に生じているのに対して(内田, 1996b)、底樋の水漏れ被害のみで、被害額も70万円弱と比較的低額である。しかも、このため池では、1987～92年に堤体中心の改修工事が行われていることから、今回被災した底樋部分は未改修の可能性があり、被害はため池の立地条件よりも設計上や工事上の問題との関連が深いように思われる。

　また、安全度が上昇したにもかかわらず、軽微な被害を受けた2つの谷池は、少なくても100年以上前の築造で、21～45年前に部分的に改修が行われたものである。一方、表8-3のうち、貯水率を7割以上に上げることで安全度が低下したと思われるにもかかわらず、無被害であった3つの皿池は19年前に全面改修したもの、5年前に全面改修したもの、52年前に築造したものであった。

　続いて、表8-4において貯水率を下げたことで安全度が上昇したと思われるにもかかわらず、査定を受ける被害を生じた皿池5池は、断層に近接するもの3池、少なくても120年以上前の築造で、過去に1度も改修歴のないもの1池、扇状地に立地するもの1池であった。このうち、扇状地に立地するものは、台地や後背湿地に立地するものより池底面の勾配が急であると想像され、このことが被害を生む要因となった可能性がある。

　同様に、安全度が上昇したにもかかわらず、軽微な被害を受けた皿池14池については、少なくても120年以上前に築造されて、過去に1度も改修歴のないものが8池である。残り6池のうち4池は、築造から少なくても120年以上経過して、しかも27～45年前に部分改修が行われたものである。残りの2池は、築造から150年以上を経過して、12～4年前に改修が行われたが、段丘内の幅広い谷の谷頭から谷を上がり切った位置に立地するものである。この後者の2池は、台地や後背湿地にある皿池より池底面の勾配が急であると思われ、かような立地条件と被害との関連を考慮すべきかもしれない。また、危険度が上昇したにもかかわらず、無被害であった谷池1池は、5年前に全面

表8-4 阪神・淡路大震災時に通常年より貯水率を下げたため池

| 貯水率 | 査定池 | | 被害軽微池 | | 無被害池 | |
|---|---|---|---|---|---|---|
| | 谷池 | 皿池 | 谷池 | 皿池 | 谷池 | 皿池 |
| 10割 | 0池 | 0池 | 0池 | 0池 | 0池 | 0池 |
| 9 | 0 | 0* | 0 | 0 | 4 | 0 |
| 8 | 1 | 7 | 1 | 0 | 9 | 0 |
| 7 | 3 | 3 | 3 | 0 | 9 | 0 |
| 6 | 3 | 4 | 2 | 0 | 6 | 2 |
| 5 | 4) | (2) | 3) | (1) | 8 | (2) |
| 4 | 6) | (2) | 0 | (4) | 4 | (1) |
| 3 | 16* | ③ | 0 | ③ | 0 | ⑦ |
| 2 | 8* | ② | 0 | ⑥ | 0 | ⑪ |
| 1 | 8* | 0 | 0 | ③ | 0 | ⑤ |
| 0 | 13* | 0 | 0 | ② | 1 | ⑫ |

聞き取り調査より作成

① 危険度が低下したため池
(1) 危険度がやや低下したため池
1* 危険度が上昇したため池
1) 危険度がやや上昇したため池

改修したものであった。以上のことから、貯水率の上下によって安全度が上昇したにもかかわらず、被害を受けたため池、特に査定池の場合は断層との近接性や100年以上の長期間未改修といった条件が影響を及ぼしていると推測される。同様に、被害軽微池の場合は、被害と密接な関連をもつと思われる要因が、査定池の場合ほど明らかではない。しかし、築造後少なくても100年以上を経過した老朽化したため池で、過去に改修歴のないものや21年以上未改修のものが多い。これとは反対に、安全度が低下したにもかかわらず、無被害であったため池は、およそ10年以内に全面改修が行われているか、築造年が新しいものであった。さらに、皿池の場合、立地する地形の関係で、他の多くの皿池より池底面の勾配が急であるものが被害を受けた例が見られた。

また、阪神・淡路大震災時に、前年夏の旱魃の影響で、平年より貯水率を下げたため池が多かったことは、貯水率が低いと被害を受けやすい谷池での被害を増加させた。このことは、貯水率を上げたため池の中で、被害を受けた谷池は査定池と被害軽微池の合計で10池、皿池は5池であるのに対して、貯水率を下げたため池の中で被害を受けた谷池は71池、皿池は42池であることにも現れている。さらに、全査定池における谷池と皿池の数の割合は 2.25：1 である。1995年8月に、筆者が被災ため池の地形・地質、老朽度等を調査した際に回答を得た、被害軽微ため池と無被害池における谷池と皿池の割合は、それぞれ、1.03：1、1：0.97 とほぼ同数である。このことからも、谷池での被害が多いことがわかる。

## 4．谷池・皿池の水位と被害

阪神・淡路大震災による兵庫県本土分のため池の被害と貯水率との関係を調査した結果、次の結論を得た。

①谷池では、貯水率が高いものほど被害が少なく、貯水率が低いものほど被害が大きい。
②皿池では、貯水率が低いものほど被害が少なく、高いものほど被害が大きい。
③軽微な被害を受けたため池は、谷池、皿池とも貯水率が4～6割のほぼ半分に近い貯水率のものが多い。

④地震時に貯水率を上下させたことによって、安全度が低下すると予想されたにもかかわらず、被害を受けなかったため池は、最近、全面改修されたものや築造年が新しいものである。

⑤地震時に貯水率を上下させたことによって、安全度が上昇すると予想されたにもかかわらず、被害を受けたため池は、断層に近接するものや100年以上の長期間改修歴のないものが多い。

⑥地震の前年夏の渇水の影響で、平年より貯水率が下がったため池が多く、このことが谷池に多くの被害を与えた。

谷池と皿池の貯水率の違いによる、地震時の被害に差を生じる原因は、現在のところ明らかではなく、今後の課題としたい。そして、ため池の立地する地形・地質、堤防の土質・構造等の諸点と貯水率との関係を、さらに調査・分析する必要があると思われる。

また、研究対象地域には、古くは淡山疎水、最近では東播用水等の大きな用水の受益地区も含まれている。しかし、調査の回答にも見られたように、これらの用水の受益地区においても用水の取り入れは春からであって、しかも、それだけでは田植えに必要な用水を確保できない実態がある。震災対策に限定して貯水を考えるならば、谷池には冬期にも水を入れて貯水することが望ましく、皿池には春に十分な用水を確保する手立てを講じることで、貯水しないことが望ましい。ため池の破堤による水害の面では、ため池に満水位近く貯水することは望ましくないが、雨量の少ない冬期であるなら大きな問題はないと思える。

兵庫県においてため池が多く分布する地域は、本来、雨量の少ない自然環境に置かれており、ため池に十分な貯水をすることは容易ではない。その上に、前年夏の大渇水の影響によって、水位の低いため池が多くなっていたところに地震が発生したため、低水位が被害の要因となる谷池が大きな被害を受けたと言える。

ため池は土と水と人間の営みが密接に関連して成り立っている水利施設であり、それらの微妙なバランスが崩れると自然災害時に大きな被害を受けやすい。今回の阪神・淡路大震災の被害の分析から、改めて、ため池のそのような特色が明らかになり、ため池の維持・管理が防災の上から重要である点が示唆された。

● 参考文献

内田和子(1996)：兵庫県における被災ため池の特色―地形・地質，池の構造および老朽度・改修歴との関連を中心にして―．地理学評論，69-7，pp.531-546，日本地理学会．
建設省国土地理院(1966a)：土地条件図　神戸．建設省国土地理院．
建設省国土地理院(1966b)：土地条件図　姫路．建設省国土地理院．
建設省国土地理院(1966c)：土地条件図　高砂．建設省国土地理院．
建設省国土地理院(1983)：土地条件図　大阪西北部．建設省国土地理院．
兵庫県都市住宅部政策課(1980)：土地分類基本調査　篠山．兵庫県都市住宅部政策課，54p．
兵庫県都市住宅部政策課(1981)：土地分類基本調査　明石・須磨・洲本．兵庫県都市住宅部政策課，65p．
兵庫県都市住宅部政策課(1985)：土地分類基本調査　三田．兵庫県都市住宅部政策課，69p．
兵庫県都市住宅部政策課(1986)：土地分類基本調査　北条．兵庫県都市住宅部政策課，85p．
兵庫県都市住宅部政策課(1987)：土地分類基本調査　生野．兵庫県都市住宅部政策課，55p．
兵庫県都市住宅部政策課(1991)：土地分類基本調査　高砂．兵庫県都市住宅部政策課，111p．

# 第9章 被災ため池の受益地における用水不足への対応

## 1. ため池の損壊による用水不足

　筆者は阪神・淡路大震災後に、同地震によって被災したため池について一連の研究を行い、その成果を発表してきた(第7・8章参照)。筆者の研究は、被災したため池の特色について分析したもので、被災後のため池の復旧過程や被災がため池の受益地に与えた影響については、ふれていない。特に、被災がため池受益地の用水供給に与えた影響に関する研究は、農業土木分野において現在のところ渡辺ら(1995)、渡辺(1996a・b)と森下ら(1995)の研究を見る程度で、多くの事例はないと思われる。渡辺ら(1995)と渡辺(1996a・b)の研究は、淡路島北部における被災したため池受益地での、水利システムの対応について調査し、ため池以外の水源をもつ農村の分散ネットワーク型水利システムの、災害に対する強さを指摘している。森下ら(1995)の研究は、地震が農業生産活動及び農村生活に及ぼした影響を調査する中で、小野市の集落のため池の被災と水田転作の関係を分析し、一宮町の集落での震災後の農家の対応についても、水利関係と合わせて総合的に考察したものである。しかし、どちらの研究とも、いくつかの事例についての分析であって、被災したため池受益地全体における作付けへの対応の状況は解明されていない。

　水田の灌漑を第一目的とするため池が被災した際に、用水をどのように確保するかは水田農業者にとって重要な問題であり、1995年1月に生じた阪神・淡路大震災後、被災したため池の受益地において、用水がどのように供給されたのかを明らかにすることは、今後、ため池の受益地が何らかの災害や事故による用水不足に対処するための、有益な示唆を与えられる。そこで、本章では阪神・淡路大震災によって大きな被害を受けたため池について、その受益地が地震発生後の作付けのために、どのような用水確保の対応を行ったのかを、被災地域全体を対象として明らかにすることを目的とする。

　研究の方法としては、査定池について地震時の貯水率から可能な作付けの状況を推定した上、作付けのための対応方法を調査し、実際の作付けと比較して、考察したものである。研究の方法についてさらに述べると、本土分においては、地震時の貯水率に関しては査定池の管理者への郵送調査の結果によった。被害内容と作付けのための主な対応方法と実際の作付け率に関しては、兵庫県神戸、三木、社各土地改良事務所の資料によった。東播用水からの用水の供給状況に関しては東播用水土地改良区の、鴨川ダムからの用水の供給状況に関しては兵庫県東播土地改良区の資料により、糀屋ダムからの用水供給の状況に関しては加古川西部土地改良区の配水実績によった。淡路分については、県の資料がほとんど得られなかったため、査定池管理者に対しての郵送調査の結果によった。

## 2．被災したため池の規模と被害

　本項では、ため池の被害と池の規模との関連をみるため、被災したため池の代表的な存在である査定池について、総貯水量と受益面積及び被害内容から考察した。**表9-1**は査定池を総貯水量別に分類して、本土と淡路のそれぞれの地域毎に示したものである。表9-1によると、本土と淡路とでは大きな違いが見られる。すなわち、本土分の査定池では$10,000 m^3$以上$50,000 m^3$未満のため池がほぼ半数を占め、$5,000 m^3$以上のものが80％以上を占めるのに対して、淡路では$500 m^3$以上$5,000 m^3$未満が過半数を占め、$5,000 m^3$未満のものが査定池全体の66％となっている。これは、淡路島においては山地や丘陵地が多く、ため池の多くがそこに存在する小規模な谷池という、地形的な制約に起因するためと思われる。しかしながら、査定池の分布する地域におけるすべてのため池を、総貯水量別に分類した資料がないため、査定池の総貯水量別割合が全体のため池と同じ傾向を示すか否かは不明である。

　そこで、県におけるすべてのため池の資料が整理されている受益面積を取り上げ、査定池を受益面積毎に分類して、特色を見ることにした。**表9-2**は査定池の受益面積別割合を、本土分と淡路分に別けて示したものである。これによれば、本土分査定池では受益面積1ha以上5ha未満が30.1％、5ha以上10ha未満が22.9％、10ha以上50ha未満が36.6％と、1ha以上のものが全体の94％を占め、5ha以上が63.8％を占める。ところが、淡路分査定池では、1ha以上5ha未満が35.4％、0.5ha未満が31.2％、0.5ha以上1ha未満が21.6％と、5ha未満が88.2％を占めて、受益面積1ha以上5ha未満を境にして、本土と淡路とでは正反対の傾向がみられる。このことも、基本的には淡路では地形的制約から本来、小規模なため池が多いことに起因するといえよう。

　次に、査定池分布地域のすべてのため池の受益面積別割合を**表9-3**によってみると、本土分では0.5ha未満が65.9％を占め、査定池の大部分を占める1ha以上の池は26.6％でしかない。したがって、本土分では比較的大規模な池での被害が大きかったといえる。淡路分においても、受益面積0.5ha未満が全体の89.5％と大部分を占めている。ところが、査定池での同じ受益面積のものは31.1％と少なく、地域全体としては少数に過ぎない0.5ha以上5ha未満の割合が査定池では57％と高いことから、比較的大規模なため池に被害が大きかったといえる。しかし、査定池は個人所有の池と被害額が小さい池が除外されているので、実際には、査定池以外の被害を受けたごく小規模なため池の存在が推定される。

　続いて、査定池の被害を相対的に比較するために、貯水量$1 m^3$当たりの査定額を示した。このためには受益面積1ha当たりの被害額を示してもよいが、都市化地域では貯水量に対する受益面積が減少していたり、不明になっている例もあり、受益面積と池の規模が必ずしも比例していないこともあるので、貯水量によって示した(**表9-4**)。表9-4によれば、本土分では、貯水量$1 m^3$当たりの査定額は1千円以上5千円未満が37.3％、0.5千円未満が28.3％、0.5千円以上1千円未満が21.5％というように、5千円未満が全体の87.1％である。淡路では、1千円以上5千円未満が45.1％と約半数を占め、5千円以上10千円未満が20.2％、10千円以上20千円未満が11.7％で、1千円以上ものが全体の82.8％を占める。本土分では20千円以上は0.4％とほとんどなく、10千円以上20千円未満も1.4％であるのに対して、淡路では20千円以上が3.9％、10千円以上20千円未満も11.7％で、淡路の方が小規模なため池が多い割には被害が大きい。このことは、地震の震源との近接性によるのかも

第9章 被災ため池の受益地における用水不足への対応

表9-1 査定池の総貯水量別割合

| 総貯水量 | 本土 池数 | 本土 % | 淡路 池数 | 淡路 % |
|---|---|---|---|---|
| 500 m³ 未満 | 0 | 0.0 | 122 | 12.9 |
| 500 m³ 以上1,000 m³ 未満 | 4 | 1.4 | 217 | 23.0 |
| 1,000 m³ 以上5,000 m³ 未満 | 45 | 16.1 | 301 | 32.0 |
| 5,000 m³ 以上10,000 m³ 未満 | 35 | 12.5 | 92 | 9.8 |
| 10,000 m³ 以上50,000 m³ 未満 | 128 | 45.9 | 159 | 16.7 |
| 50,000 m³ 以上100,000 m³ 未満 | 27 | 9.7 | 24 | 2.5 |
| 100,000 m³ 以上 | 22 | 7.9 | 15 | 1.6 |
| 不明 | 18 | 6.5 | 14 | 1.5 |
| 計 | 279 | 100.0 | 944 | 100.0 |

兵庫県神戸土地改良事務所、兵庫県三木土地改良事務所、兵庫県社土地改良事務所、兵庫県姫路土地改良事務所、兵庫県竜野土地改良事務所、兵庫県洲本土地改良事務所資料より作成

表9-2 査定池の受益面積別割合

| 受益面積 | 本土 池数 | 本土 % | 淡路 池数 | 淡路 % |
|---|---|---|---|---|
| 0.5 ha 未満 | 6 | 2.2 | 294 | 31.2 |
| 0.5 ha 以上 1 ha 未満 | 11 | 3.9 | 204 | 21.6 |
| 1 ha 以上 5 ha 未満 | 84 | 30.1 | 334 | 35.4 |
| 5 ha 以上 10 ha 未満 | 64 | 22.9 | 57 | 6.0 |
| 10 ha 以上 50 ha 未満 | 102 | 36.6 | 39 | 4.1 |
| 50 ha 以上 | 10 | 3.6 | 1 | 0.1 |
| 不明 | 2 | 0.7 | 15 | 1.6 |
| 計 | 279 | 100.0 | 944 | 100.0 |

兵庫県神戸土地改良事務所、兵庫県三木土地改良事務所、兵庫県社土地改良事務所、兵庫県姫路土地改良事務所、兵庫県竜野土地改良事務所、兵庫県洲本土地改良事務所資料より作成

表9-3 兵庫県におけるため池の受益面積別割合(1997年4月1日現在)

| 受益面積 | 本土 池数 | 本土 % | 淡路 池数 | 淡路 % | 兵庫県 池数 | 兵庫県 % |
|---|---|---|---|---|---|---|
| 0.5 ha 未満 | 16,915 | 65.9 | 21,689 | 89.5 | 39,081 | 76.4 |
| 0.5 ha 以上 1 ha未満 | 1,937 | 7.5 | 1,026 | 4.2 | 3,157 | 6.2 |
| 1 ha 以上 5 ha 未満 | 2,737 | 10.7 | 747 | 3.1 | 3,735 | 7.3 |
| 5 ha 以上 | 4,084 | 15.9 | 764 | 3.2 | 5,191 | 10.1 |
| 計 | 25,673 | 100.0 | 24,226 | 100.0 | 51,164 | 100.0 |

兵庫県農地整備課資料より作成

表9-4 査定池の貯水量1 m³ 当たり被害額別割合

| 1 m³ 当被害額 | 本土 池数 | 本土 % | 淡路 池数 | 淡路 % |
|---|---|---|---|---|
| 500 円未満 | 79 | 28.3 | 82 | 8.7 |
| 500 円以上 1,000 円未満 | 60 | 21.5 | 80 | 8.5 |
| 1,000 円以上 5,000 円未満 | 104 | 37.3 | 426 | 45.1 |
| 5,000 円以上 10,000 円未満 | 13 | 4.7 | 191 | 20.2 |
| 10,000 円以上 20,000 円未満 | 4 | 1.4 | 110 | 11.7 |
| 20,000 円以上 | 1 | 0.4 | 37 | 3.9 |
| 不明 | 18 | 6.4 | 18 | 1.9 |
| 計 | 279 | 100.0 | 944 | 100.0 |

兵庫県神戸土地改良事務所、兵庫県三木土地改良事務所、兵庫県社土地改良事務所、兵庫県姫路土地改良事務所、兵庫県竜野土地改良事務所、兵庫県洲本土地改良事務所資料より作成

表9-5 本土分査定池の被害と被害額との関係

| 被害内容＼総貯水量1m³当被害額 | A | B | C | D | E | F | 計 |
|---|---|---|---|---|---|---|---|
| 堤防亀裂 | 0 | 2 | 2 | 42 | 27 | 31 | 104 |
| 堤防亀裂・樋管破損 | 0 | 1 | 1 | 3 | 7 | 5 | 17 |
| 樋管破損 | 0 | 0 | 1 | 6 | 3 | 5 | 15 |
| 制波破損 | 0 | 0 | 0 | 3 | 4 | 4 | 12 |
| 堤防亀裂・制波破損 | 0 | 0 | 0 | 6 | 0 | 5 | 11 |
| 堤防亀裂・洪水吐破損 | 0 | 0 | 0 | 3 | 1 | 4 | 8 |
| 堤防腰積崩壊 | 0 | 0 | 0 | 2 | 2 | 3 | 7 |
| 堤体崩壊 | 0 | 0 | 0 | 2 | 2 | 1 | 5 |
| 洪水吐破損 | 0 | 0 | 0 | 1 | 0 | 3 | 4 |
| 堤防亀裂・樋管破損・洪水吐破損 | 0 | 0 | 0 | 2 | 1 | 1 | 4 |
| 堤防亀裂・樋管破損・堤体陥没・堤体崩壊 | 0 | 0 | 0 | 2 | 0 | 1 | 3 |
| 堤防亀裂・堤防腰積崩壊 | 0 | 0 | 0 | 2 | 0 | 0 | 2 |
| 制波ズレ・洪水吐破損 | 0 | 0 | 0 | 1 | 0 | 1 | 2 |
| 樋管破損・制波破損 | 0 | 0 | 0 | 0 | 0 | 1 | 1 |
| その他 | 0 | 0 | 0 | 9 | 6 | 8 | 23 |
| 計 | 0 (0.0%) | 3 (1.4%) | 5 (2.3%) | 84 (38.5%) | 53 (24.3%) | 73 (33.5%) | 218 (100%) |

不明61 総計279

Aは総貯水量1m³当被害額20,000円以上、Bは10,000円以上20,000円未満、Cは5,000円以上10,000円未満
Dは1,000円以上5,000円未満、Eは500円以上1,000円未満、Fは500円未満

兵庫県神戸土地改良事務所、兵庫県三木土地改良事務所、兵庫県社土地改良事務所、兵庫県姫路土地改良事務所、兵庫県竜野土地改良事務所資料より作成

しれない。また、両地域とも、1千円以上5千円未満の査定額のため池が最も多い理由は不明である。

さらに、被害額と被害内容について見てみる。**表9-5**は本土分査定池の被害内容と被害額との関係を表したもので、**表9-6**は同様に、淡路分について表したものである。本土分の被害内容は、堤防、樋管、洪水吐、制波ブロックの被害とこれらの組み合わさった被害から成る。しかも、査定池において判明している被害の約半数が堤防亀裂であって、堤防亀裂を伴わない被害はわずかである。堤防亀裂は1m³当たり被害額の大きいクラスから小さいクラスにまで見られるが、クラス別ではD、F、Eの順でD～Fのクラスに集中している。被害の複雑性と被害額との関係は、堤防と洪水吐と樋管等のように、被害が1つの池で各所に及んでいる場合に被害額が大きくなるのではなく、むしろ単独の被害の方が被害額が大きい。このように、被害内容と被害額との間に法則性は見られない。

表9-6の淡路の場合も、被害内容は堤防、樋管、洪水吐、制波ブロックの損傷とそれらの組合せに加え、池底の亀裂被害が加わっている。池底亀裂は筆者の調査によれば、地震より1日～1カ月後に池の水位がゼロになるという深刻な2次被害をもたらした。また、被害額の大きいクラスから小さいクラスまで、全体的に堤防亀裂の被害が多いことは本土分と同様であるが、その他を除いた被害項目の中で、堤防亀裂を伴う被害を受けた池数は全体の77％に及び、本土分の64％より多い。また、堤防亀裂はDとBのクラスに多くなっている。全体として、被害内容と被害額との間には本土分と同様に法則性が見られない。

続いて、総貯水量と被害額との関係を見る。**表9-7**の本土分においては、100,000m³以上の大型のため池とそれに続く50,000m³以上100,000m³未満のため池の場合では、被害は最も軽度のFに集中している。10,000m³以上50,000m³未満のため池の場合は、Dの池数が最も多く、残りがEとFに分散している。5,000m³以上10,000m³未満ではDとEに分散し、1,000m³以上5,000m³未満

第9章 被災ため池の受益地における用水不足への対応

表9-6 淡路分査定池の被害と被害額との関係

| 被害内容＼総貯水量1m³当被害額 | A | B | C | D | E | F | 計 |
|---|---|---|---|---|---|---|---|
| 堤防亀裂 | 7 | 20 | 14 | 63 | 13 | 8 | 125 |
| 堤防亀裂・樋管破損 | 2 | 3 | 12 | 15 | 2 | 3 | 37 |
| 堤防亀裂・堤体崩壊 | 0 | 4 | 3 | 14 | 2 | 0 | 23 |
| 堤防亀裂・池底亀裂 | 1 | 2 | 11 | 5 | 1 | 1 | 21 |
| 堤防亀裂・洪水吐破損 | 3 | 1 | 1 | 10 | 1 | 1 | 17 |
| 堤防亀裂・制波破損・洪水吐破損 | 0 | 0 | 5 | 6 | 2 | 4 | 17 |
| 堤防亀裂・樋管破損・制波破損 | 1 | 1 | 2 | 9 | 0 | 2 | 15 |
| 堤防亀裂・樋管破損・堤体崩壊 | 0 | 4 | 3 | 2 | 1 | 1 | 11 |
| 堤防亀裂・堤体滑落 | 0 | 2 | 6 | 1 | 0 | 0 | 9 |
| 池底亀裂 | 0 | 1 | 3 | 3 | 2 | 0 | 9 |
| 堤体崩壊 | 0 | 0 | 2 | 7 | 0 | 0 | 9 |
| 洪水吐破損 | 0 | 0 | 1 | 4 | 2 | 1 | 8 |
| 堤防亀裂・樋管破損・制波破損・堤体崩壊 | 0 | 0 | 2 | 5 | 0 | 0 | 7 |
| 堤防亀裂・樋管破損・洪水吐破損 | 0 | 0 | 0 | 4 | 1 | 1 | 6 |
| 樋管破損・洪水吐破損 | 1 | 0 | 1 | 1 | 1 | 1 | 5 |
| 樋管破損 | 1 | 1 | 0 | 2 | 0 | 1 | 5 |
| 堤防亀裂・制波破損 | 0 | 0 | 0 | 1 | 1 | 2 | 4 |
| 堤防亀裂・樋管破損・堤体滑落・制波破損・洪水吐破損・堤体崩壊 | 0 | 1 | 1 | 2 | 0 | 0 | 4 |
| 堤体滑落 | 0 | 1 | 0 | 1 | 1 | 0 | 3 |
| 樋管破損・制波破損 | 0 | 0 | 0 | 2 | 1 | 0 | 3 |
| 樋管破損・堤体崩壊 | 0 | 0 | 0 | 3 | 0 | 0 | 3 |
| 制波破損 | 0 | 0 | 0 | 2 | 0 | 0 | 2 |
| 堤防亀裂・制波ズレ・洪水吐破損 | 0 | 0 | 0 | 0 | 0 | 1 | 1 |
| その他 | 3 | 3 | 9 | 20 | 5 | 2 | 42 |
| 計 | 19 (4.9%) | 44 (11.4%) | 76 (19.7%) | 182 (47.2%) | 36 (9.3%) | 29 (7.5%) | 386 (100%) |

不明1　総計387

Aは総貯水量1m³当被害額20,000円以上、Bは10,000円以上20,000円未満、Cは5,000円以上10,000円未満、Dは1,000円以上5,000円未満、Eは500円以上1,000円未満、Fは500円未満

調査結果より作成

表9-7 本土分査定池における総貯水量と被害額との関係

| 総貯水量＼1m³当被害額 | A | B | C | D | E | F | 計 |
|---|---|---|---|---|---|---|---|
| 500 m³ 未満 | 0 | 0 | 0 | 0 | 0 | 0 | 0 |
| 500 m³ 以上1,000 m³ 未満 | 0 | 1 (33.3) | 1 (33.3) | 0 | 1 (33.3) | 0 | 3 |
| 1,000 m³ 以上5,000 m³ 未満 | 0 | 2 (4.9) | 4 (9.7) | 30 (73.2) | 3 (7.3) | 2 (4.9) | 41 |
| 5,000 m³ 以上10,000 m³ 未満 | 0 | 0 | 0 | 13 (40.6) | 13 (40.6) | 6 (18.8) | 32 |
| 10,000 m³ 以上50,000 m³ 未満 | 0 | 0 | 2 (1.6) | 51 (40.5) | 30 (23.8) | 43 (34.1) | 126 |
| 50,000 m³ 以上100,000 m³ 未満 | 0 | 0 | 0 | 1 (4.0) | 5 (20.0) | 19 (76.0) | 25 |
| 100,000 m³ 以上 | 0 | 0 | 0 | 1 (4.6) | 7 (31.8) | 14 (63.6) | 22 |
| 計 | 0 | 3 | 7 | 96 | 59 | 84 | 計249 |

不明　30

兵庫県神戸土地改良事務所、兵庫県三木土地改良事務所、兵庫県社土地改良事務所、兵庫県姫路土地改良事務所及び兵庫県竜野土地改良事務所資料より作成

表9-8 淡路分査定池における総貯水量と被害額との関係

( )は%

| 総貯水量＼1 m³ 当被害額 | A | B | C | D | E | F | 計 |
|---|---|---|---|---|---|---|---|
| 500 m³ 未満 | 18 (14.4) | 49 (39.2) | 34 (27.2) | 24 (19.2) | 0 | 0 | 125 |
| 500 m³ 以上 1,000 m³ 未満 | 15 (7.0) | 46 (21.4) | 77 (35.8) | 76 (35.3) | 1 (0.5) | 0 | 215 |
| 1,000 m³ 以上 5,000 m³ 未満 | 3 (1.0) | 17 (5.8) | 69 (23.5) | 182 (61.9) | 17 (5.8) | 6 (2.0) | 294 |
| 5,000 m³ 以上 10,000 m³ 未満 | 0 | 0 | 6 (6.5) | 57 (62.0) | 12 (13.0) | 17 (18.5) | 92 |
| 10,000 m³ 以上 50,000 m³ 未満 | 0 | 1 (0.6) | 6 (3.7) | 75 (46.0) | 47 (28.8) | 34 (20.9) | 163 |
| 50,000 m³ 以上 100,000 m³ 未満 | 0 | 0 | 0 | 6 (25.0) | 6 (25.0) | 12 (50.0) | 24 |
| 100,000 m³ 以上 | 0 | 0 | 0 | 3 (21.4) | 0 | 11 (78.6) | 14 |
| 計 | 36 | 113 | 192 | 423 | 83 | 80 | 計927 |

不明 17
兵庫県洲本土地改良事務所資料より作成

ではDに集中し、500 m³ 以上 1,000 m³ 未満ではB、C、Eに分散している。このことから、比較的大型の池は被害額が小さく、比較的小型の池ではB、Cの割合が高まり、その中間のものはD、Eが多いと言える。

**表 9-8** の淡路分においては、100,000 m³ 以上のため池では被害がFに集中し、50,000 m³ 以上 100,000 m³ 未満のため池の場合はFが半数を占めている。10,000 m³ 以上 50,000 m³ 未満ではDがほぼ半数を占めて、残りがEとFに分散し、5,000 m³ 以上 10,000 m³ 未満と 1,000 m³ 以上 5,000 m³ 未満ではDに集中している。500 m³ 以上 1,000 m³ 未満ではC、Dに分散して、500 m³ 未満ではB、Cに分散している。被害額が最も大きいAクラスでは、500 m³ 未満と 500 m³ 以上 1,000 m³ 未満に集中している。これらのことから、本土と同様に、淡路分でも比較的大型のため池は被害額が小さく、小型のため池では被害額が大きく、その中間規模では被害額も中間のクラスに位置する。この理由は定かではないが、総貯水量の大きい大型のため池は小型のため池に比べて、堅固に作られているためかもしれない。

## 3. 地震時の貯水率と降水量

地震時のため池の貯水率に関しては、既に筆者が第8章において指摘しているように、本土分では前年の渇水の影響によって、平年の冬に比べて貯水率が低かった。しかし、その調査では、本土分の査定池の64.5％に該当する180池の回答しか得られず、淡路分については未調査であった。そこで、1996年8月に、本土分の査定池で前回の調査で回答の得られなかったため池と淡路分の査定池の所有者に対しても、貯水率を尋ねた。その結果、本土分査定池の98.6％に当たる275池と淡路分査定池の41.0％に当たる387池から、有効な回答が得られた(**表9-9**)。表9-9によると、地震時において本土分では特に貯水率が低くなっており、貯水率3割以下のものが67.7％を占めている。淡路分では貯水率3割以下が43.7％と本土分より少ないことから、本土分に比べて貯水率の高い池が多かったと言える。

本土分で貯水率が低かった理由は、降水量に起因すると思われる。1994年9〜12月の4カ月間雨

表9-9 阪神・淡路大震災時における査定池の貯水率

| 貯水率 | 本土 池数 | % | 淡路 池数 | % |
|---|---|---|---|---|
| 0割 | 30 | 10.9 | 31 | 8.0 |
| 1割 | 40 | 14.6 | 32 | 8.3 |
| 2割 | 71 | 25.8 | 53 | 13.7 |
| 3割 | 45 | 16.4 | 53 | 13.7 |
| 4割 | 19 | 6.9 | 32 | 8.3 |
| 5割 | 18 | 6.5 | 46 | 11.9 |
| 6割 | 6 | 2.2 | 20 | 5.2 |
| 7割 | 8 | 2.9 | 18 | 4.6 |
| 8割 | 17 | 6.2 | 48 | 12.4 |
| 9割 | 5 | 1.8 | 9 | 2.3 |
| 10割 | 16 | 5.8 | 45 | 11.6 |
| 計 | 275 | 100.0 | 387 | 100.0 |

調査結果より作成

表9-10 播磨地域と淡路地域における主要都市の1994年月別降水量

| 都市＼月 | 1月 mm | 2月 mm | 3月 mm | 4月 mm | 5月 mm | 6月 mm | 7月 mm | 8月 mm | 9月 mm | 10月 mm | 11月 mm | 12月 mm | 9〜12月計 mm |
|---|---|---|---|---|---|---|---|---|---|---|---|---|---|
| 神戸 | 35 | 43 | 27 | 113 | 83 | 72 | 31 | 41 | 66 | 37 | 21 | 29 | 153 |
| 明石 | — | 61 | 33 | 119 | 183 | 99 | 4 | 9 | 86 | 42 | 31 | 35 | 194 |
| 三木 | — | 53 | 30 | 117 | 81 | 110 | 11 | 18 | 102 | 55 | 30 | 36 | 233 |
| 姫路 | 16 | 64 | 38 | 127 | 103 | 94 | — | 22 | 121 | 50 | 36 | 40 | 247 |
| 洲本 | 35 | 77 | 54 | 170 | 96 | 72 | 49 | 6 | 134 | 31 | 42 | 39 | 246 |
| 南淡 | — | 59 | 38 | 84 | 94 | 72 | 73 | 14 | 135 | 34 | 57 | 47 | 273 |
| 郡家 | 17 | 49 | 36 | 80 | 68 | 62 | 26 | 14 | 118 | 33 | 38 | 44 | 233 |

神戸海洋気象台(1994)：兵庫県気象月報より作成

表9-11 神戸、姫路、洲本における1961〜90年の月別平均降水量

| 都市＼月 | 1月 mm | 2月 mm | 3月 mm | 4月 mm | 5月 mm | 6月 mm | 7月 mm | 8月 mm | 9月 mm | 10月 mm | 11月 mm | 12月 mm | 9-12月計 mm | 1-5月計 mm |
|---|---|---|---|---|---|---|---|---|---|---|---|---|---|---|
| 神戸 | 43.4 | 54.4 | 92.6 | 170.8 | 144.2 | 218.0 | 156.8 | 91.7 | 145.8 | 159.3 | 66.2 | 38.0 | 409.3 | 505.4 |
| 姫路 | 38.7 | 51.4 | 87.2 | 200.2 | 140.5 | 208.9 | 161.7 | 100.8 | 200.2 | 103.9 | 61.0 | 32.3 | 397.4 | 518.0 |
| 洲本 | 52.6 | 62.2 | 90.0 | 238.7 | 146.0 | 235.3 | 156.6 | 126.6 | 238.7 | 130.2 | 88.1 | 41.4 | 498.4 | 589.5 |

神戸海洋気象台(1995)：兵庫県気象月報より作成

量は神戸で153mm、明石で194mm、三木233mm、姫路247mmであったのに対して、淡路分の洲本では246mm、南淡では273mm、郡家では233mmと、淡路分の方が降水量が多かった(**表9-10**)。本土分のうち、加古川より西に位置する姫路では神戸、三木、明石より降水量が多いが、地震によって被災したため池は加古川以東の東播磨に集中しているため、本土分査定池での貯水率が低いと思われる。次に、1961〜90年までの30年間平均降水量のデータがある神戸、姫路、洲本の3観測点において、それぞれの9〜12月の降水量を合算すると、神戸が409.3mm、姫路が397.4mm、洲本が498.4mmとなる(**表9-11**)。1994年9〜12月の値は、神戸では30年平均値の37.4％、姫路は62.2％、洲本では49.4％分にしか該当していない。したがって、1994年は夏期のみではなく、秋以降も降水量が少なかったことがわかる。そして、一般的に、秋から冬の降水量は、本土分より淡路分の方が多い傾向にある。

表9-12　播磨地域と淡路地域における主要都市の1995年月別降水量

| 月<br>都市 | 1月<br>mm | 2月<br>mm | 3月<br>mm | 4月<br>mm | 5月<br>mm | 6月<br>mm | 7月<br>mm | 8月<br>mm | 9月<br>mm | 10月<br>mm | 11月<br>mm | 12月<br>mm | 1-5月計<br>mm |
|---|---|---|---|---|---|---|---|---|---|---|---|---|---|
| 神戸 | 37 | 14 | 59 | 106 | 348 | 80 | 343 | 12.5 | 46 | 86 | 187.4 | 8 | 564 |
| 明石 | 35 | 19 | 54 | 118 | 286 | 77 | 253 | 19.0 | 41 | 79 | 176.9 | 4 | 512 |
| 三木 | 40 | 15 | 55 | 114 | 292 | 99 | 227 | 20.0 | 59 | 76 | 182.2 | 4 | 516 |
| 姫路 | 41 | 11 | 67 | 103 | 313 | 107 | 280 | 53.0 | 36 | — | 185.2 | 8 | 535 |
| 洲本 | 46 | 13 | 90 | 118 | 430 | 155 | 233 | 4.0 | 43 | 87 | 56.0 | 23 | 697 |
| 南淡 | 35 | 16 | 72 | 94 | 452 | 111 | 240 | 9.0 | 63 | 75 | 36.0 | 17 | 669 |
| 郡家 | 35 | 15 | 40 | 107 | 305 | 84 | 265 | 40.0 | 64 | 59 | 33.0 | 9 | 502 |
| 淡路 | — | — | — | 95 | 279 | 70 | 254 | 22.0 | 46 | 71 | 32.0 | 4 | ? |

神戸海洋気象台(1995)：兵庫県気象月報より作成

　地震発生時から田植えが行われる時期までの雨量として、1995年1～5月の雨量を合算すると、神戸564mm、明石512mm、三木516mm、姫路535mm、洲本697mm、南淡669mm、郡家502mmである(**表9-12**)。1961～90年の月別降水量平均値のうち、1～5月の合算値は神戸505.4mm、姫路518mm、洲本589.5mmであるから、1995年1～5月の雨量は、1961～90年の平均値より、本土分では3.3～11.6％、洲本では18.2％多くなっている。しかし、上記のように、地震前の時期の雨量が少なかったので、地震後に平年より若干多い雨量があったとしても、田植えには厳しい状況であったことが予想される。

## 4．被災したため池受益地における1995年度の作付けの予想

　農林水産省(1993)によれば、代かきに必要な用水量の目安として乾田状態で120～150mm、漏水田で150～250mmの値が示されている。高橋ら(1983)も必要な用水量を、およそ150mmと記している。この際の用水量は、乾田、漏水田等の水田の水もちの状態によっても変化するが、この他、実施時期や実施規模、実施方法によっても変化する。すなわち、ある灌漑区域内の平均的な水もち状態の全水田が、いっせいに代かき・田植えを行うとすれば、どの水田にも150mmの水が必要であるが、この区域が10日間にわたって1日に全水田面積の1/10ずつを作付けするなら、1日の必要水量は15mmでよいことになる。しかし、実際上、幹線水路から離れた水田まで送水するための用水量は、15mmより多くなる。また、毎日、均一の面積が田植えされなかったり、トラクターや田植機の普及による作業能率の向上及び兼業化の進展によって、作業が休日に集中すること等を考慮すれば、灌漑区域内の全水田が、一斉に田植えをするのに近い水量が必要かもしれない。そこで、本論では査定池の受益地の水田が田植えのために、一律に150mmの水量が必要であると仮定した。

　上記の仮定に基づいて、査定池受益地の作付けの割合(以下、可能作付け率と称す)を計算した。なお、この際、査定池の受益地は、査定池以外のため池からの用水が供給されたり、河川や井戸から取水されている場合もあるが、一応の目安として査定池単独によって受益地が灌漑されていると仮定した。この際の水量は、地震時の貯水率に総貯水量を乗じて計算した。その結果を**表9-13**に示した。

　表9-13から、本土分は可能作付け率10割が21.6％、0割が17.8％と、最高と最低の割合の合計が40％を占め、その他の割合では、可能作付け率4割が10.5％とわずかに多いものの、残りの2～3割までと5～9割までの貯水率では10％以下の低率である。淡路分は10割が39.8％と高く、次に0割

第9章　被災ため池の受益地における用水不足への対応

表9-13　地震時の貯水率からみた可能作付け率

| 可能作付け率 | 本　土 | | 淡　路 | |
|---|---|---|---|---|
| | 池　数 | ％ | 池　数 | ％ |
| 0割 | 49 | 17.8 | 41 | 10.6 |
| 1割 | 24 | 8.7 | 34 | 8.8 |
| 2割 | 21 | 7.6 | 30 | 7.8 |
| 3割 | 19 | 6.9 | 27 | 7.0 |
| 4割 | 29 | 10.5 | 26 | 6.7 |
| 5割 | 27 | 9.8 | 21 | 5.4 |
| 6割 | 15 | 5.5 | 22 | 5.7 |
| 7割 | 16 | 5.8 | 17 | 4.4 |
| 8割 | 6 | 2.2 | 6 | 1.5 |
| 9割 | 10 | 3.6 | 9 | 2.3 |
| 10割 | 59 | 21.6 | 154 | 39.8 |
| 計 | 275 | 100.0 | 387 | 100.0 |

調査結果より作成

が10.6％、残りの可能作付け率は、いずれも9％未満と低率である。したがって、表9-13からわかる範囲では、水量に余裕のある池とまったく余裕のない池とがかなり多くあると言える。

## 5．被災したため池受益地における1995年の作付け率

　本土分の大部分の査定池が立地する地域を所管する兵庫県神戸、三木、社の各土地改良事務所は、1995年の査定池受益地での実際の作付け率（以下、実作率と称す）を調査した。淡路分については、洲本土地改良事務所が調査を行っていないので、前述の筆者の調査によった。この結果、本土分では全査定池の98.6％に該当する275池の、淡路分では41.0％分の387池の実作率が明らかになった（表9-14）。表9-14によれば、本土分では実作率10割は40.4％と高く、続いて7割が24.4％、6割が17.1％であって、6割以上の占める割合が87.3％と大多数である。一方、淡路分では10割が17.6％、続いて7割が14.7％、0割が12.4％。8割が10.6％の順であって、6割以上が58.9％と本土分より低く、特に0割が本土分の2倍以上多い。したがって、淡路分の方が大きな被害を受けていることがわかる。淡路島全域を所管する洲本土地改良事務所での聞き取りによると、1995年には、淡路分のため池がかりの水田のおよそ40％が作付け不能であったという。このことと筆者が調査した査定池での実作率を比較すると、査定池の方がため池がかりの水田全体と比べて、実作率が高くなっている。これは前述のように、一定以上の被害額を条件とする査定池は結果として、比較的大きな池に限定され、淡路分のため池の多くを占める小規模な池のうちで、被災した多数の小規模な池が査定池に包含されなかったことによると考えられる。

　前節で試算した可能作付け率と実作率とを比較すると（表9-15）、可能作付け率より実作率の方が上回ったものは、本土分の査定池の65.5％に達したのに対して、淡路分では39.0％に過ぎない。このうち、実作率が10～6割の場合に限定すると、本土分は淡路分の3倍以上となる。反対に、可能作付け率が実作率を下回ったものは本土分で13.0％、淡路分で47.3％と淡路分の方が大きく、可能作付け率と実作率が同じであったものは本土分で21.4％、淡路分では13.7％である。このことからも、本土分と比べて、淡路分のため池の厳しい水事情が伺える。また、可能作付け率は査定池単独での灌漑を想定したきわめて単純な予想値とはいえ、実作率が可能作付け率を上回っている例が多

**表9-14 1995年における査定池受益地の実作率**

| 実作率 \ 池数 | 本土 池数 | 本土 % | 淡路 池数 | 淡路 % |
|---|---|---|---|---|
| 0割 | 16 | 5.8 | 48 | 12.4 |
| 1割 | 1 | 0.4 | 10 | 2.6 |
| 2割 | 1 | 0.4 | 22 | 5.7 |
| 3割 | 8 | 2.9 | 31 | 8.0 |
| 4割 | 3 | 1.0 | 18 | 4.6 |
| 5割 | 6 | 2.2 | 30 | 7.8 |
| 6割 | 47 | 17.1 | 31 | 8.0 |
| 7割 | 67 | 24.4 | 57 | 14.7 |
| 8割 | 11 | 4.0 | 41 | 10.6 |
| 9割 | 4 | 1.4 | 31 | 8.0 |
| 10割 | 111 | 40.4 | 68 | 17.6 |
| 計 | 275 | 100.0 | 387 | 100.0 |

兵庫県神戸土地改良事務所、兵庫県三木土地改良事務所、兵庫県社土地改良事務所資料及び調査結果より作成

**表9-15 実作率と可能作付け率との関係**

| 実作率と可能作付け率との関係 \ 実作率 | 本土分 10〜6割 | 本土分 5〜0割 | 本土分 計 | 淡路分 10〜6割 | 淡路分 5〜0割 | 淡路分 計 |
|---|---|---|---|---|---|---|
| 実作率＞可能作付率 | 172(62.5%) | 8( 2.9%) | 180(65.5%) | 113(29.2%) | 38( 9.8%) | 151(39.0%) |
| 実作率＝可能作付率 | 50(18.2%) | 9( 3.3%) | 59(21.5%) | 35( 9.0%) | 18( 4.7%) | 53(13.7%) |
| 実作率＜可能作付率 | 18( 6.5%) | 18( 6.5%) | 36(13.0%) | 80(20.7%) | 103(26.6%) | 183(47.3%) |
| 計 | 240(87.3%) | 35(12.7%) | 275(100%) | 228(58.9%) | 159(41.1%) | 387(100%) |

％は本土分、淡路分それぞれの全査定池に対する割合を示す。兵庫県神戸土地改良事務所、兵庫県三木土地改良事務所、兵庫県社土地改良事務所資料及び調査結果より作成

**表9-16 地震時の貯水率と実作率及び総貯水量 1 m³ 当たりの被害額**

| 貯水量 1 m³ 当たり被害額 \ 実作率／地震時貯水率 | 10〜6割／0割 本土 | 10〜6割／0割 淡路 | 計 | 0〜4割／10割 本土 | 0〜4割／10割 淡路 | 計 |
|---|---|---|---|---|---|---|
| 500 円未満 | 10 池 | 1 池 | 11 池(34.4%) | 0 池 | 2 池 | 2 ( 7.0%) |
| 500 円以上 1,000 円未満 | 7 | 0 | 7 (21.9%) | 0 | 1 | 1 ( 3.4%) |
| 1,000 円以上 5,000 円未満 | 7 | 3 | 10 (31.2%) | 1 | 16 | 17 (58.6%) |
| 5,000 円以上 10,000 円未満 | 0 | 3 | 3 ( 9.4%) | 0 | 6 | 6 (20.7%) |
| 10,000 円以上 20,000 円未満 | 0 | 0 | 0 ( 0.0%) | 0 | 2 | 2 ( 6.9%) |
| 20,000 円以上 | 0 | 1 | 1 ( 3.1%) | 0 | 1 | 1 ( 3.4%) |
| 計 | 24 | 8 | 32 (100%) | 1 | 28 | 29 (100%) |

調査結果より作成

数ある。そのため、査定池の受益地では複数のため池による灌漑方法も含めて、査定池の用水以外に、何らかの用水獲得手段を併せ持っていることが想像できる。

さらに、実作率を地震時の貯水率とあわせて考えてみると(**表9-16**)、地震時に貯水率0割(未貯水)であったにもかかわらず、6〜10割の実作率を得た査定池は本土分24池、淡路分8池の32池である。それらは本土分、淡路分の査定池の8.7％と2.1％に該当するが、本土分の方が4倍以上多い割合を占めている。反対に、地震時の貯水率が10割の満水位であったにもかかわらず、実作率が0〜4割であった査定池は、本土分1池(本土分査定池の0.4％)に対して淡路分では28池(淡路分査定池の7.2％)と淡路分の方が多い。以上のことからも、淡路分の水条件の厳しさが伺われる。

表9-17　1995年における査定池受益地での作付けへの対応

| 本　　土 | | | 淡　　路 | | |
|---|---|---|---|---|---|
| 対応方法(45種類) | 池　数 | % | 対応方法(42種類) | 池　数 | % |
| 転作・調整 | 59 | 21.5 | なし | 101 | 26.1 |
| 他池 | 20 | 7.3 | 他池 | 58 | 15.0 |
| 貯水 | 17 | 6.2 | 井戸 | 54 | 14.0 |
| 工事 | 16 | 5.8 | 河川 | 48 | 12.4 |
| 転作・工事 | 14 | 5.1 | 降水 | 29 | 7.5 |
| 転作・ダム・調整 | 13 | 4.7 | 工事 | 12 | 3.1 |
| 調整 | 12 | 4.4 | 他池・河川 | 12 | 3.1 |
| 転作・他池・調整 | 12 | 4.4 | 井戸・河川 | 9 | 2.3 |
| 転作・工事・ダム | 11 | 4.0 | 湧水 | 8 | 2.1 |
| 転作・他池・ダム・調整 | 10 | 3.6 | 他池・井戸 | 5 | 1.3 |
| 貯水・ダム | 10 | 3.6 | 井戸・工事 | 5 | 1.3 |
| 転作・ダム | 10 | 3.6 | 購入 | 5 | 1.3 |
| 他池・ダム | 9 | 3.3 | 節水 | 5 | 1.3 |
| ダム・調整 | 9 | 3.3 | 貯水 | 4 | 1.0 |
| 降水 | 7 | 2.5 | 転作 | 3 | 0.8 |
| 工事・ダム | 5 | 1.8 | 河川・湧水 | 2 | 0.5 |
| 転作・他池 | 5 | 1.8 | 他池・井戸・河川 | 2 | 0.5 |
| 転作 | 3 | 1.1 | その他 | 25 | 6.4 |
| 転作・他池・ダム | 3 | 1.1 | 計 | 387 | 100.0 |
| なし | 2 | 0.7 | | | |
| ダム | 2 | 0.7 | | | |
| その他 | 26 | 9.5 | | | |
| 計 | 275 | 100.0 | | | |

調整：貯水量の監視・調整
他池：他池からの送水
貯水：被害軽微で貯水可能
ダム：ダムからの送水
なし：何の対応もしない

兵庫県神戸土地改良事務所、兵庫県三木土地改良事務所、兵庫県社土地改良事務所資料及び調査結果より作成

　本土分、淡路分両地域において、地震時の貯水率が0割(未貯水)にもかかわらず、6～10割の実作率を得た査定池の1m³当たり被害額を見ると、5千円未満のものが87.5%で、うち56.3%分が1千円未満のものである。これに対して、貯水率10割(満水位)で0～4割の実作率であった査定池は、被害額1千円以上のものが89.6%で、うち1～5千円のものが55.2%を占めている。これによって、被害が大きいものは実作率が低く、被害が小さいものは実作率が高いと言えそうである。

## 6．1995年における査定池の作付けへの対応

　本土分の査定池の大部分が位置する地域を所管する兵庫県神戸、三木、社の各土地改良事務所では、1995年における査定池の実作率と作付けへの対応を調査した。筆者は兵庫県の査定池のうち、実作率と作付けへの対応の調査が県によって行われなかったものについて、1997年4月に査定池の所有者に対して、それらを尋ねる郵送調査を行った。また、淡路分の査定池に対する工事の施工状況については、1997年4月に淡路島の11市町の担当課に対して、郵送による調査を実施した。この他、上記の3つの土地改良事務所管内における査定池の受益地での対応については、東播用水、糠屋ダム及び鴨川ダムからの取水に関しての調査がされていない。そのため、筆者は東播用水とその他の2つのダムの受益地の用水を管理する三つの土地改良区において、査定池の受益地への配水実績を調査した。以上の結果から、本土分の査定池の98.6%分の275池と淡路分の査定池の41.0%分の387池における、受益地での作付けへの対応を**表9-17**に示した。
　東播用水は加古川の支川に川代ダム(丹南町)、大川瀬ダム(三田市)、呑吐ダム(三木市)を建設し

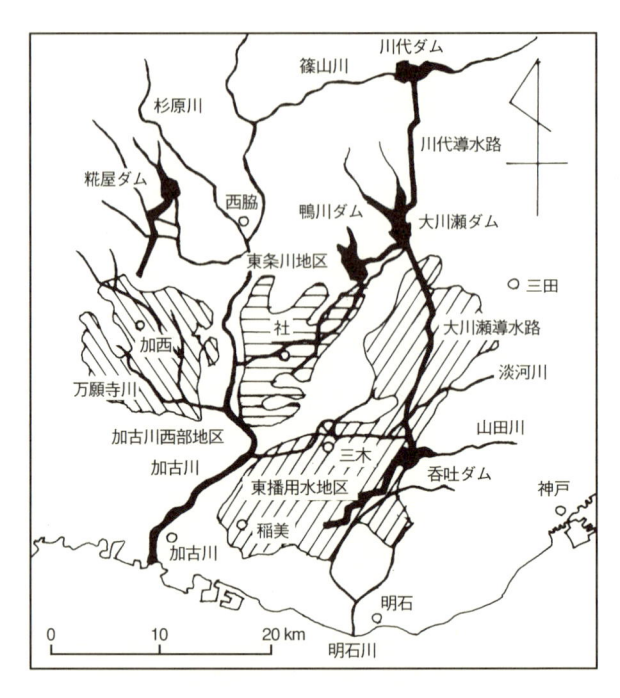

**図9-1 加古川流域における国営水利事業の受益地**
近畿農政局淀川水系土地改良調査管理事務所より作成

て、これらの水を川代導水路と大川瀬導水路で連結し、神戸市、明石市、加古川市、三木市、吉川町、稲美町の耕地 8,040 ha を灌漑するものである。1993年3月に完成した東播用水は、農業用水の他に7市6町への水道用水も提供している（**図9-1、表9-18・19**）。また、東播用水地区は隣接する東条川地区と加古川西部地区とともに、加古川水系の3つの国営水利事業の対象地区である。東条川地区は、東条川に建設された鴨川ダムの水を鴨川導水路で導水し、三木市、小野市、社町、東条町の耕地 3,183 ha を灌漑し、1市2町への上水も提供している。加古川西部地区は、中町の糀屋ダムの水によって小野市、姫路市、西脇市、加西市、滝野町、八千代町の耕地 3,850 ha を灌漑して、同時に工業用水も提供している。

表9-17のうち、「調整」はため池に貯水されている貯水量を被害程度に応じて、決壊等の被害が生じないように水位を十分に監視し、危険度が高まると予想される場合には放流して、安全なレベルまで水位を下げる方法である。同じく、「ダム」は東播用水及び糀屋、鴨川の各ダムからの送水を受ける方法である。「降水」は自然の降雨による貯水量の増加を待つ方法であるから、何ら対応策を講じていないとも言える。しかし、筆者の調査の中では、降水の重要性を指摘した回答も多く、降水後にも作付けが不可能であった場合の「なし」の分類とは異なるため、ここでは対応の1つとして分類した。

表9-17によると、まず、作付けへの対応は全体的に多岐にわたっていることがわかる。本土分で多く見られた対応方法を列記すると、「転作・調整」が59池（本土分の回答の21.4％、以下、同様に記述する）、「他池」が20池(7.3%)、「貯水」が17池(6.2%)、「工事」が16池(5.8%)、「転作・・工事」14池(5.1%)で、これらを除いた方法はいずれも回答総数の5％未満と少数である。本土分ではこのように、対応方法が多岐で、いくつかの方法を組み合わせていることが第1の特色である。次に、

第9章 被災ため池の受益地における用水不足への対応　　　　181

表9-18　加古川流域における国営水利事業の用水供給

| 地区名 | 灌漑 | |
|---|---|---|
| | 受益面積 | 受益市町村 |
| 東条川地区 | 3,183 ha | 三木市、小野市、社町、東条町 |
| 加古川西部 | 3,850 ha | 小野市、姫路市、西脇市、加西市、滝野町、八千代町 |
| 東播用水 | 8,040 ha | 神戸市、明石市、加古川市、三木市、吉川町、稲美町 |

| 地区名 | 上水道 | |
|---|---|---|
| | 日最大供給量 | 受益市町村 |
| 東条川地区 | 12,500 m³ | 小野市、社町、滝野町 |
| 東播用水 | 277,000 m³ | 神戸市、明石市、加古川市、三木市、小野市、高砂市、三田市、稲美町、播磨町、社町、滝野町、東条町、吉川町 |

| 地区名 | 工業用水 | |
|---|---|---|
| | 日最大供給量 | 受益市町村 |
| 加古川西部 | 30,000 m³ | 西脇市 |

近畿農政局淀川水系土地改良調査管理事務所資料より作成

表9-19　加古川流域における国営水利事業のダム概要

| ダム名 | 所在市町村 | 堤高 | 堤長 | 有効貯水量 | 最大取水量 |
|---|---|---|---|---|---|
| 大川瀬ダム | 多紀郡丹南町 | 50.80 m | 164.00 m | 820万0,000 m³ | 5.25 m³/s |
| 呑吐ダム | 三木市 | 71.50 m | 260.00 m | 1,780万0,000 m³ | 5.12 m³/s |
| 糀屋ダム | 多可郡中町 | 44.10 m | 306.20 m | 1,330万0,000 m³ | 4.74 m³/s |
| 鴨川ダム | 加東郡東条町 | 42.43 m | 97.10 m | 838万0,000 m³ | 4.00 m³/s |

農林水産省近畿農政局淀川水系土地改良調査管理事務所資料より作成

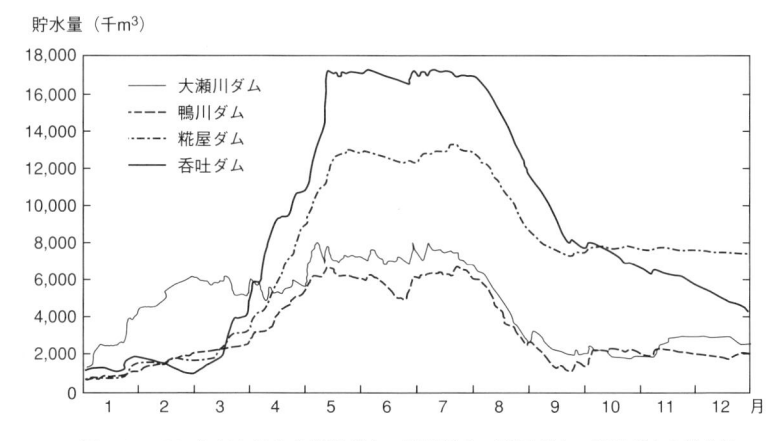

図9-2　1995年における大川瀬ダム・鴨川ダム・糀屋ダム・呑吐ダムの貯水量
近畿農政局淀川水系土地改良調査管理事務所資料より作成

「調整」や「貯水」といった比較的軽微な被害ゆえに可能な消極的な対応と、「工事」や「転作」という積極的な対応が多いことが第2の特色である。この他、前述の東播用水とダムからの送水を受けているものを本土分全体から抽出すると、「その他」に分類されているものも含めて86池(31.3%)となり、ダムによる送水の果たした役割の大きさが指摘できる。では、加古川流域に設けられたダムの貯水量はどのようであったのか。大川瀬、鴨川、糀屋、呑吐の4ダムの、1995年の貯水量を図9-2に示す。なお、川代ダムは導水路によって大川瀬ダムに導かれ、実際上、東播用水は大川瀬ダムか

表9-20　1995年1月～3月の主要ダムの貯水率

| ダム名 \ 月日 | 1月17日 | 2月6日 | 2月20日 | 3月20日 |
|---|---|---|---|---|
| 大川瀬ダム | 30.7% | 55.20% | 72.30% | 62.6% |
| 鴨川ダム | 11.0 | 21.0 | 27.0 | 35.0 |
| 糀屋ダム | 5.0 | 11.0 | 13.0 | 22.0 |
| 呑吐ダム | 9.5 | 10.1 | 9.0 | 11.2 |
| 鮎屋川ダム | 0.0 | 1.0 | 1.0 | 8.0 |
| 谷山ダム | 38.0 | 4.5 | 45.0 | 56.0 |

兵庫県農地整備課資料により作成

ら引水されているので省略した。図9-2からわかるように、1995年冬期は貯水量が少なく、代かき・田植え期の送水が心配された。4月に入ってもダムの貯水率は少なく、各土地改良区では貯水率50％になるまで送水を待とうとしたが、4月12日の降水によって貯水率が45％となったので送水を開始し、5月の降水によって各ダムともほぼ満水位に達した。参考までに、査定池が立地する地域の主なダムの、1995年1月から3月までの貯水率を**表9-20**に示した。鮎屋川ダムと谷山ダムは淡路島にある。

　淡路分は本土分に比べて対応方法が少ない。しかも、何ら対応策を講じられなかった「なし」のため池が101池（26.1％）と最も多く、自然まかせの対応である「降水」までを含めれば、淡路分での回答の33.6％が特に手立てを講じなかったという結果になり、厳しい水事情がわかる。この他には、「他池」58池（15.0％）と「井戸」54池（14.0％）が多く、続いて「河川」48池（12.4％）がある。このように、淡路分では他池からの送水と井戸及び河川からの取水による対応も多く、「他池」と「井戸」、「河川」を含む対応を講じたため池は、その他の分も含めて210池、回答の66.0％にのぼる。これに対して、本土分で多く見られた「転作」は3池（0.8％）、「ダム」は1池（0.3％）、「調整」は0池、「工事」は0池（「井戸・工事」は1.3％）ときわめて少ない。なお、淡路分の「ダム」とは淡路島内の農業用ダムからの送水で、具体的には貯水量の多かった谷山ダムからである。この他に、淡路分にだけみられた対応としては、「購入」5池（1.3％）、「節水」5池（1.3％）がある。「購入」とはその受益地が権利を持たない谷山ダムの水を買い入れたことである。

　淡路分の特色といえる「他池」、「井戸」、「河川」による対応について、さらに検討を加える。「他池」の場合、査定池を管理する水利組織と同じ水利組織に属すため池を利用したものは52池で、他の水利組織の池を利用したのは2池、両組織の池を利用したものは2池である。「他池」とその他の対応を組み合わせている場合では、同じ組織の池を利用したものが26池、他の組織のものは0池であり、圧倒的に同じ水利組織内での利用が多い。「河川」の場合では、従来から利用していた河川からの取水が37池、新規に河川から取水したものが9池である。「河川」とその他の対応との組合せでは、従来からのものが23池、新規のものが9池、両者を利用したものが3池で、従来からのものが多い。「井戸」の場合は、従来より所有していた井戸からが44池、新規に掘削した井戸からが9池で、「井戸」とその他の対応方法との組合せの場合には、従来からの井戸によるものが23池、新規の井戸によるものが4池、両者の利用が1池である。したがって、「他池」や「河川」、「井戸」による対応、もしくは、それらと他の対応との組合せにおいて、従来から水不足の際に利用していた、同じ水利組織のため池や旧来の井戸、河川からの取水が地震後の用水不足の際にも見られ、効果を発揮したと言えよう。

　淡路における対応で、本土分に多く見られた「調整」や「貯水」が見られないことは、淡路分の査

第9章 被災ため池の受益地における用水不足への対応

表9-21 神戸、姫路、洲本における1995年5月の日降水量

単位：mm

| 5月<br>都市 | 1日 | 2日 | 3日 | 4日 | 5日 | 6日 | 7日 | 8日 | 9日 | 10日 | 11日 | 12日 | 13日 | 14日 | 15日 | 16日 |
|---|---|---|---|---|---|---|---|---|---|---|---|---|---|---|---|---|
| 神戸 | 29.0 | 8.5 | 0 | 8.0 | 7.0 | 0 | 0 | 0 | 0 | 0 | 39.5 | 118.5 | 0 | 35.5 | 33.5 | 6.0 |
| 姫路 | 36.5 | 2.0 | 0 | 8.0 | 2.5 | 0 | 0 | 0 | 0 | 0 | 40.5 | 68.5 | 0 | 36.5 | 24.0 | 3.5 |
| 洲本 | 53.0 | 6.5 | 0 | 10.5 | 5.5 | 0 | 0 | 0 | 0 | 0 | 82.5 | 103.0 | 0 | 72.0 | 30.5 | 4.0 |

| 5月<br>都市 | 17日 | 18日 | 19日 | 20日 | 21日 | 22日 | 23日 | 24日 | 25日 | 26日 | 27日 | 28日 | 29日 | 30日 | 31日 | 計 |
|---|---|---|---|---|---|---|---|---|---|---|---|---|---|---|---|---|
| 神戸 | 0 | 0 | 0 | 0.0 | 41.0 | 3 | 0 | 0 | 16 | 0.5 | 0 | 0.0 | 2.0 | 0 | 0 | 348.0 |
| 姫路 | 0 | 0 | 0 | 2.5 | 64.5 | 1 | 0 | 0 | 16 | 0.0 | 0 | 1.0 | 6.0 | 0 | 0 | 313.0 |
| 洲本 | 0 | 0 | 0 | 0.0 | 43.5 | 3 | 0 | 0 | 10 | 0.5 | 0 | 0.5 | 4.5 | 0 | 0 | 429.5 |

神戸海洋気象台(1995)：兵庫県気象月報より作成

定池の被害程度が本土分より大きく、被害が軽微な場合の対応である「調整」や「貯水」が不可能であったからと思われる。さらに、淡路では地震後の5月11～12日の豪雨による被害を受けたため池が多く(表9-21)、作付けに影響が出たとも言われる。淡路分において、「工事」による対応の割合が少ないのは、被害程度が大きかったため、長期的な工事を必要とした他に、5月の豪雨による2次被害が生じたためと考えられる。

　表9-22は、査定池の復旧工事の完了時期を、示したものである。応急工事後、本工事が実施された場合は先に実施された工事の完了時期を示した。また、淡路分では、資料の得られなかった南淡町、三原町、一宮町の査定池を除いている。本土分、淡路分とも、例年の作付けは毎年5月末から6月10日頃までに行われる。この作付け時期までに、本土分では応急工事と本工事とを合わせて全査定池の16.1%に当たる45池が工事を完了したが、淡路分では1.4%分の11池しか完了しなかった。さらに、翌年の1996年3月までに、本土分では257池(92.1%)の工事が完了したのに対して、淡路分では504池(64.0%)の完了で、工事の遅れが目立ち、地震から2年後の1997年になって工事が完了したものも多い。この結果からも、淡路分においては、1995年の作付けへの対応としての「工事」の割合が少ないことが裏づけられる。

　表9-23と表9-24は本土分と淡路分の査定池受益地における作付けへの対応を、実作率6割以上、4～5割、3～0割の3グループに分類して、示したものである。本土分では、どのグループにも多く見られるものとして、「転作」とその他の方法の組合せによる対応がある。実作率6割以上の場合では、他のグループでは見られない「調整」、「貯水」、「他池」の対応があり、被害が軽微で貯水や水位の調整が可能な査定池と近接のため池からの用水補給が可能な査定池が多いことを示している。また、実作率6割以上では、「ダム」と他の方法との組合せによる対応が27.7%を占め、実作率4～5割のグループでの11.2%、実作率3～0割のグループでの0%を大きく上回って、ダムからの送水の効果が示されている。さらに、「工事」及び「工事」とその他の方法との組合せによる対応の占める割合は16.7%と比較的高く、工事の実施された池が多かったこともわかる。

　実作率4～5割のため池は数少ないが、「調整」や「ダム」、「他池」との組合せによる対応の割合が6割以上のグループに比較して少ない。実作率3～0割の場合は「ダム」、「調整」、「貯水」による対応が見られない上に、「なし」の対応が見られ、「降水」の割合も他のグループよりも高い。

　淡路分では実作率6割以上において、「井戸」、「他池」、「河川」の対応を合計した割合が50.4%と高く、4～5割の場合の37.5%、3～0割の場合の24.3%を上回っている。とりわけ、「河川」の占め

表9-22 応急工事と本工事の完了時期

| 完了時期 \ 工事別池数 | 本土分 | | | 淡路分* | | |
|---|---|---|---|---|---|---|
| | 応急 | 本工事 | 計 | 応急 | 本工事 | 計 |
| 1995年 1月 | 1 | 0 | 1 | 0 | 0 | 0 |
| 2 | 6 | 0 | 6 | 0 | 0 | 0 |
| 3 | 3 | 1 | 4 | 0 | 0 | 0 |
| 4 | 2 | 0 | 2 | 4 | 0 | 4 |
| 5 | 5 | 0 | 5 | 2 | 2 | 4 |
| 6 | 22 | 5 | 27 | 0 | 3 | 3 |
| 7 | 2 | 1 | 3 | 0 | 3 | 3 |
| 8 | 0 | 10 | 10 | 0 | 1 | 1 |
| 9 | 0 | 10 | 10 | 0 | 1 | 1 |
| 10 | 0 | 11 | 11 | 0 | 8 | 8 |
| 11 | 3 | 14 | 17 | 0 | 25 | 25 |
| 12 | 0 | 16 | 16 | 0 | 10 | 10 |
| 1996年 1月 | 0 | 32 | 32 | 0 | 44 | 44 |
| 2 | 0 | 37 | 37 | 0 | 62 | 62 |
| 3 | 0 | 76 | 76 | 0 | 335 | 339 |
| 4 | 0 | 1 | 1 | 0 | 11 | 11 |
| 5 | 0 | 1 | 1 | 0 | 23 | 23 |
| 6 | 0 | 0 | 0 | 0 | 17 | 17 |
| 7 | 0 | 1 | 1 | 0 | 3 | 3 |
| 8 | 0 | 1 | 1 | 0 | 1 | 1 |
| 9 | 0 | 0 | 0 | 0 | 0 | 0 |
| 10 | 0 | 0 | 0 | 0 | 4 | 4 |
| 11 | 0 | 2 | 2 | 0 | 3 | 3 |
| 12 | 0 | 3 | 3 | 0 | 20 | 20 |
| 1997年 1月 | 0 | 0 | 0 | 0 | 89 | 89 |
| 2 | 0 | 3 | 3 | 0 | 36 | 36 |
| 3 | 0 | 0 | 0 | 0 | 60 | 60 |
| 4 | 0 | 0 | 0 | 0 | 0 | 0 |
| 5 | 0 | 0 | 0 | 0 | 0 | 0 |
| 6 | 0 | 0 | 0 | 0 | 1 | 1 |
| 無工事 | 2 | | 2 | 24 | | |
| 不明 | 8 | | 8 | 1 | | |
| | 44 | 227 | 271 | 6 | 787 | 787 |

*除く南淡町、三原町、一宮町分
兵庫県神戸土地改良事務所、兵庫県三木土地改良事務所、兵庫県社土地改良事務所資料と調査結果より作成

る割合が高く、河川を水源とする用水の重要性が伺える。これら3つの対応の合計は、6割以上のグループで57.9％、4〜5割で45.8％、3〜0割で27.0％になり、6割以上のグループにおいて高い。このように、淡路では「井戸」、「他池」、「河川」による対応がきわめて重要な役割を果たし、特に、6割以上のグループでは有効に機能したと言える。6割以上にのみ見られる対応としては、他に「工事」、「節水」、「貯水」があり、作付けまでに工事が実施された数少ない事例がこのグループに集中したと思われる。同時に、このグループには「節水」や「貯水」の対応がみられることから、被害の比較的軽微なため池の存在も指摘できる。

　淡路分における実作率4〜5割のグループでは、「なし」の対応が現れ、「井戸」、「他池」、「河川」とそれらの組合せによる対応の割合も減少している。さらに3〜0割になると、「なし」の割合が63.1％と過半数を占め、「井戸」、「他池」、「河川」に依存する割合も減少して、何も対応策を講じられなかった条件の悪いため池が増加している。

第 9 章　被災ため池の受益地における用水不足への対応

表9-23　本土分査定池の実作率別にみた対応

| 実作率6割以上の対応 | | 実作率4～5割の対応 | | 実作率3～0割の対応 | |
|---|---|---|---|---|---|
| 転作・調整 | 50池(20.8%) | 転作・工事 | 3池(33.4%) | 転作・調整 | 8池(30.8%) |
| 他池 | 19　( 7.9) | 転作・調整 | 1　(11.2) | 転作・他池・調整 | 3　(11.5) |
| 貯水 | 17　( 7.1) | 転作・工事・ダム | 1　(11.2) | 降水 | 3　(11.5) |
| 工事 | 14　( 5.8) | 転作・他池 | 1　(11.2) | 工事 | 2　( 7.7) |
| 転作・ダム・調整 | 13　( 5.4) | その他 | 3　(33.3) | 転作・他池 | 2　( 7.7) |
| 調整 | 12　( 5.0) | 計 | 9　(100) | なし | 2　( 7.7) |
| 転作・工事 | 11　( 4.6) | | | 他池 | 1　( 3.9) |
| 転作・工事・ダム | 10　( 4.2) | | | その他 | 5　(19.2) |
| 転作・他池・ダム・調整 | 10　( 4.2) | | | 計 | 226　(100) |
| ダム・貯水 | 10　( 4.2) | | | | |
| 転作・ダム | 10　( 4.2) | | | | |
| 転作・他池・調整 | 9　( 3.8) | | | | |
| 他池・ダム | 9　( 3.8) | | | | |
| ダム・調整 | 9　( 3.8) | | | | |
| 工事・ダム | 5　( 2.1) | | | | |
| 降水 | 4　( 1.7) | | | | |
| 転作・他池 | 2　( 0.8) | | | | |
| その他 | 26　(10.6) | | | | |
| 計 | 240　(100) | | | | |

総計 275　不明4

兵庫県神戸土地改良事務所、兵庫県三木土地改良事務所、兵庫県社土地改良事務所資料及び調査結果より作成

表9-24　淡路分査定池の実作率別にみた対応

| 実作率6割以上の対応 | | 実作率4～5割の対応 | | 実作率3～0割の対応 | |
|---|---|---|---|---|---|
| 河川 | 42池(18.4%) | なし | 14池(29.2%) | なし | 70池(63.1%) |
| 井戸 | 37　(16.2) | 井戸 | 10　(20.8) | 他池 | 17　(15.3) |
| 他池 | 36　(15.8) | 他池 | 5　(10.4) | 井戸 | 7　( 6.3) |
| 降水 | 20　( 8.8) | 他池・河川 | 4　( 8.3) | 降水 | 6　( 5.4) |
| なし | 17　( 7.5) | 河川 | 3　( 6.3) | 河川 | 3　( 2.7) |
| 工事 | 11　( 4.8) | 降水 | 3　( 6.3) | 他池・井戸 | 3　( 2.7) |
| 井戸・河川 | 8　( 3.5) | 湧水 | 2　( 4.2) | 購入 | 2　( 1.8) |
| 他池・河川 | 7　( 3.1) | その他 | 7　(14.5) | その他 | 3　( 2.7) |
| 湧水 | 6　( 2.6) | 計 | 48　(100) | 計 | 111　(100) |
| 節水 | 5　( 2.2) | | | | |
| 購入 | 3　( 1.3) | | | | |
| 貯水 | 3　( 1.3) | | | | |
| 他池・井戸 | 2　( 0.9) | | | | |
| 河川・湧水 | 2　( 0.9) | | | | |
| 貯水・節水 | 2　( 0.9) | | | | |
| その他 | 27　(11.8) | | | | |
| 計 | 228　(100) | | | | |

総計 387
調査結果より作成

　元来、厳しい水条件の下にある淡路島では、1つの水源による灌漑が困難なため、1人の土地所有者が複数以上の水利組合に属し、ため池や河川水、井戸水等の何種類かの水源を利用している(池上1991)。このように、用水確保のための複数の水源を所有することが、渡辺ら(1995)の指摘する分散ネットーク型水利システムを構成し、結果として地震後の用水不足に対する危険分散の効果を発揮した。なお、本土分においても例えば、神戸市北区や宝塚、稲美町、加西市等の地域では、かつて灌漑用の井戸も所有していたが、近年は使用していないところが多い。1994年夏の渇水時に復活させて使用した井戸を、地震後の作付けに役立たせた例もあるが、今回の査定池を対象とした調査では、宝塚において井戸と他の方法を組み合わせた対応が3例認められたのみである。全体として、

本土分においては井戸や河川、他池等からの引水が淡路分に比べてきわめて少なかった。それにもかかわらず、かなり高い率での作付けが可能になったのは、被害が相対的に軽微だったことと、ダムからの用水補給（東播用水）の効果が大きかったためと考えられる。

## 7．東播用水の効果と災害の危険分散対策

　阪神・淡路大震災による被災ため池のうち、被害が大きく、県の査定の対象となったため池（査定池）の被害内容を整理した上で、その受益地において、地震発生年の作付けと用水不足への対応について調査した。その結果は、次の通りである。
　①査定池の選定基準は一定以上の被害額を条件としている。被害額はおおむねため池の規模と比例して大きくなっているので、結果として、査定池には比較的規模の大きいため池が多い。本土分と淡路分の査定池を比較すると、本土分の査定池の方が受益面積や総貯水量の点で規模が大きい。
　②総貯水量から見て比較的規模が大きい査定池は、総貯水量 1 m$^3$ 当たりの被害額が小さく、小規模な査定池は被害額が大きい傾向があるが、淡路分の方が本土分より被害額が大きい。これは震源との近接性によると思われる。
　③査定池の被害は、堤防、樋管、洪水吐、制波ブロックに対するものが大部分である。特に、堤防亀裂の被害がきわめて多い。淡路分ではこれらに加えて、池底の亀裂がみられた。そして、どちらの地域においても、被害内容と被害額との間には法則性は見出せない。
　④地震発生前の降水量が少なく、地震発生時にはため池の貯水率は低かったため、田植え前には十分な作付けが危ぶまれた。
　⑤査定池受益地における実際の作付け率（実作率）は、本土分で6割以上が87.3％、淡路分が58.9％と、査定池の地震時の水量から予測した作付け率（可能作付け率）を上回った。また、総貯水量 1 m$^3$ 当たりの被害額が大きいため池では、実作率が低く、被害額が小さいものでは実作率が高い。
　⑥作付けへの対応として、本土分では「転作」や「工事」という積極的な対応と、「調整」や「貯水」の被害が軽微なゆえに可能な消極的な対応、そしてダムからの送水（東播用水）による対応が多く見られ、この他に、これらのいくつかを組み合わせた対応があって、全体的には多数の組合せが見られる。これに対して、淡路分では「なし」の割合が多く、「降水」までを含めると、何も手立てを講じられなかったため池が約34％にのぼった。具体的な対応としては、「河川」、「井戸」、「他池」と、この3つのうち、2〜3を組み合わせた対応が多く、本土分に見られた「転作」、「工事」、「ダム」、「調整」等はほとんど見られない。淡路分における重要な対応である「河川」、「井戸」、「他池」のうち、「河川」と「井戸」は従来から使用していたものが多く、「他池」の場合も同じ水利組合に属す池からの補給例が多い。
　以上の結果より、淡路分と比べて被害が軽微であった本土分では「調整」、「貯水」の消極的な対応が可能で、「転作」、「工事」という積極的な対応も見られ、ダムからの送水（東播用水）の効果も認められた。一方、淡路分は被害が大きいため、「調整」、「貯水」、「工事」の対応が行えず、「なし」や「降水」、「購入」の極限状態に達した受益地も多い。対応策が講じられた場合は「河川」、「井戸」、「他池」によっており、これらはいずれも、従来からの水不足に備えた対策であって、用水確保が困難である土地柄ゆえに講じられていた方策が、地震後にも効果を発揮して、危険分散につながったといえる。あらかじめ危険分散的な方策を有していなかったにもかかわらず、本土分では被害が軽微

だったことや、ダムからの送水(東播用水)があったことで、実作率は高まった。しかし、ため池の卓越地帯は元来、水の乏しい地域であるので、災害による被害を最小限に食い止めるためには、ため池の日頃の維持・管理を怠らないことに加え、ため池に補水する複数の手段を講じておくことが重要であろう。

●参考文献

池上甲一(1991)：日本の水と農業．学陽書房, pp.106-110．

高橋裕編(1983)：水のはなしⅢ．技報堂出版, pp.49-54．

農林水産省構造改善局計画部資源課(1993)：土地改良事業計画設計基準「計画 農業用水(水田)」．農業土木学会, 103p．

森下一男・吉田勲・木村和弘・松田誠祐・大年邦雄・猪迫耕二・森本直也(1995)：阪神・淡路大震災による農業集落の被災状況とその対応．農業土木学会誌 63-11, pp.51-56, 農業土木学会．

渡辺紹裕・堀野治彦・水谷正一・中村公人・中桐貴生・大上博基(1995)：阪神・淡路大震災による淡路島北部の水環境の変化．農業土木学会誌 63-11, pp.45-50, 農業土木学会．

渡辺紹裕(1996a)：農村の危機管理と震災 ―淡路島北部の農業水利システムを中心として―．1996年水資源シンポジウム「国連水の日：高度利用・危機管理の方向」, 日本学術会議水資源学研究連絡委員会, pp.16-27．

渡辺紹裕(1996b)：大震災が淡路島北部の水量に及ぼした影響．水資源・環境研究 9, pp.82-84, 水資源・環境学会．

# 第Ⅳ部　ため池の保全
## ──維持・管理方式の再検討──

有東坂池（静岡県清水市、撮影：内田和子）

第Ⅰ～Ⅲ部までを通して、ため池は古代からの長い歴史の中で現在、大きな転換期を迎えており、環境の悪化や改廃に苦慮するとともに、災害への大きな危険にもさらされていることがわかった。また、全国的に見て、近世以前に築造されたため池の割合が多いことから、老朽化への対応も迫られており、維持・管理組織の弱体化も大きな問題である。しかしながら、ため池はまだ農業用水供給の役割を終えたものではなく、今後とも継続して利用されるものも多い。さらに、ため池は農業用水供給の他に、親水、生態系保全、洪水調節等の多面的機能を有している。近年では、このような従来、ため池のもつ副次的機能としてあまり注目を集めることのなかった機能に関心が高まっている。そして、親水公園、洪水調節池、ビオトープ等として、ため池を積極的に活用する事例も各地で見られるようになった。いわば、ため池が貴重な地域資源として認識され、活用され始めたのである。このようなため池の多面的機能の活用は、保全の観点からしても重要な方策となりうるものである。この方策は、費用や維持・管理の点でまだ課題は多いが、先導的な事例の分析を重ねていくことは課題の解決上、重要である。第Ⅳ部では、このような現状において、ため池の抱える課題を踏まえて、ため池の保全のための行政の役割や維持・管理方式の再検討を行った。

# 第10章　行政によるため池の管理と保全事業

## 1．公的事業によるため池の改修

　ため池は河川と異なって公有水面としての厳しい規制を受けないため、行政の管理が及びにくい。しかし、水田農業が盛んであった時代から大きく異なった現状の中で、ため池の保全に不可欠な維持・管理の問題を考えるとき、もはや個人や水利組織のみの問題としてはとらえ難くなり、行政の果たす役割が期待されてくる。なかでも、多大の経費を必要とする、ため池の安全性を確保するための改修事業に果たす行政の役割は大きい。そこで、ため池の保全に行政はどのような役割を果たしているのかについて、現状を正しく認識するとともに、今後のあり方を検討しておくことが必要である。

　本章ではため池の保全を目的とする行政の機能について分析し、その成果と限界性について考察することを目的とする。分析の対象は現在、行政がため池の保全に果たしている役割のうち、最も大きなものと考えられる、改修事業と法的規制である。

## 2．農業用水の水源別依存度とため池の管理・所有形態

### （1）農業用水の水源別依存度

　1946年における日本の水資源別灌漑面積の割合は、河川68.3％、ため池18.3％、地下水5.3％である（農林省営農改善課1952）。1996年版「日本の水資源」（国土庁水資源部）によれば、日本の農業用水の水源は、河川が88.1％、ため池が10.3％、その他（地下水等）が1.6％である。このように、農業用水のため池への依存度は低下しているが、ため池は今だに農業用水の約10％を担っており、特に、瀬戸内海沿岸地域のような降雨量が少なく、河川から用水を十分に取水できない地域では、その存在はまだ重要である。

　**表10-1**は、1984年の全国の各地域別にみた、農業用水の水源別内訳である。そして、**表10-2**はため池の密集する香川県と兵庫県における、農業用水の水源別内訳である。両表とも、1971年及び1984〜85年と、いささか時期が古いものの、地域における農業用水の水源別依存状態の基本的な姿を示していると思われる。表10-1からは、近畿臨海部と中国地方山陽部と沖縄において、ため池依存度が高いことがわかり、これはため池の分布とおおむね似た傾向を示している。表10-2から、兵庫県と香川県では、上述の全国的な傾向とは異なって、農業用水のほぼ半分をため池に依存しており、兵庫県の瀬戸内臨海部である阪神、東播磨、淡路地区ではその割合が高いことがわかる。これに対して、北海道、東北、関東、東海、北陸、九州南部では、水源に占める河川の割合が90％を越え、大河川の豊富な水量の存在を伺わせる。現在、香川、兵庫両県とも香川用水、東播用水が完成し、農業用水の水源内訳は表10-2とは異なっていることも予想されるが、当時の水源内訳は、ため池に用

表10-1　全国の地域別農業用水の水源内訳(1984年)

| 地　　域 | 河　　川 | た め 池 | 地 下 水 |
|---|---|---|---|
| 北海道 | 91.7% | 8.3% | ― |
| 東北 | 91.1 | 8.4 | 0.5% |
| 関東内陸 | 94.3 | 4.8 | 0.9 |
| 関東臨海 | 93.6 | 4.2 | 2.2 |
| 東海 | 91.7 | 7.1 | 1.2 |
| 北陸 | 94.9 | 3.6 | 1.5 |
| 近畿内陸 | 85.7 | 10.0 | 4.3 |
| 近畿臨海 | 57.6 | 41.7 | 0.7 |
| 中国山陰 | 86.4 | 13.6 | 0.0 |
| 中国山陽 | 73.0 | 26.8 | 0.2 |
| 四国 | 76.0 | 18.6 | 5.4 |
| 九州北部 | 84.9 | 12.8 | 2.3 |
| 九州南部 | 90.9 | 4.9 | 4.2 |
| 沖縄 | 45.5 | 36.4 | 18.1 |
| 全国 | 87.3 | 11.1 | 1.6 |

香川県農林部(1986)p.3より転載

表10-2　香川県と兵庫県の農業用水の水源内訳
（香川県は1985年、兵庫県は1971年）

| 県 | 河　　川 | た め 池 | 地 下 水 |
|---|---|---|---|
| 香川 | 37% | 51% | 12% |
| 兵庫 | 51 | 46 | 3 |
| 兵庫県地域別 | | | |
| (阪神) | (34) | (61) | ( 5) |
| (東播磨) | (30) | (63) | ( 7) |
| (西播磨) | (80) | (11) | ( 9) |
| (但馬) | (89) | ( 7) | ( 4) |
| (丹波) | (53) | (36) | (11) |
| (淡路) | (12) | (81) | ( 7) |

香川県農林部(1986)及び兵庫県農地整備課資料より作成

水の多くを依存せざるを得ない両県の、根本的な水事情の厳しさをよく表している。

（2）ため池の所有形態、管理形態

**表10-3・4・5**は、1952～54年度、1979年度、1989年度の農林省、農林水産省の調査による、全国のため池の所有形態と管理形態を示している。それぞれの年度における調査対象のため池が異なるので、正確な比較は不可能であるが、各時期における、およその所有形態と管理形態がわかる。

1952～54年度では、管理形態のみが調査され、調査対象は受益面積5ha以上のため池（当時のため池総数の約17%分）である。**表10-3**によれば、管理者としては、個人または申し合わせ組合が最も多く、約40%を占めている。続いて、市町村の約26%、土地改良区の約7%分である。そして、この当時の特色として、少数ながら耕地整理組合、水害予防組合による管理が見られる。

1979年度においては、受益面積1ha以上地区のため池97,564（当時のため池数の約40%）を対象とした、所有と管理の両面の調査が行われている。ここで言う地区数とため池との関係は、第1章に延べた通りで、本章においても、地区数とため池数を同じものとして取り扱った。**表10-4**より、管理面では、集落もしくは申し合わせ組合が約64%と大半を占め、続いて個人、市町村である。1952

表10-3　1952〜54年度における全国のため池の管理形態

| 管理者 | ため池数(%) |
|---|---|
| 市町村 | 12,584 (25.85%) |
| 土地改良区 | 3,613 ( 7.42%) |
| 個人・申し合わせ組合 | 19,754 (40.57%) |
| 耕地整理組合 | 615 ( 1.26%) |
| 農業協同組合 | 504 ( 1.04%) |
| 水害予防組合 | 13 ( 0.03%) |
| その他 | 9,936 (20.41%) |
| 不明 | 1,667 ( 3.42%) |
| 計 | 48,686 (100.0%) |

調査対象は受益面積5ha以上のため池48,686
農林省農地局資源課(1955)より作成

表10-4　1979年度における全国のため池の管理・所有形態

| 管理者 | ため池数(%) | 所有者 | ため池数(%) |
|---|---|---|---|
| 国 | 235 ( 0.24%) | 国 | 12,561 (12.87%) |
| 県 | 147 ( 0.15%) | 県 | 327 ( 0.34%) |
| 市町村 | 11,924 (12.22%) | 市町村 | 18,290 (18.75%) |
| 土地改良区 | 7,069 ( 7.25%) | 土地改良区 | 3,634 ( 3.72%) |
| 集落・申し合わせ組合 | 62,314 (63.87%) | 集落・申し合わせ組合 | 47,562 (48.75%) |
| 個人 | 14,050 (14.40%) | 個人 | 12,311 (12.62%) |
| その他 | 1,120 ( 1.15%) | その他 | 1,089 ( 1.12%) |
| 不明 | 705 ( 0.72%) | 不明 | 1,790 ( 1.83%) |
| 計 | 97,564 (100.0%) | 計 | 97,564 (100.0%) |

調査対象は受益面積1ha以上地区97,564
農林水産省構造改善局地域計画課(1981)より作成

表10-5　1989年度における全国のため池の管理・所有形態

| 管理者 | ため池数(%) | 所有者 | ため池数(%) |
|---|---|---|---|
| 国 | 79 ( 0.12%) | 国 | 9,901 (14.38%) |
| 県 | 117 ( 0.17%) | 県 | 366 ( 0.53%) |
| 市町村 | 7,683 (11.16%) | 市町村 | 14,628 (21.25%) |
| 土地改良区 | 6,839 ( 9.93%) | 土地改良区 | 3,526 ( 5.12%) |
| 集落・申し合わせ組合 | 47,756 (69.36%) | 集落・申し合わせ組合 | 33,657 (48.88%) |
| 個人 | 5,698 ( 8.27%) | 個人 | 4,968 ( 7.22%) |
| その他 | 681 ( 0.99%) | その他 | 1,807 ( 2.62%) |
| 不明 | 0 ( 0.00%) | 不明 | 0 ( 0.00%) |
| 計 | 68,853 (100.0%) | 計 | 68,853 (100.0%) |

調査対象は受益面積2ha以上地区68,853
農林水産省構造改善局地域計画課(1991)より作成

〜54年度と同様に、個人や集落、申し合わせ組合による管理が多いが、その比率は上昇している。その理由は、1979年度では、調査対象がかなり小規模なため池にまでに拡大したため、主として、小規模なため池の管理を行う個人や集落、申し合わせ組合の割合が増加したと思われる。1979年度の調査における所有形態では、個人や集落、申し合わせ組合の割合が管理者の場合に比べて減少し、国、県、市町村の行政の割合が増加している。このことは、この時期までに、行政の所有するため池が建造されたことと、行政の所有するため池は、実際上の管理を地元の水利組織に委託することが多い理由からであろう。

表10-6 香川県、岡山県、大阪府、兵庫県におけるため池の所有形態

| 所有形態＼府県 | 香川(1993) | 岡山(1995) | 大阪(1986) | 兵庫(1996) |
|---|---|---|---|---|
| 国 | 426 (24.7%) | 4,068 (40.0%) | | ( 0.0%) |
| 府県 | 47 ( 0.3%) | 28 ( 0.2%) | 541 (20.8%) | ( 0.0%) |
| 市町村 | 4,402 (27.0%) | 2,851 (28.0%) | | (20.2%) |
| 土地改良区・水利組合 | 201 ( 1.4%) | 1,311 (13.0%) | 61 ( 2.3%) | 土地改良区1.8%,水利組合33.3% |
| 集落共有 | 383 ( 2.3%) | ── | 1,201 (46.1%) | |
| 個人 | 7,029 (43.1%) | 1,708 (16.8%) | 696 (26.8%) | (44.7%) |
| その他 | 196 ( 1.2%) | 158 ( 1.5%) | | |
| 不明 | 0 ( 0.0%) | 37 ( 0.5%) | 104 ( 4.0%) | ( 0.0%) |
| 計 | 16,304 (100%) | 10,161 (100%) | 2,603 (100%)* | (100%) |

*池面積1,000 m² 以上のもののみ
香川県農林水産部(1993)、岡山県ため池フィルダム部会(1995)、大阪府農の振興整備室、兵庫県耕地課資料より作成

表10-7 岡山県、京都府におけるため池の管理形態

| 管理形態別＼府県 | 岡山県(1995) | 京都府(1997) |
|---|---|---|
| 国 | 0 ( 0.0%) | 0 ( 0.0%) |
| 府県 | 11 ( 0.1%) | 0 ( 0.0%) |
| 市町村 | 5,706 (56.2%) | 3 ( 0.5%) |
| 土地改良区・水利組合 | 2,655 (26.1%) | 418 (67.5%) |
| 個人 | 1,622 (16.0%) | 160 (25.9%) |
| その他 | 152 ( 1.5%) | 38 ( 6.1%) |
| 不明 | 15 ( 0.1%) | 0 ( 0.0%) |
| 計 | 10,161 (100%) | 619 (100 %)* |

*712のため池管理者へのアンケートの回答
岡山県ため池フィルダム部会(1995)及び京都府耕地課資料より作成

1989年度においては、受益面積2ha以上地区のため池68,853（当時のため池数の約32％分）が調査対象である。表10-5によれば、管理形態については、集落または申し合わせ組合が約70％と大部分を占め、続いて、市町村、土地改良区、個人である。1989年度においては、1979年度と比べて、調査対象のため池がより大きな規模に限定され、対象のため池数が減少したにもかかわらず、集落、申し合わせ組合や個人の占める割合が1979年度時より増加した。このことから、集落、申し合わせ組合や個人の管理するため池が、むしろ増加していることを示す。所有者に関しては、集落・申し合わせ組合の割合が管理者の場合と比べて、大きく減少して、行政の管理分が増加している。これは、国や県が築造後のため池の管理を地元に委託することや、実際は集落共有のため池であっても、土地の登記上は市町村長となる例が多いこと等の理由によるのであろう。また、土地改良区は大規模なものも多いので、そこでは比較的大型のため池を所有したり、管理したりする例が多い。以上のことから、ため池の管理面では、集落、申し合わせ組合、個人の3者が大半を占め、重要な役割を果たしていることがわかる。

次に、ため池の密集地域の府県における、管理と所有形態について、見ることにする。表10-6は香川県、岡山県、大阪府、兵庫県におけるため池を所有形態別に分類し、表10-7は岡山県と京都府におけるため池を管理形態別に分類したものである。府県によって、調査の項目や調査の対象数も異なるが、調査結果からおおむねの傾向が把握できると思われる。なお、兵庫県分は県内でも、ため池が密集する東播磨地域のため池管理者へのアンケートによるもので、調査対象となったため池の総数は明らかにされていない。

所有形態別の割合は、香川県と岡山県では国、府県、市町村をあわせた行政所有の池の占める割

合が最も高いが、大阪府ではいくつかの集落による共有が最も高く、兵庫県では個人・その他が最も高い。2番目に高いのが、香川県、岡山県、大阪府では個人、兵庫県では土地改良区・水利組合である。4府県のうち、兵庫県では集落共有の分類を設けていないが、岡山県を除いた3府県では、個人と集落共有の占める割合が44.7～72.9％とかなり高い。4府県の特色を簡潔に述べると、集落共有と個人所有の多い大阪府、行政の所有の多い岡山県、個人と行政所有がほぼ半数ずつの香川県、個人（含むその他）と土地改良区・水利組合の所有が大多数を占める兵庫県となる。

次に、ため池の管理形態別を示した表10-7では、岡山県は表10-6と同じため池を対象とした調査結果であるが、京都府は、全ため池管理者から抽出した、712の管理者から得られた619のため池の調査結果である。大阪府と兵庫県では、管理者形態別の調査を行っていない。岡山県では、国と府県の占める割合がほとんどなくなり、その分、市町村の割合が増加している。これは国や府県がため池を建設した後、管理を市町村に委託している場合が多いためと思われる。京都府では、行政による管理がほとんどなく、土地改良区・水利組合管理が約70％である。しかし、両府県とも調査結果の16～25.8％分が個人管理であって、この数字は小さな割合とは言い難い。このように、ため池の所有と管理において、土地改良区・水利組合、個人、集落共有の割合は少なくても、40％以上に達し、行政の指導が直接に及びにくい部分の大きさを示している。

## 3．ため池の改修事業

第7章において、筆者は阪神・淡路大震災による被災ため池について分析した結果、地形や地質等の自然的条件の他に、ため池の老朽度や改修歴と被害との相関性が高いことを指摘した。また、筆者は第4章において東播磨における、ため池の決壊による過去の代表的な水害を分析した結果、決壊とため池の老朽度・改修歴との関係が深く、ため池の改修と維持管理のあり方を、本格的に検討する必要性を述べた。しかし、防災上、特に効果のある全面改修のような大規模なため池の改修は、費用や設計の上でも、行政からの援助なしでは困難の多いものである。そこで、本章では、行政が実施主体となったり、事業費の補助を行ったりする事業のうち、国の補助が得られる事業について概要を述べる。

### （1）ため池の改修にかかわる主な公共事業の内容と推移

**表10-8**は国の補助が得られる、ため池の改修にかかわる主な事業を示し、**表10-9**はそれらの事業の創設から現在までの推移を示している。まず、国営農地総合防災事業は地盤沈下、流域開発等の他動的要因に起因して、農業用施設の機能が低下し、これにより災害のおそれが広域的に生じている地域において、機能を回復し、災害の未然防止を計るためのもので、1989年に創設された。この事業の当初の対象として、ため池は含まれていなかった。しかし、1991年に、相当数の農業用ため池が存在する地域において、農用地及び農業用施設等の災害を防止するため、築造後における自然的、社会的状況の変化等に対応して早急に整備を要する農業用の複数のため池、及びこれらのため池に関連する農業用用排水施設の新設、廃止または変更する目的の事業が追加され、ため池群の整備が可能になった。この国営事業は1997年度現在、13地区で実施されているが、このうち、ため池群整備は大和平野と香川の2地区である。

防災ダム事業は、1947年に都道府県への委託事業として開始された、防災溜池事業を基としてお

**表10-8 ため池の防災にかかわる主な公共事業・工事**(国費補助分)

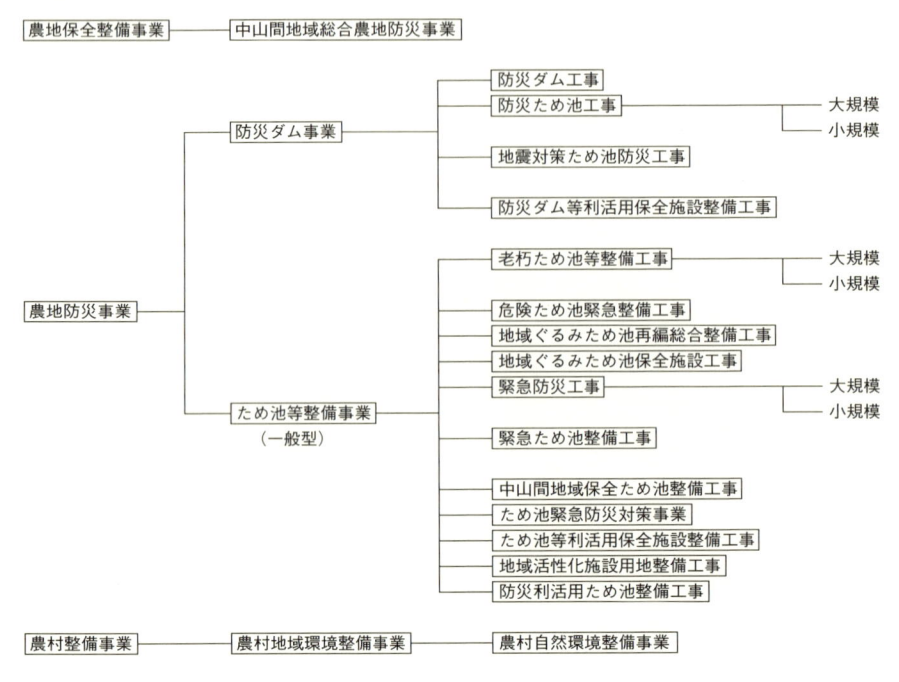

```
国営総合農地防災事業

農地保全整備事業 ── 中山間地域総合農地防災事業

                          ┌─ 防災ダム工事
                          ├─ 防災ため池工事 ──┬─ 大規模
             ┌─ 防災ダム事業 ┤                  └─ 小規模
             │            ├─ 地震対策ため池防災工事
             │            └─ 防災ダム等利活用保全施設整備工事
             │
農地防災事業 ─┤            ┌─ 老朽ため池等整備工事 ──┬─ 大規模
             │            │                        └─ 小規模
             │            ├─ 危険ため池緊急整備工事
             │            ├─ 地域ぐるみため池再編総合整備工事
             │            ├─ 地域ぐるみため池保全施設工事
             └─ ため池等整備事業 ─┤ 緊急防災工事 ──┬─ 大規模
                 (一般型)    │                    └─ 小規模
                            ├─ 緊急ため池整備工事
                            ├─ 中山間地域保全ため池整備工事
                            ├─ ため池緊急防災対策事業
                            ├─ ため池等利活用保全施設整備工事
                            ├─ 地域活性化施設用地整備工事
                            └─ 防災利活用ため池整備工事

農村整備事業 ── 農村地域環境整備事業 ── 農村自然環境整備事業
```

農林水産省構造改善局:農地防災事業実施要綱(1997)より作成

り、農地・農業用施設及び農作物等を洪水による被害から防止するために、洪水調節用ダムを新設または改修する事業である。この事業は、防災ダム工事、防災ため池工事、地震対策ため池防災工事、防災ダム等利活用保全施設工事の4種類から成る。各工事の内容について記すと、防災ダム工事は、洪水調節用ダムの新設または改修、防災ため池工事は、洪水調節機能の賦与・増進のための農業用ため池の改修である。地震対策ため池防災工事は、耐震性の向上のための農業用ため池の改修、または地震からの安全を確保するために必要な管理施設の新設、もしくは改修である。防災ダム等利活用保全施設工事は、防災ダム等の保全、管理及び利活用上、必要な施設の新設または改修である。

ため池等整備事業(一般型)は、危険なため池、用排水施設の整備、傾斜地の土砂崩壊防止ならびに湖岸堤防の整備等を行い、農地や農業用施設等の災害を未然に防止するものである。この事業は一般型の他に、河川内にある農業用河川工作物の整備によって、災害を未然に防止する目的の、農業用河川工作物応急対策のものがあるが、ため池とは直接かかわらないので、本章では研究対象から除外した。

ため池等整備事業(一般型)は、老朽ため池等整備工事、危険ため池緊急整備工事、湖岸堤防工事、緊急防災工事、緊急ため池整備工事、地域ぐるみため池再編総合整備工事、地域ぐるみため池保全施設工事、ため池等利活用保全施設整備工事、土砂崩壊防止工事、中山間地域保全ため池整備工事、防災利活用ため池整備工事、ため池緊急対策防災事業等から成っている。以下に、これらの工事・事業の概要を述べる。

## 第10章　行政によるため池の管理と保全事業

**表10-9　ため池の防災にかかわる主な公共事業・工事の推移**

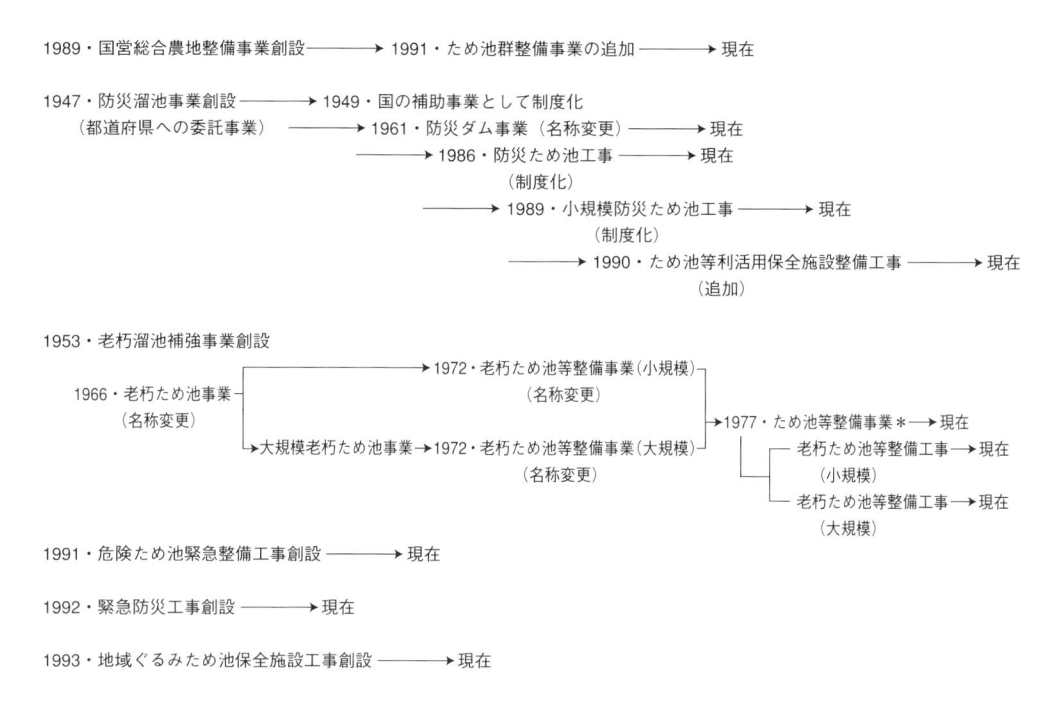

```
1989・国営総合農地整備事業創設 ──→ 1991・ため池群整備事業の追加 ──→ 現在

1947・防災溜池事業創設 ──→ 1949・国の補助事業として制度化
    (都道府県への委託事業)  ──→ 1961・防災ダム事業 (名称変更) ──→ 現在
                          ──→ 1986・防災ため池工事 ──→ 現在
                               (制度化)
                          ──→ 1989・小規模防災ため池工事 ──→ 現在
                               (制度化)
                          ──→ 1990・ため池等利活用保全施設整備工事 ──→ 現在
                               (追加)

1953・老朽溜池補強事業創設
1966・老朽ため池事業 ┬──→ 1972・老朽ため池等整備事業(小規模) ┐
    (名称変更)      │         (名称変更)                     ├─→ 1977・ため池等整備事業* ──→ 現在
                   └─ 大規模老朽ため池事業 ──→ 1972・老朽ため池等整備事業(大規模) ┘
                                                (名称変更)
                                              ├─ 老朽ため池等整備工事 ──→ 現在
                                              │   (小規模)
                                              └─ 老朽ため池等整備工事 ──→ 現在
                                                  (大規模)

1991・危険ため池緊急整備工事創設 ──→ 現在
1992・緊急防災工事創設 ──→ 現在
1993・地域ぐるみため池保全施設工事創設 ──→ 現在
```

\* 1977年に老朽ため池整備事業が用排水施設整備事業、湖岸堤防事業、土砂崩壊防止事業とともに、ため池等整備事業に統合

農林水産省構造改善局防災課資料より作成

　老朽ため池等整備工事(大規模・小規模)は、1966年の老朽ため池事業に端を発し、築造後における自然的、社会的状況の変化等に対応して、早急に整備を要する農業用ため池等の改修、または当該施設に代わる農業用用排水施設の新設またはため池の改修、もしくは新設と併せて行うため池等の廃止、ならびにこれらの附帯施設及び洪水等からの安全を確保するために必要な管理施設の新設または改修を行うものである。

　危険ため池緊急整備工事は、1991年に創設され、人命、人家、公共施設等に被害を及ぼす災害の発生するおそれの高い危険で、小規模な農業用ため池の改修または廃止を行うものである。

　地域ぐるみため池再編総合整備工事は、地域ぐるみため池再編総合整備基本計画(築造後における自然的、社会的状況の変化等に対応して、早急に整備を要する複数の農業用ため池の多面的な整備を図ることをめざし、都道府県又は市町村が策定する総合的なため池整備計画)に基いて実施する、複数のため池及びこれらのため池に関連する農業用用排水施設の新設、廃止または変更、ならびにこれらの附帯施設及び洪水等からの安全を確保するために必要な管理施設の新設、または変更をするものである。

　緊急防災工事は、流域開発による流出量の増加、流出形態の変化等の他動的要因に起因する溢水被害等の発生を防止するために、緊急に行う農業用用排水施設の新設または改修である。

　緊急ため池整備工事は、地震対策上緊要性の高い地域において、地震発生時に人命、人家、公共施設等に被害を及ぼすおそれの高い、農業用もしくは旧農業用のため池について、その水を緊急時に、迅速かつ安全に放流するために必要となる、施設の新設もしくは改修を併せ行う、附帯施設の

整備である。

　中山間地域保全ため池整備工事は、中山間地域において、築造後における自然的、社会的状況の変化等に対応して、早急に整備を要する旧農業用ため池の廃止または変更、これらの附帯施設及び洪水等からの安全を確保するために必要な管理施設の新設または変更、ならびに、ため池の保全及び周辺環境の整備を行うために必要な、施設の新設または改修である。

　ため池緊急対策防災事業は、人命、人家、公共施設等に被害を及ぼすおそれの高い農業用または旧農業用のため池を対象として、計画的に防災対策を推進するために行う調査、及び当該ため池に係わる諸元等の、詳細情報を整備するものである。

　地域活性化施設用地整備工事は、過疎地域、振興山村及び半島振興地域において行う地域の活性化を図る施設のための用地造成または整備であって、老朽ため池等整備工事、危険ため池緊急整備工事、緊急防災工事、湖岸堤防工事、土砂崩壊防止工事と併せて行うものである。

　防災利活用ため池整備工事は、地域防災の観点から、緊急時における有効活用を図るための、ため池の変更または附帯する取水施設、管理施設等、利活用上必要な施設等の新設もしくは改修であって、老朽ため池等整備工事、危険ため池緊急整備工事、地域ぐるみため池再編総合整備工事、中山間地域保全ため池整備工事と併せて行うものである。

### （2）ため池の防災にかかわる主要な公共事業、工事の採択条件

　**表10-10**は、ため池の防災にかかわる公共事業、工事のうち、国の補助のある主なものの採択条件を、受益面積、事業費、貯水量を中心にまとめたものである。これによると、採択条件のうち、受益面積については最低でも2ha以上が必要で、国営事業に至っては3,000ha以上が必要である。しかも、防災ため池工事と地震対策ため池防災工事は、治水による受益面積の他に、そのため池によって灌漑される一定以上の受益面積の条件が求められている。

　総事業費に関しては、すべての事業・工事に条件が付されている訳ではないが、総事業費の要件のあるものでは、その金額は800万～8,000万円以上である。

　貯水量については、危険ため池緊急整備工事と防災利活用ため池整備工事の場合に、条件が付されている。

　以上のことから、国の補助が受けられるため池の新設、改修等の事業には、採択のための多くの条件が付され、これらの条件に適合するため池は、かなり限定されることが推測される。

　**表10-11**は、ため池の防災にかかわる主要な公共事業・工事の事業主体と国の補助率を示したものである。国営事業以外は都道府県、都道府県又は市町村、都道府県又は団体が、事業主体である。団体とは市町村、土地改良区、農業協同組合、その他の都道府県知事が適当と認めるものをいう。補助率は1/3～65％（沖縄においては80％まで）であるが、国営事業と沖縄、奄美地区を除くと、50％程度が多い。これらの事業の費用負担者は国、都道府県、市町村、地元の水利組織等である。その分担率は事業の種類や事例によって異なるが、国の補助事業では国と都道府県が50％づつの分担、国50％：都道府県25％：市町村25％のように、地元の土地改良区等に負担の及ぶ例は少なく、分担があってもごく低率である（**表10-14**参照）。その意味でも、これらの公共事業に採択されることは地元にとって非常に有利な条件でため池の防災対策が実施できる点で重要である。

表10-10　ため池の防災にかかわる主要な公共事業・工事の採択条件(受益面積、事業費、貯水量等)

| 事業・工事名 | 受益面積 | 総事業費 | 貯水量 |
|---|---|---|---|
| 国営総合農地防災事業(ため池群整備) | 3,000 ha 以上、末端支配面積 20 ha 以上 | ―― | |
| 防災ダム工事 | 100 ha 以上、*特例地域 70 ha 以上 | | |
| 防災ため池工事(大規模) | 100 ha 以上、特例地域 70 ha 以上、離島 40 ha 以上、離島の特例地域30ha以上、***灌漑受益面積40ha以上 | ―― | |
| 防災ため池工事(小規模) | 10 ha 以上、特例地域 7 ha 以上、灌漑受益面積 5 ha 以上(地震関連地域、決壊想定被害額3,000万円以上地域は 2 ha 以上) | 2,000万円以上 | |
| 地震対策ため池防災工事(大規模) | 70 ha 以上、灌漑受益面積 40 ha 以上 | 800万円以上 | |
| 地震対策ため池防災工事(小規模) | 7 ha 以上、灌漑受益面積 2 ha 以上 | 800万円以上 | |
| 防災ダム等利活用保全施設工事 | (防災ダム工事または防災ため池工事とあわせて行うもの) | | |
| 老朽ため池等整備工事(大規模) | 100 ha 以上、沖縄県及び奄美諸島 40 ha 以上、中山間地域 70 ha 以上、沖縄県及び奄美諸島の中山間地域 20 ha 以上 | 8,000万円以上、中山間地域3,000万円以上 | |
| 老朽ため池等整備工事(小規模) | 10 ha 以上、**別表地域 5 ha以上、中山間地域 5 ha 以上 | 800万円以上 | |
| 危険ため池緊急整備工事 | 10 ha 未満 | 800万円以上 | 1,000 m³ 以上 |
| 地域ぐるみため池再編総合整備工事 | 5 ha 以上、中山間地域 2 ha 以上 | 800万円以上 | |
| 緊急防災工事(大規模) | 400 ha 以上、沖縄県及び奄美諸島、離島 200 ha 以上 | ―― | |
| 緊急防災工事(小規模) | 20 ha 以上 | | |
| 緊急ため池整備工事(大規模) | 100 ha 以上 | 8,000万円以上 | |
| 緊急ため池整備工事(小規模) | 100 ha 未満 | 800万円以上 | |
| 中山間地域保全ため池整備工事 | ―― | 800万円以上 | |
| 防災利活用ため池整備工事 | (災害対策基本法による都道府県防災計画に定められたか、その予定の施設)**** | | 緊急時の防災用水量 400 m³ 以上 |

＊台風常襲地帯、豪雪地帯、振興山村地域のいずれかにあって、過去に激甚災害の指定を受けた地域
＊＊指定された断層の通過する地域、＊＊＊防災ため池工事と地震対策ため池防災工事の場合は治水の受益を被る面積の他に、灌漑の受益面積も条件となる
＊＊＊＊老朽ため池等整備工事、危険ため池緊急整備工事、地域ぐるみため池再編総合整備工事、又は中山間地域保全ため池整備工事と併せて行う

農林水産省構造改善局:農地防災事業実施要綱(1998)より作成

表10-11　ため池の防災にかかわる主な公共事業・工事の事業主体と国の補助率

| 事業・工事名 | 事業主体 | 補助率% | | | | |
|---|---|---|---|---|---|---|
| | | 一般 | 北海道 | 離島 | 沖縄 | 奄美 |
| 国営総合農地防災事業 | 国 | 65 | ―― | | | |
| 防災ダム工事 | 都道府県 | 55 | 55 | 55 | | |
| 防災ため池工事(大規模) | 都道府県 | 55 | 55 | 55 | | |
| 防災ため池工事(小規模) | 都道府県 | 50 | 50 | 52 | | |
| 地震対策ため池防災工事(大規模) | 都道府県、市町村 | 55 | 55 | 55 | 80 | 70 |
| 地震対策ため池防災工事(小規模) | 都道府県、市町村 | 50 | 50 | 52 | 80 | 2/3 |
| 防災ダム等利活用保全施設整備工事(保全施設) | 都道府県 | 50 | 50 | 50 | | |
| 防災ダム等利活用保全施設整備工事(関連施設) | 都道府県 | 1/3 | 1/3 | 1/3 | | |
| 老朽ため池等整備工事(大規模) | 都道府県、団体 | 55 | 55 | 55 | 80 | 70 |
| 老朽ため池等整備工事(小規模) | 都道府県、団体 | 50 | 50 | 52 | 80 | 2/3 |
| 地域ぐるみため池再編総合整備工事(農業用ため池) | 都道府県、団体 | 50 | 50 | 50 | 50 | 50 |
| 地域ぐるみため池再編総合整備工事(旧農業用ため池) | 都道府県、団体 | 50 | 50 | 52 | 80 | 2/3 |
| ため池緊急防災対策事業 | 都道府県、団体 | 50 | 50 | | | |
| ため池等利活用保全施設整備工事 | 都道府県、団体 | 50 | 50 | 50 | 50 | 50 |

農林水産省構造改善局:農地防災事業実施要綱(1998)より作成

表10-12　1989～97年度における防災ダム事業とため池等整備事業(一般型)の進捗状況

防災ダム事業

| 事業数＼年度 | 1989 | 1990 | 1991 | 1992 | 1993 | 1994 | 1995 | 1996 | 1997 |
|---|---|---|---|---|---|---|---|---|---|
| 新規事業地区 | 8 | 12 | 16 | 16 | 14 | 12 | 18 | 18 | 18 |
| 継続事業地区 | 52 | 59 | 62 | 70 | 81 | 84 | 82 | 81 | 80 |
| (完了地区) | (1) | (9) | (8) | (5) | (11) | (14) | (19) | (19) | (未定) |
| 計 | 60 | 71 | 78 | 86 | 95 | 96 | 100 | 99 | 88 |
| 事業費　百万円 | 12,817 | 12,709 | 12,620 | 12,358 | 11,398 | 11,174 | 10,953 | 10,979 | 10,734 |
| 国費　百万円 | 6,668 | 6,813 | 6,828 | 6,623 | 6,507 | 6,307 | 6,243 | 6,204 | 6,099 |

農林水産省構造改善局防災課資料より作成

ため池等整備事業(一般型)

| 事業数＼年度 | 1989 | 1990 | 1991 | 1992 | 1993 | 1994 | 1995 | 1996 | 1997 |
|---|---|---|---|---|---|---|---|---|---|
| 新規事業地区 | 445 | 434 | 404 | 410 | 409 | 384 | 412 | 436 | 449 |
| 継続事業地区 | 1,497 | 1,420 | 1,520 | 1,373 | 1,278 | 1,205 | 1,082 | 990 | 911 |
| (完了地区) | (522) | (334) | (551) | (505) | (482) | (507) | (504) | (515) | (500)予定 |
| 計 | 1,942 | 1,854 | 1,924 | 1,783 | 1,687 | 1,589 | 1,494 | 1,426 | 1,360 |
| 事業費　百万円 | 41,078 | 40,816 | 43,908 | 47,300 | 44,148 | 44,713 | 41,680 | 44,464 | 42,317 |
| 国費　百万円 | 20,761 | 20,588 | 22,433 | 24,174 | 24,388 | 23,033 | 22,991 | 23,146 | 21,909 |

農林水産省構造改善局防災課資料より作成

### (3) 防災ダム事業とため池等整備事業(一般型)の進捗

**表10-12**は、1989～97年度における、防災ダム事業とため池等整備事業の進捗状況を示している。これ以前の時期の実績については、公表されていない。なお、国営総合農地防災事業については前述のように、ため池群整備の事業が2地区で継続的に実施されている。防災ダム事業は1989～96年度までの完了数が86で、1994年以降、特に1995年以降が多くなっている。これは1995年の阪神・淡路大震災によって、地震対策等のため池の防災に対する配慮が高まったことと関連するかもしれない。

一方、ため池等整備事業(一般型)には、湖岸堤防工事や用排水施設整備工事等、ため池の改修とは直接には関連しないものも含まれているが、1989～96年度までに、この事業に含まれる諸工事の合計で、3,920地区が完了している。ため池等整備事業(一般型)の場合は、毎年500程度の地区が完了している。

ため池等整備事業(一般型)の事業の対象となるため池数は、採択条件や事業内容からも推定できるように、防災ダム事業よりはるかに多い。そのため、全国におけるこの事業の事業開始時から現在までの実績を明らかにすることは、かなり困難で、実際に、国もその時期の実績を公表していない。そこで、ため池を多く有する府県のうち、資料の得られた兵庫県、香川県、岡山県、京都府について、ため池等整備事業の中で、最も多くのため池の改修を行ってきた老朽ため池工事について、実績を調査した。その結果を**表10-13**に示した。しかし、ため池が重要な位置づけにあるこれら4府県においても、事業開始初期の資料は不十分である。そして、老朽ため池工事の実施数は大変多いが、それぞれの府県のため池総数に対しては、わずかな割合である。老朽ため池を計画的に改修している香川県の場合、1968年度を初年度とする5か年計画を5次にわたって終了し、1997年現在、第6次計画を実施中である。第1～5次までの改修計画によって、全面改修が終了したため池は2,164、部分改修が終了したため池は3,392の合計5,556池である。1992年度の第5次計画が終了した段階で、今後改修が必要な老朽ため池は1,203とされている。

第10章 行政によるため池の管理と保全事業

表10-13 香川県、岡山県、兵庫県、京都府における老朽ため池等整備工事の実績

| 年度 | 兵庫県 | 香川県 | 京都府 | 岡山県 |
|---|---|---|---|---|
| 1954 | 3 | 不明 | 不明 | 不明 |
| 1955 | 4 | 不明 | 不明 | 不明 |
| 1956 | 12 | 不明 | 不明 | 不明 |
| 1957 | 8 | 不明 | 不明 | 不明 |
| 1958 | 7 | 不明 | 不明 | 不明 |
| 1959 | 10 | 不明 | 不明 | 不明 |
| 1960 | 16 | 不明 | 不明 | 不明 |
| 1961 | 大 0、小13 | 不明 | 大 0、小 3 | 不明 |
| 1962 | 大 0、小 8 | 不明 | 大 0、小 4 | 不明 |
| 1963 | 大 1、小 5 | 不明 | 大 0、小 5 | 不明 |
| 1964 | 大 3、小12 | 不明 | 大 0、小 6 | 不明 |
| 1965 | 大 3、小12 | 不明 | 大 0、小 3 | 不明 |
| 1966 | 大 3、小14 | 不明 | 大 0、小 3 | 不明 |
| 1967 | 大 3、小14 | 不明 | 大 0、小 6 | 不明 |
| 1968 | 大 5、小15 | 大 1、小 8 | 大 0、小 0 | 大 1、小10 |
| 1969 | 大 7、小11 | 大 2、小15 | 大 0、小 0 | 大 2、小14 |
| 1970 | 大 7、小27 | 大 3、小15 | 大 1、小 7 | 大 2、小10 |
| 1971 | 大 5、小24 | 大 3、小14 | 大 0、小 5 | 大 1、小11 |
| 1972 | 大 4、小24 | 大 5、小11 | 大 0、小 4 | 大 1、小15 |
| 1973 | 大 3、小21 | 大 3、小 5 | 大 0、小 2 | 大 1、小19 |
| 1974 | 大 4、小31 | 大 3、小10 | 大 0、小 4 | 大 1、小28 |
| 1975 | 大 6、小13 | 大 4、小 7 | 大 0、小 4 | 大 3、小44 |
| 1976 | 大 7、小16 | 大 5、小 7 | 大 0、小 8 | 大 5、小54 |
| 1977 | 大11、小20 | 大 2、小11 | 大 0、小 4 | 大 7、小59 |
| 1978 | 大 9、小29 | 大 3、小12 | 大 0、小 6 | 大 7、小38 |
| 1979 | 大10、小40 | 大 4、小18 | 大 0、小 8 | 大 5、小35 |
| 1980 | 大13、小48 | 大 4、小13 | 大 0、小 4 | 大 5、小48 |
| 1981 | 大14、小53 | 大 4、小16 | 大 0、小 7 | 大 8、小68 |
| 1982 | 大16、小38 | 大 4、小 8 | 大 1、小10 | 大 7、小71 |
| 1983 | 大20、小32 | 大 4、小 8 | 大 1、小 4 | 大 6、小69 |
| 1984 | 大20、小25 | 大 4、小 5 | 大 0、小 8 | 大 8、小61 |
| 1985 | 大22、小24 | 大 4、小 5 | 大 0、小 6 | 大 7、小54 |
| 1986 | 大24、小26 | 大 2、小 5 | 大 0、小 4 | 大 5、小43 |
| 1987 | 大24、小32 | 大 3、小 6 | 大 0、小 7 | 大 5、小44 |
| 1988 | 大20、小31 | 大 3、小11 | 大 0、小 8 | 大 6、小34 |
| 1989 | 大19、小28 | 大 3、小13 | 大 1、小 7 | 大 8、小29 |
| 1990 | 大11、小24 | 大 1、小 9 | 大 1、小 5 | 大 9、小31 |
| 1991 | 大12、小31 | 大 6、小27 | 大 0、小 3 | 大 8、小31 |
| 1992 | 大14、小27 | 大 2、小18 | 大 2、小 6 | 大 5、小25 |
| 1993 | 大14、小37 | 大 0、小30 | 大 0、小 7 | 大 7、小27 |
| 1994 | 大27、小26 | 大 2、小35 | 大 0、小 3 | 大 5、小28 |
| 1995 | 大45、小40 | 大 5、小41 | 大 1、小 2 | 大16、小13 |
| 1996 | 大54、小19 | 大 0、小29 | 大 4、小 0 | 大17、小 4 |
| 1997 | ── | ── | 大 2、小 0 | 大19、小 8 |
| 計 | 大460、小950 | 大89、小412 | 大14、小173 | 大187、小1,026 |

兵庫県農地整備課、香川県土地改良課、京都府耕地課、岡山県耕地課資料より作成

## （4）防災ダム、防災ため池、地震対策ため池の概要

表10-14には、筆者の調査による、全国の都道府県別防災ダムの概要を示した。表中不明とあるのは、回答が得られなかった県であって、47都道府県中、回答のあった34都道府県の82ダムについて概要を示した。表10-14によれば、防災ダムの数は鹿児島、北海道、青森、岡山、岩手に多く、福島と島根がそれに次ぎ、他の府県においてはダム数が0～2である。この結果から判断する限りでは、農地の防災を必要とする地区の多い道府県と少ない府県との差が大きいと思える。ダム数の

表10-14 都道府県における防災ダムの概要

| 都道府県 | ダム数 | 総貯水量(1ダム平均貯水量)千m$^3$ | 総受益面積(1ダム平均受益面積)ha | | 総事業費(1ダム平均事業費)千円 |
|---|---|---|---|---|---|
| 北海道 | 10 | 15,254(1,525.4) | F3,586(358.6) | A 257(128.5) | 49,283,444(4,928,344) |
| 青　森 | 11 | 41,118(3,738) | F4,428(402.2) | A11,584(3,861.3) | 34,091,000(3,099,182) |
| 岩　手 | 9 | 13,630(1,514.4) | F1,085(271.3) | A 0 | 36,231,985(4,025,776) |
| 宮　城 | 不明 | — | — | — | — |
| 秋　田 | 不明 | — | — | — | — |
| 山　形 | 不明 | — | — | — | — |
| 福　島 | 6 | 6,517.5(1,086.3) | F6,320(1,053.3) | A 6,320(1,053.3) | 7,172,596(1,195,433) |
| 茨　城 | 0 | 0 | F 0 | A 0 | 0 |
| 栃　木 | 0 | 0 | F 0 | A 0 | 0 |
| 群　馬 | 1 | 192(192) | F 204(204) | A 0 | 3,758,000(3,758,000) |
| 埼　玉 | 0 | 0 | F 0 | A 0 | 0 |
| 千　葉 | 0 | 0 | F 0 | A 0 | 0 |
| 東　京 | 0 | 0 | F 0 | A 0 | 0 |
| 神奈川 | 0 | 0 | F 0 | A 0 | 0 |
| 山　梨 | 0 | 0 | F 0 | A 0 | 0 |
| 長　野 | 2 | 1,175(587.5) | F 352(126) | A 0 | 2,532,848(1,266,424) |
| 静　岡 | 不明 | — | — | — | — |
| 新　潟 | 0 | 0 | F 0 | A 0 | 0 |
| 富　山 | 1 | 6,950(6,950) | F1,144(1,144) | A 4,354(4,354) | 10,990,893(10,990,893) |
| 石　川 | 不明 | — | — | — | — |
| 福　井 | 2 | 684(342) | F 368(184) | A 0 | 4,473,642(2,236,821) |
| 岐　阜 | 不明 | — | — | — | — |
| 愛　知 | 1 | 15,187(15,187) | F1,046(1,046) | A 0 | 4,096,169(4,096,169) |
| 三　重 | 1 | 940(940) | F 133.4(133.4) | A 0 | 2,678,000(2,678,000) |
| 滋　賀 | 不明 | — | — | — | — |
| 京　都 | 0 | 0 | F 0 | A 0 | 0 |
| 大　阪 | 1 | 9,340(9,340) | F 542(542) | A 0 | 不明 |
| 兵　庫 | 1 | 1,800(1,800) | F 143(143) | A 0 | 1,465,111(1,465,111) |
| 奈　良 | 1 | 1,900(1,900) | F 336(336) | A 0 | 5,867,000(5,867,000) |
| 和歌山 | 1 | 7,486(7,486) | F 479(479) | A 0 | 600,000(600,000) |
| 鳥　取 | 0 | 0 | F 0 | A 0 | 0 |
| 島　根 | 5 | 2,745(549) | F 888(177.7) | A 0 | 3,515,216(703,043) |
| 岡　山 | 11 | 23,777(2,161.5) | F2,969(269.9) | A 1,895(379)開240(240) | 26,549,708(2,413,610) |
| 広　島 | 2 | 917(458.5) | F 199.1(99.6) | A 0 | 703,022(351,511) |
| 山　口 | 不明 | — | — | — | — |
| 徳　島 | 不明 | — | — | — | — |
| 香　川 | 0 | 0 | F 0 | A 0 | 0 |
| 愛　媛 | 0 | 0 | F 0 | A 0 | 0 |
| 高　知 | 0 | 0 | F 0 | A 0 | 0 |
| 福　岡 | 1 | 990(990) | F 245(245) | A 0 | 827,000(827,000) |
| 佐　賀 | 不明 | — | — | — | — |
| 長　崎 | 不明 | — | — | — | — |
| 熊　本 | 1 | 3,302(3,302) | F 520(520) | A 0 | 280,000(280,000) |
| 大　分 | 2 | 2,539.8(1,269.9) | F 437(218.5) | A 0 | 472,200(236,100) |
| 宮　崎 | 不明 | — | — | — | — |
| 鹿児島 | 12 | *9,117(1,302.4) | F2,774(231.2) | A 256(256) | 12,534,135(1,044,511) |
| 沖　縄 | 不明 | — | — | — | — |

\* 7ダム分のみ、5ダム分は不明、F:治水受益地、A:灌漑受益地、工:工事費、事:事務費、開:開田、完成年のうち1900年代は19を2000年代は20を省略

多い道府県では当然、貯水量と受益面積の合計も多くなるが、1ダムでも他県のいくつかのダムに相当する大きなものもあり、ダムの数や規模は、その地域の地形条件やダムを取り巻く社会条件によって異なる。

表10-14の82ダム中、不明の5ダム分を除いた77ダムの総貯水量の合計は、1億6,556万1,300m$^3$（1ダム平均215万200m$^3$）、受益面積の合計は治水分で28,168.5ha（1ダム平均365.8ha）、灌漑面積

第10章　行政によるため池の管理と保全事業

表10-14　つづき

| 費用負担割合 % | | | | 共同事業 (負担率)% | 完　成　年 |
|---|---|---|---|---|---|
| 国 | 都道府県 | 市町村 | 地元 | | |
| F55, A50 | F45, A27.5 | F0, A22.5 | F0, A22.5 | A6.79〜11.34 | 90,94,95,98(予)、01(予)、02(予) |
| 50〜65 | 30〜42.5 | 5〜10 | 0〜7.5 | 不明 | 60、66、67、68、71、73、83、88、95、 |
| 55 | 45 | 0 | 0 | なし | 56、60、64、72、89、97 |
|  |  |  |  |  | 99(予)、00(予) |
| — | — | — | — |  | — |
|  |  |  |  |  |  |
| F65, A50 | F37.5, A27.5 | 1.25〜22.5 | F1.25, A0 | A 66.45 | 61、62、69、70、79 |
| 0 | 0 | 0 | 0 |  |  |
| 0 | 0 | 0 | 0 |  |  |
| 55 | 40 | 5 | 0 | なし | 99(予) |
| 0 | 0 | 0 | 0 |  |  |
| 0 | 0 | 0 | 0 |  |  |
| 0 | 0 | 0 | 0 |  |  |
| 0 | 0 | 0 | 0 |  |  |
| 55〜65 | 35〜45 | 0 | 0 | なし | 74、98(予) |
|  |  |  |  |  |  |
| 0 | 0 | 0 | 0 |  |  |
| 工55, 事50 | 工40, 事25 | 工5, 事25 | 0 | A45 | 94 |
|  |  |  |  |  |  |
| 52.5 | 42.5 | 5 | 0 | なし | 77、94 |
| 65 | 32.97 | 0 | 2.03 | なし | 91 |
| 50 | 25 | 25 | 0 | なし | 99(予) |
| 0 | 0 | 0 | 0 |  |  |
| 不明 | 不明 | 不明 | 不明 | 不明 | 82 |
| 不明 | 不明 | 不明 | 不明 | なし | 71 |
| 55 | 45 | 0 | 0 | なし | 98(予) |
| 65 | 25 | 10 | 0 | なし | 58 |
| 0 | 0 | 0 | 0 |  |  |
| 55 | 40 | 5 | 0 | なし | 66、74、84 |
| 不明 | 不明 | 不明 | 不明 | A17.4〜51,開17.08 | 67、70、73、75、86、88、90、92 |
| 不明 | 不明 | 不明 | 不明 | なし | 72 |
| — | — | — | — |  | — |
| 0 | 0 | 0 | 0 |  |  |
| 0 | 0 | 0 | 0 |  |  |
| 0 | 0 | 0 | 0 |  |  |
| 65 | 30 | 5 | 0 |  | 71 |
|  |  |  |  |  |  |
| 55 | 40 | 5 | 0 | なし | 98(予) |
| 55 | 40 | 5 | 0 | なし | 不明 |
| 50〜55 | 33〜40 | 5〜17 | 0 | A33.3 | 65、68、71、73、79、82、97、98(予)、99(予)、00(予) |

調査結果より作成

は灌漑受益分のある6ダム分で24,606 ha（1ダム平均4,101 ha）、開田分で240 ha（1ダム平均240 ha）にのぼり、防災ダムの役割は大きいと思われる。さらに、82ダムの事業費合計は2,081億2,196万9千円で、1ダム平均では25億3,807万2,500円の巨額なものである。これを費用負担割合からみると、国が規定に照らして50〜65％の多くを負担し、都道府県が25〜45％、市町村が0〜25％、地元が0〜22.5％であって、国を初めとする行政の負担なくしては、成立し難い事業であることがわかる。

表10-15 1996年度までに完成した防災ダムの内訳

| 内訳 | ダム数 | 目 的 別 | | 型 式 別 | | |
|---|---|---|---|---|---|---|
| | | 防災単独 | 利水兼用 | フィル | コンクリート | 複　合 |
| 完了・ | 132 | 88 | 44 | 79 | 48 | 5 |
| 実施中 | 32 | 23 | 9 | 24 | 8 | 0 |
| 計 | 164 | 111 | 53 | 103 | 56 | 5 |

兵庫県農地整備課、香川県土地改良課、京都府耕地課、岡山県耕地課資料より作成

共同事業に関しては、灌漑排水事業との共同負担の事例もあるが、全体としては防災ダム単独事業が多い。また、完成年度については、1956年を初めとして、継続中まで様々であるが、1956～75年度までと1994年以降のもの(現在、継続中のものも含む)が割合にしてそれぞれ35％、32％と多い。

表10-15は、防災ダム工事の開始以降、1996年度までに完成した防災ダム164について、目的別、型式別に分類したものである。目的別では、防災単独が約70％、型式別ではフィルダムが約63％である。工事の目的に合わせて、防災単独のダムが多くの割合を占めている。表10-16は、34都道府県の87の防災ため池について、筆者の調査結果から、概要をまとめたものである。表中、不明は回答の得られなかった県である。ため池の数では、大分県がきわめて多く、全体の半数近くを占めているが、他に数の多い道県は愛知11、新潟8、三重4、北海道3、兵庫3であって、残りの都府県は0～2である。このうち、大分県のため池数の多い理由は不明であるが、同県での防災ため池は規模的には小さなものが多いことから、防災ダムほど大規模な施設は設けられないまでも、防災上の課題をもつ地区が多いと言えよう。大分の他には、愛知と新潟の両県を除くと、残りの都道府県の防災ため池数はひじょうに少なくなり、防災ため池の分布には、防災ダム以上に地域的偏在がみられる。これら87池の総貯水量の合計は1,337万6,500 m$^3$(1ダム平均15万3,800 m$^3$)、受益面積の合計は治水分と灌漑分を合わせて6,478 ha(1ダム平均74.5 ha)、事業費の合計は354億4,493万7千円(1ダム平均4億741万3,100円)であって、採択基準からも想像できるように、防災ダムより小規模な施設である。費用負担割合は国が50～60％、都道府県が34～75％、市町村が0～15％、地元が0～7.7％であって、地元の負担は防災ダムより少なくなり、都道府県の割合が高くなっている。

表10-17は、筆者の調査による、34都道府県の地震対策ため池12の概要である。表10-17のため池総数12のうち、大分県分が10を占めている理由は不明である。これらのため池の規模や事業費とも様々であるが、これは地震との関連を重視した事業のたあろう。費用負担は国が50％、都道府県が40～59％、市町村0～36％、地元0～5％で、防災ダムや防災ため池に比べて、地元負担率がさらに低い。事業実績は新しい事業のため、1996年度以降に完成したもののみである。

以上のように、ため池の改修に直接かかわる国の補助金が得られる事業について概観してきた。この他にも、ため池の改修にかかわる公共事業としては、災害復旧事業と都道府県の単独事業がある。しかし、災害復旧事業は災害によって被災しない限り、実施されないものであり、都道府県の単独事業は国の補助金のない事業であるので、都道府県や市町村の負担が大きい。

また、国の補助金が得られる事業のうち、筆者がこれまで述べていないもので、環境整備事業として、ため池の改修が実施されるものがある。1例をあげると、農村整備事業に包含される農村地域環境整備事業のうちの、農村自然環境整備事業(ビオトープ型)がある。この事業の内容は、多種多様な野性生物が生息可能な空間(ビオトープ)の保全・回復が期待されるため池、湖沼等を中心として、ビオトープ間のつながりが確保されているネットワーク(ビオトープネットワーク)を形成す

第10章　行政によるため池の管理と保全事業

表10-16　都道府県における防災ため池の概要

| 都道府県 | 池 数 | 総貯水量(1池平均貯水量)千m³ | 総受益面積(1池平均受益面積)ha | | 総事業費(1池平均事業費)千円 | 費用負担割合 % 国 | 都道府県 | 市町村 | 地元 | 完成年 |
|---|---|---|---|---|---|---|---|---|---|---|
| 北海道 | 3 | 2,278 (759.3) | F・A 197 (65) | | 3,674,700 (1,224,300) | 50～55 | 39～50 | 0 | 0 | 99(予), 02(予), 03(予) |
| 青森 | 1 | 471 (471) | F 69 (69) | A 62 (62) | 446,000 (446,000) | 50 | 41 | 9 | 0 | 91 |
| 岩手 | 0 | ― | ― | | ― | | | | | |
| 宮城 | 不明 | ― | ― | | ― | | | | | |
| 秋田 | 不明 | ― | ― | | ― | | | | | |
| 山形 | 不明 | ― | ― | | ― | | | | | |
| 福島 | 0 | ― | ― | | ― | | | | | |
| 茨城 | 0 | ― | ― | | ― | | | | | |
| 栃木 | 0 | ― | ― | | ― | | | | | |
| 群馬 | 0 | ― | ― | | ― | | | | | |
| 埼玉 | 0 | ― | ― | | ― | | | | | |
| 千葉 | 0 | ― | ― | | ― | | | | | |
| 東京 | 0 | ― | ― | | ― | | | | | |
| 神奈川 | 0 | ― | ― | | ― | | | | | |
| 山梨 | 0 | ― | ― | | ― | | | | | |
| 長野 | 1 | 1,082 (1,082) | F 299 (299) | A 488 (488) | 664,914 (664,914) | 50 | 40 | 10 | 0 | 95 |
| 静岡 | 不明 | ― | ― | | ― | | | | | |
| 新潟 | 8 | 1,093 (136.6) | F 570 (71.3) | A 117 (39) | 8,211,844 (1,026,481) | 50～55 | 35～40 | 10～15 | 0 | 96,97,98(予) 99(予定) |
| 富山 | 2 | 251.9 (126) | F 84 (42) | A 92 (46) | 978,030 (489,015) | 50 | 40 | 10 | 0 | 93, 95 |
| 石川 | 不明 | ― | ― | | ― | | | | | |
| 福井 | 0 | ― | ― | | ― | | | | | |
| 岐阜 | 不明 | ― | ― | | ― | | | | | |
| 愛知 | 11 | 626.8 (62.7) | F 508.3 (46.2) | A 354.4 (32.2) | 3,406,800 (309,709) | 50 | 35～75 | 10～15 | 0 | 90, 94, 00(予) |
| 三重 | 4 | 737 (184.2) | F 597 (149.3) | A 339.5 (84.9) | 5,660,000 (1,415,000) | 52～55 | 30～33 | 15 | 0 | 92, 98(予), 03(予) |
| 滋賀 | 不明 | ― | ― | | ― | | | | | |
| 京都 | 0 | ― | ― | | ― | | | | | |
| 大阪 | 0 | ― | ― | | ― | | | | | |
| 兵庫 | 3 | 2,086 (695.3) | F 520 (173.3) | A 295 (295) | 2,996,400 (998,800) | 52～55 | 34～38 | 3～11 | 0～7 | 92, 97, 不明 |
| 奈良 | 2 | 104 (52) | F 184.2 (92.1) | A 0 | 654,110 (327,055) | 55～60 | 30～35 | 10 | 0 | 89, 95 |
| 和歌山 | 0 | ― | ― | | ― | | | | | |
| 鳥取 | 0 | ― | ― | | ― | | | | | |
| 島根 | 0 | ― | ― | | ― | | | | | |
| 岡山 | 1 | 192 (192) | F 46 (46) | A 0 | 1,348,310 (1,348,310) | 不明 | 不明 | 不明 | 不明 | 92 |
| 広島 | 0 | ― | ― | | ― | | | | | |
| 山口 | 不明 | ― | ― | | ― | | | | | |
| 徳島 | 不明 | ― | ― | | ― | | | | | |
| 香川 | 1 | 1,643 (1,643) | F 88 (88) | A 531 (531) | 1,915,214 (1,915,214) | 55 | 34 | 3.3 | 7.7 | 93 |
| 愛媛 | 0 | ― | ― | | ― | | | | | |
| 高知 | 0 | ― | ― | | ― | | | | | |
| 福岡 | 1 | 104 (104) | F 52 (52) | A 47 (47) | 343,124 (343,124) | 50 | 40 | 5 | 5 | 90 |
| 佐賀 | 不明 | ― | ― | | ― | | | | | |
| 長崎 | 不明 | ― | ― | | ― | | | | | |
| 熊本 | 1 | 61.3 (61.3) | F 11 (11) | A 0 | 224,800 (224,800) | 50 | 40 | 10 | 0 | 98(予) |
| 大分 | 48 | 2,646.5 (55.1) | F 926.6 (19.3) | A 0 | 4,920,691 (102,514.4) | 50 | 45 | 0～4.5 | 0～4.5 | 不明 |
| 宮崎 | 不明 | ― | ― | | ― | | | | | |
| 鹿児島 | 0 | ― | ― | | ― | | | | | |
| 沖縄 | 不明 | ― | ― | | ― | | | | | |

F:治水受益地、A:灌漑受益地、工:工事費、事:事務費、完成年のうち1900年代は19を2000年代は20を省略

表10-17 都道府県における地震対策ため池の概要

| 都道府県 | 池数 | 総貯水量<br>(1池平均<br>貯水量)m³ | 総受益面積<br>(1池平均受益面積)ha | | 総事業費<br>(1池平均事<br>業費)千円 | 費用負担割合％ | | | | 完成年 |
|---|---|---|---|---|---|---|---|---|---|---|
| | | | | | | 国 | 都道府県 | 市町村 | 地元 | |
| 埼玉 | 1 | 530,000<br>(530,000) | F 692<br>(692) | A 0 | 29,000<br>(29,000) | 50 | 工 34<br>事 25 | 工 11<br>事 25 | 0 | 96 |
| 愛知 | 1 | 47,000<br>(47,000) | F 48.4<br>(48.4) | A 44.0<br>(44.0) | 350,000<br>(350,000) | 50 | 40 | 10 | 0 | 00(予) |
| 大分 | 10 | 369,900<br>(37,000) | F 138.4<br>(13.8) | A 0 | 716,000<br>(71,600) | 50 | 45 | 0～5 | 0～5 | 96, 97, 98<br>(予), 99(予) |

F:治水受益地、A:灌漑受益地、工:工事費、事:事務費、完成年のうち1900年代は19を2000年代は20を省略
調査結果より作成

るために、生育環境保全施設や利活用保全施設整備を行うものである。この事業実施区域は、農業農村整備事業により整備されたため池、農地、道水路等の周辺区域であって、ビオトープの保全が重要と認められる区域である。採択条件として、総事業費は3,000万円以上、国の補助率は50％である。この事業は1994年度から開始され、1997年度までに24地区で継続中である。この他に水環境整備事業も同様に、ため池と周辺の環境整備が可能な事業である。

このように、ため池の改修や新設、廃止等にかかわる国の補助金が得られる事業には多くの種類があり、採択条件に合致すれば、ため池の防災や環境保全に高い効果が上がると期待される。しかし、採択条件に合致しない多くのため池の保全をはじめ、行政の補助による事業完了後の維持管理等、行政に依存するのみでは解決できない面も大きい点を、十分に配慮しなくてはいけない。

## 4．ため池の保全に関する法的規制

表10-3、4、5に示したように、ため池の所有形態は様々である。その中で、国の所有するため池は国有財産法によって規定されるが、ため池の多くの割合を占める個人や土地改良区・水利組合等の所有するため池は、集落有財産、共有財産、個人財産となり、行政が直接それらを管理することはできない。

しかし、地方自治法第2条第2項には、「普通地方公共団体は、その公共事務及び法律又はこれに基づく政令により、普通地方公共団体に属するものの外、その区域内におけるその他の行政事務で国の事務に属しないものを処理する」とあり、第3項には「前項の事務を例示すると、概ね次のとおりである。(中略)二．公園、運動場、広場、緑地、道路、橋梁、河川、運河、ため池、用排水路、堤防等を設置し若しくは管理し、又はこれらを使用する権利を規制すること」とある。都道府県の中で、この地方自治法第2条を根拠として、ため池に関する条例を制定しているのは、1997年現在、兵庫、奈良、香川の3県である。

### (1) 県のため池条例

表10-18には、上記3県のため池に関する条例の内容を簡単に示して、比較した。兵庫県は1951年に、全国に先がけて、ため池の保全に関する条例を制定した。続いて、奈良県が1954年に、香川県は1966年に条例を制定した。3県の条例の名称は同じであるが、条項の項目数や施行規則の有無等の形式的な違いがある。以下に、3県の条例を項目別に比較してみる。

条例の目的は3県とも第1に、ため池の破損、決壊による災害を未然に防止することである。第

表10-18　兵庫県、奈良県、香川県におけるため池に関する条例の比較

| 内容＼県名 | 兵庫県 | 奈良県 | 香川県 |
|---|---|---|---|
| 名称 | ため池の保全に関する条例(15条、施行規則13条) | ため池の保全に関する条例(9条) | ため池の保全に関する条例(11条、施行規則7条) |
| 制定年月日 | 1951年3月27日 | 1954年9月24日 | 1966年10月13日 |
| 目的 | ため池の破損、決かいなどに因る災害を未然に防止するため、ため池の設置及び管理に関し、規制する。 | ため池の破損、決かいなどによる災害を未然に防止するため、ため池の管理に関し、必要な事項を定める。 | ため池の管理に関し必要な事項を定め、ため池の破損、決かいなどによる災害を未然に防止する |
| ため池の定義 | かんがいの目的に供する貯水池で、受益面積が0.5ha以上のもの。その他、知事が指定するもの | かんがいの用に供する貯水池であって、えん堤の高さが3m以上のもの、又は受益面積が1ha以上のもの。 | 主としてかんがいの用に供し、又は供していた貯水池であって、堤高が5m以上のもの、又は貯水量が5千m³以上のもの。 |
| 適用除外 | 国若しくは地方公共団体又は土地改良法及び土地改良法施行法に規定する法人が設置又は管理するため池については適用しない。 | 国又は地方公共団体が管理するため池については、禁止行為に関する規定を除き適用しない。 | 県の管理するため池を除く。 |
| 管理者 | かんがいの利益を受ける農地の所有者及び耕作者。 | ため池の管理について権原を有する者(2人以上あるときは、その代表者をいう)。 | ため池の管理について権原を有する者(2人以上あるときは、その代表者をいう)。 |
| 管理者の責務 | 管理者は、余水吐の溢流障害となる行為をしてはならない。<br>管理者は、規則に定める次の事項を管理者となった日から30日以内に知事に届出なければならない。<br>・管理者の氏名、住所及び生年月日<br>・事務上関係を代表する者の氏名、住所、生年月日<br>・ため池の所在地及び名称<br>・受益面積<br>・管理事務所、・管理の要項<br>・ため池の平面図<br>上記の事項に変更があった場合は、15日以内に届け出なければならない。 | 管理者は、ため池の破損、決かい等による災害を未然に防止するため、ため池の管理について常に必要な措置を講じなければならない。<br>管理者は管理者となった日から1月以内にその旨を届け出なければならない。 | 管理者は、ため池の破損、決かい等による災害を未然に防止するため、ため池の管理について常に必要な措置をとらなければならない。<br>管理者は、規則の定めるところにより、次の事項を届け出なければならない(ため池状況届)。<br>・ため池の名称、所在地<br>・管理者の氏名又は名称<br>・ため池の沿革、規模、構造、受益面積<br>・その他、知事が定める事項<br>上記の事項に変更があった場合は届け出なければならない(ため池状況変更届)。 |
| ため池の設置・埋立 | ため池を設置しようとする者は、規則に定めるところにより、許可を受けなければならない(ため池設置許可申請書)。<br>規則に定める事項は<br>・新設者の氏名又は名称<br>・新設するため池の諸元<br>・工事設計書<br>次の事項の一に該当するときは、ため池設置許可の取消し、工事の停止又は中止の命令がされる。<br>・許可後、1年以内に工事着手しないとき<br>・設計書によらないで、工事を執行したとき<br>・許可の条件に違反したとき<br>設置許可の取消し、工事の停止又は中止の命令を受けた者は、直ちに当該関係者(設置者又は管理者)に通知しなければならない。 | | 管理者は、自らため池を埋め立てようとするとき又はその管理者以外の者がため池を埋め立てようとすることを知ったときは、規則に定めるところにより、届け出なければならない(ため池埋立届)。<br>規則に定めるところは、埋立者の氏名又は名称、埋立計画の概要、目的、代替施設、管理者の意見添付書類等。<br>ただし、その埋立が次の事項に該当する場合はその限りではない。<br>・土地改良法に規定する土地改良事業としてため池を保全するために行う場合<br>・非常災害のために必要な応急措置として行う場合<br>・地すべり等防止法、河川法の許可を受けた行為として行う場合<br>・知事がため池の保全上支障がないと認めて許可した行為<br>・県が行う行為 |
| 禁止行為 | | 何人も次の行為をしてはならない。<br>・余水吐の溢流障害となる行為<br>・ため池の堤塘に竹木又は農作物を栽植する行為<br>・ため池の堤塘に建物その他の工作物を設置する行為 | 何人も次の行為をしてはならない。<br>・ため池の堤塘に竹木又は農作物を栽植する行為<br>・ため池の堤塘に建物その他の工作物を設置する行為<br>・余水吐の効用を妨げるおそれがあ |

| | | | |
|---|---|---|---|
| | | ・この他、ため池の破損又は決かいの原因となるおそれのある行為<br>ただし、ため池の保全上支障を及ぼすおそれがなく、環境の保全その他公共の福祉の増進に資すると認めて許可したものはこの限りではない。 | る行為<br>・この他、ため池の破損又は決かいの原因となるおそれがある行為<br>ただし、ため池の保全上支障がない行為については、許可できる(禁止行為の特認申請書と行為の内容を示す図面)。<br>許可に当たっては、必要な条件を附することができる。 |
| 検査、報告等 | 災害防止のため必要があるときは、管理者からため池の管理について報告を求め、技術吏員に構造及び管理の状況について検査させることができる。<br>管理者は、検査の場合に立ち会わなければならない。<br>検査を行う技術吏員は、規則に定める証票を関係者に示さなければならない。 | 必要があると認めるときは、ため池の管理について、管理者から報告を求め、県職員に検査させることができる。<br>管理者は、県職員が検査するときは立会しなければならない。 | 災害防止のため必要な限度において、管理者からため池の管理に関して報告を徴収し、関係ため池の管理の状況について検査させることができる。<br>検査に当たっては、管理者の立会を求めることができる。 |
| 措置、命令等 | ため池の工作物の位置、構造又は管理の状況について、災害防止上必要があると認める場合には管理者に対して、必要な措置をなすよう命令できる(ため池改修工事着手届)。<br>この他、管理者においてため池の工作物の改築修築又は移転を行おうとするときは、届け出なくてはならない。これらの工事が竣工したときは、管理者は15日以内に届け出なくてはならない(工事竣工届)。 | ため池の破損、決かい等による災害を未然に防止するため必要があると認めるときは、管理者に対し、必要な措置を講ずるよう命令できる。 | 災害防止のため必要があると認めるときは、管理者に対しため池の保全のため必要な措置をとるよう勧告することができる。 |
| 技術援助 | ため池の設置者又は管理者は、ため池の設置や災害防止上必要な工事に際して、専門的知識を有する技術吏員の援助を求めることができる(技術吏員援助申請書)。<br>知事は正当な事由のある場合を除いて、技術的援助の請求を拒んではならない。 | | 管理者は、ため池の保全に関する措置をとる場合において専門的知識を必要とする場合は、関係職員の技術的援助を求めることができる(技術援助申請書)。<br>知事は正当な事由のある場合を除いて、技術的援助の請求を拒んではならない。 |
| 罰則 | 次に該当する者に対しては、5万円以下の罰金<br>・ため池の設置許可違反<br>・管理者の禁止行為違反<br>・設置許可の取消、工事停止、工事中止の命令の関係者通知義務に違反した者は3万円以下の罰金次に該当する者は科料<br>・報告拒否及び虚偽報告<br>・立会拒否等 | 禁止行為に違反した者は20万円以下の罰金 | 禁止行為に違反した者は20万円以下の罰金<br>次に該当する者に対しては科料<br>・報告拒否及び虚偽報告<br>・検査拒否及び検査妨害<br>・立会拒否及び立会忌避 |

兵庫県、奈良県、香川県の資料より作成

2は、ため池の管理について規制することであるが、ため池の設置について規定を設けているのは兵庫県のみで、奈良、香川両県は管理のみの規定である。次に、条例の対象となるため池の定義である。ため池は灌漑用に供する、もしくは供していた貯水池という点では3県とも一致しているが、これに兵庫県は受益面積0.5ha以上の要件を加え、奈良県は受益面積1ha以上または堤高3m以上として、香川県では堤高5m以上、または貯水量5千m³以上の要件を加えている。受益面積や貯水量の他に、奈良、香川両県は堤高を加えることで、防災上のより高い配慮を示したといえる。さらに、条例が適用されないため池として、兵庫県では、国もしくは土地改良区または土地改良法・土地改良法施行法に規定する法人の設置または管理するため池をあげ、奈良県では、国または地方公共団体が管理するため池を、香川県では、県の管理するため池をあげている。これらは、いずれ

第10章　行政によるため池の管理と保全事業

も公共性の高い管理者が管理するため池で、しかも、これらには管理者たる各公共団体の財産管理に関する法令が適用されるので、条例から除外されている。また、このようなため池の定義によって、例えば兵庫県では、全ため池の約76％に該当する受益面積0.5ha未満のため池が条例の適用外となっているように、各県とも条例はすべてのため池に適用されるものではない。

　ため池の管理者の定義は、奈良、香川両県がため池の管理について権限を有する者であるが、兵庫県は灌漑の受益者たる農地の所有者及び耕作者としている。管理者の責務については、兵庫県は余水吐の溢流障害となる行為の禁止を記しているのみであるのに対して、奈良県と香川県では災害防止のため、ため池の管理について常に必要な措置をとらなければならないと、抽象的な表現ながら、防災に果たす管理者の役割が大きいことを示している。管理者の届出については、奈良県では、管理者に関しての届出のみであるが、兵庫県と香川県では、ため池の概要及びため池の状況が変更された際の届出も記している。さらに、香川県では、ため池の埋立についても詳細な届出制をとっている。

　ため池の設置については、前述のように、兵庫県のみが設置許可、設置許可の取り消し等を定めている。

　ため池に関する県の技術援助については、兵庫県と香川県が規定を定め、奈良県には規定がない。

　禁止行為についての規定は、兵庫県にはなく、奈良、香川両県では、災害防止上、支障のあると思われる事項が禁止されている。奈良県では水環境整備事業の導入に伴い、1994年度の条例改正において、環境保全や公共の福祉増進のための行為の許可制度を取り入れた。

　ため池の検査、報告事項では、3県とも管理者から災害防止のための報告を求め、検査時の管理者の立会いを規定している。

　措置、命令の項目では、兵庫県と奈良県では、災害防止のための必要な措置を講じるよう管理者に命令を出せるが、香川県では命令ではなく、勧告となっている。

　罰則については、3県とも禁止行為違反に対する罰金が定められ、兵庫県と香川県では、この他に、管理者の報告拒否・虚偽報告・立会い拒否に対する科料が定められ、さらに、兵庫県では、ため池の設置関係の違反、管理者の禁止行為違反に対する科料が定められている。罰金額は、1992年の刑法等の改正により、引き上げられた。禁止行為の違反者に対する罰金額は、奈良県と香川県が兵庫県より高い。

　このように、3県の条例は同じ目的をもち、基本的には似たような項目と内容をもっている。これは、最初に制定された兵庫県の条例を基にして、奈良県と香川県が条例を作成したためと思われる。

　ため池数が全国で5番目に多い岡山県では、条例は制定していないが、管理指導項目を示して、ため池の管理者に、常時の防災的維持管理をはかっている。指導項目の内容は、i) 堤体の掃除、ii) 余水吐断面の確保(余水吐の堰上げの禁止)、iii) 欠陥カ所のあるため池の応急対策、iv) 水防活動、v) 農地が近年減少して維持管理が不十分なおそれがあるため池に特に注意する、vi) 農地潰廃により農業用でなくなったため池の管理を明確にし、農業用に準じた維持管理を行う、vii) ため池改修工事後の環境変化に伴う人身事故等の防止に努める、viii) 要改修ため池の改修計画を立てる、ix) 年1回ため池チェックカードを提出する、等である。

　兵庫県では1981年に、条例の他に、市町に対してのため池の保全管理指導に資するための要綱例を示している。その内容は、i) 市町長が管内にあるため池のうち、防災上必要なものを防災ため池

に指定する、ii) 防災ため池の届出、iii) 防災ため池管理計画の作成、iv) 防災ため池の改修審査、v) 防災ため池の禁止行為、vi) 防災ため池の廃止届、vii) 防災ため池管理者による市町長への非常事態発生通報、viii) 防災ため池の管理にかかわる、所有者と受益者との協議による管理方法作成、ix) 防災ため池に対する市町の指導・助言、x) 防災ため池の管理に必要な措置、等である。

しかし、筆者が第2章で記したように、兵庫県のため池台帳とため池データベースの比較から、1966～96年頃までのため池の変化をみると、無届けの改廃と思われる事例が多くあり、事実上の条例違反行為もかなりあると考えられる。

農林水産省中国四国農政局と農林水産省香川農地防災事務所は、ため池管理マニュアルを作成して、農地防災事業実施地区に配布し、マニュアルに基づく管理を図っている。マニュアルの項目は、i) 堤体の草刈り、ii) 洪水吐の管理、iii) 土砂吐ゲート(底樋の管理)、iv) 池内流木等の除去、v) 不法投棄の防止、vi) 取水施設の管理(点検)、vii) 直接ため池に関わる用排水路の管理(井手浚い、水路の点検)、viii) 点検時期と連絡体制、ix) 災害発生時の市町役場への連絡、である。農林水産省中国四国農政局はこの他にも、管内各県に対して、ため池防災管理上の留意事項に基づき、ため池の災害強化に万全を期すよう、関係市町村に指導すること、そして、ため池防災管理の手引きを作成して、関係市町村からため池管理者へ配布することを、1997年10月に連絡している。この中に示された、ため池防災管理の手引き例では、i) 堤体の草刈り、ii) ため池の堰上げ、iii) ため池の貯水位の操作、iv) ため池の点検と市町村役場等への連絡の行政との連携、v) 災害発生時の連絡と対応、が記されている。

### (2) 市町村のため池条例

ため池の保全条例をもつ市町村は、筆者の知る限りでは、福岡県春日市、福岡県宗像市と神奈川県横須賀市の3例である。**表10-19**には、この3市の条例の内容をまとめた。

福岡県春日市は福岡市の南に隣接し、ともに博多湾に注ぐ御笠川と那珂川の間に南北に広がる微高地にある。福岡市の中心部から10km圏にある同市は、福岡市への通勤者の住宅都市として急激に人口が増加し、市域の93%以上が市街化区域に指定されている。一方、市内でも河川からの引水が困難な地域では、近世に多くの灌漑用ため池が築造された。その中のひとつである白水池は、水面積が14.2haあり、筑前三大池のひとつである。市街化区域に点在する農地では、都市型の近郊農業主体の農業が営まれている。

このような状況を反映して、同市のため池条例には、防災上の観点よりも、市民の健康で文化的な生活に必要な良好な自然環境としての、ため池の保全の観点が強く打ち出されている。そのため、ため池保全審査会や審議会を設置して、積極的に保全をはかり、ため池保全地区を設けている。ため池保全地区の土地の所有者に対しても、財産権の尊重や損失の補償がされ、保全のための助成も行れている。さらに、ため池の集水域での規制を設けて、ため池の水量と水質を守るという他には見られない条文もある。

次に、福岡県宗像市は福岡市と北九州市の中間に位置して、1960年代から衛星都市として発展してきた。ところが、用水の水源が市内を流れる釣川のみであって、旧来から用水に苦慮してきた上に、近年の人口増加で用水不足が深刻化したという背景がある。また、1950年代後半には市内に240あったため池が、1995年には184に減少している。

宗像市の条例では、ため池の破損、決壊の水害防止の他に、市民の水源確保が目的に記されてい

第 10 章　行政によるため池の管理と保全事業

表10-19①　福岡県春日市のため池に関する条例の概要

|  | 春　日　市 |
|---|---|
| 名称 | 春日市溜池保全条例(30条、附則7、施行規則15条) |
| 制定年月日 | 1985年6月26日 |
| 目的 | ため池の適正な保全を総合的に推進して住民の健康で文化的な生活を確保し、もって公共の福祉に寄与する。 |
| 基本理念 | ため池は自然の与えた最高の資産で、健康で文化的な生活に不可欠なもの、現在の住民がその恵沢を教授し、将来の住民が良好な自然環境を継承できるように、適切なため池の保全に努める。 |
| ため池の定義 | かんがい用水、都市用水、河川浄化用水などを貯留する施設(堤防及び附帯施設を含む)であって、湛水面積が1,000m³以上のもの。 |
| 禁止行為 | 何人も次の行為をしてはならない。①堤防上の建物、工作物の設置、木竹の植栽、農作物の栽培、②堤防周辺での土地掘削、その他堤防の安全に影響を及ぼす行為、③この他、ため池の破損及び漏水の原因となる行為、④ため池への汚水の流入。 |
| 行為の制限 | ため池保全地区において、次の行為をする者は、市長の許可を受けなければならない。①土地開発、宅地造成、その他、土地の形質の変更、②ため池の埋立、干拓、③土砂採取、④木竹の伐採、⑤貯留水及び流入水の水量、水質に著しく影響を及ぼすとき、⑥工作物の設置、⑦前号に類似する行為<br>市長は上記の行為の許可をするに当たり、ため池の保全のために必要な限度において、条件を付すことができる。これらの行為の可否は審議会の意見を聴かなければならない。 |
| 罰則 | 行為の制限と禁止行為の規定に違反した者、届出をしなかった者、虚偽の届出をした者は3万円以下の罰金または科料法人の代表者、または法人もしくは人の代理人、使用人その他の従業者が、その法人または人の業務に関し、条例の違反行為をした場合は、その行為者を罰する他、その法人または人も罰する。 |
| 違反者の公表 | 条例の違反者や勧告に従わない者の氏名または団体名を公表する。 |
| 財産権の尊重 | 市は、ため池保全の施策の遂行に当たっては、関係者の所有権その他の財産権を尊重するとともに、公益との調整に留意しなければならない。 |
| 保全に関する協定 | 市長は、ため池の保全のために特に必要があるときは、関係者とため池の保全に関する協定を締結するなどの措置を講ずるよう努めなければならない。市長は、ため池の保全の必要性について、住民及び関係者の理解を深めるよう適切な措置をとらなければならない。 |
| 保全地区 | ため池保全地区とは、ため池及びため池の満水面界から水平距離10mの範囲で特に良好な自然環境を形成していると認められる地区で市長が指定したもの。保全地区の指定には、市長があらかじめ当該所有権者等の協力を得るようにする。 |
| 制限行為への不服申し立て | 保全地区での制限行為について決定に不服があるときは市長に不服を申し立てることができる。この申し立てについては、春日市溜池保全審査会が審査し、決定する。 |
| 中止命令等 | 市長は、違反行為者に対して当該行為の中止を命じ、または相当の期限を定めて、原状回復を命じ、原状回復が困難な場合には、これに代わる必要な措置をとるよう命ずることができる。 |
| 届出及び指定 | ため池保全地区内の土地所有者はその土地を譲渡する場合には市長に届出なくてはならない。届出があった場合、市長は保全のために特に必要があると認められるときは、所有権者に対して、譲受人を指定できる。<br>所有権者はその指定に不服が有るときは審査会に調停の申し立てをすることができる。 |
| 審議会 | ため池保全地区における制限行為、その他、ため池の保全に関し必要な事項を審議するために審議会を置く。 |
| 立入調査 | 市長は必要がある場合は、担当職員に保全地区の立入調査をさせることができる。 |
| 損失補償及び買取り | 市は保全地区の土地について、その土地の利用に著しく支障をきたすことにより、所有権者からその土地の買取りの申し出があった場合は適正な価格をもってこれを買い取る。 |
| 保全のための助成 | 市長はため池保全のための協定をした者または保全地区の保全のための行為をする者に対し、技術的援助をし、またはその行為に要する経費について一部を助成する。 |
| 集水流域の行為に関する勧告 | 集水流域において、ため池への流入量や水質に影響を及ぼす行為をしようとする者はあらかじめ市長に届出る。この場合、市長は行為者に対して、必要な助言または勧告をすることができる。 |

春日市資料より作成

るのが、大きな特色である。そのため、宗像市では条例の目的に加えて、条例の基本理念が掲げられ、環境資産としてのため池の適正な保全がうたわれている。条例の対象となるため池の定義では、宗像市は灌漑用水のみならず、都市用水、河川浄化用水用の湛水面積500m³以上の貯水池とし、この他に環境資産としての用途も明記されている。都市用水の水源確保に関連して、汚水の流入の禁止条項もある。

**表10-19②　福岡県宗像市のため池に関する条例の概要**

| | 宗　像　市 |
|---|---|
| 名称 | ため池の保全に関する条例(9条) |
| 制定年月日 | 1996年7月24日 |
| 目的 | ため池の破損、決壊等による災害を未然に防止するとともに、市民の水源を恒久的に確保するため、適正な保全を総合的に推進することにより、健康で文化的な生活を確保し、もって公共の福祉と民生の安定に寄与する。 |
| 基本理念 | 自然が与えた最高の資産である水とその恵みを受けるため池を将来にわたり適正に保全しなければならない。 |
| ため池の定義と用途 | かんがい用水、都市用水、河川浄化用水の用に供し、又は供していた貯水池(堤塘及び附帯施設を含む)であって、湛水面積が500 m$^2$以上のもの、その他市長が指定するもの。<br>ため池は、治水及び防災、農業用水を含む市民の恒久的な水源、環境資産としての用途に利用する。 |
| 管理者 | 管理者は、ため池の破損、決壊による災害を未然に防止するため、及び水難事故等を防止するため、ため池の管理について常に必要な措置を講じなければならない。<br>市長はため池の土地の所有権を管理者より無償で譲受する場合においては、管理者が講ずべき必要な措置について、ため池の管理及び保全に関する協定において明らかにする。<br>管理者は管理者となった日から30日以内にその旨を市長に届けなければならない。 |
| 禁止行為 | 何人もため池において次の行為をしてはならない。ただし④を除く行為にあって市長がため池保全上支障がないと認めて許可したときはこの限りではない。<br>①直接、汚水を流入又は流入させる行為<br>②堤塘に竹木を植え、又は農作物を栽培する行為<br>③堤塘に建物その他の工作物を設置する行為<br>④余水吐の効用を妨げるおそれがある行為<br>⑤ため池の破損、決壊等の原因となるおそれがある行為 |
| 行為の制限 | 次の行為をする者は、管理者の同意を得、市長の許可を受けなければならない。<br>①埋立て又は干拓<br>②貯留水又は流入水の水量及び水質に著しく影響を及ぼす行為<br>③①②に類似する行為<br>市長は上記の行為の許可をするに当たり、ため池の管理及び保全のために必要な限度において、条件を付すことができる。 |
| 検査、報告 | 市長は必要があると認めるときは、ため池の管理について管理者から報告を求め、又は関係職員をしてため池の管理の状況等について検査させることができる。<br>この検査に管理者の立会を求めることができる。 |
| 措置、命令等 | 災害防止のため、又はため池の保全上、必要があると認めるときは、管理者に対し、必要な措置を講ずべきことを命ずることができる。<br>管理者は前項の規定による命令を受けたときは、直ちにその旨を関係者に通知しなければならない。 |
| 罰則 | 行為の制限と禁止行為の規定に違反した者は5万円以下の罰金<br>次に該当する者は3万円以下の罰金又は科料<br>①管理者の届け出をせず、又は虚偽の届け出をした者<br>②管理者としてため池の管理について必要な措置を怠った者<br>③ため池の検査にかかわる立会を正当な理由がなく拒み、妨げ又は忌避した者<br>④ため池の災害防止又は保全上必要な措置を講ずる命令に違反した者<br>法人の代表者又は法人若しくは人の代理人、使用人その他の従業員が、その法人又は人の業務に関し、前条の違反行為をした場合においては、その行為者を罰するほか、その法人又は人に対しても、同条の罰金又は科料を科する。 |
| 財産権の尊重 | 市長は、ため池の保全のための施策を遂行するにあたっては、関係者の所有権その他の財産権を尊重するとともに、公益との調整に留意しなければならない。 |
| 保全の推進 | 市長は、ため池の保全の必要性について、住民及び関係者の理解を深めるよう適切な措置を講じなければならない。<br>市長は、ため池の適正な保全を推進するため、ため池整備基本計画を策定し、ため池の計画的な整備及び促進に努めなければならない。<br>市長は、前項の計画を推進するため、管理者よりため池の土地の所有権(水利権及び使用収益権は除く)について、無償で市に譲渡する旨の申し出があったときは、これを譲受し、規定による用途の用に供しなければならない。この際、ため池の所有権無償譲渡契約書を締結する。 |
| 管理及び保全に関する協定 | 市長は、ため池の管理及び保全のために特に必要があるときは、関係者とため池の管理及び保全に関する協定を締結するなどの措置を講ずるよう努めなければない。<br>協定に規定する事項は、ため池の維持及び管理に関すること、ため池の貯留水又は流入水の水質及び水量並びに利用に関すること、これらに準じるもので、ため池の保全上欠かすことができない事項。 |

宗像市資料より作成

表10-19③　神奈川県横須賀市のため池に関する条例の概要

|  | 横 須 賀 市 |
| --- | --- |
| 名称 | ため池の保全に関する条例(4条) |
| 制定年月日 | 1964年4月1日 |
| 目的 | 記述なし |
| 基本理念 | 記述なし |
| ため池の定義と用途 | 本市に次のかんがい用ため池を設置する(10池が指定されている)。 |
| 管理者 | (この条例に定めるもののほか、ため池の管理について必要な事項は、市長が定める。この条例の施行の際、現にため池をかんがい以外の目的に使用することについて市長の許可を受けている者がこの条例の施行後引き続き当該許可を受けた期間中使用する場合は、上記の規定は適用しない) |
| 禁止行為 | (指定された)ため池においては、次に掲げる行為をしてはならない。<br>①ため池の余水吐の溢流水の流去に障害を及ぼすこと<br>②ため池の堤とうに竹木若しくは農作物を植え、又は建物その他の工作物を設置すること<br>③その他ため池の破損決壊の原因となる行為をすること |
| 行為の制限 | ため池をかんがい以外の目的に使用する者は、市長の許可を受けなければならない。市長はかんがいのため、その他管理上特に支障がないと認める場合に限り、前項の許可を与えることができる。 |

横須賀市資料より作成

　その他、宗像市が河川の浄化用水について記しているのは、下水道が90％以上に普及し、しかも終末処理場を市内の最下流に設けたため、河川の水量が減少して、自然浄化能力が低下したからである。また、災害や水難事故防止のための管理者の責務の他に、ため池の所有権が市へ譲渡される場合の協定が記されている。

　横須賀市は三浦半島の中央部に位置し、東京から50km圏にあるので都市化が進展して、水田面積は1975年の19,480haから、1995年には3,962haに減少している。市域には、標高100～200m内外の起伏の多い丘陵や山地が多くて、大きな河川がなく、平坦地も少ない。そのため、水田の用水用にため池が築造されてきたが、農地の減少によって、ため池の需要も減少している。

　横須賀市では条例の目的も基本理念も管理者の責務も記していない。それは、条例の対象が指定された10の灌漑用貯水池に限定されたため思われる。行為の制限としては、灌漑以外の目的の使用に対する許可制と管理上支障のある行為の制限が記されている。横須賀市では条例の内容はここまでで終わっている。

　この他、名古屋市では、「名古屋市水路等の使用に関する条例」(1963年制定)の中で、市の管理する水路、堤防、ため池、その他の水面の使用と使用料金について、定めている。このように、市町村の設けたため池条例は、ため池に関する一般的な管理条項というよりも、各自治体の位置する地域の実態を良く反映した保全を行う特色を持っている。

　県や市の条例の他にも、基本計画や総合計画等の中で、ため池について記述をしている地方自治体があるので、それらのうちの何例かを示す。

　名古屋市では、既に1974年に名古屋市ため池環境保全協議会を結成して、治水・利水・環境の3要素から、ため池を3ランクに分類をしたり、保全や利用について関係機関の調整を行う等のため池の保全や利用のための活動を行い、ため池の保全と利用を推進してきた。そして1992年4月には、ため池を良好に保全する目的で「ため池保全要綱」を制定した。名古屋市は農業用水利用が実際には行われていないため池の保全と活用に積極的に関与し、公園や洪水調節池として利用している。

　福岡市第7次基本計画のうち、重点施策の方向の中に、「河川・治水池の整備推進、親水ため池の整備推進」が記されている。福岡市基本計画の中の城南区の基本計画のうち、区の主な施策の方向として、「ため池を水辺のリフレッシュゾーンとして活用し、うるおいのある場づくりを進める」と

ある。福岡市南区では、区の主な施策の方向として、「河川、丘陵、ため池などの自然を生かした憩い、ふれあいの場の整備、区の魅力づくりとして、野多目大池とその周辺の魅力づくり」をあげている。

福岡県久留米広域市町村圏事務組合による「北野町の環境をよくする条例」(1996年7月)においては、第9条(清潔の保持)として「町民等、事業者及び占有者等は、道路、河川、水路、ため池、公園、広場及びその他の場所並びに他人が所有し管理する場所の空き缶等のゴミを投棄し、又は汚してはならない」とある。

岡山県山陽町の総合計画では、「住民が安全で快適な生活をおくることができるように、下水道や生活道路などの整備を進めるとともに、ため池や小径を生かした空間づくりや自然と人が共生できる潤いのある空間づくりなどに取り組みます」とある。

岡山県玉野市は「大切な水を守るためのエコライフ」のうち、水を守るチェック項目として、「溝や川、池などにごみを捨てない。近くの川や池などの水質を調べてみる。身近な池や川や海を守るためにも、水中の微生物や小動物を観察していこう。」とある。

大阪府都市景観ビジョンのうち、「都市景観づくりの基本的方向として、ため池は景観の重要な構築物のひとつである」と記されている。

このように、全国の自治体のほんのわずかな例にすぎないが、自治体の施策の中でため池にふれているものを示した。これによると、ため池は災害との関わりの他に、貴重な自然、環境資源としての役割を重視する傾向が強くなってきたことがわかる。

## 5．ため池の保全に果たす行政の役割

ため池は本来、個人や集落が所有する小規模な灌漑用貯水池であったため、行政の規制の対象となるものではなかった。しかし、国や地方自治体が築造したり、管理したりするため池も年々増加し、一方では都市化や水田面積の減少に伴って、ため池の改廃や維持管理の粗放化が問題となってきた。特に後者はため池の破損や決壊による災害につながる恐れがある。こうした状況において、ため池の防災や維持管理に、行政がかかわる必要性が高まってきたと言える。

本章は、ため池にかかわる災害を未然に防止するのに有効な行政の2つの機能として、改修事業と法的規制を取り上げ、分析を試みた。改修事業については、国費補助のある事業を対象として分析した結果、事業の採択条件が厳しく、改修を必要とするため池のわずかな部分にしか適用できない。しかし、国の補助率は50％以上と高く、都道府県や市町村の負担分を加えると、水利組合や個人等のため池の所有者の負担率が低い、大規模な改修が可能になるので、防災上きわめて有効と言える。

ため池の法的規制では、条例を制定して規制する方法が最も厳重な例である。条例を制定している県は、兵庫、奈良、香川の3県にとどまり、市町村では福岡県春日市、福岡県宗像市、神奈川県横須賀市の例を見る程度である。県の条例は、1954年に制定された兵庫県のものをモデルとして、各県ごとに若干の修正が行われいるのに対して、市の場合はそれぞれの市の地域性を、色濃く反映している。

この他、総合計画や基本計画の中にため池の保全、親水空間としてのため池整備等を盛り込む地方自治体が現れている。また、都道府県レベルでも、環境保全と防災を考慮した、新しい全府県的

なため池整備構想を打ち出している府県がある。それらは大阪府のため池オアシス構想、京都府のため池ルネサンス構想、そして兵庫県のため池整備構想である

　以上、簡単な分析ながら、今後、ため池の防災や保全に果たす行政の役割はますます増大していくと思われる。しかし、ため池の防災や保全を行政任せにするだけでなく、ため池を地域社会の中に位置づけ、住民が積極的に環境保全面にも配慮しながら、ため池の保全に努力していくことが望まれる。その際の組織づくりやハード面の指導に果たす行政の役割が、大きく期待される。

● 参考文献
岡山県ため池フィルダム部会(1995)：岡山のため池．岡山県農林部耕地課，214p.
香川県農林水産部(1993)：香川県老朽ため池整備促進計画 第6次5か年計画．香川県農林水産部，72p.
香川県農林部(1986)：香川県ため池実態調査．香川県農林部，37p.
農林省農地局資源課(1955)：溜池台帳．農林省農地局資源課，706p.
農林水産省構造改善局地域計画課(1991)：長期要防災事業量調査Ⅵ　ため池台帳(全国集計編)．農林水産省構造改善局地域計画課，507p.

# 第11章　ため池の多面的機能

## 1．ため池のもつ機能

　ため池は本来、農業用水の供給が第1目的であり、他に副次的な機能を有していても、これまで特にそれへの関心は払われてこなかった。用水の恵まれない地域にあって、先人が心血を注いで築造したため池は人々の生きる糧に直結する、地域の重要な財産として長年にわたる継続的な管理によって守られてきた。しかし、日本の社会が高度経済成長の結果、農業中心から、第2次産業、第3次産業を中心とする社会へと大きく変化した時、ため池を取り巻く環境も激変した。

　すなわち、都市近郊農村における混住化、農家の兼業化と高齢化、中山間地域農村における過疎化等により、多くの経費と労力を必要とするため池の維持管理が困難になり、また生活雑排水によって水質も悪化した。これらのため池の中には埋立られ、他の用途に転用されていったものも多い。同時に、ため池の老朽化と維持管理の粗放化による決壊の危険性から、ため池の防災も大きな課題となった。そして、行政側もため池の防災や保全にかかわる各種事業を積極的に実施するようになった。

　一方、社会全般においても様々な環境問題が発生し、高度成長期が終焉すると、物質的豊かさから心の豊かさへと人々の価値観が変化し、環境保全の考えが普及していった。そうした中で、身近な自然や文化遺産への関心が高まり、心豊かな生活環境を形成するための主要な要素としても水や緑が重視されるようになった。それとともに、アメニティ(快適性)を保証する防災への関心も高まった。このようにため池を取り巻く大きな環境変化の中で、ため池は農業用水の供給の他に、多様な機能をもつ貴重な地域資源として、再度、脚光を浴びることになった。

　具体的には、ため池が人々の憩いや交流の場としての親水空間・緑地・公園、防災施設としての洪水調整池・防火用貯水池、自然との共存のあり方を学ぶ教材等に活用されたり、水辺の生態系に基づく動植物の生息空間、歴史的認識を深める土木遺産等として保全されたり、ため池による気候緩和作用や地下水の涵養作用が注目されたりすることである(図11-1)。いわば、ため池は現在の地域社会において、環境保全機能や親水機能を果たすものとして再認識されるようになったのである。しかしながら、ため池は農業者から成る水利共同体によって維持管理される水利施設であり、これらの多面的機能はあくまでも利水上の制限の下で発揮される点は忘れてならない。すなわち、ため池の農業用水供給以外の機能を活用するためには、既存の水利権者との間において環境水利調整とも呼ぶべき調整が必要なのである。

　地理学分野においては、既に白井(1987)がため池の機能を用水供給機能と環境保全機能に分類し、環境保全機能の重要性を指摘していた。工学分野においても、久次ら(1976)が多面的機能を有するため池の文化遺産としての重要性と課題について述べている。また、日本建築学会(1991)はため池を含む水辺の機能を、利水機能、治水機能、親水機能と環境保全機能に分類している。しかし、た

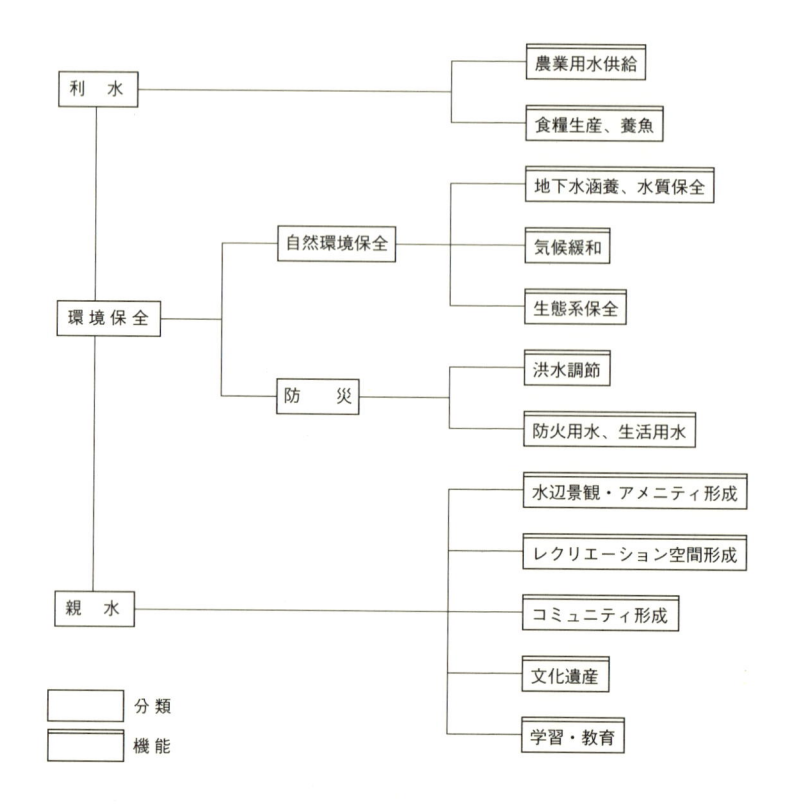

```
利 水 ─┬─ 農業用水供給
        └─ 食糧生産、養魚

環境保全 ─┬─ 自然環境保全 ─┬─ 地下水涵養、水質保全
          │                  ├─ 気候緩和
          │                  └─ 生態系保全
          └─ 防 災 ─┬─ 洪水調節
                    └─ 防火用水、生活用水

親 水 ─┬─ 水辺景観・アメニティ形成
        ├─ レクリエーション空間形成
        ├─ コミュニティ形成
        ├─ 文化遺産
        └─ 学習・教育

□ 分類
▭ 機能
```

**図11-1　ため池の機能**

め池の機能に関する研究動向は多面的機能の存在を指摘しながらも、一部の機能の検証や重要性を示すものが主体で、研究数も少ない。そこで、筆者は現在の時点で、ため池が果たしていると考えられる機能を総括し、各機能の重点を記して、ため池の機能を整理することにした。その際、各機能毎にこれまでの研究成果をふまえて問題整理することに努めた。

筆者はため池の機能を利水機能、環境保全機能、親水機能に分類した(**図11-1**)。利水機能はため池のもっとも基本的な機能である農業用水供給機能とそれに付随する食糧生産、養魚機能である。環境保全機能は水循環や生態系等に直接かかわる自然環境保全機能と、災害に備える防災機能とに分類される。そして、ため池の利用者や周辺住民の心豊かな生活形成に直接かかわる機能を親水機能とした。これらに分類される12の諸機能をため池の有する多面的機能としてとらえ、以下に概要を述べる。

### （1）農業用水の供給

これはため池が水を貯溜し、農業用水の安定供給をはかることによって、農業生産に貢献する機能である。この機能はため池のもっとも基本的、本来的な機能である。そのため、この機能に関しては、施設にかかわるハードと水利組織にかかわるソフトの両面から多くの研究成果が蓄積されている。これらの中で、白井(1987)はため池を水源別あるいは受益地別から類型化し(**図11-2、3**)、水利秩序の面から見た、ため池による灌漑の特質として次の5点を整理している。

　ア．ため池の水利権は私的物権である。

第11章　ため池の多面的機能　　　　　　　　　　　　　　　　　　　　219

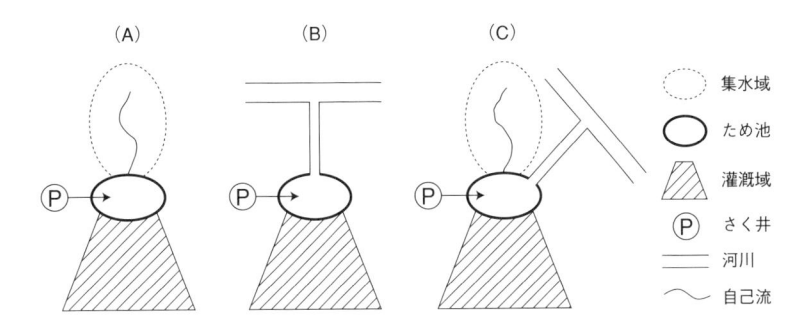

**図11-2　水源からみたため池灌漑の基本類型**
白井(1987)を一部改変

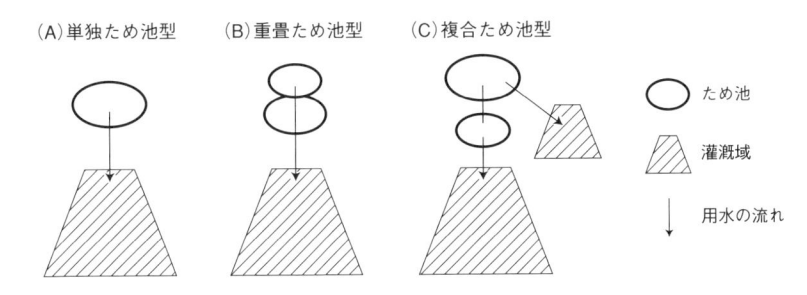

**図11-3　受益地からみたため池灌漑の基本類型**
白井(1987)を一部改変

　イ．水利上からみて貯水量が固定している。
　ウ．水配分をめぐって平等の原理が存在する。
　エ．村落共同体としての灌漑システムが見られる。
　オ．水管理からみて周年的管理形態である。
　この5点からも明らかなように、ため池による灌漑は河川灌漑とは大きく異なる特色を有している。これらの特色はため池の多面的機能を考える際にも考慮すべき諸点と言えよう。また、近年では大規模農業用水の中間貯留池や補助水源として重要な機能を果たしているため池がある。それらは愛知用水、大井川用水、東播用水等の受益地で見られる。愛知県東郷町、日進市と三好町にまたがる愛知池の例をあげると、愛知池は1961年に完成し、農業用水、工業用水、上水の供給を行っている。しかも、同池は愛知用水の幹線からの水を貯留して下流に送る水量の調整を行う調整池として機能し、池に貯留した水の圧力を利用して送水することで、下流の分水地点までの流下時間を短縮している。同時に、愛知用水の取水源である木曽川が上流の降雨によって増水した際には、洪水導入と呼ばれる取水を行って水を貯留し、洪水調節を行いながら農業用水、工業用水、上水の供給に備える機能を果たしている。

## （2）食料生産、養魚
　これはため池が魚類やヒシ、ハス、ジュンサイ等からの食料を供給する機能と、鑑賞用の金魚や錦鯉、食用の鯉、釣り堀用のフナ、モロコ等を飼育する機能である。この機能は元来、ため池の基

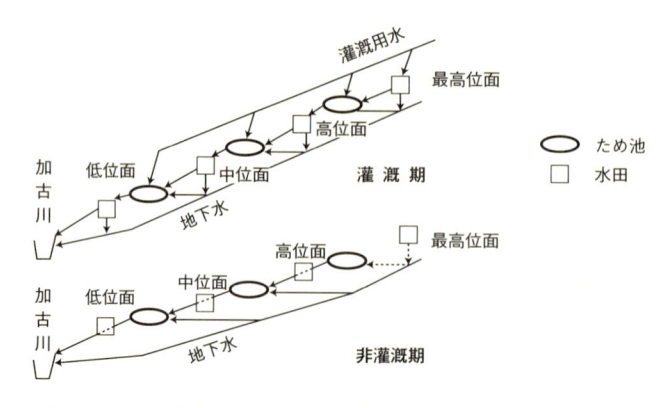

図11-4　兵庫県嬉野台地における灌漑期と非灌漑期における水文循環
成瀬・白井(1989)より作成

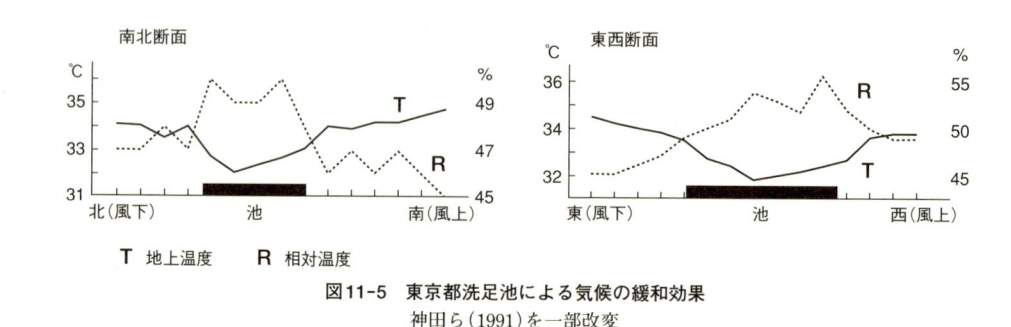

図11-5　東京都洗足池による気候の緩和効果
神田ら(1991)を一部改変

本的な機能である農業用水供給に付随して生じたもので、ため池の魚や水生植物は、かつてはため池利用者に貴重な食料を提供していた。現在では食料供給面でのため池の価値は低下しているが、一部で漁業権を設定した内水面漁業としての養魚が行われている。ため池の養殖に関する研究はあまり例がないが、例えば、鈴木ら(1995)は埼玉県におけるホンモロコ養殖の分析を行っている。最近では、釣り人が持ち込んだ外来種のブラックバスやブルーギル等による養魚の食害が続発している。そのため、香川県では1999年7月に内水面漁業調整規則を改正して、ため池へのブラックバスとブルーギルの放流を禁止している。また、兵庫県でもこれと同様の理由で釣りを禁止するため池が増加している。野村・山口(1999)は、外来種魚類の駆除方法について研究している。

## （3）地下水の涵養、水質浄化

これはため池の底から浸透した水が周囲の地下水を涵養して、地域の水循環に寄与する機能である。この機能に関する研究として、たとえば成瀬・白井(1989)は、兵庫県社町から東条町に分布する嬉野台地のため池に関して、ため池は灌漑期には上流からの表流水や用水路からの水を貯留して用水を供給し、一部は地下水を涵養し、非灌漑期には地下水の流出を抑制し、地下水量の保持に役立つとともに、地下水の水質保持にも役立っていることを明らかにした(図11-4)。

また、福岡(1981)は広島県を例に、河川流域の水収支とため池分布との関係を分析し、ため池が流域の水循環の中で機能していることを指摘した。大阪府堺市では、ため池、古墳濠、河川のネットワーク化をはかり、それぞれの水量の他に、雨水、工業用水、下水処理水、海水を加えて水質向

環境適応の広い種の場合

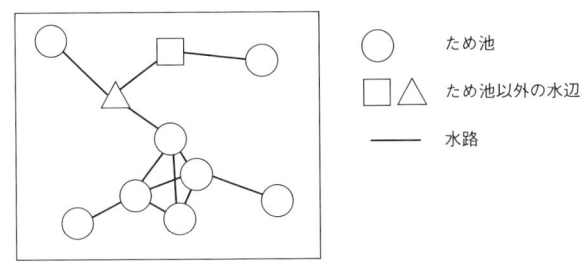

図11-6　トンボの種の適応の幅とため池間ネットワーク
上田(1998)より作成

上や水位維持を行う、新しい地域水循環システムを構築しようとしている。

一方、戸田ら(1994)は灌漑用ため池の有する水質浄化機能のうち、窒素除去作用について分析し、定量的に示した。大久保(1998)は比較的大規模なため池の水質浄化機能を検証した。

## (4) 気候の緩和

これはため池の水によって気温や湿度が安定化する機能である(図11-5)。水体や緑地による気候緩和に関する研究は、特に都市気候との関連で注目され、地理学のみならず、土木工学や造園学等の分野からも研究が行われている(たとえば、福岡1992, 福岡ら1992, 武市1994, 神田ら1991, 市村ら1998)。しかし、ため池に限定してその機能を検証した事例は少ないと思われる。その中で、徳山ら(1981)は、兵庫県社町における気象観測の結果から、ため池付近では昼間の気温上昇が抑えられ、周囲より低い値であり、夜間〜早朝には気温低下が抑えられ、周囲より高温となっていることを指摘した。

## (5) 生態系の保全

ため池は二次的な自然として、水生動植物、鳥類、両生類等の多様な生物を育んでいる。そのため、生物の貴重な活動舞台であるため池をビオトープとして積極的に保全する事例も多く見られるようになり、関連の文献も増加している(たとえば、農林水産省農業環境技術研究所1993, 自然環境復元研究会1994等)。ため池の生態系の保全のあり方について、角野(1998)や上田(1998)はため池の生物を一連の生物群集として保全し、そのためには複数のため池やため池の周辺地域も一体として保全する必要を指摘している(図11-6)。李ら(1999)も生態系の回復や保全のために、ビオトープを連結させたエコロジカルネットワークの重要性を指摘している。これらの研究はため池の保全策を考える上で重要な指摘と思われる。

1例として、愛知県刈谷市の小堤西池は池とその周辺に、カキツバタを代表とする各種の水生、湿生植物が自生する貴重な生態系が形成されており、愛知県は池に隣接する丘陵林も含めた5.83haを自然環境保全地域として指定、保全している。兵庫県稲美町の県立「東はりま水辺の里公園」は法人県民税を財源として建造された野外CSR施設で、ため池の埋立が進行している地域において、ため池とその周辺の身近な田園地帯を復元した公園として生きた自然の中で学び、遊び、憩うことを目的としている。

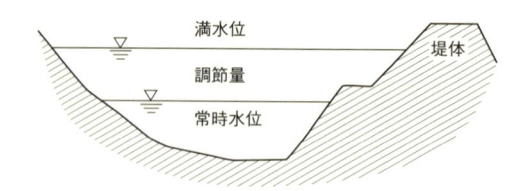

**図11-7　ため池の洪水調節機能**
兵庫県資料より作成

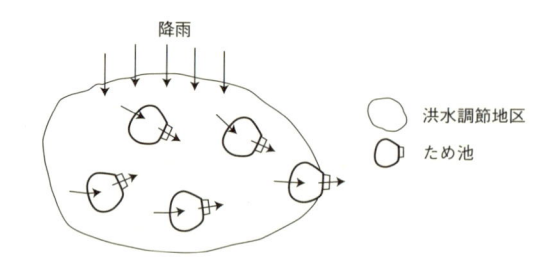

**図11-8①　ため池群による洪水調節地区モデル**
兵庫県資料より作成

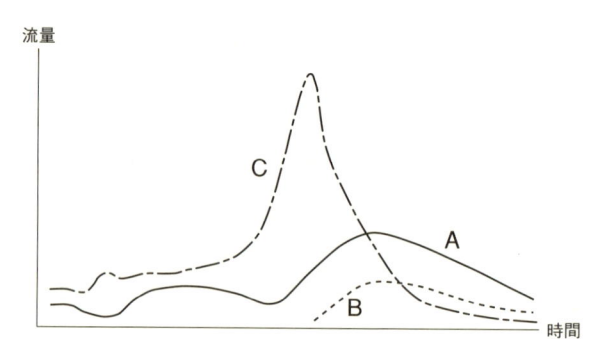

A：地域内のため池がすべて満水の場合
B：地域内のため池がすべて60cm水位を下げている場合
C：地域内のため池がすべてなくなった場合

**図11-8②　モデル地区におけるため池の状況別による流出量の時間的変化**
兵庫県資料より作成

### （6）洪水調節

　ため池は小規模なダムとして、大量の降雨時に雨水を貯溜し、流出を抑制することによって洪水調整機能を果たす（図11-7、8）。この機能はため池が本来的に有している機能であり、満水時以外の降雨時には、どのため池も洪水調節を行っていると言えよう。ため池の集水域、排水域の都市化に伴い、ため池を改修して洪水調節機能を高める事例が各地で見られるようになった。その際、既存のため池に新たに洪水調節機能を付加するためには、農業水利権者との間で水利調整が必要になる。このような事例については、筆者が第13章において静岡県巴川流域の分析、考察を行っている。また、白井（1991a）は防災ため池工事によって洪水調節機能が付加された兵庫県稲美町の溝ケ沢池について、洪水調節の方法と効果を記している。

洪水調節機能に重点を置いたため池の改修工事は、農林行政の防災ため池事業の他に、土木行政の治水事業として実施される例も多い。たとえば、奈良県における国営の大和川流域総合治水対策事業や愛知県の境川流域総合治水対策事業では、事業の一環としてため池による洪水調節が取り入れられている。広域防災拠点公園として整備が進む兵庫県の三木総合防災公園においても、公園予定地内のため池の容量を増加させて、下流への流出を抑制する調整池に改修している。

### (7) 非常時の防火用水、生活用水の供給

これはため池の貯留水が地震や火災等の災害時に、防火用水や生活用水として活用される機能である。ため池の貯留水を防火用水として活用する事例は、筆者が第8章において述べているように、これまでにも多くの例がある。阪神・淡路大震災以降は、行政がため池のこの機能を積極的に活用しようとする姿勢が認められる。たとえば、大阪府は広域緑地計画の「みどりづくりの方策例」の中で、「農業用水の防火用水としての活用や避難地としても活用できる広場づくりなど、ため池や水路が持つ防災機能を向上させるための整備を進めます」と記述している。建設省の防災業務計画第2編震災対策編にも、「河川水等を緊急時の消火用水、生活用水として活用するための整備を図り、都市公園は防災公園としての機能強化を図るために、井戸、池等の整備を推進する」と記されている。大阪府寝屋川市では、地域防災計画の中の多様な消防水利のひとつとしてため池が記され、河川やため池から消防車に給水するシステムや取水された消防用水を遠距離に送水するシステムの導入を図っている。長野県塩尻市においても、ため池による消防水利の確保を行っている。非常時の生活用水としての利用は、ため池の水質悪化によって困難な場合が多いが、池に隣接して設けられた井戸を利用する例は見られる。

### (8) 水辺景観・アメニティの形成

ため池は水面とともに、その周辺の樹木や田畑、農村集落等と調和した良好な水辺景観を形成し、アメニティも増進する。筒井(1996)はため池を中心とした景観が農村景観形成の上で、周辺景観との調和・統一感、生態系との調和等の点から重要な景観類型であるとしている。横張(1999)は農林地の景観評価を行い、河川や湖沼は景観の保全上、重要な構成要素であり、特に低地の都市近郊農村では重要度が高いことを指摘している。このような考えは行政の指針にも反映され、たとえば広島県の環境基本計画では、「農地やため池、用水路、農道等の土地改良施設の保全整備を通じて、美しい農村景観の形成に努める」と記されている。さらに、浦山ら(1996)、客野ら(1999)、客野(1999)はため池が快適な居住空間形成上に果たす意義が大きいことを述べ、田中(1991)はため池のもつ保健・休養機能の重要性を指摘している。

現在、各地で親水事業や水環境整備事業により、公園や広場等の建設に重点を置いたため池の整備が実施され、ため池の多い都市域では都市計画におけるため池の利用がかなり早い時期から注目されていた(末石ら1975)。一方では、従来からのため池周辺の景観を生かした整備も行われている。たとえば、京都府はため池ルネサンス構想の中で、長岡京市の八条ケ池において、ため池と長岡天満宮の歴史的景観を調和させた整備を行っている。兵庫県東条町では、小沢大池と他の4つの重ね池を合わせたため池群を周囲の緑豊かな自然と池に続く谷津田に調和した景観として保全している。また、兵庫県加古川市の寺田池に隣接する兵庫大学・兵庫女子短期大学では、ため池をキャンパスの景観設計に積極的に取り入れ、校舎内からため池を望んでくつろげるロビーが設けられている。

224　　第Ⅳ部　ため池の保全

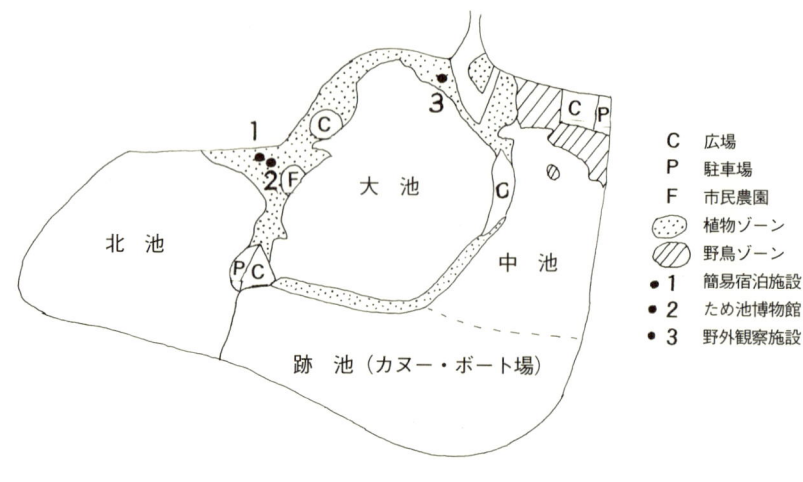

**図11-9　兵庫県加古大池全体計画図**
兵庫県資料より作成

凡例：
C　広場
P　駐車場
F　市民農園
（点）植物ゾーン
（斜線）野鳥ゾーン
●1　簡易宿泊施設
●2　ため池博物館
●3　野外観察施設

### （9）レクリエーション空間

　ため池の水面は釣り、ボート、水上スポーツ、水上ゴルフ練習場等の場であり、水面の周囲での散策やジョギング等の場も提供する。例えば、兵庫県稲美町の加古大池は防災ため池工事が実施され、ため池のもつ親水機能を生かして地域住民の憩いの場および、都市と農村の交流の場として整備された。動植物とふれあえるゾーンの他に、親水を目的とした遊歩道や広場の他、水面はカヌーや水上ポロの競技場として利用されている（図11-9）。愛知県東郷町、日進市および三好町にまたがる愛知池も農業用水、上水、工業用水の供給の他に、公式の漕艇競技場として多くの漕艇競技が開催され、同じく愛知県三好町の三好池も1994年の国体を契機にカヌー競技場として利用されている。静岡県掛川市の大池も「海のない街の海洋性スポーツ」の場として、カヌーやOPヨットの教室や練習が行われている。この他、ため池に隣接して多目的広場やテニスコート、ゲートボール場等が作られて利用されている例も多い。

　ため池のレクリエーション機能に関する研究として、白井（1991b）は多種のレクリエーション利用がされている兵庫県社町の平池に関して、平池の公園利用と受益地の営農を調査し、大規模な農業水利事業による用水の十分な供給が公園整備の重要な実現条件であることを指摘した。なお、一方ではため池のレクリエーション利用に伴うゴミや駐車車両等の問題も生じており、また兵庫県加西市畑大池のように、水上ゴルフ場としての利用がため池の利水と周年管理に悪影響を及ぼしている事例も報告されている（白井ら1983）。また、田村ら（1998）は、周辺環境が整備された農業用ため池において、整備事業によるキャンプ場やテニスコート等の年間総便益から整備事業の経済的評価を行った。

### （10）ため池をめぐるコミュニティの形成

　ため池は古くから祭りや行事の催された場であり、現在もイベントや交流活動等を通して新旧住民が集い、地域の核となってコミュニティを形成する。近隣住民との関連から見たため池の利用や保全をめぐっては、造園学の分野を中心として少数事例ながら、分析が行われてきた（増田ら1990、山本1995）。ため池をめぐる新しいコミュニティの創造については、筆者が第12章において、大阪

第11章 ため池の多面的機能

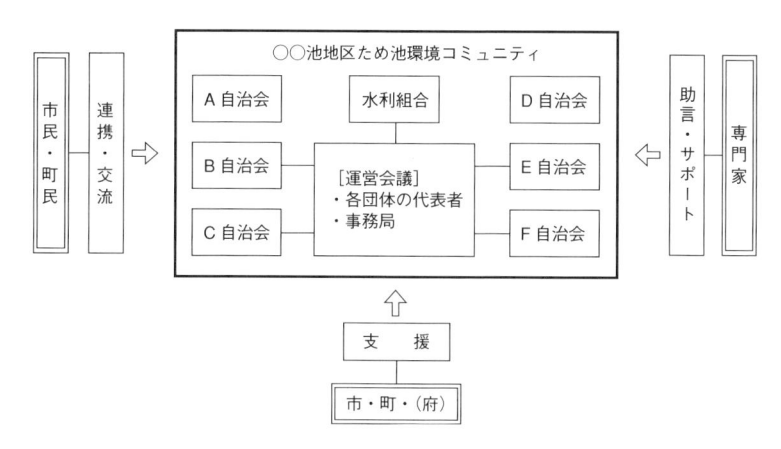

**図11-10 大阪府におけるため池をめぐるコミュニティ**
熊取町資料より作成

府のため池オアシス構想について分析し、水利権者である農業者と非農業者住民との間の調整について述べている(**図11-10**)。この他の事例として、兵庫県では県が主導して全県的にため池クリーンキャンペーンを行い、地域住民、一般住民、市町職員、企業等がため池の清掃と釣り大会、もちつき大会、綱引き大会、クイズ座談会等を実施してコミュニティの形成を図っている。前述の加古大池では、クリーンキャンペーンとは別に、稲美町と同町商工会が主催して大規模な祭りを開催し、地域住民のみならず近隣市町からも多数の人々が参加して、交流の場を形成している。ため池をめぐるコミュニティ形成のための活動は、現在のところ清掃やイベント開催に限定されているが、京都府宇治田原町では地域住民と都市住民が連携して、ため池周辺に水車や休憩所を建設する手作りの整備による活動を行っている。

### (11) 地域固有の文化遺産

ため池は伝統的な築造物であり、堤体や石積み、取水施設等の土木遺産とともに、池の築造から、その後の維持管理をめぐる地域固有の伝承や慣行等を有する文化遺産である。特に、近畿地方には古代に築造されたといわれるため池が多く、それらはため池自身が貴重な文化遺産といえる。7世紀前半に築造されたといわれる大阪府の狭山池は、府のダム化工事に伴い、歴史的ダム保全事業に採択されて、旧堤体、旧取水施設、改修記念碑等が保存され、府立狭山池博物館が建設されている。この他、近代の建造物であっても、香川県の豊稔池は高さ30m、全長145mの石積式アーチダムとして知られ、観光スポットにもなっている。このように、最近では貴重な土木遺産としてのため池が再認識されている(今井・村上1997, 角道1997, 吉田1997)。

国土庁によっても、石積護岸の溜池、水門、分水口、堰、防火用の貯水池等のため池及びそれに付随、関連する施設が、農村の歴史的・文化資源の重要な要素として取り上げられており(坂井1989)、農林水産省も平成9年度より歴史的土地改良施設保全事業を創設している(荘木・千葉1997)。久次ら(1976)も土木遺産としてのため池の重要性以外に、ため池の多面的機能、水利慣行や維持管理方法も含めた水利システムを包含したものをため池の文化遺産としている。農村環境整備センター(1996)は全国に存在する水利遺構の調査を行い、大橋ら(1997)はこの調査結果を分析している。

さらに、ため池の水配分をめぐる水利慣行、ため池の維持・管理方式や農耕儀礼等は地域毎、池毎に特色があり、独特の地域文化を形成している。そして、ため池の水利慣行等に関しては、地理学においても多くの研究が蓄積されている(たとえば、喜多村1973, 堀内1983)。また、ため池灌漑地域に大規模な用水からの分水が開始されると、新旧の用水と水利施設の維持管理をめぐる新たな水利秩序が形成され、地域の水文化が変化をとげることもある(たとえば、農林水産省中国農業試験場1980)。

### (12) 学習・教育

ため池は自然や歴史、文化、環境等を実体験を通して学習する好適な場である。これは上記(10)の地域固有の文化遺産機能とも深い関連を有する機能である。(11)で述べた狭山池博物館は各時代の改修工事を象徴する土木技術遺産を展示し、現存の狭山池と一体的に活用する野外性をもった博物館であるとともに、各種の講演会やイベントを通じて生涯学習や学校教育の場としての充実を図る、地域文化の拠点施設として位置づけられている。兵庫県立「人と自然の博物館」においては、常設展示やビデオ等の視聴覚教材を通して、ため池の文化財面や生態系保全機能についての学習ができ、この他、現地学習会によっても実体験に基づいた学習ができる。

## 2. 多面的機能を活用したため池の保全

学校教育において、ため池を教材とする試みは各地で行われるようになり、筆者も第12章において、大阪府のため池オアシス構想の中に小中学校が参画している例を述べ、新見(1991)は香川県の小、中、高等学校の児童・生徒のため池観に関するアンケート調査結果から、ため池は環境教育の重要な教材と成りうることを記している。相地(1998)や岩脇(1999)は小学校・中学校における、ため池を教材とした授業例を示している。大学レベルでは、広島大学が統合移転した東広島のキャンパスにおいて、豊かな自然を活用した教育を行っているが、その際、ため池は重要な教材のひとつとなっている。教材としてのため池については、既に19世紀において、プロイセンの教育者・ユンゲが水循環や水収支、生態系等を学ぶ格好の教材であるとして、ため池による教育実践の優れた著書を残している(ユンゲ1885)。田村ら(1998)も、ため池を直接の研究対象としたものではないが、小学校における水路や池は教材・遊びの両面において大きな教育効果をもたらすと指摘している。なお、最近では、林・高橋(2000)が現在のため池の高度利用評価に対して、子供時代の水辺利用認識の影響が認められるという興味深い報告を行っている。

### ● 参考文献

市村恒士・柳井重人・丸田頼一(1998)：手賀沼周辺地域の気温分布と環境特性に関する研究．1998年度第33回日本都市計画学会学術研究論文集，pp.673-678, 日本都市計画学会．

今井敏行・村上康蔵(1997)：歴史的溜池の保全と活用．農業土木学会誌 65-11, pp. 1089-1094, 農業土木学会．

岩脇 彰(1999)：〈小学校の授業 4年〉ため池を調べる．歴史地理教育 598, pp. 40-43, 歴史教育者協議会．

上田哲行(1998)：ため池のトンボ群集, 江崎保男・田中哲夫編『水辺環境の保全―生物群集の視点から―』朝倉書店, pp.17-33.

浦山益郎・秋田道康・城本章広(1996)：居住環境資源としてみた溜池の利用効果と存在に関する研究．日本

建築学会計画系論文集 486, pp.129-137.
大久保卓也(1998)：ため池，内湖を利用した水質浄化．用水と廃水，40-10, pp.883-893, 産業用水調査会.
大橋欣治・清水洋一・木村茂基(1997)：水利遺構の現状と保存上の問題点．農業土木学会誌 65-11, pp.1073-1079, 農業土木学会.
角野康郎(1998)：ため池の植物群落―その成り立ちと保全―．江崎保男・田中哲夫編『水辺環境の保全―生物群集の視点から―』朝倉書店, pp.1-16.
角道弘文(1997)：溜池における歴史性認識の地域的意義とその活用．農業土木学会誌 65-12, pp.1215-1219, 農業土木学会.
神田 学・稲垣 聡・日野幹雄(1991)：夏期に森林・水面が果たす気候緩和効果に関する実測とその周辺域の影響伝達機構に関する数値解析による検討．水工学論文集 35, pp.585-590, 土木学会水理委員会.
喜多村俊夫(1973)：『日本灌漑水利慣行の史的研究(各論篇)』, 岩波書店, 624p.
客野尚志(1999)：「認識―行動系」分析による水空間の環境計画学的研究．大阪大学大学院博士論文.
客野尚志・鳴海邦碩(1999)：ため池の周辺環境特性とそれがもたらす水環境機能に関する研究―水際線と後背地の土地利用に着目して―．日本建築学会計画系論文集 519, pp.195-202.
坂井八郎編(1989)：『新農村デザイン』創造書房, pp.400-411.
自然環境復元研究会編(1994)：『ビオトープ：復元と創造』, 信山社, 139p.
白井義彦・加藤正俊(1983)：兵庫県ため池卓越地域における配水慣行の存続と変容．昭和57年度文部省科学研究費補助金(一般研究B)研究成果報告書(研究代表者・白井義彦)『都市化地域における農業用ため池の利用と保全に関する研究』, pp.6-19.
白井義彦(1987)：溜池灌漑地域における河川水利開発と地域対応―明治期兵庫県淡河川・山田川疎水事業を中心として―．米倉二郎監修『集落地理学の展開』, 大明堂, pp.1-23.
白井義彦(1991a)：兵庫県溝ケ沢池の洪水調節機能．平成2年度文部省科学研究費補助金(一般研究C)研究成果報告書(研究代表者・白井義彦)『溜池水利システムと地域環境の保全―播州平野と讃岐平野の比較研究―』, pp.119-131.
白井義彦(1991b)：溜池の親水空間・レクリエーション機能―兵庫県社町平池公園の事例―．平成2年度文部省科学研究費補助金(一般研究C)研究成果報告書(研究代表者・白井義彦)『溜池水利システムと地域環境の保全―播州平野と讃岐平野の比較研究―』, pp.47-64.
新見 治(1991)：児童・生徒の溜池観に関する基礎的調査．平成2年度文部省科学研究費補助金(一般研究C)研究成果報告書(研究代表者・白井義彦)『溜池水利システムと地域環境の保全―播州平野と讃岐平野の比較研究―』, pp.65-75.
鈴木 栄・福田一衛・梅沢一弘(1995)：ため池におけるホンモロコ養殖の一例．埼玉県水産試験場研究報告 53, pp.54-60, 埼玉県水産試験場.
末石富太郎・仲上健一・久永富雄・盛岡通(1975)：都市計画における水環境の把握と評価についての考察―ため池地域を例として―．日本都市計画学会学術研究発表論文集 10, pp.145-150, 日本都市計画学会.
荘木幹太郎・千葉志乃(1997)：歴史的土地改良施設保全事業創設の政策的背景と展開方向．農業土木学会誌 65-11, pp.1069-1071, 農業土木学会.
相地 満(1998)：児童・生徒と考える環境教育―ため池の自然の教材化を通して―．洗剤・環境科学研究会誌 22-1, pp.8-11, 洗剤・環境科学研究会準備委員会.
武市伸幸(1994)：高知県の夜間の気温分布と地形的要因の影響．天気 41, pp.243-249, 日本気象学会.
田中 隆(1991)：ため池の保健・休養機能．農林水産省農業工学研究所資源・生態管理科研究収録 7, pp.191-196, 農林水産省農業工学研究所.
田村孝治・後藤 章・水谷正一(1998)：水辺・親水空間の環境整備による効果の経済評価．農業土木学会論文集 66-1, pp.139-145, 農業土木学会.
田村孝浩・後藤 章・水谷正一(1998)：小学校内に設けられた水辺の活用事例とその教育的効果に関する考察

―水辺の持つ教育的機能に関する研究―．環境情報科学論文集 12, pp.209-214, 環境情報科学センター．
筒井義富(1996)：景観の形成．農村環境整備センター編『農村環境整備の科学』，朝倉書店，pp.114-120．
徳山 明・成瀬敏郎・小野間正己・武市伸幸(1981)：社町をめぐる自然的環境．兵庫教育大学地域研究会編『都市化に伴う地域社会の展開―研究学園都市の自然と社会をめぐって』，兵庫教育大学地域研究会，pp.1-18．
戸田任重・松本英一・宮崎龍雄・芝野和夫・川島博之(1994)：灌漑用ため池における硝酸態窒素の消失．日本土壌肥料学会誌 65-3, pp.266-273, 日本土壌肥料学会．
成瀬敏郎・白井義彦(1989)：嬉野台地におけるため池が水質保全に果たす役割．兵庫教育大学地理学研究室編『加東台地の開発と地域変容―兵庫県社町研究学園都市の自然と社会をめぐって―』，兵庫教育大学地理学研究室，pp.77-89．
日本建築学会(1991)：『建築と都市の水環境計画』，彰国社，220p．
農村環境整備センター(1996)：『水利遺構の調査研究（中間報告）』，農村環境整備センター，637p．
農林水産省中国農業試験場農業経営部(1980)：吉野川分水によるため池地帯の水利構造の変化．水管理システム化研究資料 No.2, 農林水産省中国農業試験場農業経営部，71p．
農林水産省農業環境技術研究所(1993)：『農村環境とビオトープ』，養堅堂，148p．
野村 博・山口光太郎(1999)：農業用ため池におけるブルーギルの漁具別駆除割合について．埼玉県水産試験場研究報告 57, pp.1-5, 埼玉県水産試験場．
久次富雄・仲上健一・盛岡通・末石富太郎(1976)：ため池の文化遺産と今日的課題．環境文化 20, pp.23-30, 環境文化研究所．
福岡義隆(1981)：広島県の水収支特性と溜池分布との関係．水温の研究 25-2, pp.2-8, 河川水温調査会．
福岡義隆(1992)：都市における緑地と水の効果及びその未来．日本生気象学会誌 29-1, pp.71-76, 日本生気象学会．
福岡義隆・高橋日出男・開発一郎(1992)：都市気候環境の創造における水と緑の役割．日本生気象学会誌 29-2, pp.101-106, 日本生気象学会．
堀内義隆(1983)：『奈良盆地の灌漑水利と農村構造』，奈良文化女子短期大学付属奈良文化研究所，282p．
増田 昇・下村泰彦・安部大就(1990)：保存―利用ポテンシャル評価から捉えた「ため池」環境整備に関する研究．造園雑誌 53-5, pp.257-262, 日本造園学会．
山本 聡・安部大就・増田 昇・下村泰彦・岡本隆志(1995)：近隣居住者から見た「ため池」が保有する環境保全機能に関する研究．ランドスケープ研究 58-5, pp.257-260, 日本造園学会．
ユンゲ，F.(1885)・山内芳文訳(1977)：『生活共同体としての村の池』明治図書，151p．
横張 真(1999)：農林地のもつ生物・生態・アメニティ保全機能．陽捷行編『環境保全と農林業』，朝倉書店，pp.119-131．
吉田 勲(1997)：狼谷溜池の保全と活用．農業土木学会誌 65-11, pp.1095-1099, 農業土木学会．
李 承恩・盛岡 通・藤田 壮(1999)：都市域におけるビオトープの連続性評価及びエコロジカルネットワークの形成に関する研究．環境システム研究 7, pp.285-292．土木学会環境システム委員会．

# 第12章　都市化地域における新しいため池の維持・管理方式

## 1．都市化地域におけるため池の保全策

### （1）問題の所在

　全国でもため池の密集するいくつかの府県では、主として都市化地域のため池の維持・管理に関して、新しい方式を検討している。これらの府県の中で、地域住民を維持・管理の中心的担い手とする新しいため池整備構想、すなわち「ため池オアシス構想」（以下、オアシス構想と言う）を最初に策定したのは大阪府であり、既に、この構想に基づいた整備の完了した地区が現れている。そこで、本章では大阪府を取り上げ、この構想に基づいて整備が完了した地区を中心に現地調査を行い、その結果からオアシス構想の実態と課題を明らかにすることにした。

　都市化地域における府県レベルでのため池の維持・管理方式に関する研究は、そのような方策が緒に就いたばかりなため、事例が少なく、全国に先駆けた大阪府の事例に限定されていると思える。大阪府のオアシス構想を対象とする研究としては、次のような農学分野のものがある。まず、五味(1991)は、オアシス構想が発表された年に構想の理念、目的、方法等の概要と意義を述べている。池上(1996)は、オアシス構想による事業完了地区の一つを例にして住民の意識調査によって、ため池の社会的管理システムは住民に十分認識されているとは言い難いが、農家世帯員は非農家世帯員よりも積極的な意味を認めていることを指摘した。杉山(1997)は、オアシス構想に基づく事業が継続中の2地区を例にして、ため池の維持・管理における住民参加方式の利点と問題点を整理した。待谷(1998)は、オアシス構想による事業が継続中の1地区を例にして、住民の意思決定要因を明らかにした。さらに、これらの要因の重要度は、計画設計プロセスの各段階によって変化し、また住民、行政、コンサルタント等が共同で行う勉強会（ワークショップ）が、住民の学習機会を提供するひじょうに重要な役割を果たしていることを指摘した。

　一方、オアシス構想においては、後述のように、親水空間の形成が重要視されている。親水空間に関する研究は、近年活発に行われているので、そのうち農業水利施設に関係した例をあげる。例えば、塩田・堀川(1991a・b、1993)と農村環境整備センター(1992)は、農業水利施設を活用した親水空間の整備について、全国の代表的な事例を紹介するとともに、管理者や管理費用、公的機関の関与等に関する調査結果をまとめている。この一連の研究では、水辺空間の多面的機能に注目した整備と管理・保全に果たす公的機関の関与を伴った、新しい地域組織の重要性が指摘されている。しかし、調査対象が多種類の水利施設であって、それらを一括して分析しているため、水利施設の種類毎の状況は明らかではない。その他にも、瓜生(1991)は、兵庫県のため池における水辺空間の有効利用について留意点と提言を行い、小樽(1995)は、ため池を活用した親水公園の実施例や、公園のもたらす環境的資源としての便益評価を行っている。これらの研究は、いずれも代表的な事例の分析や提言を行ったもので、既に施工されている府県全域を対象とした大規模な親水空間整備事

230　第Ⅳ部　ため池の保全

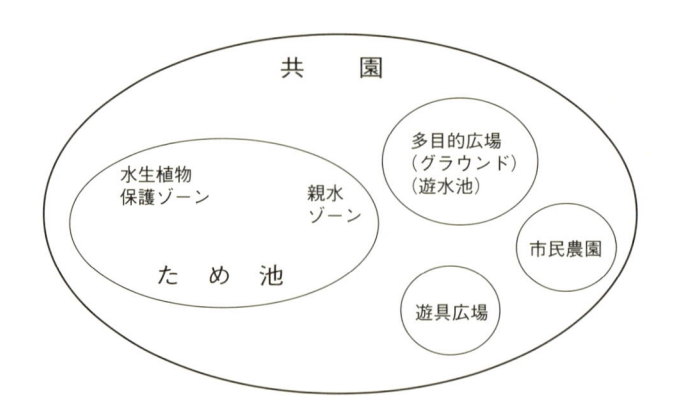

図12-1　オアシス整備事業地区のイメージ図
大阪府資料より作成

業を分析したものではない。

　地理学分野においては、福田(1973)や川内(1983, 1989)が、都市化によるため池の潰廃過程や問題点を指摘している。川内(1992)はその後、ため池の保全に際して考慮すべき観点についても論及している。しかし、都市化地域におけるため池の維持・管理の方策にかかわる地理学的研究は例を見ないと思われ、農学分野においてもまだ数が少ない。しかも、それらは代表的な事例の調査であって、特定事業の全域を視野にいれて事業の実態と課題を明らかにしたものではない。したがって、オアシス構想の発表から7年が経過した現在、同構想に基づく事業について成果と課題を整理しておくことは、今後の事業の展開や他府県での同種の事業の策定や実施のためにも意義があると考えられる。

　そこで、本章では、オアシス構想の対象事業として1997年度までに事業が完了した14地区と、1998年度において事業が継続している14地区のうち4地区を対象として、現状でのオアシス構想の評価を試みた。

（2）大阪府におけるオアシス構想の概要

　オアシス構想は、大阪府農林水産部耕地課(1992)によれば、「ため池を農業用施設として活かしつつ、都市農業の健全な発展とともに、都市生活にやすらぎと潤いを与えるため、魅力ある地域を構成する貴重な環境資源として総合的に整備し、府民とともに地域環境づくりを進めていく構想」と説明されている。以下に、大阪府農林水産部耕地課(1992)によって、構想の目標と構想のキーコンセプトとも言える共園について記す。1991年に発表されたこの構想の基本目標は、「農業・都市・自然の共生したため池づくり」と「共に守り・育てるため池文化の創造」の2点である。また、ため池とその周辺地域には、「府民の共に快適環境づくりに取り組む姿勢に支えられ、都市と農業との共生、自然と人間との共生、内(ため池)と外(周辺地域)との共生をめざした共生する快適空間であって、人々にアメニティ・レクリエーションの園(パーク)、自然豊かな園(ガーデン)、コミュニティの園(集い)を提供することをめざした空間(夢の園)を意味する」共園が形成される（図12-1）。しかし、従来のため池の水利権と所有権は変更されない。

　以上の説明のように、オアシス構想は、都市化地域において、ため池を農業用施設とともに貴重

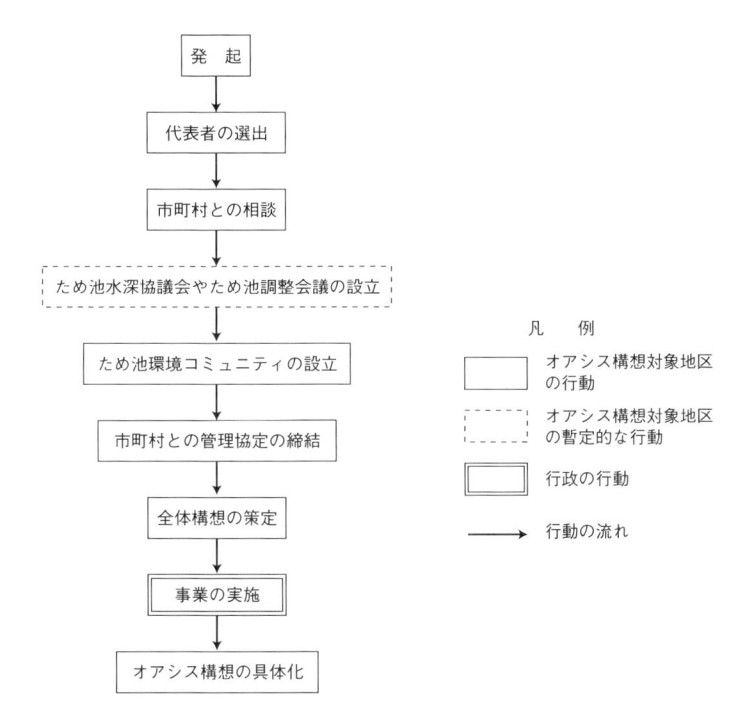

第12章 都市化地域における新しいため池の維持・管理方式　　231

```
           発　起
            ↓
        代表者の選出
            ↓
        市町村との相談
            ↓
    ┌ - - - - - - - - - - - ┐
    : ため池水深協議会やため池調整会議の設立 :
    └ - - - - - - - - - - - ┘
            ↓
      ため池環境コミュニティの設立
            ↓
        市町村との管理協定の締結
            ↓
          全体構想の策定
            ↓
            事業の実施
            ↓
        オアシス構想の具体化
```

凡　例
□　オアシス構想対象地区の行動
┌ ┐　オアシス構想対象地区の暫定的な行動
▭　行政の行動
→　行動の流れ

図12-2　大阪府におけるため池オアシス構想の発起から実現までの過程
大阪府資料より作成

な環境資源として位置づけ、ため池周辺地域の住民が一体となって池を守り、池とその周辺に快適空間を創造する計画と理解される。すなわち、ため池は地域の用水源に加えて、その親水空間としての機能が重視され、コミュニティの中心になる象徴的存在として位置づけられている。換言すれば、ため池は地域資源やコモンズ[1]といった意味での新しい重要な位置づけがされていると言えよう。

　大阪府農林水産部耕地課(1992)によれば、オアシス構想を実現する過程は、以下の通りである。まず、オアシス構想による整備を希望する地区の住民がまとまり、代表者を選出して地域の市町村の担当窓口と相談を行う。そして、市町村や府等のアドバイスを受けながら、ため池の維持・管理にあたる組織としてのため池環境コミュニティ(以下、環境コミュニティと略称する)を形成する。環境コミュニティは、「長年ため池を管理してきた農業関係者だけでなく、ため池の周辺地域住民等の地域関係者からなる、快適環境づくりの母体となる組織」である。環境コミュニティに先立つ組織として、暫定的にため池推進協議会やため池調整会議等が設けられる場合もある。次に、環境コミュニティと市町村との間で、ため池の維持・管理の方法や役割分担、費用負担等に関する管理協定が締結される。続いて、ため池と周辺地域の具体的な整備構想と整備後の維持・管理の計画からなる全体構想が策定され、工事が実施されて、環境コミュニティを中心とした新しいため池オアシスが機能していく(図12-2)。大阪府のオアシス整備10カ年計画によれば、21世紀初頭までにおおむね1市町村あたり1～2箇所の整備を行い、府全体では、整備面積にして合計200haを目ざしている。

　1998年現在、オアシス構想による整備事業(以下、オアシス整備事業と呼ぶ)が完了した地区は14

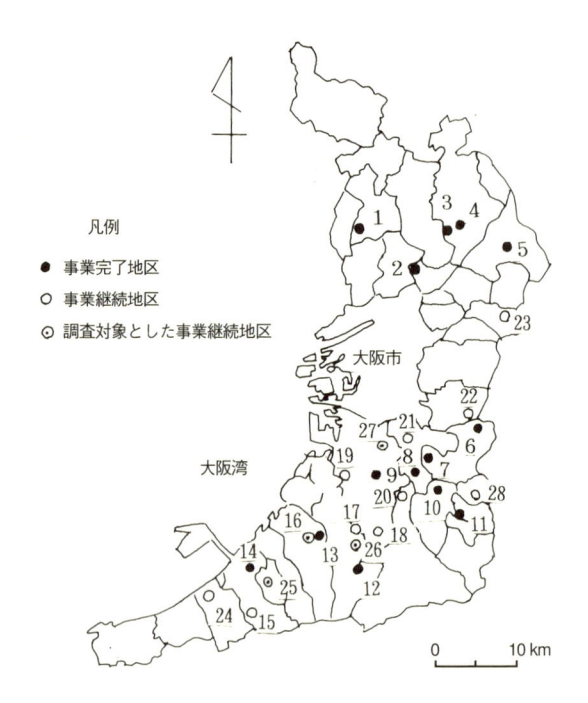

図12-3 大阪府におけるため池オアシス事業実施地区
大阪府資料より作成

完了地区

| No. | 地区名 | 所在市町 |
|---|---|---|
| 1 | 新稲三池 | 箕面市 |
| 2 | 市場池 | 摂津市 |
| 3 | 小寺池 | 高槻市 |
| 4 | 清水池 | 高槻市 |
| 5 | 地蔵池 | 枚方市 |
| 6 | 畑大池 | 柏原市 |
| 7 | 伊賀今池 | 羽曳野市 |
| 8 | 上善能池 | 美原町 |
| 9 | 菰池 | 堺市 |
| 10 | 粟ケ池 | 富田林市 |
| 11 | 寺田池 | 河南市 |
| 12 | 河原田池 | 和泉市 |
| 13 | 狭間池 | 岸和田市 |
| 14 | 大細利池 | 泉佐野市 |

継続地区

| No. | 地区名 | 所在市町 |
|---|---|---|
| 15 | 泉佐野南部 | 泉佐野市 |
| 16 | 久米田池 | 岸和田市 |
| 17 | 光明池 | 堺市・和泉市 |
| 18 | 堺南部 | 堺市 |
| 19 | 中之池 | 堺市 |
| 20 | 狭山副池 | 大阪狭山市 |
| 21 | 鯉野池 | 松原市 |
| 22 | 恩智総池 | 八尾市 |
| 23 | 下田原 | 四条畷市 |
| 24 | 泉南＊ | 泉南市 |
| 25 | 熊取＊ | 熊取町 |
| 26 | 三林＊ | 和泉市 |
| 27 | 金岡＊ | 堺市 |
| 28 | 太子＊ | 太子市 |

＊は総合型

地区、継続地区は14地区である。継続地区には完了地区と同様に、主としてひとつのため池を中心として環境コミュニティが形成されるものと、複数以上のため池を含む地域でそれが形成される地域総合オアシス事業によるものとがある。本章では、継続地区のうち前者を従来型、後者を総合型と呼ぶことにする。

## 2．大阪府におけるオアシス整備事業の実施と事業内容

　筆者は、1997年度までにオアシス整備事業が完了した14地区と1998年現在、事業が継続している14地区のうちの4地区、計18地区について、事業の内容と問題点に関する聞き取り調査を実施

表12-1 大阪府におけるオアシス整備事業着手の契機

| 契機となった事 | 回答数 |
|---|---|
| ため池の灌漑面積の減少 | 11 |
| 生活排水による水質汚濁、悪臭 | 9 |
| ゴミの不法投棄 | 5 |
| ため池の老朽化 | 4 |
| 池周辺の草木の繁茂による防犯上問題 | 4 |
| 住宅の増加 | 4 |
| 周辺住民からの環境改善要求 | 3 |
| 市民の憩いの場の必要 | 3 |
| 樹木の池水面への倒壊 | 1 |
| 隣接地の墓地の改修 | 1 |
| 町の総合計画の策定 | 1 |
| 府のオアシス事業の開始 | 1 |
| 計 | 47 |

複数以上の回答をしている地区があるので、地区数と回答数とは一致しない。
聞き取り調査より作成

した(図12-3)。継続地区のうち、従来型の調査対象とした1地区は、岸和田市の久米田池地区である。久米田池は貯水量157万m³、水面積45.6ha、現在の灌漑面積80.5haの大規模なため池であり、オアシス整備事業に関係する地域の広さと組織の多様性等の点から調査対象とした。また、総合型の事例として調査対象とした3地区は、和泉市の三林地区、堺市の金岡地区、熊取町の熊取地区である。これらは事業の進捗度と、親水公園の他に防災やため池固有の生物群を保全するビオトープ等の特色ある機能を有すること、非農業者の住民の積極的な参加をめざしていること等の点で調査対象とした。

(1) 事業の進捗

表12-1は、オアシス整備事業に着手した契機について、調査対象地区に尋ねた回答である(以下、特記しない場合はこの18地区が調査対象である)。回答は、1地区につき1つと限定していないので、複数以上の回答をした地区もある。これによると、灌漑面積の減少に見られる水田農業の衰退とため池の老朽化、維持・管理の不徹底による池周辺の樹木の繁茂、そして都市化による水質の汚濁、ゴミの不法投棄等の回答が多い。すなわち、混住化地域での、ため池を取り巻く環境の悪化がオアシス事業導入の最大要因と言える。

続いて、オアシス整備事業の対象となったため池の規模を記す。表12-2・3には1998年度において、整備が完了した14地区と継続中の14地区におけるため池の貯水量と灌漑面積を示した。貯水量では、1千~5万m³のものが完了地区のため池の81%、継続地区の73%に該当している。ため池がこの容量に集中している理由としては、1千m³未満の小さなため池では、後述のように、ため池の改修工事に際して国や府の補助金の対象となりにくく、環境コミュニティの範囲も狭い。反対に、10万m³以上のものでは関係区域が広すぎて、環境コミュニティの形成や維持・管理の点で困難が生じやすい等の理由が考えられる。

表12-3の灌漑面積については、20ha未満が完了地区ため池の88%、継続地区ため池の93%にあたる。これをさらに10ha未満に限定すると、完了地区の69%、継続地区の73%になって、広い灌漑面積を有するものは少ない。これには貯水量と同様の理由が考えられるが、これらのため池は都市化地域に存在するので、現在の灌漑面積はかつてより減少している可能性が高い。

表12-2 大阪府におけるオアシス整備事業対象ため池の貯水量

| 総貯水量 | 完了地区 | 継続地区 | 計 |
|---|---|---|---|
| 1,000 m³ 以上10,000 m³ 未満 | 6 池 | 6 池 | 12 池 |
| 10,000 m³ 以上50,000 m³ 未満 | 7 | 5 | 12 |
| 50,000 m³ 以上100,000 m³ 未満 | 0 | 0 | 0 |
| 10万m³ 以上20万m³ 未満 | 1 | 2 | 3 |
| 20万m³ 以上30万m³ 未満 | 1 | 1 | 2 |
| 30万m³ 以上 | 1 | 1 | 2 |
| 計 | 16 | 15 | 31 |

対象ため池所在市町の資料より作成

表12-3 大阪府におけるオアシス整備事業対象ため池の灌漑面積

| 灌漑面積 | 完了地区 | 継続地区 | 計 |
|---|---|---|---|
| 0.5 ha 未満 | 4 池* | 2 池* | 6 池* |
| 0.5 ha 以上1 ha未満 | 3 | 2 | 5 |
| 1 ha 以上10 ha 未満 | 4 | 7 | 11 |
| 10 ha 以上20 ha 未満 | 3 | 3 | 6 |
| 20 ha 以上30 ha 未満 | 1 | 0 | 1 |
| 30 ha 以上40 ha 未満 | 0 | 0 | 0 |
| 40 ha 以上 | 1 | 1 | 2 |
| 計 | 16 | 15 | 31 |

＊整備事業の中で埋立たものを含む　　対象ため池所在市町の資料より作成

オアシス整備事業によって整備された1地区当たりの面積は、完了地区ではすべて10ha未満で、平均では2.6haである。継続地区では、従来型の平均は13.4ha、総合型の平均は11.8haと、整備面積が拡大している。この理由は、従来型には大規模なため池があることと、総合型では複数以上のため池を有する関係から、整備面積が広いためである。なお、完了地区の整備面積の合計は36haである。

表12-4は、完了14地区と継続14地区における、オアシス整備事業の進捗状況を示している。表12-4によると、他の事業で整備が行われた後に、オアシス整備事業の対象となった事例が1地区ある[2]。その他では、事業開始の1991年度から毎年2～5地区が着工され、以後、毎年1～3地区で事業が完了している。複数以上のため池をもつ総合型の事業は、1993年度から着工されたが、いまだに完成している事例が少なく、着工数も5地区である。総合型の事業対象区域は完了地区より広域で、後述のように、親水公園以外の機能を有する例も多い。そのため、工事のみならず環境コミュニティ形成の上でも複雑になり、完了までに長期間を要するのであろう。

### （2）工事の内容

次に、オアシス整備事業の事業主体と工事内容について述べる。大阪府が完了地区14と継続地区14の計28地区について調査した結果によると、完了地区の事業主体は、市が78.6％と大部分を占めているのに対して、継続地区では府が78.6％を占めている。特に、総合型では、すべての事業主体が府である。工事の費用負担は、完了地区では国庫補助のない府単独事業が64.3％を占めている。継続地区では国庫補助事業が78.6％であって、中でも総合型はすべてが国庫補助事業である。国庫補助事業の対象となるには、受益面積、総事業費等において、一定以上の条件を満たす必要がある[3]。

表12-4 大阪府におけるオアシス整備事業地区の事業着工、完了年度

| 年　度 | 着　工 完了地区 | 着　工 継続地区 従来型 | 着　工 継続地区 総合型 | 着　工 計 | 完　了 完了地区 | 完　了 継続地区 従来型 | 完　了 継続地区 総合型 | 完　了 計 |
|---|---|---|---|---|---|---|---|---|
| 1987 | 1地区 | 0地区 | 0地区 | 1地区 | 0地区 | 0地区 | 0地区 | 0地区 |
| 1988 | 0 | 0 | 0 | 0 | 0 | 0 | 0 | 0 |
| 1989 | 0 | 0 | 0 | 0 | 0 | 0 | 0 | 0 |
| 1990 | 0 | 0 | 0 | 0 | 0 | 0 | 0 | 0 |
| 1991 | 2 | 1 | 0 | 3 | 1 | 0 | 0 | 1 |
| 1992 | 3 | 1 | 0 | 4 | 1 | 0 | 0 | 1 |
| 1993 | 4 | 0 | 1 | 5 | 3 | 0 | 0 | 3 |
| 1994 | 3 | 1 | 0 | 4 | 1 | 0 | 0 | 1 |
| 1995 | 1 | 0 | 1 | 2 | 3 | 0 | 0 | 3 |
| 1996 | 0 | 3 | 2 | 5 | 2 | 0 | 0 | 2 |
| 1997 | 0 | 1 | 1 | 2 | 3 | 0 | 0 | 3 |
| 1998 | 0 | 2 | 0 | 2 | ── | [2] | [0] | [2] |
| 1999 | ── | ── | ── | ── | | [1] | [1] | [2] |
| 2000 | ── | ── | ── | ── | | [5] | [2] | [7] |
| 2001 | ── | ── | ── | ── | | [0] | [1] | [1] |
| 2002 | ── | ── | ── | ── | | [1] | [1] | [2] |
| 計 | 14 | 9 | 5 | 28 | 14 | [9] | [5] | [28] |

[ ]は完了予定数、( )は完了と完了予定を合わせた数　　　　　　　　　大阪府資料より作成

表12-5 大阪府におけるオアシス整備事業地区の機能

| 機　能 | 完了地区 | 継続地区 従来型 | 継続地区 総合型 |
|---|---|---|---|
| 農業用水供給 | 14地区 | 9地区 | 5地区 |
| 親水公園 | 14 | 9 | 5 |
| 洪水調節 | 3 | 1 | 0 |
| 消防水利 | 1 | 0 | 1 |
| ビオトープ | 2 | 0 | 1 |
| 市民農園 | 1 | 0 | 2 |
| 災害時の生活用水供給 | 0 | 0 | 1 |

大阪府資料より作成

　したがって、大型事業である総合型は国庫補助の対象となり、比較的小規模な事業の多い完了地区は対象となりにくいと考えられる。

　工事は、ため池本体工事と池周辺部の整備工事とに2分される。ため池本体では、堤防の改修と池底の浚渫、水面の埋立が主であり、余水吐と取水関連施設の工事も、一部で実施されている。さらに、環境整備工事として池内に曝気装置等の水質保全工事、そして堤防に沿って親水護岸工事、遊歩道の設置工事等が行われている。ため池周辺部には、多目的広場の造成、水や水生動植物と親しむ施設・設備の工事が実施されている。なお、広場は池底の浚渫土や、池の部分的な埋立てで造成される。

　オアシス整備事業によって、事業実施地域には、農業用水供給に他の機能も付加される。大阪府が完了地区14と継続地区14について調査した結果によると(**表12-5**)、すべての地区に付加されたのは、親水公園機能である。この他、洪水調節や消防水利、災害時の生活用水等の防災関連の機能、ビオトープと市民農園がある。完了地区では親水公園機能のみの地区が半数を占めるが、総合型で

は、これに他の機能を組み合わせた多目的な事例が見られる。このように、工事内容や機能からも、後発の総合型の方が完了地区や従来型に比べて多様な試みがされ、オアシス構想の理念により接近していると思われる。

## 3．維持・管理組織の構成

　オアシス整備事業実施前のため池及び関連施設等の維持・管理者は、水利組合、土地改良区、実行組合と名称こそ異なるものの、農業者による水管理組織であった。ただし、完了地区の2地区のため池が、既に水利組合から市の管理に委ねられ、総合型の1地区が、水の管理と土地の管理をそれぞれ水利組合と自治会に区分していた。このうち、ため池の維持・管理が市に委ねられた2地区は、市街地にあって用水需要が激減し、水質も悪化し、水利組合がほとんど機能しなくなっていた。その1地区では、オアシス整備事業によって洪水調節機能が付加され[4]、事業前にため池の一部が埋め立てられて、公共施設が建設された。

### （1）維持・管理組織の構成

　続いて、オアシス整備事業によって、事業対象地域の水や土地の維持・管理は、どのように変化したのかを見てみる。**表12-6**は、オアシス整備事業の実施地区における、環境コミュニティとその前段階であるため池推進協議会、ため池調整会議等(以下、コミュニティ等と総称する)の組織構成を示している。**表12-6**では、水利組合、土地改良区、実行組合のうち、用排水にかかわる仕事を行っている組織を水利組合と称した。実行組合とは水利には関係せずに、営農面での機能を果たす組合である。財産区委員会と称したのは財産区管理委員会や財産区議会のことである。

　**表12-6**によれば、水利組合、町内会(自治会)とその下部組織である老人会・婦人会・子供会・体育会(スポーツクラブ、体育委員会)・文化協会からなる自治会系組織、財産区委員会、実行組合、学校(地元の小中学校)、行政(市・町)、他組織が、コミュニティ等を構成する組織である。

　他組織とは農協、寺院、商店会、ボーイスカウト等である。このうち、農協は組合員の中に旧来の地元住民が当然含まれるが、オアシス整備事業地区以外の農業者も組合員となっていることや、勤務者である職員も含まれることから他組織とした。また、財産区委員会と実行組合を自治会系組織と区別した理由は、自治会系組織には、ため池周辺地区へ移住してきた非農業者住民も含まれるが、旧来の農業者住民から成る財産区委員会と実行組合には含まれないからである。しかも、これらは自治会の下部組織ではなく、集落共有財産の管理や営農等の目的をもつ独立組織だからである。なお、これ以降、水利組合、自治会系組織、実行組合、財産区委員会、他組織の語は、**表12-6**と同じ意味で使用する。

　これらのうち、水利組合、自治会系組織、財産区委員会、実行組合は、ため池に近接した地域の地元住民組織である。学校も地元住民の子供達が通学する小中学校であるので、地元住民組織に準じた組織ととらえることができる。しかし、オアシス事業以前より、ため池の維持・管理を専門に行ってきた水利組合は、他の地元住民組織とは性格が異なっている。そこで、これらの地元住民を中心とする組織を、ため池の維持・管理の専門組織である水利組合と、オアシス事業後に維持・管理に加わった組織とに区分した。本章では、後者を地元住民系組織と呼ぶことにする。

表12-6 大阪府におけるオアシス整備事業地区における維持・管理組織の構成

| 組織類型 | 水利組合 | 自治会系組織 | | | | | | 財産区委員会 | 実行組合 | 学校 | 他組織 | | | 市・町 | 完了地区 | 継続地区 | | 計 |
| | | 町内会 | 老人会 | 婦人会 | 子供会 | 体育会 | 文化協会 | | | | 農協 | 寺院 | その他 | | | 従来型 | 総合型 | |
|---|---|---|---|---|---|---|---|---|---|---|---|---|---|---|---|---|---|---|
| I | ○ | | | | | | | | | | | | | | 6 | 0 | 0 | 6地区 |
| II | ○ | | | | | | | | | | | | | ○ | 2 | 0 | 0 | 2 |
| III | ○ | ○ | | | | | | | | | | | | | 1 | 0 | 0 | 8 |
| | ○ | ○ | | | | ○ | | | | | | | | | 1 | 0 | 0 | |
| | ○ | ○ | ○ | ○ | ○ | ○ | | | | | | | | | 1 | 0 | 0 | |
| | ○ | ○ | ○ | ○ | ○ | ○ | ○ | | | | | | | | 0 | 0 | 1 | |
| | ○ | ○ | | ○ | | | | ○ | | | | | | | 1 | 0 | 0 | |
| | ○ | ○ | ○ | | | | | ○ | | | | | | | 1 | 0 | 0 | |
| | ○ | ○ | | | | | | | ○ | | | | | | 0 | 0 | 1 | |
| | ○ | ○ | | | | | | | ○ | | | | | | 1 | 0 | 0 | |
| IV | ○ | | | | | | | | | ○ | | | | | 0 | 0 | 1 | 2 |
| | ○ | ○ | | | | | | | ○ | | ○ | ○ | ○ | | 0 | 1 | 0 | |
| 計 | ? | ? | ? | ? | ? | ? | ? | ? | ? | ? | ? | ? | ? | ? | 14 | 1 | 3 | 18 |

聞き取り調査より作成

## (2) 維持・管理組織構成上の特色

表12-6によると、維持・管理組織の組合せの類型は、水利組合のみ(I類型)、水利組合と市・町(II類型)、水利組合と地元住民系組織(III類型)、水利組合、地元住民系組織と他組織(IV類型)の4つである。I類型はため池の維持・管理組織がオアシス事業以前と同じ形態であって、完了地区の6地区である。II類型の2地区は、ため池の用水供給機能が著しく低下し、維持・管理の大部分を市が行っている、前述の事例である。コミュニティ等への市・町の参加は、II類型のみである。III類型は、完了地区6事例と継続地区2事例であり、最も地区数が多い。IV類型は、継続地区の2事例である。

このように、維持・管理組織にはかならず水利組合が含まれている。そして、数の上では、水利組合に自治会系組織を中心とする地元住民系組織を加えた構成が多い。また、完了地区では、I・II類型が8地区(57%)を占めるように、構成組織の種類が少ない。これに対して、継続地区では、少数事例ながら、III類型が2地区、IV類型が2地区と多種類の組織による構成が多い。特に、他組織を取り入れているのは、継続地区のみである。したがって、継続地区では、完了地区より多様な組織の参加をめざしている点で、オアシス事業本来の目標に近づいていると言える。

さらに、維持・管理組織の構成で注目すべきは、事業継続中の熊取地区を除いて、自治会系組織には、近年その地区に移住してきた非農業者住民が加わっていないことである。厳密に言えば、町内会には少数の非農業者住民も属しているが、その人々は旧来の農業者の次三男である会社員が独立した例が多く、他地域からの移住者はまれである。端的に言うと、維持・管理の中心である水利組合と自治会系組織は、旧来の住民によって構成されている[5]。しかも、実際の維持・管理に携わるのは、農業に従事する高齢者であって、勤務者であるその息子世代は関与していない。

一方、熊取地区では、環境コミュニティに水利組合と6つの自治会が参加している。このうち、水利組合と1つの自治会が旧来の住民による組織で、他の5つの自治会は1969~77年に開発された住宅地の組織である。前者の1993年における人口と戸数は2,588人/819戸であるが、後者は合計で4,594人/1,388戸である(熊取町資料による)。

表12-7 維持・管理組織の構成と環境コミュニティ形成および管理協定との関連

| 類型 | 環境コミュニティの形成 | | | 管理協定締結 | | |
|---|---|---|---|---|---|---|
| | 完了地区 | 継続地区 | | 完了地区 | 継続地区 | |
| | | 従来型 | 総合型 | | 従来型 | 総合型 |
| I | 3 | 0 | 0 | 1 | 0 | 0 |
| II | 0 | 0 | 0 | 0 | 0 | 0 |
| III | 5 | 0 | 3 | 4 | 0 | 2 |
| IV | 0 | 1 | 0 | 0 | 0 | 0 |
| 計 | 8 | 1 | 3 | 5 | 0 | 2 |

類型は表12-6に同じ　　　　　　　　　　　　　　聞き取り調査より作成

表12-7は、表12-6の18地区において、環境コミュニティが形成された地区数、及び環境コミュニティと市・町間で管理協定が締結された地区数を表している。表12-7の類型は、表12-6と同じである。これによれば、完了地区では環境コミュニティの形成はまだ57％であるが、継続地区ではすべて形成されている。管理協定が締結されている割合は低く、完了地区で35.7％、継続地区で50％である。このことより、環境コミュニティの形成から管理協定の締結までには、かなりの時間を要することが伺われる。継続地区では、環境コミュニティの形成、管理協定の締結とも完了地区より速やかに進行している理由は、非農業者も含む多様な組織が参加していることから、組織間の連携を積極的に図る必要があるからであろう。ただし、完了地区の表12-6・II類型の2地区では、実質上、市によって維持・管理がされているので、環境コミュニティも管理協定も不要と考えられる。

## 4．維持・管理組織の役割と費用分担

### （1）維持・管理組織の役割分担

オアシス整備事業地区における維持・管理の仕事は、A～Dに区分される。Aは、水利組合が行ってきた、用排水にかかわる仕事である。Bは、池周辺の清掃、草刈り、ゴミの分別・収集、植栽や花壇の手入れの等の仕事である。Cは、公園の施設や広場の管理、電気器具の維持・管理、道路管理等の仕事である。B、Cは、ため池とその周辺地区が親水公園化されたことに伴う、環境整備の仕事と言える。Dは、維持・管理の直接的な仕事ではないが、地元の小中学校による児童・生徒及び住民に対する環境保全の教育である。Dを行う地区は、まだ3地区と少ない。

表12-8は、オアシス整備事業地区における、維持・管理組織の役割分担を示したものである。表12-8によれば、すべての地区において、Aの役割は従来通り水利組合が担当している。また、Dの役割は3地区に限定されているので、BとCの役割をどの組織が担うかが重要な問題となる。

BとCの役割を担う組織の分類は、水利組合（①類型）、市・町（②類型）、地域住民系組織（③類型）、地域住民系組織と市・町（④類型）、自治会系組織と他組織（⑤類型）、地域住民系組織と他組織及び市・町（⑥類型）の6つである。地区数が最も多いのは、④類型の6地区である。このうち、地域住民系組織は、表12-6の構成組織から文化協会と実行組合が除外され、体育会や財産区委員会の加わる地区数も減少している。したがって、役割分担の上では、地域住民系組織は自治会系組織、中でも、町内会、老人会、婦人会、子供会が中心といえる。B、Cの役割分担組織として自治会系組織が加わる地区は、12地区と多い。また、維持・管理組織の構成上で市・町が加わるのは、

第 12 章　都市化地域における新しいため池の維持・管理方式　　239

表12-8　大阪府におけるオアシス整備事業地区における維持・管理組織の役割分担

| 役割分担組織＼類型 | 水利組合 | 自治会系組織 | | | | 財産区委員会 | 学校 | 他組織 | | | 市・町 | 完了地区 | 継続地区 | | 計 |
| | | 町内会 | 老人会 | 婦人会 | 子供会 | 体育会 | | | 農協 | 寺院 | その他 | | | 従来型 | 総合型 | |
|---|---|---|---|---|---|---|---|---|---|---|---|---|---|---|---|---|
| ① | ABC | | | | | | | | | | | | 1 | 0 | 0 | 1地区 |
| ② | A | | | | | | | | | | | BC | 5 | 0 | 0 | 5 |
| ③ | A | BC | BC | BC | BC | | | | | | | | 2 | 0 | 0 | 4 |
| | A | BC | | | | | | | | | | | 1 | 0 | 0 | |
| | A | BC | BC | BC | BC | | CD | | | | | | 1 | 0 | 0 | |
| ④ | A | B | | | | | | | | | | BC | 1 | 0 | 0 | 6 |
| | A | B | B | B | B | | | | | | | C | 1 | 0 | 0 | |
| | A | BC | B | B | B | B | | | | | | C | 1 | 0 | 0 | |
| | A | B | | | | | D | | | | | C | 0 | 0 | 1 | |
| | A | | | B | | B | | | | | | BC | 1 | 0 | 0 | |
| | AB | BC | BC | | BC | BC | | | | | | BC | 0 | 0 | 1 | |
| ⑤ | A | BC | BC | BC | BC | | | BC | | | | | 0 | 0 | 1 | 1 |
| ⑥ | A | BC | BC | BC | BC | | D | BC | BC | BC | | C | 0 | 1* | 0 | 1 |
| 計 | ? | ? | ? | ? | ? | ? | ? | ? | ? | ? | ? | ? | 14 | 1 | 3 | 18 |

A：用排水管理、堤防・樋門・余水吐管理、堤防草刈り
B：池周辺清掃、池周辺草刈り、池周辺ゴミ分別・空き缶回収、池周辺植栽散水、池周辺植栽剪定、池周辺花壇手入れ
C：公園施設・広場管理、照明等電気器具維持管理、道路管理
D：教育
＊：詳細な役割分担は確定していない

聞き取り調査より作成

ため池の農業用水機能がほとんど失われた2地区のみであったが、役割分担では12地区に増加している。そして、市・町の役割は、B、Cのうち、特にCの役割での重要性が高いといえる。

　以上のように、BとCを担う中心的な組織は、自治会系組織と市・町である。その理由として、多くの人手を要するBとCの作業は、地域住民の大部分が所属する自治会系組織に依存されることがあげられる。また、市・町は、施設管理や作業員の雇用が可能な予算財源と、植栽や花壇の手入れ、電気や機械に関する専門的技術者を有し、上・下水の管理を行う等の点で、維持・管理に不可欠な存在だからである。

### （2）維持・管理組織の費用分担

　**表12-9**には、維持・管理組織のA～Cの役割について、費用分担を示した。表中のA～Cは、**表12-8**と同じ仕事内容を表している。Dは費用を要さないものとしているので、**表12-9**からは除外した。全体に共通して、用排水に関連したAの費用は、すべて水利組合負担である。A～Cの費用をすべて水利組合が負担する例は1地区で、この地区はコミュニティ等の構成も役割分担も水利組合のみである。この他の地区におけるBとCの費用負担は、自治会系組織が3地区、市・町が8地区、その両者が3地区、これらに水利組合を加えたものが2地区、自治会系組織と市・町に他組織を加えたものが1地区の5類型である。このように、B、Cの費用負担に市・町が加わる地区は、18地区中14地区である。そして、自治会系組織が加わる地区は、9地区である。

　自治会系組織は、**表12-9**の④類型中の1地区が町内会、老人会、子供会の3組織による構成であるが、他は町内会のみである。したがって、費用面では、自治会系組織の中で最多の会費財源をもつ町内会と、確実かつ多額な予算財源をもつ地元行政の重要性が高い。この他、オアシス地区内

表12-9　大阪府におけるオアシス整備事業地区における維持・管理費用の分担

| 費用負担組織＼類型 | 水利組合 | 自治会系組織 | | | 他組織 | | | 市・町 | 完了地区 | 継続地区 | | 計 |
|---|---|---|---|---|---|---|---|---|---|---|---|---|
| | | 町内会 | 老人会 | 子供会 | 農協 | 寺院 | その他 | | | 従来型 | 総合型 | |
| a | ABC | | | | | | | | 1 | 0 | 0 | 1 |
| b | A | | | | | | | BC | 8 | 0 | 0 | 8 |
| c | A | BC | | | | | | | 2 | 0 | 1 | 3 |
| d | A | BC | | | | | | BC | 1 | 0 | 2 | 5 |
| | ABC | BC | | | | | | BC | 1 | 0 | 0 | |
| | ABC | BC | BC | BC | | | | BC | 1 | 0 | 0 | |
| e | A | BC | | | BC | BC | BC | BC | 0 | 1 | 0 | 1 |
| 計 | | | | | | | | | 14 | 1 | 3 | 18 |

A，B，Cの役割の内容は表12-8と同じ　　　　　　　　　　　　　　　聞き取り調査より作成

に市民農園を造成して、貸出料金を維持・管理の資金とする方法も一部で検討されている。

　以上から、オアシス整備事業地区におけるコミュニティ等の構成、役割分担、費用負担について、まとめる。まず、水利組合は構成、役割、費用のすべての面に加わっている。これはオアシス整備事業が完了しても、ため池が農業用水供給機能を存続する以上、水利組合が従来の業務を継続することを示している。そして、全体として、完了地区より継続地区の方が多くの組織が加わっている。

　コミュニティ等の構成面では、様々な組織の存在が認められるが、このうち市・町の参加は前述の理由から、むしろ例外的なものと言え、コミュニティ等の構成はオアシス整備事業地区に直接関係する地域住民を中心としている。役割分担を担う組織の組合せは、コミュニティ等を構成する場合と異なる例が多く、実働の必要に応じて組織の加除がされている。役割分担の中心的組織は、用排水管理の役割を担う水利組合とため池周辺地区の環境整備の役割を担う自治会系組織及び市・町である。

　維持・管理費用を負担する中心的な組織は、水利組合と自治会系組織及び市・町である。水利組合は、主にため池の用水関係費用を負担している。自治会系組織のうちでは、比較的多額の財源をもつ町内会と、予算財源と専門的技術をもつ市・町が、環境整備面の費用を主として負担している。

### （3）今後の課題

　オアシス整備事業完了地区と継続地区を対象に、整備の実態を調査したところ、維持・管理の担い手と費用の2点が、重要な課題として浮かび上がった。**表12-10**によると、今後の課題として最も多い回答は、維持・管理の担い手に関するもので、それらは全回答数の35.4％にのぼる。次に多いのが維持・管理費用に関するもので、以下、維持・管理者に悪影響を与えるもの、施設・設備の維持・管理、親水と安全の調和等の回答が見られる。

　維持・管理者の問題は、農業の衰退により、オアシス整備事業地区の主たる維持・管理者である農業者が減少かつ高齢化し、後継者もいないという深刻な事態に起因している。そして、農業者に悪影響を与える回答も多いことから、農業をとりまく事態が今後、好転しないことを、多くの地区で感じている様子がわかる。

　維持・管理費用に関する課題は、全回答数の24.4％にのぼっている。特に、水利組合では、農業

第12章　都市化地域における新しいため池の維持・管理方式

表12-10　オアシス整備事業地区における今後の課題

| 今後の課題 | 回答数 |
|---|---|
| ☆維持・管理費用の捻出 | 12 |
| ☆水利組合の収入減少 | 3 |
| ☆農地減少による水利組合費の負担増加 | 2 |
| ☆維持・管理費の増加 | 1 |
| ☆市の負担増加 | 1 |
| ☆市民農園の運営方法 | 1 |
| ◎農業者の高齢化 | 10 |
| ◎農業者の減少 | 6 |
| ◎維持・管理組織の役割分担 | 4 |
| ◎維持・管理組織づくり | 4 |
| ◎維持・管理組織の充実 | 3 |
| ◎農業後継者の欠如 | 3 |
| ◎農業者の高齢化による用水管理の苦慮 | 2 |
| ○ため池の灌漑面積の減少 | 7 |
| ○都市化による営農環境の悪化 | 6 |
| ○水質汚濁 | 2 |
| 親水と安全との調整 | 5 |
| 犬の糞 | 3 |
| 公園施設の破損行為 | 2 |
| 地元の水利確保 | 1 |
| 散水施設の老朽化 | 1 |
| 施設の機能維持 | 1 |
| 将来のハ?ド面の改修・修理への不安 | 1 |
| 防犯上の問題 | 1 |
| 計 | 82 |

☆維持・管理費用にかかわる項目
◎維持・管理者にかかわる項目
○維持・管理者に悪影響を及ぼす項目
聞き取り調査より作成

表12-11　大阪府のオアシス整備事業地区における今後の維持・管理費用の捻出方法

| 今後の維持・管理費用 | 完了地区 | 継続地区 | | 計 |
| | | 従来型 | 総合型 | |
|---|---|---|---|---|
| 市・町 | 5 | 0 | 0 | 5地区 |
| 町内会費 | 0 | 0 | 1 | 1 |
| 水利組合費＋町内会費 | 2 | 0 | 1 | 3 |
| 水利組合費＋町内会費＋市・町 | 2 | 0 | 0 | 2 |
| 水利組合の基金＋市・町 | 1 | 0 | 0 | 1 |
| 市町＋オアシス協議会負担金 | 1 | 0 | 0 | 1 |
| 町内会の積立基金＋市・町 | 1 | 0 | 0 | 1 |
| 整備基金 | 1 | 0 | 0 | 1 |
| 検討中・未定 | 1 | 1 | 1 | 3 |
| 計 | 14 | 1 | 3 | 18 |

聞き取り調査より作成

者や耕地の減少によって、組合費の収入が減少している。さらに、適正か否かは議論の余地がある、新築住宅の浄化槽の放流同意金が、行政の指導によって徴収できなくなったことで、大幅な収入減をみた水利組合もある。水利組合は従来通り、ため池の直接的な維持・管理を行うほかに、地区によっては、ため池周辺地区の環境整備にも費用負担をしているので、水利組合の収入減は今後に与える影響が大きい。

維持・管理資金は、水利組合以外では町内会と地元行政に大きく依存している。しかし、元々少額の町内会費から得る資金には限界があり、近年の財政事情からして、行政にもこれ以上の援助は望めない。そこで、オアシス整備地区では、今後の維持・管理費用の捻出について、どう考えているのかを尋ねた（表12-11）。これによると、行政の援助を期待する地区が最も多く、それ以外の地区は検討中と未定を含めても18地区中8地区である。行政の次に資金源として期待されるのは、町内会と水利組合で、本章に記した実態と同じく、行政、町内会、水利組合の3組織が、将来も資金分担者の中心に位置づけられている。しかし、いずれも今後、より多くの資金を提供できる可能性は低い。その意味では、少数回答であった整備基金や他組織からの資金援助、市民農園の造成等の、新たな方法がもっと積極的に検討されるべきであろう。

## 5．行政と住民の連携によるため池の保全

これまでの分析から、オアシス整備事業地区の維持・管理には、担い手の点でも費用の点でも、旧来の住民である農業者が重要な役割を果たしていることがわかった。その理由のひとつは、オアシス整備事業後も、ため池が農業用水供給施設として機能し続けるからである。もうひとつの理由は、その事業の対象地が今のところ、旧来の住民の多い地域を中心としているからである。

調査対象とした18地区のうち、維持・管理組織に多くの非農業者住民が参加している例は、継続地区の熊取地区のみである。継続地区の堺市金岡地区でも、非農業者住民の参加を検討しているが、地区の人口に占めるそれらの住民の割合が少ないため、維持・管理の中心は旧来の住民となるであろう。しかも、兼業化の進行によって、旧来の住民の中でも高齢の農業者が、維持・管理の中心となっている。このような現状から、非農業者住民と他組織の環境コミュニティへの参加と新たな維持・管理費用の捻出方法が必要である。

これらとともに重要な課題は、水利組合を機能させ、完成したため池オアシスを支える農業を継続・振興させることである。ため池は集水域と排水域（灌漑受益地）をもち、それらを連結する水路からなるネットワークシステムであって、1年の農業のサイクルの中で機能することによって保全されている。したがって、点としての池の美化に努めるだけでなく、ため池の背景にある地域と用排水機能に水利組合員以外の環境コミュニティ構成員も配慮する必要があろう。

さらに、このまま都市化が進行していけば農業はさらに衰退し、不幸にもため池が用水供給の使命を終えてしまうことも考えられる。既に完了地区の中には、その状態に近いものが現れている。その際、ため池を完全に公園化したり、防災目的の施設にしたりするといった他目的への転用を行うのか、棚田に見られるようなボランティアを募って農業を継続させて、ため池本来の機能も維持していくのか等の難しい問題も予想される。

オアシス構想は、混住化地域のため池の維持・管理の方法を綿密な計画の下に示した、先導的な試みであって、住民による維持・管理の方式を創り出して実現させた点では、高く評価される。しかし、再三述べたように、維持・管理の担い手、資金、農業の振興等の課題も多い。今後、多くの地区あるいは他府県において、オアシス構想やそれに類似した事業が実施されていく中で、先駆けて実施された地区でのノウハウや成果と課題を整理し、より良い方策をめざしていくことが肝要であろう。

## ●注

1) 多辺田(1990)はコモンズを「地域住民の『共』的管理(自治)による地域空間とその利用関係(社会関係)」と定義している。また、池上(1996)は「地域住民が自治的管理へ参画することによって、その便益を享受できるような『共有財』」をコモンズの中でも特に市民コモンズとして定義し、ため池を市民コモンズと位置づけている。
2) 羽曳野市伊賀今池は、1990年にオアシス第1号として、モデル地区に指定された。既に、1989~90年に、府単独ため池環境整備事業によって、池底浚渫と浚渫土の固化処理が行われ、固化処理土による造成用地を公園として利用する計画になっていた。
3) 例えば、国費の補助のある代表的なため池改修事業である、老朽ため池等整備工事では、小規模工事でも受益面積が10ha以上、総事業費が800万円以上であり、地域ぐるみため池再編総合整備工事では5ha以上、総事業費が800万円以上の条件がある。受益面積とは灌漑の受益だけでなく、ため池の決壊や越水による被害が想定される際に、工事によって浸水を免れる地域の面積も意味する。これとは別に、ため池による灌漑地域を指す灌漑面積を採択条件にする事業もある。
4) 高槻市の清水池では水面積1,000$m^2$、総貯水量800$m^3$の遊水地が作られ、治水機能が重要視されている。
5) 例えば、完了地区の羽曳野市伊賀今池地区では、オアシス整備事業に直接的に関係する町内会の会員は旧来の住民を中心とする60軒である。そして、町内会とともに環境コミュニティを構成する水利組合、老人会、婦人会、子供会、実行組合のメンバーは町内会の会員と同じ世帯の一員である。

## ●参考文献

池上甲一(1996):市民コモンズとしての溜池の意味論―水から見る都市・農村の環境論―.日本村落研究学会編:日本村落研究学会年報 村落社会研究 第32集 川・池・湖・海自然の再生 21世紀への視点.農山漁村文化協会, pp.32-67.

瓜生隆宏(1991):ため池における水辺空間の有効利用方策について―兵庫県のため池をめぐって―.応用水文 3, pp.9-18, 農業土木学会応用水文研究部会.

大阪府農林水産部耕地課(1992):オアシス環境づくりマニュアル.大阪府農林水産部耕地課, 30p.

川内眷三(1983):松原市における灌漑用溜池の潰廃傾向について.人文地理 35-4, pp.328-344, 人文地理学会.

川内眷三(1989):泉北ニュータウン造成にともなう灌漑用溜池の潰廃とその保全.法政地理 17, pp.13-26, 法政地理学会.

川内眷三(1992):溜池の環境保全とその課題について.水資源・環境研究 5, pp.30-42, 水資源・環境学会.

小樽康雄(1995):ため池と公園.小樽康雄, 156p.

塩田克郎・堀川直紀(1991a):農村における親水空間の整備・管理手法の確立のための与件と課題の解明―特に地域組織との関係について―.農業工学研究所技報 183, pp.1-28, 農林水産省農業工学研究所.

塩田克郎・堀川直紀(1991b):農村における親水空間の整備・管理と地域組織との関わり.農業土木学会誌 59-5, pp.515-524, 農業土木学会.

塩田克郎・堀川直紀(1993):農業水利施設を活用した親水空間の整備・管理に関する現状と留意点―親水事業の全国事例調査の分析―.農業工学研究所技報, 188, pp.49-71. 農林水産省農業工学研究所.

杉山富美(1997):ため池オアシス整備事業をケーススタディとした地域づくりにおける住民参加の課題と方向性.大阪府立大学大学院修士論文, 146p.

多辺田政弘(1990):コモンズの経済学.学陽書房, 265p.

農村環境整備センター(1992):水辺探訪―農業水利施設を活用した親水空間の事例集―.農村環境整備センター, 211p.

福田　清(1973)：都市化によるかんがい用貯水池の廃止—その現状と背景—．地理学評論　46-8, pp.555-560, 日本地理学会．

待谷朋江(1998)：緑地環境整備におけるワークショップ方式の課題と方向性—ため池オアシス整備事業をケーススタディとして—．大阪府立大学大学院修士論文, 111p.

# 第13章　他目的への転用によるため池の再活用

## 1．ため池の防災機能

　ため池が多く分布する都市近郊地域では、ため池の改廃や維持・管理の不行き届き、水質汚濁等、多くの問題が発生している。一方では、ため池を貴重な地域資源として、見直し、活用する動きもみられる。このような中で、ため池の保全は、地域住民にとっても行政にとっても、重要な課題となっている。

　前章においては、都市化地域のため池を主たる対象とした、新しい維持・管理計画の先駆けである大阪府のため池オアシス構想について考察した。大阪府のため池オアシス構想は第11章で論じた、ため池の多面的機能のうちの主として親水機能を活用したものとも言える。本章では、多面的機能のうちの防災機能を活用して、農業用ため池を洪水調整池としても利用する試みを実践した静岡県巴川流域を取り上げ、治水目的の活用が実現した要因をさぐることにする。本章でいう洪水調整池とは、堤防の嵩上げや池底の掘削によって、平生の貯水量に加えた洪水調節容量をもつようになった池で、洪水調節容量は、余水吐と排水路によって近接する河川に排水される。その意味では、雨水貯留施設[1]のひとつといえる。

　ため池は用水供給機能に加えて、元来、少量ながら洪水調節機能も有している。この機能については、近年、防災ため池工事にみられるように、一部のため池に対しては、洪水調節機能の賦与・増進が積極的にはかられている。前述の、大阪府ため池オアシス構想の中でも、ため池の改修工事を実施する際に、洪水調節機能を付加している例もある。また、ため池の治水効果についての研究も行われている（例えば、建設省姫路工事事務所1979）。さらに、ため池を洪水調整池として活用した、代表的事例の紹介もされている（例えば、建設省土木研究所1980、雨水貯留浸透協会1998b, c）。しかし、それらの事例はまだ多くはなく、筆者の管見を通したところでは、上記の以外には静岡県浜北市[2]、愛知県武豊町[3]、名古屋市[4]等の事例がみられる。

　研究面でも、農業用ため池の洪水調整池への転用にかかわる論文は、少なくても地理学の分野では例を見ないと思われる。したがって、本論は巴川流域という限られた事例ながら、ため池を治水目的に転用するのに必要な条件を考察する点で、地理学の分野から都市化地域におけるため池の活用にひとつの示唆を与えることができると思われる。

## 2．水害常習河川としての静岡県巴川

### （1）巴川流域の地形条件

　巴川は静岡市北部の文殊岳山麓に源を発し、静岡市市街地の北部低地を東流し、清水市の中心市街地を流下して、清水港で海に注ぐ二級河川である（図13-1）。本川の流路延長は、17.98km、流域

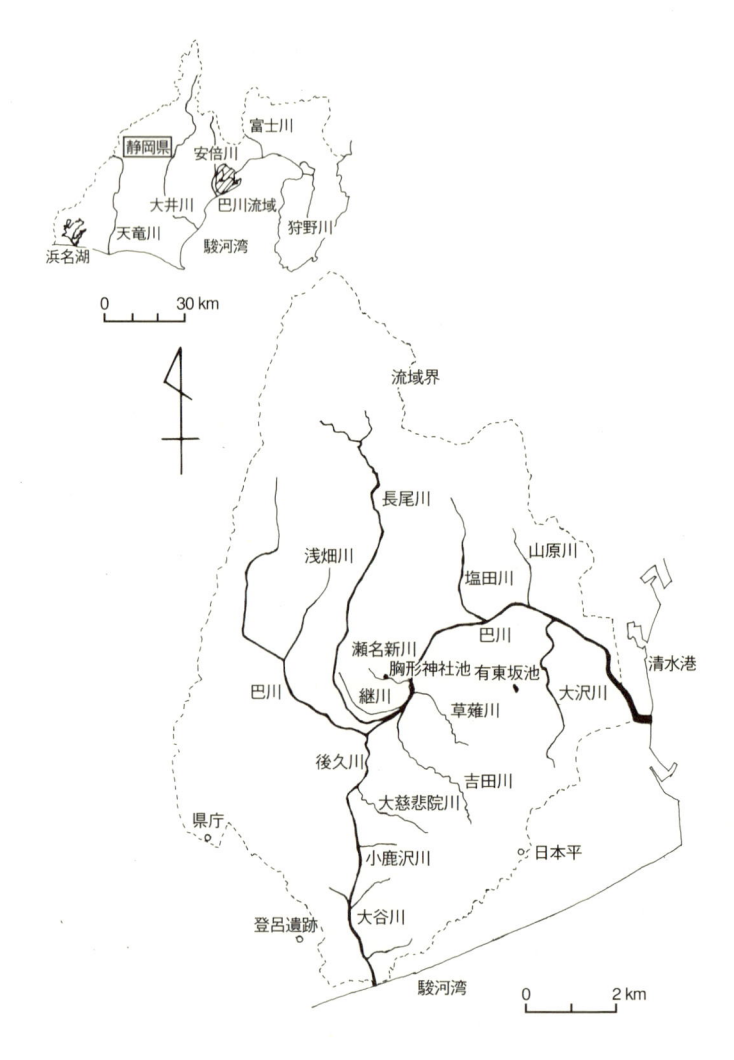

図13-1 研究対象地域図

面積は94.02km²である。本川の流路勾配は1.3〜0.02/1,000ときわめて緩く、窪地状の低地を流下している。巴川本川は、水源より約4kmを流下して、低地部に入る。本川沿い低地部の標高は最高で約7mであるのに対し、これより南に位置する静岡市市街地とその付近の安倍川河床高は海抜約20mである。しかも、本川上流部及び本川低地の北部に接する山地は、糸魚川・静岡構造線沿いの破砕帯で、崩壊しやすい土質である。この山地からは、巴川本川の他に、長尾川、塩田川等の支川が流れ出している。これらの支川は大雨時に多くの土砂を送出し、本川との合流点付近に大量の土砂を堆積させて、本川の流下を妨げている。近世より、巴川流域住民は田植え前に、これらの合流点付近の土砂を浚渫してきた。現在でも、これらの河川は大量の土砂によって、下流部が天井川となっている。このように、緩勾配の本川低地と崩壊しやすい山地の存在が、巴川の洪水の主要因として指摘できる。

図13-2は、巴川流域主要部の地形分類図である。安倍川と巴川の間には、糸魚川・静岡構造線の先端部に隣接する賤機山地が北部より駿府公園近くまで張り出して、巴川流域の西の境界となっ

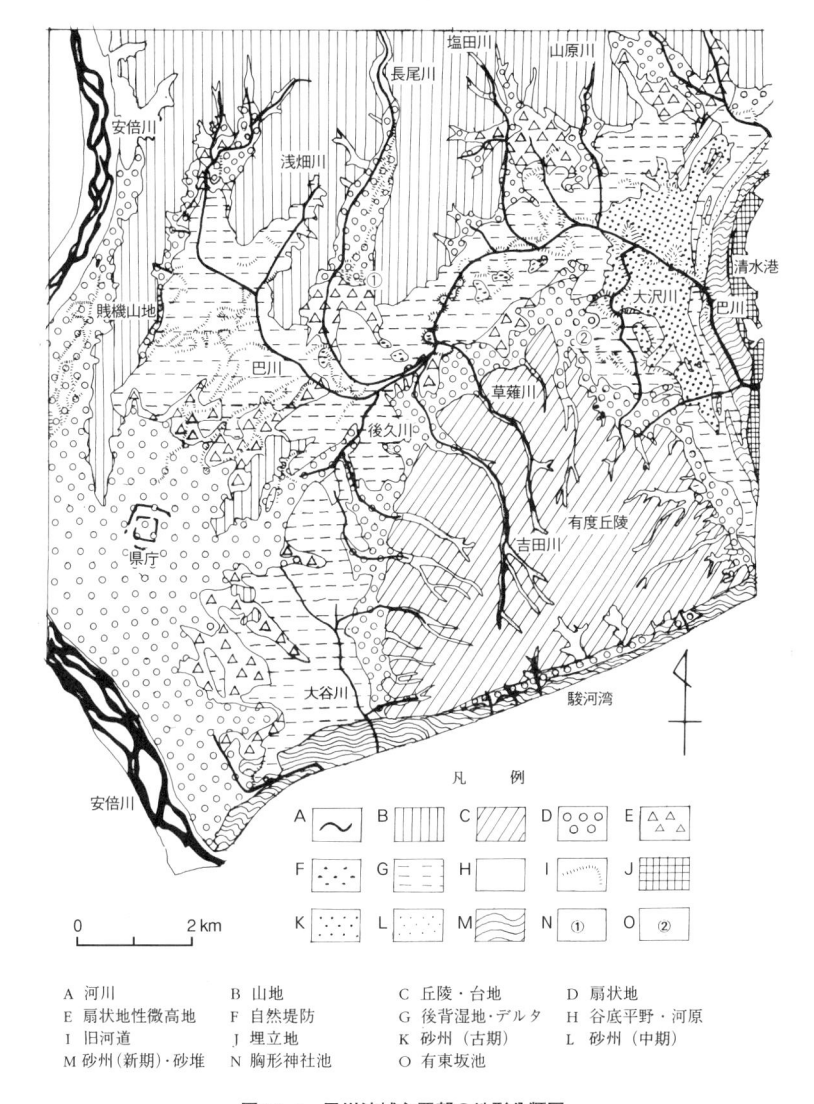

第 13 章　他目的への転用によるため池の再活用

**図13-2　巴川流域主要部の地形分類図**
静岡県農地企画課(1975a、b)、建設省国土地理院(1981a、b)、空中写真判読および現地調査より作成

A　河川　　　　　　　B　山地　　　　　　C　丘陵・台地　　　D　扇状地
E　扇状地性微高地　　F　自然堤防　　　　G　後背湿地・デルタ　H　谷底平野・河原
I　旧河道　　　　　　J　埋立地　　　　　K　砂州（古期）　　　L　砂州（中期）
M　砂州（新期）・砂堆　N　胸形神社池　　　O　有東坂池

ている。賤機山地の西部から南部、南東部には、安倍川の形成した大きな扇状地が存在する。安倍川扇状地面の勾配は 7〜2/1,000 と大きく、静岡市中心部は厚さ 100m 以上の砂礫層が堆積している。扇状地の東側はおよそ大谷川の谷底平野までで、その東には、有度丘陵が大きく広がっている。

　登呂遺跡南方から大谷川河口までの、大谷川の谷底平野付近は、高松低地と呼ばれる低湿地である。巴川はかつて西方より高松低地を南下していたが、安倍川扇状地に続く扇状地性微高地の張り出しと有度丘陵からの小河川の扇状地によって、流路を東向きに転じたと考えられている（静岡県農地企画課 1975a）。高松低地の軟弱地盤の厚さは、約 20m である（建設省国土地理院 1981a）。そして、有度丘陵の東部から東北部には、三列の大きな砂州が横たわり、巴川の最下流は砂州上を流れている。

　このように、巴川本川は北部と西部を山地、南部を安倍川扇状地と有度丘陵、東部を砂州によっ

て閉ざされた低地を流れている。そして、北部の山地や南部の有度丘陵から流れ出る河川が、多くの扇状地を形成している。しかも、これらの扇状地の前面には、扇状地性微高地が張り出している。特に、安倍川のものは、安倍川扇状地上の孤立山地である谷津山、八幡山、有度山が扇状地の形成を分断したため、細長い舌状の扇状地性微高地が北東と南東へ張り出したと言われる。この扇状地性微高地の地質は、礫質堆積物である。この他、本川や長尾川の扇状地の前面にも、後背湿地とは異なる礫層や泥砂礫互層からなる扇状地性微高地の張り出し面が見られる。

巴川低地部は、上流より、麻機（あさばた）低地、巴川中流低地、下流の矢部・駒越海岸低地と砂州帯とに大別される。麻機低地は、静岡市の麻機地区を中心とする地域である。麻機低地の最低点の標高は6m以下で、その中央には現在でも浅畑沼が残るように、かつては広大な湿地帯が存在した（麻機誌をつくる編集委員会1979）。この低湿地の成因は、賤機山地が安倍川と並行して南に突出しているため、安倍川扇状地がその山地の南端を回りこんで、北側にも扇面を拡大したものの、この地までは堆積が及ばず、湿地のまま取り残されたためである（静岡県農地企画課1975a）。そのため、麻機低地の地質は、泥炭と有機質土壌が地表から3〜10mの厚さで堆積し、その下には、さらに厚い海成粘土層が存在する。これら軟弱地盤層の厚さは、30〜50mにおよぶ（建設省国土地理院a）。これに加え、麻機低地の東側には長尾川が合流し、長尾川の送出する土砂が合流点を閉塞していることで、低地の排水が困難である。

麻機低地の東に続く巴川中流低地は、清水市の市街地がのる砂州の背後にあった、ラグーンが埋積されてできた、浅い皿状の低地である（静岡県農地企画課1975b）。この低湿地の中心部付近は海抜5m以下で、軟弱地盤層の厚さは30mである（建設省国土地理院b）。この低地の北部は、山地とその山麓にある小規模な扇状地によって画され、南部は有度丘陵の麓にある多くの小扇状地によって閉ざされている。

下流部の矢部・駒越海岸低地は、有度丘陵と砂州の間のラグーンが埋積されたもので、軟弱地盤層の厚さは約20mである（建設省国土地理院b）。同じく、下流部の砂州帯は南北方向の3列の砂州から成り、北矢部から北に伸びる内陸部のものが最も古く、標高の最高地点は海抜約10mである。村中から南へ伸びる砂州が中央の列にあたり、標高は5〜3mである。形成時期の最も新しい海岸沿いの砂州での標高は、約2mである。

### （2）巴川流域の水害

巴川は古くから水害常習河川として知られ、近世にも大規模な改修計画が何回か立案された。しかし、いずれの計画も実現されなかったり、工事が中止されたりで、効果をあげなかった。1904年に巴川流域の11ヵ村によって、巴川水害予防組合が設立された。組合は工事費用の一部を負担し、改修を決議したが、工事の賛成派と反対派の間で争いを生じ、暴動となって、検挙者が出た（巴川水害予防組合1930）。この後、1907年から5年間にわたり、長尾川の合流点を下流に変更する工事（延長3,950間余）が実施された。しかし、本格的な改修は、1953年からの県による事業を待たねばならなかった。

巴川の水害は現代においても続発した（表13-1）。中でも、1974年7月7日には台風8号と梅雨前線による、いわゆる七夕豪雨の洪水が生じ、静岡、清水両市で浸水家屋26,124戸、浸水面積2,650ha、死者4名の被害を受けた[5]。この水害は戦後最大であり、歴史上でも有数の大水害となった。この七夕豪雨の水害について、「あばれ水」編集委員会(1975)，静岡市(1979)，巴川流域総合治

表13-1 巴川流域における第2次大戦後の主要洪水

| 年　月 | 原　因 | 総降雨量(mm) | 浸水面積(ha) | 浸水家屋(戸) |
|---|---|---|---|---|
| 1949年6月 | 台風、梅雨前線 | 353.0 | ? | ? |
| 50年6月 | 梅雨前線、低気圧 | 454.0 | ? | ? |
| 58年7月 | 台風11号 | 276.0 | ? | 1,620 |
| 59年8月 | 台風7号 | 268.0 | ? | 37 |
| 60年8月 | 台風12号、寒冷前線 | 214.0 | ? | 1,390 |
| 64年6月 | 低気圧、梅雨前線 | 215.3 | 10.0 | 137 |
| 69年6月 | 低気圧、梅雨前線 | 243.5 | ? | 311 |
| 71年8月 | 台風23号 | 296.0 | 0.7 | 1,054 |
| 72年7月 | 台風6号、梅雨前線 | 215.0 | 65.3 | 416 |
| 72年9月 | 低気圧、台風20号 | 302.0 | 106.3 | 673 |
| 74年7月 | 台風8号、梅雨前線 | 508.0 | 2,584.1 | 26,156 |
| 82年9月 | 台風18号 | 497.0 | 456.0 | 4,311 |
| 83年8月 | 豪雨 | 201.0 | 25.9 | 323 |
| 83年9月 | 台風10号 | 275.5 | 453.9 | 1,190 |
| 87年8月 | 寒冷前線 | 279.0 | 17.8 | 1,201 |
| 90年8月 | 台風11号 | 216.0 | 224.1 | 574 |
| 91年9月 | 台風17? 19号 | 523.0 | 253.8 | 367 |

総降雨量は静岡市におけるものである。　　　　　巴川流域総合治水対策協議会(1994)より作成

水対策協議会(1994)によって、以下に考察してみる。1974年7月、台風8号が梅雨前線を刺激し、集中豪雨となった。7日から静岡県は豪雨となり、静岡市、清水市においては、7日午後9時から8日午前4時までの7時間に、毎時50～80mmの雨があり、静岡市では観測史上、最大の日雨量508mm(7日午前9時から8日午前9時まで)となった。これ以前の2～7日までに、150mmを越える先行降雨があったため、山崩れや洪水による被害が大きくなった。

**図13-3**は、巴川流域主要部の1974年7月の洪水状況図である。静岡市の大谷川右岸地区やJRと静岡鉄道の線路付近では、7日21時40分には、既に床上浸水となっていた。22時20分には、全県に大雨警報と洪水警報が発令された。23時00分には、北安東、古庄、麻機等の地区で浸水が始まった。このうち、麻機低地では路上で最大2m30cmの水深となって、3日間湛水した。

支川の長尾川では静岡市川合旭町で、8日2時15分に右岸堤が約70mにわたって決壊した。同じく支川の吉田川では上流で山崩れがあり、河川に多量の土砂が流入して排水能力が低下し、さらに本川の溢水で排水が不可能となって、8日1時には下流部で約4,160戸が床上浸水した。

本川上流部では、多数の山崩れによる土砂が河川に流入して水位が上昇し、各地で越水した。本川上流部の羽高地区では、8日1時10分に本川堤防が決壊した。8日午前4時には静岡市の降雨量が450mmに達し、標高10m以下の低地の家屋は水中に孤立した。浸水は後背湿地・デルタのほぼ全域および、扇状地と扇状地性微高地の一部と砂州の一部にもおよんでいる。

清水市でも、7日21時30分頃から各地で浸水が始まり、22時には床下浸水の地区が多くなり、清水駅や新清水駅付近でも床下浸水となった。23時を過ぎると、市内の低地部では床上浸水被害が相次ぎ、23時40分には市内の楠付近(長尾川合流点付近)にて、巴川本川堤防が決壊した。8日0時12分には、下流の万世で再び巴川本川堤防が決壊、0時23分には塩田川が氾濫、0時36分には、能島で巴川本川が氾濫した。塩田川の氾濫箇所に近い高部地区では、既に21時30分頃から浸水が始まっていたが、塩田川の氾濫によって浸水が助長され、8日1時には清水港の満潮によって、水深が1m90cmに達した。この地区では、死者4名、負傷者21名、床上浸水818戸、床下浸水295戸

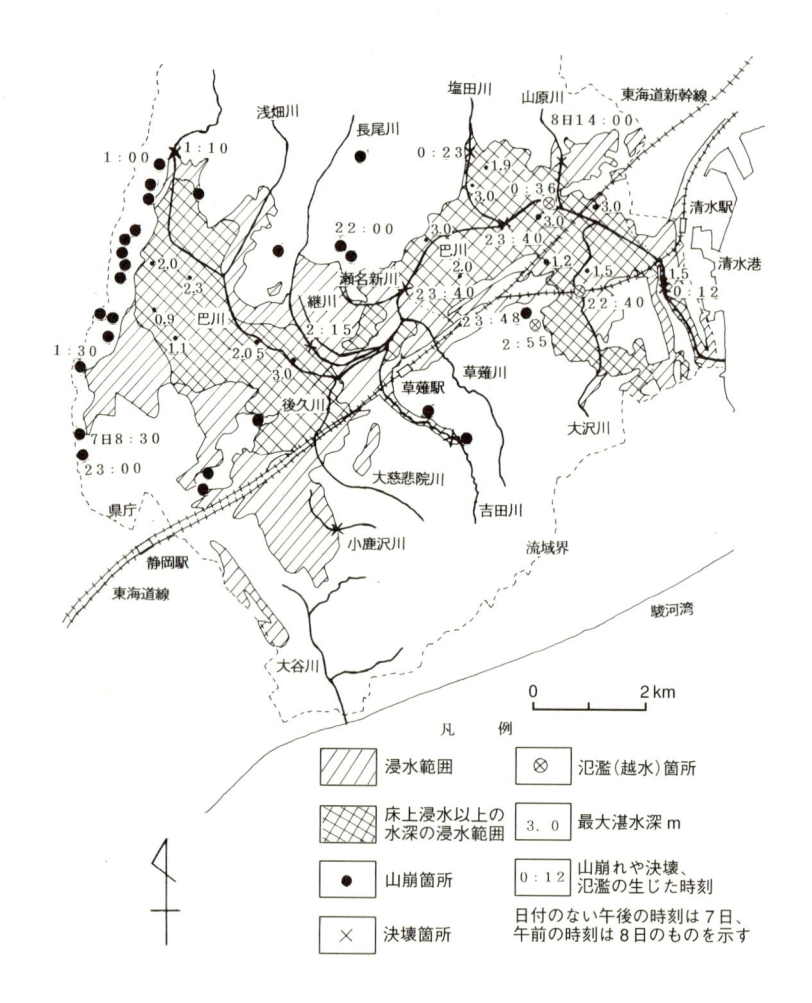

**図13-3 七夕豪雨水害時における巴川流域の洪水状況図**
「あばれ水」編集委員会(1975)、静岡市(1979)および巴川流域総合治水対策協議会(1994)より作成

の被害を生じ、8日17時に水が引いたが、後には厚い泥土が堆積した。また、2時55分には、後述する有東坂池が越水した。有東坂池は2時20分に満水に達し、近接する船越池では、既に7日の23時05分に満水に達していたが、越水には至らなかった。

　清水市においても、市街地を含む低地部のほぼ全域が浸水し、床下浸水から水深2m以上までの浸水をみている。本川と有度丘陵との中間に位置する長崎では、水深2m、本川と東名高速道路との間の永楽町でも、2m20～30cmの水深であった。

　以上のように、巴川流域では、時間雨量が50mmを越えた21時30分頃から低地での浸水がいっせいに始まり、翌朝未明までに、大部分の低地部が床下浸水以上の浸水被害を受けた。特に、軟弱地盤層の厚い地域を中心に、浸水深が大きかった。また、河川の氾濫、決壊箇所も、支川との合流点付近や流路の変換点、橋梁、道路等の水流を妨げる堅固な構造物付近で生じている。さらに、崩壊しやすい土質の山地内で多くの山崩れが起きたことも、河川の流下を阻害して水害を大きくさせた。

　地形と浸水との関連でいえば、扇状地は塩田川の場合を除き浸水していない。塩田川では上記のように、扇状地上で氾濫を生じたため、浸水したものである。扇状地性微高地は安倍川のものは規

模が大きく、砂礫層の厚さも巴川系のものに比べ厚いため、浸水していないが、小規模で砂礫層も薄い巴川と長尾川のものでは浸水した。これは表層地質を見ても、安倍川のものが礫層であるように、扇状地性微高地の発達度合いも、河川規模に比例することによると思われる。また、自然堤防は巴川の流域では発達不良で小規模なため、すべて浸水した。自然堤防の発達不良の原因は、巴川が安倍川のような勾配の大きいい扇状地河川とは異なって、緩勾配の、どちらかといえば越水して長期的に湛水するタイプの洪水を起こす河川だからであろう。したがって、低地の中でも、特に標高の低い窪地である後背湿地とデルタは全面的に浸水した。砂州帯において、古い砂州では一部の浸水に留まったが、新しい砂州では広く浸水した。

## 3．巴川の治水対策

　七夕豪雨による災害を契機に、巴川流域では1978年度から多目的遊水地事業が開始され、同年には総合治水対策特定河川に指定され、翌1979年度からは指定に基づく総合治水対策特定河川事業が実施された。これらの事業が開始された背景には、元来、巴川が地形的条件に起因する水害常習河川であったことに加え、巴川流域の都市化が急速に進行したことがある。例えば、1955年から総合治水対策特定河川事業の開始直後の1980年までに、流域の人口は18万4千人から31万9千人へ、市街化区域は2,252ha（流域面積の21.6％）から、4,063ha（39％）へと増加した。

　巴川の総合治水対策特定河川事業では、河川改修、流域内の流出抑制をはかる貯留浸透事業、適正な土地利用の誘導、浸水実績の公表、水防警報施設の整備・拡充等が行われている。この事業は1/5確率で時間雨量58mmに対応する暫定計画と、1/50確率で時間雨量92mmに対応する、長期的な展望にたった将来計画とから成っている。このうち、最も重要な事業は、河川改修のうちの放水路建設と本川の河川改修及び流出抑制施設のうちの多目的遊水地建設である。1998年度末現在、1/5確率対応の河川改修事業は、ほとんど完成した状況である。

　放水路の開削は、有度丘陵の西側を流れる大谷川と巴川に南部から流入する後久川を延長2,650mの新規開削部によって結び、巴川本川の水を、大谷川によって駿河湾に排出する計画である。この大谷川放水路は1986年に暫定通水しており、1999年5月に完成予定である。将来的には、1/50確率に対応する計画高水流量の400m³/sが駿河湾に排水され、巴川本川は、放水路より下流の支川からの流量を集め、890m³/sが清水港に排水される。

　多目的遊水地事業は、巴川低地のうちで最も低湿な麻機地区において、1978年度から実施されている。麻機遊水地は総面積200haを予定し、第1期計画として86ha、第2期計画として93haの工事が施工される。既に、第1期のうちの31haが実施済みである。第1期計画は、総合治水対策による1/5確率の暫定計画における洪水調節量110m³/sに対応し、貯水容量は100万m³/sである。計画がすべて完成すると、洪水調節量は260m³/s、貯水容量240万m³になる予定である。

　本川下流部は東海地震の津波対策として、河口から東海道線橋梁まで2,200mの堤防の嵩上げ、本川河道の掘削、護岸建設、引堤等の河道整備が行われている。本川ではこの他に、塩田川合流点付近の400mと清水市入江1丁目付近160mの改修が行われた。

　この他に、流域から河川への流出を抑制する、様々な雨水貯留施設が設けられている。河川に接続して設置され、洪水を一時的に貯留させることで、洪水に対して下流域の安全性を高める遊水地も、雨水貯留施設の一つと言える。遊水地以外に、巴川流域で取り入れられている雨水貯留施設と

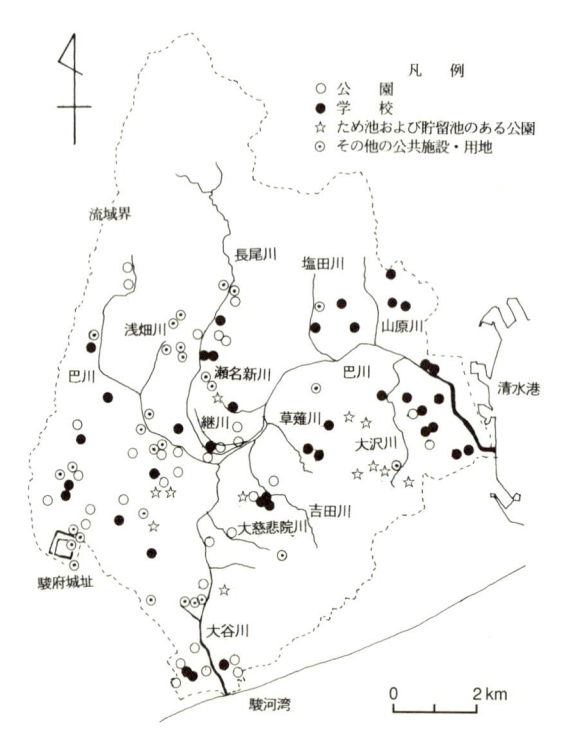

**図13-4　巴川流域における雨水貯留施設の分布**
静岡県河川課、静岡市河川課および清水市河川課資料より作成

しては、透水性舗装、駐車場貯留施設、各戸貯留施設、棟間貯留施設、校庭貯留施設、雨水貯留池等がある。このうち、農業用ため池の転用によるものは、雨水貯留池として分類されている。巴川流域で使用されている雨水貯留池は、一般的には防災調節(整)池等[6]のうちの防災調節池や遊水地に近いものと考えられる。筆者は、本論の冒頭部分において、巴川流域の治水目的に転用されたため池について、構造や機能を説明して、洪水調整池と称した。この種の池の名称が錯綜して混乱をきたさないために、本論では前述のように、治水目的を主たる目的に転用したため池の形態を洪水調整池と称すことにする。

図13-4 には、巴川流域における雨水貯留施設のうち、大規模な遊水地(麻機遊水地)を除いたものを示している。これらの施設は、静岡市が 1984 年から、清水市が 1985 年から設置したもので、1998 年現在 107 カ所、総貯留量は 25 万 5,967 m$^3$ である。施設の多くは、学校や体育館、公民館等の公共施設のグラウンドや駐車場、公園である。これらの施設の設置は、市単独事業、流域貯留事業もしくは県費補助事業によって実施されている。この他に、遊水機能保全事業として、静岡市は 1984 年度から、清水市は 1985 年度から、特定地域の田畑を盛土しない地権者に対して補助金を交付している。

## 4．農業用ため池の転用事例

洪水調整池へ転用された農業用ため池の代表的な 2 事例について、以下に記し、転用が実現した要因をさぐることにする。

第13章　他目的への転用によるため池の再活用

表13-2　瀬名地区における1970〜95年の農家数、耕地面積等の変化

| 年 | 総農家数<br>(戸) | 総戸数<br>(戸) | 専業農家数<br>(戸) | 第1種兼業農家数<br>(戸) | 第2種兼業農家数<br>(戸) | 水田面積<br>(a) | 畑面積<br>(a) | 樹園地面積<br>(a) |
|---|---|---|---|---|---|---|---|---|
| 1970 | 207<br>(100) | 457<br>(100) | 58<br>(100) | 85<br>(100) | 64<br>(100) | 6080<br>(100) | 1430<br>(100) | 11380<br>(100) |
| 85 | 182<br>(87.9) | ─── | 19<br>(32.8) | 60<br>(70.6) | 103<br>(160.9) | 3022<br>(49.7) | 842<br>(58.9) | 7,738<br>(68.0) |
| 90 | 147<br>(71.0) | 4,070<br>(890.6) | 9<br>(15.5) | 13<br>(15.3) | 125<br>(195.3) | 2264<br>(37.2) | 1082<br>(75.7) | 5193<br>(45.6) |
| 95 | 113<br>(54.6) | ─── | 21<br>(36.2) | 36<br>(42.4) | 56<br>(87.5) | 2111<br>(34.2) | 1152<br>(80.6) | 4190<br>(36.8) |

（　）内は1970年時の数字を100％とした時の割合

農業集落カードより作成

### （1）胸形神社池

　静岡市瀬名の胸形神社池は、巴川支川の長尾川が形成した扇状地の扇端付近にあって、東側を同じく支川の瀬名新川に接している。この池は、瀬名地区の氏神である胸形神社の一部であり、1685年頃築造された。この池の土地は、神社所有地である。この池には長尾川の伏流水が豊富に自噴し、その湧水を利用して下流の水田が灌漑されてきた。池の水は池を出てから用水として、地区の水利組合に該当する部農会によって、各地区に振り分けられていた。従前より、この池の水による用水には、水利権は設定されておらず、水利費も徴収されなかった。池の維持・管理は、従来より瀬名地区の東下町内会の会員が氏子としてあたり、草刈りや清掃を行ってきた。その際の維持・管理費は、町内会の祭典費から捻出された。

　近年、池周辺地区の都市化により、湧水量が減少したため、渇水期の補水用に給水施設を設置した。巴川の総合治水対策事業が進展する中で、町内会（氏子）、静岡市、神社との3者間で協議がされ、1986年に池の整備が行われた。事業は県の準用河川補助事業で、事業費は3,300万円であった。県と市との負担割合に関する資料は残存していないが、地元負担はなかった。池の整備が行われた後も、池からの水は用水として利用されていたが、この10年間ほどの宅地化によって水田が大幅に減少し、現在、水田の灌漑用水としての使用はない。**表13-2**には、胸形神社池の位置する瀬名地区の、1970〜95年の農家数や耕地面積等の推移を示した。1970〜90年の20年間に、この地区の総戸数は約9倍に増加し、水田面積は95年には、70年の約35％に減少していることからも、この事実が裏づけられる。

　池の工事は、護岸の嵩上げと池底の一部掘削、隣接する瀬名新川からの流入口、余水吐、排水門を設置して、洪水の一時貯留施設としての整備を行った。さらに、神社としての景観に配慮した擬木や自然石を使って親水工事を行った。洪水の調節は瀬名新川の水が池の流入口より越流暗渠で入り、貯留後の水は排水口より排水される（**図13-5**）。洪水調節量（計画流入量）は、$2.59\,\mathrm{m^3/s}$ である。胸形池の工事前後の諸元は、工事前の水面積 $4,000\,\mathrm{m^2}$、水深 $0.5 \sim 0.6\,\mathrm{m}$、貯留量 $2,200\,\mathrm{m^2}$ であったが、工事後の各項目はそれぞれ $4,150\,\mathrm{m^2}$、$1.5\,\mathrm{m}$、$6,225\,\mathrm{m^3}$ となった。

　整備後の維持・管理について、施設管理、大規模な清掃、給水施設の修理等は人員も費用も静岡市の負担で、草刈りや日常的な清掃、渇水時と清掃時の揚水ポンプのスイッチ操作が町内会の分担である。町内会では、維持・管理費用を従来通り祭典費から支出している。

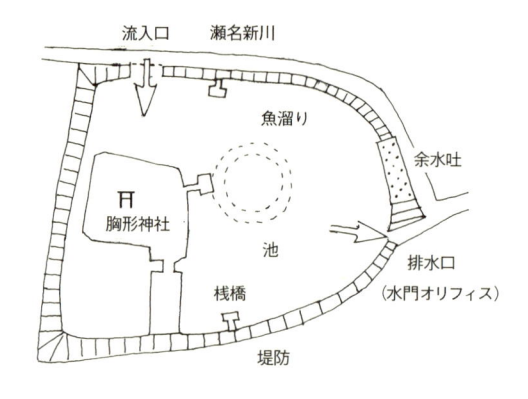

**図13-5 胸形神社池の概要図**
静岡市河川課資料より作成

　以上のことから、胸形神社池を洪水調整池として転用できた要因は、下記のように考えられる。i) 都市化が進行して、水田の用水需要が減少した。表13-2によれば、池の工事が実施された1986年の前年にあたる1985年では、1970年と比較して総農家数は87.9％に、専業農家数は32.8％に減少したが、第2種兼業農家数は160.9％に増加して、水田面積は49.7％に減少した。ii) 巴川の総合治水対策河川指定に伴い、地元費用負担のない各種の治水事業が実施可能となった。iii) 都市化により、池の湧水量が減少した。iv) 池は神社の所有地であり、神社の一部としての池の湧水には水利権が設定されず、水利費も徴収されなかった。したがって、池の洪水調整池化や親水化工事に際して、権利や費用負担に関わる争いがなかった。v) 従来から、氏子の奉仕活動として池の維持・管理が行われてきた。vi) 都市化は進行しているが、旧来の住民も多く、その人々を中心として池の維持・管理に当たる氏子組織が継続できた。このことは上記のように、1985年時の総農家数は1970年時の87.9％であり、第1種兼業農家数も70.6％であることから、水田農業の衰退や兼業化は進展したものの、氏子である農家がまだ多く存在していたことで、維持・管理が継続できたといえる。vii) 治水事業によって設置された施設及び給水施設の維持・管理と大規模な清掃作業は静岡市が行い、旧来の住民には労力面でも費用面でも、新たな負担はかからなかった。

### （2）有東坂池

　清水市有東坂の有東坂池は、有度丘陵から巴川に流入する小河川が形成した扇状地と砂州との間の低地にあって、扇端に接している。1601年頃、沼沢であったこの地に堤防を築いてため池が造成された。整備前のため池の規模は周囲530m、水面積18,000m²、貯水量14,000m³、流域面積7.5haであった。当初の灌漑面積は、約100haといわれている（船越地区まちづくり推進委員会1988）。池の西側の扇端部の湧水が谷津沢川に入り、その河川から分水されて池に導水されていたが、現在、池の水源は湧水が減少し、雨水と生活排水が大部分で、水質も悪化している。池からの水は、排水路と白部川によって、巴川支川の大沢川に排水される。

　表13-3には、有東坂池の位置する清水市有東坂地区における、1970～95年の農家数や耕地面積の推移を示した。有東坂池受益地では、1965年頃から周辺地区の住宅開発が始まり、都市化による灌漑用水の需要が減少し、1991年の灌漑面積は4.5ha、1998年では1.7ha（水田1ha, 果樹園0.7ha）となった。表13-3によれば、1970年から1995年の総農家数は49.3％に、専業農家数は36.4％に減

第13章　他目的への転用によるため池の再活用

表13-3　有東坂地区における1970～95年の農家数、耕地面積等の変化

| 年 | 総農家数 (戸) | 総戸数 (戸) | 専業農家数 (戸) | 第1種兼業農家数 (戸) | 第2種兼業農家数 (戸) | 水田面積 (a) | 畑面積 (a) | 樹園地面積 (a) |
|---|---|---|---|---|---|---|---|---|
| 1970 | 67 (100) | 932 (100) | 11 (100) | 18 (100) | 38 (100) | 1,370 (100) | 350 (100) | 2,750 (100) |
| 85 | 47 (70.1) | ? ? | 9 (81.8) | 12 (66.7) | 26 (68.4) | 609 (44.5) | 276 (78.9) | 2,429 (88.3) |
| 90 | 38 (56.7) | 800 (85.8) | 7 (63.6) | 11 (61.1) | 20 (52.6) | 520 (38.0) | 272 (77.7) | 2,213 (80.5) |
| 95 | 33 (49.3) | ? ? | 4 (36.4) | 13 (72.2) | 16 (42.1) | 291 (21.2) | 209 (59.7) | 2,196 (79.9) |

（　）内は1970年時の数字を100％とした時の割合

農業集落カードより作成

少し、水田面積も21.2％に減少した。この地区での都市化は胸形池のある瀬名地区より早いので、総戸数は既に1970年の段階で932戸に達している。この他にも、都市化の進展により、池の排水が流入する大沢川周辺での浸水被害が多く発生した。大沢川は前述の七夕豪雨時にも沿岸で浸水したように、治水安全度が低かったため、巴川の総合治水対策事業開始に伴い、洪水確率1/3に対応する暫定改修が開始された。1974年7月の七夕豪雨の際には、7月8日午前2時20分に有東坂池は満水となり、2時55分に越水して、池から約750m下流の国道1号線では3時29分に水深1mとなって、通行止めがされた。しかも、池の下流では、7月7日22時40分に既に大沢川が氾濫し、大沢川流域一帯では浸水被害が生じていた。

巴川の総合治水対策事業が開始された1974年度から、清水市の新総合計画の検討が開始された。1982年には、「創造、参加、連携」を柱とする「人間都市の創造」を基本理念とした清水市の新総合計画に基づき、有東坂池周辺の船越地区(9自治会)まちづくり推進委員会が発足し、市民によるまちづくり計画がスタートした。この委員会によって、有東坂池の多目的利用が計画された。1989年には有東坂池多目的利用推進協議会が発足して、1991年に流域貯留浸透事業及び清水市単独事業として、国庫補助1/3、市負担2/3の工事が着工され、1994年度に完成した。

総事業費は3億2,340万円である。工事の内容は、池の浚渫、ヘドロの固化、水面の一部埋立、取水工、余水吐、流入水路、流出水路、広場整備工事、親水工事である。工事では、池底のヘドロを浚渫して池の2/3を埋立て、多目的広場を造成し、水面の残り1/3を掘削して用水容量を確保するとともに、魚類の生息や水質にも配慮した。また、池周辺道路、自然石護岸、擬木橋、植栽等の親水空間としての整備を行った。池の部分と広場部分は、大雨時には雨水が貯留され、下流への洪水調節の役割を果たす遊水地として機能する(図13-6)。この洪水調節量は2.2m$^3$/sである。工事後の池の諸元は、面積1万1,800m$^2$(常時湛水面積3,200m$^2$、多目的広場等6,100m$^2$)、水深2.50m、貯留量1万8,300m$^3$である。

治水用の貯留施設としての管理は、清水市が行う。灌漑期には、灌漑用水としての管理を水利組合的機能をもつ有東坂今泉部農会が行う。施設内の清掃、除草、堤防斜面の張芝刈り、桜並木の消毒等の日常的な維持・管理業務は、年間委託料金50万円で、清水市が今泉部農会に委託している。広場の利用は、有東坂池多目的遊水地広場使用運営協議会において、広場使用基準を定め、使用承認申請書を提出し、承認されれば使用ができる。広場使用運営協議会の構成員は、船越地区連合自治会長、平川地区自治会長、有東坂今泉一区自治会長、有東坂ため池多目的利用推進協議会長、有

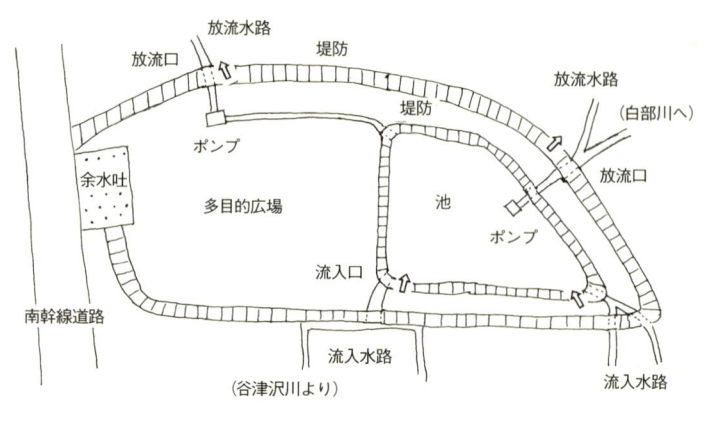

**図13-6 有東坂池の概要図**
静岡市河川課資料より作成

東坂今泉部農会長、上原自治会長、有東坂二区自治会長、清水市治水対策課長の新旧住民と行政の代表者である。

　有東坂池が洪水調整池としての転換が実現した条件として、次のことが指摘できる。i) 都市化の進行によって、水田の用水需要が激減した。ii) 都市化により池の水源の湧水が減少し、生活排水の流入で、池の水質も悪化した。iii) 新しく移住してきた住民が急増し、清水市の市民参加によるまちづくり計画の下で、新旧住民の話合いによる有東坂池の多目的利用が計画された。iv) 池の下流部においても都市化が進展し、浸水被害がしばしば発生するようになった。v) 巴川が総合治水対策河川に指定され、各種の治水事業が地元費用負担なしで実現した。vi) 多目的遊水地事業の対象となって、親水空間としての整備も行え、新しい住民の要望にも応えられた。vii) 施設の維持・管理は清水市が行う他、地域の部農会が行う清掃、草刈り等の費用も清水市が費用負担し、市の委託事業として実施できるようになった。viii) 創設された多目的広場の運営が、新旧住民と市の代表からなる協議会によって行えるようになった。

　以上のことをまとめると、胸形神社池の場合では、神社と氏子という特別な関係の中で、池の維持・管理が成り立っている。そして、地域の都市化は進行しているものの、まだ氏子組織を継続できる数の地元住民がおり、従来通りの維持・管理が可能である。

　有東坂池では地域の急激な都市化に伴い、用水需要がほとんどなくなり、水質も悪化したことで、ため池の改築が可能になった。具体的には、必要最小限量の用水を確保した上で、多数を占める新住民の望む親水空間やアメニティ空間の創設と、池の下流地域の治水対策とが可能になった。少数派の旧住民に対しては、わずかとなった用水需要も満たせ、池の維持・管理費用を市が負担することで、少数派住民へ維持・管理業務を委託することができた。このような転用が可能になった最大の要因として、2事例に共通することは、都市化により用水需要が減少したこと[7]と、総合治水対策対象河川の指定により、様々な事業が地元負担なしで実施されたこと[8]、維持・管理に旧来の水利組織が活用できたことである。

第 13 章　他目的への転用によるため池の再活用　　　　　　　　　257

## 5. ため池の洪水調節池転用の要因

　水害常習河川として著名な巴川流域において、農業用ため池の洪水調整池への転用について事例を分析した。その結果、第1に、巴川は主として流域のもつ自然的要因によって湛水しやすく、排水も困難な河川であることがわかった。しかも、砂州に閉ざされた河口付近の排水を促すことは困難である。そのため、かつての巴川の流路にほぼ該当する大谷川放水路を建設して、中流部での排水を促進すること、本川の上流部に大規模な遊水地を建設して、下流への流出を遅らせること、流域内の雨水および支川からの水の低地へ流出を抑制すること等の、総合治水対策事業として実施している諸方策が有効である。その意味で、扇状地の末端や山地・丘陵地の谷等の集水しやすい地形に立地するため池は、洪水調整池として適当な位置にあって、流出抑制効果がある。

　一方、筆者は遊水地事業の研究の結果として、遊水地事業の最大の課題は治水用地の確保であり、そのことは土地を確保するための補償のあり方の問題でもあることを指摘した(内田1985)。大規模遊水地や雨水貯留施設等の下流部への流出を抑制するための治水用地の確保は、重要かつ困難な問題である。新たな治水用地の確保に比べ、集水しやすい場所に立地するため池は、雨水貯留施設として転用できる最適の場所である。しかも、用水需要が減少していれば、ある程度の用水量を確保しながら、洪水の調節を行うことが可能である。

　さらに、ため池には、用排水の管理と池の維持・管理を行う水利組合的な組織が形成されているので、池の主目的を農業用水供給以外のものとしても、その組織を元にした維持・管理体制を活用することができる。また、治水事業の一環として親水的工事を実施すれば、親水やアメニティ空間の創造も可能で、用水供給と治水以外の付加機能も生まれる。

　これらのことから、都市化地域のため池の保全には、ため池の農業用水供給機能を主とした方策に加え、他目的への転用も含めた柔軟な考え方が必要であろう。

### ●注

1) 雨水貯留浸透技術協会(1998a)によれば、治水対策の一つとして、雨水あるいは洪水を貯留することによって流出抑制をはかる施設と定義されている。雨水貯留浸透技術協会(1998c)によれば、その種類は広場や学校、駐車場の一部を掘り下げたり、地下に貯留槽を設けたものや浸透トレンチ、浸透升、透水性舗装、調整(節)池や遊水地とある。
2) 浜北市では七夕豪雨で被害を受けたことを契機として、緊急に河川整備ができない地域を中心に、1983年の蛭沢池を始めとして、農業用ため池の雨水貯留池化を進め、1998年現在で12カ所が完成し、その総貯留量37万2,200 m³である。
3) 愛知県の知多半島にある武豊町では愛知用水の開通に伴い、用水供給源としてのため池の重要度が薄れたことから、洪水調整池や親水空間としての利用をはかっている。
4) 名古屋市では緑区の扇川流域等を中心にして、農業用ため池を洪水調整池として改修して利用している。
5) 建設省の水害統計では浸水面積2,584.1 ha, 浸水家屋26,156戸である。
6) 雨水貯留浸透技術協会(1998a)によれば、防災調節(整)池等は、流出抑制を第1義として設置する施設で、そのうち、河川管理施設として設置する恒久施設を防災調節池、下水道管理施設として設置する恒久施設を下水道雨水調整池、その他に大規模な宅地、開発等に伴って設置する調整池である。

7) 角川日本地名大辞典編纂委員会(1982)によれば、1891年の瀬名地区の戸数は222戸、人口は1,453人、有東坂地区の戸数は64戸、人口は380人であった。1950年の瀬名地区の戸数は339戸、人口は2,275人であるが、同年の有東坂地区の数字は不明である。

8) 大阪府オアシス構想によるため池の改築工事は国庫補助事業もしくは府単独事業で行われている。前者の場合でも、その費用負担割合は国が45.0〜50.0％、府20.0〜30.0％、市町村12.5〜25.0％、地元0〜20.0％であり、後者の場合では、府25.0〜50.0％、市町村50.0〜75.0％、地元0〜20.0％である。

● 参考文献

麻機誌をつくる編集委員会(1979)：麻機誌．麻機誌をつくる編集委員会, 697p.
「あばれ水」編集委員会(1975)：あばれ水—七夕豪雨の体験記録—．文化洞, 243p.
雨水貯留浸透協会(1998a)：コミュニティポンド計画・設計の手引き．山海堂, 188p.
雨水貯留浸透協会(1998b)：コミュニティポンド整備事例集．山海堂, 174p.
雨水貯留浸透協会(1998c)：雨水利用ハンドブック．山海堂, 380p.
内田和子(1985)：遊水地と治水計画—応用地理学からの提言—．古今書院, 238p.
角川日本地名大辞典編纂委員会(1982)：角川日本地名大辞典 22 静岡県．角川書店, 1590p.
建設省近畿地方建設局姫路工事事務所(1979)：総合改修計画調査業務報告書．建設省近畿地方建設局姫路工事事務所, 68p.
建設省国土地理院(1981a)：土地条件図 静岡．建設省国土地理院．
建設省国土地理院(1981b)：土地条件図 清水．建設省国土地理院．
建設省土木研究所(1980)：雨水貯留施設の最近の動向．建設省土木研究所, 106p.
静岡県農地部農地企画課(1975a)：土地分類基本調査 静岡・住吉. 32p.
静岡県農地部農地企画課(1975b)：土地分類基本調査 清水. 30p.
静岡市(1979)：七夕豪雨．静岡市役所, 148p.
巴川水害予防組合(1930)：巴川治水沿革誌．巴川水害予防組合, 329p.
巴川流域総合治水対策協議会(1994)：巴川流域七夕豪雨二十年誌．静岡県静岡土木事務所, 176p.
船越地区まちづくり推進委員会(1988)：ふるさと船越．船越地区まちづくり推進委員会, 128p.

# 結　　論

## 1. 要　　約

　本研究では大きく3つの部門から課題にアプローチした。第1はため池の存在形態を解明すること、第2はため池の災害の実態分析を行うこと、第3はため池を保全するための維持・管理方式を再検討することである。

　第Ⅰ部では、現代におけるため池の存在形態を解明した。まず、古代より現代までのため池の歴史を、ため池の所有・管理と水利権の変化に着目して概観した。古代におけるため池の所有・管理と水利権は律令制の下で国家に帰属し、中世では荘園の発達によって荘園領主に私的に帰属し、近世では村落共同体の連合的組織に帰属した。そして、近世の村落共同体の集合組織である村落連合の水利組織が水利組合の原形となり、近代において治水・利水に関する法的な整備が行われたものの、現代においても原則として近世に近い形態が継続されている。そのため、ため池の管理や所有、水利権が現代においても私権に近い概念の範疇にあり、公的な管理や規制の下にある河川とは異なっている。

　次に、農林省と農林水産省による1952～55年度、1979年度、1989年度調査のため池台帳によって、現代のため池の存在形態について考察した。昭和初期の研究結果と同様に、ため池は瀬戸内と近畿地域に密集して分布し、全国の総数では1955年度の289,713から1989年度には213,893に減少した。ため池数の減少は小規模なため池において顕著であり、受益面積も全国合計では減少しているが、大規模ため池による受益面積の合計は増加している。この結果、小規模ため池の改廃の進行と、近年の大規模ため池の増加が明らかになった。

　続いて、全国最多のため池を有し、阪神・淡路大震災において大きな被害を受けた兵庫県において、県のため池台帳から、高度経済成長期とその後の30年間に該当する1966～97年のため池の改廃状況を調査した。その結果、全国有数のため池卓越地である播磨地域を中心に、都市化の進行と水田面積の減少が認められ、1966～97年までの約30年間に、県全体では前時期の8％分に該当する4,373のため池が減少した。兵庫県は条例により、ため池改廃の届出を義務づけているが、この間の届出数はため池減少数の18％以下に留まり、無届けの改廃が多い。そして、届出は播磨地域に集中している。播磨地域の神戸市と稲美町において、同じ期間のため池の変化を見たところ、1966年時のため池の半数以上が改廃されていた。このように、兵庫県では我が国における顕著な工業地帯でもある播磨地域を中心に、ため池の無秩序な改廃が進行している。

　ため池の維持・管理の粗放化は、管理者である水利組織が村落共同体としての機能を弱体化させていく現象としても現れる。それを検証するために、兵庫県で最多のため池を持つ神戸市において、1970～90年までのため池の維持・管理母体としての農業集落の変貌をとらえた。世界農林業センサス農業集落カードの分析によれば、都市化の著しい地域においては、主たる用水源がため池から河

川、井戸へ変更されたり、不明になる集落が増加した。また、農業集落の全戸出役によって継続的に実施されてきた用排水路と農道の維持・管理では、共同作業の形態は維持されているが、出役の戸数が減少し、出不足金の徴収や日当支払いの割合が増加した。集落の寄合に関しても、回数が減少し、主な議題は祭りや生活環境から、用排水路・農道の維持・管理や水田農業の維持に変化した。これらから、ため池や水路等の農業水利施設を共有し、維持・管理するのに必要な水利共同体は存在するが、機能は弱体化していると言える。

現代におけるため池の決壊による水害は、ため池と周辺環境の急激な変化によって、多くの資産と人命に影響を与える災害として見過ごすことができない問題となった。その防災対策として、第II部では、過去の代表的な水害の分析から、ため池の水害の特色を考察した。ため池卓越地域としての兵庫県播磨地域においては、1932年の現在の三木市における事例と1945年の現在の稲美町、播磨町、加古川市に及ぶ事例を分析した。前者は丘陵内の谷池の決壊による事例であり、後者は台地上のため池の決壊による事例である。分析の結果、浸水の範囲は原則として地形、特に排水河川の形成した地形によって規定される。深刻な被害はため池の堤防直下、排水河川の流路沿い、排水河川と堅固な障害物との交差地点、排水河川の流れる谷内と谷から低地への出口、排水河川の流路変換点等で生じる。また、山地や丘陵内のため池は台地上の池と比べて低地までの勾配が大きいので、洪水流の速度が速く、避難が困難になりやすい。そして、ため池卓越地域では高位のため池の決壊により、低位のため池が連続的に決壊して、被害を大きくする。災害の復旧に関して、三木市の場合は中心市街地が被災した大惨事であったため、行政や他県民の支援があったが、稲美町等の事例では決壊したため池の水利組合の自己努力によった。ため池は水利組合や集落、個人の管理によるものが多いので、災害の復旧や被害の補償はきわめて重大な問題となる。

次に、ため池卓越地域における複数ため池の決壊については、水害の特色がより明確に把握できると思われる単独ため池の決壊事例を分析した。巨大ため池である愛知県入鹿池の決壊による1868年の水害の分析では、播磨地域の事例と基本的には同様の特色が判明した。さらに、入鹿池の排水域は木曾川と庄内川の2つの水系が形成した地形であり、そのうち、入鹿池の排水河川は木曾川水系の河川であるため、隣接した庄内川水系河川の形成した地形上には浸水しないことや、同じ木曾川水系河川の形成した地形であっても、扇状地帯と自然堤防・後背湿地帯では洪水の形態や堆積物、被害の程度に違いがあることも判明した。ため池の水害において排水域の地形は水害の形態や被害に大きな影響を及ぼすことが再度、確認された。

続いて、入鹿池の決壊による水害の復旧とその後の入鹿池及びその排水域の水害対策について分析した。1868年の被害は死者941人、浸水耕地約8,480haの大災害であったため、復旧と被害者の救済は池の管理者である尾張藩によって行われ、廃藩置県後は愛知県に引き継がれた。入鹿池の改修はその後も何回か行われたが、増水時の余水吐からの放水をめぐる水利用側と防災管理者側との対立から、1991年に治水容量を付加した防災ダム工事が実施された。一方、排水域における中小河川の改修工事は進行しているが、1970年代以降もこの地域では何度か氾濫が生じており、急速な都市化の進行によって河川の出水よりも内水氾濫が問題となっている。

第III部では、自然災害の中でため池に大きな損傷を与える地震とため池の被害について、阪神・淡路大震災における兵庫県の分析を行った。最初に、阪神・淡路大震災によって被災した兵庫県本土分(島しょを除いた地域)のため池が立地する地形、地質、老朽度、改修歴と被害との関連を分析した。その結果、地形と地質からみて、沖積層の谷底平野をせき止めた谷池は被害が大きく、反

対に台地上の皿池はどの地層との組合せにおいても被害が少ない。老朽度と改修歴との関係では、築造から200年以上経過して、しかも長期間、未改修で老朽化したため池の被害が大きい。被害軽微なため池や無被害のため池では、築造年の古いものは少なく、過去50年以内に改修や全面改修をしたため池の割合も高いことが判明した。

被災ため池の特色をさらに検討するため、地震時のため池の貯水率と被害との関連を調査した。それによると、谷池では貯水率が高い場合には被害が少なく、貯水率が低い場合には被害が大きかった。皿池では谷池と正反対の結果である。被害が軽微なため池は、谷池でも皿池でも、貯水率が4～6割の場合が多かった。近年に全面改修したため池や築造年が新しいため池では、安全度が低いと思われる地震時に貯水率が低い谷池でも貯水率が高い皿池でも、貯水率にかかわりなく被害を受けなかった。反対に、安全度が高いと思われる地震時に貯水率が高い谷池と貯水率が低い皿池の中で、被害を受けたのは断層に近接するものや、100年以上の長期間、未改修のものであった。そして、地震前年の1994年夏の異常渇水の影響で、平年より貯水率を下げていたため池が多く、そのことが谷池に大きな被害を与えた。

地震によるため池の被害は、構造物としてのため池の損傷に留まらず、用水の供給にも影響を与えるので、兵庫県において、ため池の被災による作付けへの影響を調査した。震源地である淡路島に比較して被害が軽微であった本土分では、水位の調整や復旧工事、ダムからの送水(東播用水)によって、大部分の被災ため池で6割以上の作付けが可能であった。これに対して、被害が大きかった淡路島では、6割以上の作付けを行ったため池は半数で、何も手立てが講じられなかったものも多い。ため池の用水不足を補った場合は、河川や井戸、他のため池からの引水によっている。これは渇水対策として、従来から複数の水源を確保してきたためで、災害に対する危険分散として評価できる。

第Ⅳ部では、現代のため池を取り巻く課題に対応する保全策を検討した。まず、これまでの行政によるため池の保全事業と法的規制について整理した。ため池等整備事業に代表される国の補助事業は、全国各地で大きな成果を上げてきたが、採択条件が厳しく、数の上で大きな割合を占める小規模なため池については適用されない。ため池の保全条例を有する県は兵庫、奈良、香川の3県で、これらはため池管理者の責務や保全上問題となる行為の禁止等を定めているが、小規模なため池が適用除外である等の限界性が認められる。ため池条例を有する市町村は筆者の知る限りでは、福岡県春日市、福岡県宗像市、神奈川県横須賀市で、その内容は県の条例に比べて独自性が強く、地域の実情に合わせた規制が行われている。したがって、行政のため池保全事業と法的規制は一定の効果を上げているものの、限界性も大きいと言える。

一方、ため池は農業用水供給以外にも様々な機能をもつ地域資源として近年、注目され始めている。そこで、ため池の持つ多面的機能を先行研究によって整理し、その重要性を示した。筆者はため池の機能を利水機能、環境保全機能、親水機能に大分類するとともに、ため池は本来、農業用水の供給を目的としている以上、他の機能はあくまでも利水上の制限の下で発揮されるので、他機能の活用には既存の水利権者との間で環境水利調整とでも呼ぶべき調整が不可欠であることを指摘した。

続いて、ため池の多面的機能を活用した、都市化地域における新しい維持・管理方式である、大阪府のため池オアシス構想の実態分析を行った。この構想は農業用ため池に、親水機能や環境保全機能を付加して地域資源化し、農業者、非農業者住民と行政によって維持・管理していく方式であ

る。農業者は従来からの用排水及びため池本体の維持・管理とその費用負担を行い、非農業者住民はため池周辺の清掃や草刈り、植栽の散水等を行い、これらの費用と公園施設や電気・水道等の費用の一部を分担して、行政はため池の改修と公園化等の工事とその後の電気・水道、道路等の維持・管理を行っている。オアシス構想は全国に先駆けた、多面的機能を活用したため池の保全策として高く評価できる。しかし、現状では非農業者住民の参加度が低く、農業者の負担が大きい等の課題がある。

最後に、ため池の多面的機能を活用した保全策として、環境保全機能のうちの防災機能を付加した静岡県巴川流域の事例について、その活用を実現させた要因を分析した。巴川流域は静岡市と清水市に属し、低地は水害常習地である。近年、都市化が進行し、ため池の用水需要が激減した上に、水量の減少や水質の悪化が生じた。その折に、巴川が県の総合治水対策対象河川となり、治水事業の一環として地元の費用負担なしで、洪水調節機能を付加するため池の改修工事がされた。その際に、農業に必要な用水量は確保され、水質浄化装置の設置や多目的広場の造成が施行された。治水事業によって設置された施設の維持・管理とその費用は市が負担し、多目的広場は新旧住民と市の協議によって計画が策定され、工事後の運営も行われている。新旧住民の利害が調整され、行政の費用によって工事が施行されることは、ため池の多面的機能を活用した保全実現の第1条件であるが、大阪府と巴川の両事例で示したように、都市化とため池の用水需要減、維持・管理の粗放化が新たな保全策を生む前提条件となっている。

以上のように、古代から日本の稲作発展に寄与してきたため池は、現代における地域社会の急激な変化にともなって、その存在形態を大きく変化させると同時に、それにかかわる災害が見過ごすことのできない問題として浮かび上がり、防災への対応を迫られるようになった。このようなため池及びため池を取り巻く環境変化の中で、筆者はため池の代表的な事例を分析することによって、ため池の災害の特色と防災上の留意点を示すことができた。

次に、特に都市化地域においては、ため池の水質汚濁、水難事故等とともに災害の発生が危惧され、今後のため池の保全のあり方が課題となっている。しかし、ため池は原則として行政の管理下にあるものではなく、本来の管理者である農業者も水田面積の減少と兼業化の進行によって、十分な維持管理が困難な状況である。一方で、都市化地域の住民は、ため池の親水や生態系保全等の多面的機能に注目し始めた。そこで、筆者は現在のため池の保全に関して、先導的な事例を分析した結果、ため池の防災上の安全性を十分に考慮しながら、行政・農業者・地域住民の3者の連携による、ため池の多面的機能を活かした維持管理方式の重要性とそうした方式実現のための課題を明らかにした。

以上の研究の要約をフロー図に示した。

## 2．提言と今後の課題

### (1) 提　言

①これまでの研究成果を基調に、主要なため池に関しては、行政が地震や豪雨の際に損傷を受けやすいため池、ため池の決壊の際に深刻な被害を受けやすい地点、予想される浸水区域、洪水流の方向とおおむねの速度等を示した、ため池の決壊の危険度や地震による損傷の危険度を表す、ため池ハザードマップを作成する。これは公共機関において公開するばかりでなく、希望する住民にも

結論

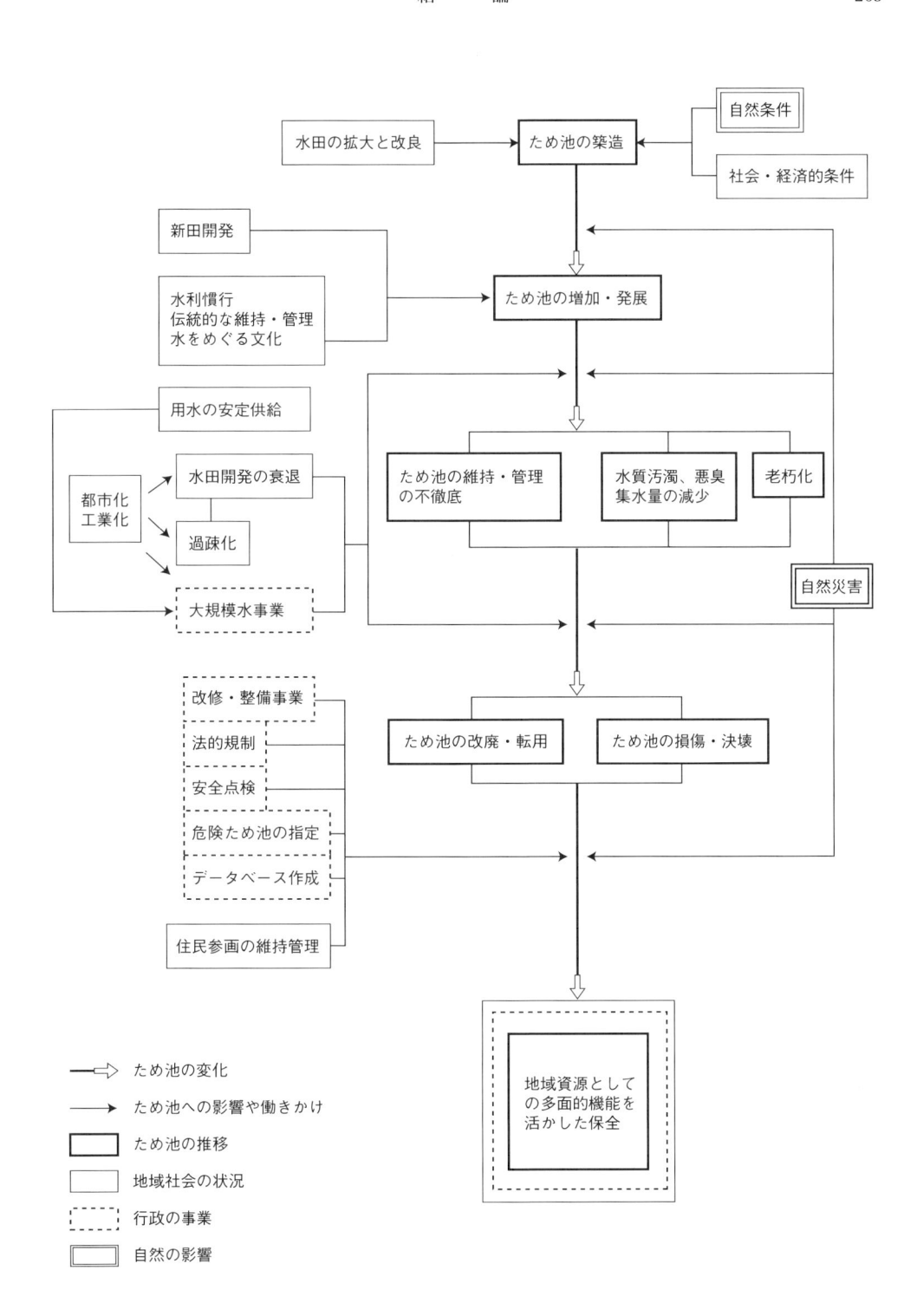

図1 ため池の災害と地域環境の保全フロー図

配布し、ハザードマップの読み方や活用の仕方、災害時の避難方法・避難場所についても啓蒙をはかる。

②ため池の多い府県においては、ため池ハザードマップも含めて、その他に、筆者の研究成果によって、ため池保全上必要と思われる、ため池の諸元、改修歴、改廃記録、老朽度、維持・管理者、所有者、ため池立地地点の地形・地質、断層との近接度等の項目を記した総合的なデータベースを整備する。そして、このデータベースは必要に応じて公開し、ため池の防災計画の基礎資料とする。

③ため池の災害を想定しての復旧工事、被災者の救済等については、行政、農業者、住民（非農業者）によって組織された会議で検討しておく。あわせて、そうした災害による農業用水の不足に対する対応についても考慮しておく必要があろう。

④ため池の防災についての啓蒙をはかるとともに、ため池の日常的な安全チェック、水質観測、水生動植物の観察・保護、ゴミの不法投棄の防止等に、農業者とともに住民（非農業者）も積極的に参加できるような体制づくりを行う。

⑤都市化地域においては、筆者が研究成果の中で指摘したように、ため池の多面的機能を活用した農業者・地域住民（非農業者）及び行政との連携、特に、ため池の維持・管理の役割分担と維持・管理の費用負担に配慮した保全策を実施する。このことはため池を有する地域の環境保全にも寄与する。そして、保全策の策定にはいくつかのケースを想定して、ケース毎の地域性を考慮したモデルプラン及び保全策実施までのマニュアルを作成する。その際、ため池の防災には十分な配慮を行う。

⑥ため池卓越地帯においては、学校教育においても、ため池の多面的機能を活用した総合的な教育活動をはかる。

（2）課　題

本研究で十分に明らかにできなかったり、取り上げることができなかった諸点は以下の通りである。

①過疎化による維持・管理の粗放化が懸念される中山間地域におけるため池の実態分析と保全のあり方を明らかにする。

②ため池の決壊にかかわる災害復旧と補償に関する考え方と方策を明らかにする。

③今後の1課題として、環境保全機能や親水機能からみたため池活用の新展開に関する地域研究に着手する。

# 初 出 一 覧

本書の各章は、以下の発表に基づいている。

序論第2節は、加筆して水利科学第45巻6号(2002年)と第46号1号(2002年)に発表した。

第1章の骨子は、2000年日本地理学会春季学術大会にて報告し、月刊「地理」No.538(2000年)に発表した。

第2章の骨子は、1997年日本地理学会秋季学術大会にて報告した。

第3章は、1999年日本地理学会秋季学術大会にて報告した内容に加筆して、水利科学 第43巻6号(2000年)に発表したものである。

第4章は、1997年日本地理学会春季学術大会にて報告した内容に加筆して、播磨学紀要 第3号に発表したものである。

第5章は、1998年日本地理学会秋季学術大会にて報告した内容に加筆して、水利科学 第42巻5号(1998年)に発表したものである。

第6章は、1998年日本地理学会秋季学術大会にて報告した内容に加筆して、水利科学 第42巻6号(1999年)に発表したものである。

第7章は、1995年度日本地理学会秋季学術大会にて報告した内容に加筆して地理学評論 第69巻7号(1996年)に発表したものである。

第8章は、1996年度日本地理学会春季学術大会にて報告した内容に加筆して、地学雑誌 第105巻5号(1996年)に発表したものである。

第9章は、平成8〜9年度文部省科学研究費補助金基盤研究(C)「ため池の防災に関する地理学的研究」(研究代表者:内田和子)研究成果報告書の一部である。

第10章は、平成8・9年度文部省科学研究費補助金基盤研究(C)「ため池の防災に関する地理学的研究」(研究代表者:内田和子)研究報告書の一部である。

第11章は、水利科学 第43巻5号(2000年)に発表したものである。

第12章は、1998年度人文地理学会大会にて報告した内容に加筆して、地学雑誌 第108巻3号(1999年)に発表したものである。

第13章は、1999年度日本地理学会春季学術大会にて報告した内容に加筆して、水利科学 第43巻4号(1999年)に発表したものである。

# 索　引

## ア　行

アースフィルダム ……………………………… 51, 60
愛知池(愛知県) ………………………………………… 219
愛知県尾張水害予防組合 ……………………… 134
愛知用水 …………………………………………………… 219
青木川 ……………………………………………………… 125
麻機低地(静岡県) ………………………………… 248
麻機遊水地(静岡県) ……………………………… 251
安倍川 ……………………………………………………… 246
アメニティ ……………………………………………… 223
鮎屋川ダム(兵庫県) ……………………………… 182
有馬層群 ………………………………………………… 149
淡路島(兵庫県) ………………………………………… 14

一部廃池 …………………………………………………… 81
伊藤寿和 …………………………………………………… 16
稲美町(兵庫県) ……………………………………… 72
印南野台地(兵庫県) ……………………………… 103
犬山市(愛知県) ……………………………………… 117
井料 ………………………………………………………… 39
入鹿池(愛知県) ……………………………………… 40
入鹿切れの洪水 …………………………………… 123
入鹿用水水利組合 ………………………………… 126

雨水貯留池 ……………………………………………… 252
雨水貯留施設 ………………………………………… 252
有東坂池(静岡県) ………………………………… 250

永代池(兵庫県) ……………………………………… 104
エコロジカルネットワーク ………………… 221

大井川用水 ……………………………………………… 219
大川瀬ダム(兵庫県) ……………………………… 179
大阪層群 ………………………………………………… 148
OPヨット ………………………………………………… 224
親池 ………………………………………………………… 51
尾張徇行記 …………………………………………… 123
尾張藩 …………………………………………………… 118
雄蛇池(千葉県) ……………………………………… 40

## カ　行

改修歴 …………………………………………………… 142
香川用水 ………………………………………………… 191
各戸貯留施設 ………………………………………… 252
掛川市(静岡県) ……………………………………… 224
加古大池(兵庫県) ………………………………… 224
加古川左岸台地 ……………………………………… 14
加古川水系 ……………………………………………… 88
加古川西部土地改良区 ………………………… 169
加西台地(兵庫県) …………………………………… 14
貸農園 …………………………………………………… 90
春日市(静岡県) ……………………………………… 210
活断層 …………………………………………………… 142
金沢夏樹 ………………………………………………… 15
カヌー …………………………………………………… 224
可能作付け率 ………………………………………… 176
亀田隆之 ………………………………………………… 16
鴨川ダム(兵庫県) ………………………………… 169
苅坂池(奈良県) ……………………………………… 37
科料 ……………………………………………………… 209
川内眷三 ………………………………………………… 16
川代ダム(兵庫県) ………………………………… 179
河内堤 …………………………………………………… 118
河原山池(兵庫県) ………………………………… 108
環境コミュニティ ……………………………… 233
環境保全機能 ………………………………………… 217
観光農園 ………………………………………………… 90
寛文村々覚書 ………………………………………… 123
管理協定 ………………………………………………… 238

危険ため池緊急整備工事 …………………… 196
気候緩和 ………………………………………………… 221
喜瀬川 …………………………………………………… 109
木曽川 …………………………………………… 119, 120
喜多村俊夫 ……………………………………………… 14
旧河道 …………………………………………………… 106
旧三木町(兵庫県) ………………………………… 103
境界型 …………………………………………………… 147
共有財産 ………………………………………………… 206
緊急ため池整備工事 …………………………… 196

| | | | |
|---|---|---|---|
| 緊急防災工事 | 196 | 施設園芸作物 | 90 |
| | | 自然堤防・後背湿地帯 | 119 |
| 熊取地区(大阪府) | 233 | 自治会系組織 | 236 |
| 熊取町(大阪府) | 233 | 実行組合 | 236 |
| 曇川 | 108 | 実作率 | 177 |
| | | 実受益面積 | 51 |
| 県営防災ダム事業 | 132 | 清水市(静岡県) | 245 |
| | | 市民農園 | 235 |
| 子池 | 51 | 集落池 | 90 |
| 糀屋ダム(兵庫県) | 169 | 集落有財産 | 206 |
| 公水制 | 37 | ジュンサイ | 219 |
| 洪水調整池 | 217 | 荘園 | 38 |
| 洪水調整容量 | 132 | 荘園制 | 38 |
| 洪水吐 | 172 | 庄内川 | 126 |
| 公地公民 | 37 | 白井義彦 | 15 |
| 耕地整理組合 | 42 | 新郷瀬川 | 134 |
| 校庭貯留施設 | 252 | 親水機能 | 217 |
| 神戸市 | 72 | 親水空間 | 217 |
| 神戸層群 | 149 | | |
| 湖岸堤防工事 | 196 | 水害予防組合 | 48 |
| 国営農地総合防災事業 | 195 | 水上ゴルフ | 224 |
| 谷底平野型 | 147 | 水上スポーツ | 224 |
| 国有財産法 | 206 | 水田灌漑 | 164 |
| 小阪 香 | 18 | 水田作付け面積 | 73 |
| 古事記 | 37 | 水利慣行 | 14 |
| 五条川 | 123 | 水利権 | 15 |
| 個人財産 | 206 | 末永雅雄 | 16 |
| 木津用水 | 119 | | |
| 子供会 | 236 | 制波ブロック | 172 |
| 古墳 | 37 | 世界農林業センサス | 87 |
| 古墳時代 | 37 | 瀬名新川 | 253 |
| コミュニティ | 224 | 専業農家数 | 72 |
| コモンズ | 231 | 全戸出役 | 92 |
| コンクリートダム | 62 | 扇状地 | 106 |
| 墾田永世私財法 | 38 | 扇状地型 | 147 |
| | | 全面改修 | 153 |

## サ 行

| | | | |
|---|---|---|---|
| 財産区委員会 | 236 | 総合治水対策事業 | 255 |
| 最大水平加速度 | 148 | 村落共同体 | 40 |
| 境川流域総合治水対策事業 | 223 | | |
| 反折池(奈良県) | 37 | ## タ 行 | |
| 砂州帯 | 251 | 第1種兼業農家数 | 72 |
| 査定池 | 146 | 第2種兼業農家数 | 72 |
| 狭山池(大阪府) | 16 | 体育会 | 236 |
| 狭山池博物館 | 225 | 大規模老朽溜池事業 | 132 |
| 三角州 | 120 | 竹内常行 | 14 |
| | | 竹山増次郎 | 15 |
| 事業主体 | 198 | 棚田 | 90 |
| 地震対策ため池防災工事 | 196 | 七夕豪雨 | 248 |
| 静岡市 | 245 | 谷 茂 | 18 |

# 索　引

| | |
|---|---|
| 谷山ダム | 182 |
| ため池オアシス構想 | 215 |
| ため池環境コミュニティ | 231 |
| ため池管理マニュアル | 210 |
| ため池緊急対策防災事業 | 196 |
| ため池クリーンキャンペーン | 225 |
| ため池推進協議会 | 236 |
| ため(溜)池台帳 | 42, 47 |
| ため池地区数 | 51 |
| ため池調整会議等 | 236 |
| ため池等整備事業 | 196 |
| ため池等利活用保全施設整備工事 | 196 |
| ため池の保全に関する条例 | 206 |
| ため池の密集度 | 65 |
| ため池ルネサンス構想 | 215 |
| 多面的機能 | 190 |
| 多目的遊水地事業 | 251 |
| 段丘型 | 147 |
| 段丘堆積物 | 148 |
| | |
| 地域ぐるみため池再編総合整備工事 | 196 |
| 地域ぐるみため池保全施設工事 | 196 |
| 地域資源 | 231 |
| 治水機能 | 217 |
| 地方自治法第2条第2項 | 206 |
| 中山間地域保全ため池整備工事 | 196 |
| 駐車場貯留施設 | 252 |
| 沖積層 | 148 |
| 長期要防災事業量調査 | 55 |
| 町内会 | 236 |
| 貯水率 | 159 |
| | |
| 堤防亀裂 | 172 |
| 出不足金徴収 | 92 |
| 寺田池(兵庫県) | 223 |
| デルタ | 119 |
| 天満大池(兵庫県) | 108 |
| | |
| 棟間貯留施設 | 252 |
| 透水性舗装 | 252 |
| 東播用水 | 96 |
| 東播用水土地改良区 | 169 |
| 十勝沖地震 | 17 |
| 土砂崩壊防止工事 | 196 |
| 土地改良区 | 42 |
| 土地分類基本調査 | 147 |
| 土木遺産 | 217 |
| 巴川 | 245 |
| 巴川水害予防組合 | 248 |
| 巴川流域 | 245 |

| | |
|---|---|
| 呑吐ダム(兵庫県) | 88 |

## ナ　行

| | |
|---|---|
| 名古屋市 | 213 |
| 滑原町(兵庫県) | 106 |
| 軟弱地盤 | 154 |
| | |
| 二位谷池(兵庫県) | 104 |
| 二位谷川 | 106 |
| 錦鯉 | 219 |
| 日光川 | 135 |
| 日本海中部地震 | 18 |
| 日本書紀 | 37 |
| | |
| 農業集落カード | 15 |
| 農業水利権者 | 222 |
| 農村自然環境整備事業 | 204 |
| 農林省農地局資源課 | 42 |
| 農林水産省構造改善局地域計画課 | 47 |
| 延受益面積 | 47 |

## ハ　行

| | |
|---|---|
| 廃池 | 78 |
| 配水実績 | 169 |
| 羽黒村(愛知県) | 124 |
| ハス | 219 |
| 畑地灌漑 | 164 |
| 旗手　勲 | 16 |
| 八幡谷池(兵庫県) | 105 |
| 八幡谷川 | 105 |
| 播磨地域 | 71 |
| 播磨町(兵庫県) | 103 |
| 阪神・淡路大震災 | 17 |
| | |
| ビオトープ | 17 |
| 被害軽微池 | 146 |
| 東はりま水辺の里公園 | 221 |
| 樋管 | 172 |
| 被災ため池 | 146 |
| ヒシ | 219 |
| 兵庫県災害誌 | 108 |
| 兵庫県東播土地改良区 | 169 |
| 平池(兵庫県) | 224 |
| | |
| 福田　清 | 71 |
| 福田池(兵庫県) | 104 |
| 婦人会 | 236 |
| 普通水利組合 | 42 |
| 部分改修 | 153 |
| ブラックバス | 220 |

| | | | |
|---|---|---|---|
| ブルーギル | 220 | 三好町(愛知県) | 224 |
| 文化協会 | 236 | | |
| | | 宗像市(福岡県) | 210 |
| 防火用水 | 164 | 胸形神社 | 253 |
| 寶月圭吾 | 16 | 胸形神社池(静岡県) | 253 |
| 防災ダム | 196 | 無被害池 | 146 |
| 防災ダム工事 | 196 | | |
| 防災ダム事業 | 195 | 申し合わせ組合 | 60 |
| 防災ため池工事 | 196 | 森下一男 | 15 |
| 防災溜池事業 | 195 | | |
| 防災調節池 | 252 | **ヤ 行** | |
| 防災利活用ため池整備工事 | 196 | 野外 CSR 施設 | 221 |
| 豊稔池(香川県) | 225 | 大和川流域総合治水対策事業 | 223 |
| ボート | 224 | | |
| 北淡町(兵庫県) | 141 | 用水供給機能 | 217 |
| 北海道南西沖地震 | 18 | 横須賀市(神奈川県) | 210 |
| 堀内義隆 | 14 | 依網池(大阪府) | 19 |
| 本土分 | 142 | 寄合 | 92 |
| ホンモロコ | 220 | | |
| | | **ラ 行** | |
| **マ 行** | | 利水機能 | 217 |
| 孫池 | 51 | 律令制 | 37 |
| 益田池(奈良県) | 19 | 流域貯留浸透事業 | 255 |
| 満濃池(香川県) | 40 | | |
| | | 老朽ため池等整備工事 | 196 |
| 未改修年数 | 152 | 老朽度 | 142, 152 |
| 三木市(兵庫県) | 103 | 老人会 | 236 |
| 三木総合防災公園 | 223 | | |
| 溝ケ沢池(兵庫県) | 222 | **ワ 行** | |
| みなし組合 | 42 | ワークショップ | 229 |
| 美嚢川 | 88 | 渡辺洋三 | 41 |
| 三好池(愛知県) | 224 | | |

著者紹介：

# 内田 和子
Uchida Kazuko

略　歴：

1947年　東京都生まれ
1969年　早稲田大学教育学部卒業
1985年　兵庫教育大学大学院修士課程修了（東京都より派遣）
東京都立高校教諭、東京都教育委員会指導主事、岡山大学文学部助教授
を経て、現在、岡山大学大学院文化科学研究科・文学部教授
博士（文学）、博士（学術）
専門は応用地理学

主な著書：

『遊水地と治水計画―応用地理学からの提言―』（古今書院 1985年）
『近代日本の水害地域社会史』（古今書院 1994年）

英文タイトル
Disasters on Irrigation Ponds and Conservation of
Regional Environment in Japan

にほんのためいけ
日本のため池
防災と環境保全

| | |
|---|---|
| 発行日 | 2003年10月10日　初版第1刷 |
| 定　価 | カバーに表示してあります |
| 著　者 | 内田 和子 |
| 発行者 | 宮内 久 |

海青社
Kaiseisha Press

〒520-0112　大津市日吉台3丁目16-2
Tel. (077)577-2677　Fax. (077)577-2688
http://www.kaiseisha-press.ne.jp
info@kaiseisha-press.ne.jp

● Copyright © 2003　Kazuko Uchida　● ISBN 4-86099-209-1 C0025
● 乱丁落丁はお取り替えいたします　● Printed in JAPAN